"十四五"职业教育国家规划教材

 "十二五"江苏省高等学校重点教材
（编号：2015-1-116）

肉品加工与检测技术
（第二版）

主　编
陈玉勇　赵瑞靖

中国轻工业出版社

图书在版编目(CIP)数据

肉品加工与检测技术/陈玉勇,赵瑞靖主编. —2 版. —北京：中国轻工业出版社,2024.9

中国轻工业"十三五"规划立项教材 "十二五"江苏省高等学校重点教材

ISBN 978-7-5184-1751-3

Ⅰ.①肉… Ⅱ.①陈… ②赵… Ⅲ.①肉制品—食品加工—高等学校—教材 ②肉制品—食品检验—高等学校—教材 Ⅳ.①TS251.5

中国版本图书馆 CIP 数据核字(2017)第 305994 号

责任编辑：张　靓　　　责任终审：滕炎福　　　封面设计：锋尚设计
版式设计：砚祥志远　　责任校对：吴大鹏　　　责任监印：张　可

出版发行：中国轻工业出版社(北京鲁谷东街5号,邮编：100040)
印　　刷：三河市万龙印装有限公司
经　　销：各地新华书店
版　　次：2024 年 9 月第 2 版第 5 次印刷
开　　本：720×1000　1/16　印张：19.25
字　　数：380 千字
书　　号：ISBN 978-7-5184-1751-3　　定价：46.00 元
邮购电话：010-85119873
发行电话：010-85119832　　010-85119912
网　　址：http://www.chlip.com.cn
Email：club@chlip.com.cn
版权所有　侵权必究
如发现图书残缺请与我社邮购联系调换
241574J2C205ZBQ

本书编写成员

主　编　陈玉勇　江苏农牧科技职业学院
　　　　　赵瑞靖　江苏双鱼食品有限公司

副主编　唐劲松　江苏农牧科技职业学院
　　　　　徐海祥　江苏农牧科技职业学院
　　　　　秦　枫　江苏农牧科技职业学院
　　　　　艾君涛　北京农业职业学院

参　编　刘禾蔚　烟台工程职业技术学院
　　　　　邢家溧　宁波市食品检验检测研究院
　　　　　胡晓凤　烟台工程职业技术学院
　　　　　王美萍　烟台工程职业技术学院
　　　　　陈　琳　泰州市产品质量监督检验院
　　　　　李冠华　江苏农牧科技职业学院
　　　　　殷　玲　江苏农牧科技职业学院
　　　　　战旭梅　江苏农牧科技职业学院
　　　　　牛　林　江苏农牧科技职业学院
　　　　　王道营　江苏省农业科学院农产品加工研究所
　　　　　罗小虎　江南大学
　　　　　徐春仲　江苏农牧科技职业学院
　　　　　黄银波　泰州市产品质量监督检验院

本书第一版编审人员

主　编　陈玉勇　赵瑞靖

副主编　杨士章　徐海祥　蒲丽丽

编　者　（以姓氏笔画为序）
　　　　　王从峰　杨士章　陈玉勇　赵瑞靖
　　　　　俞益芹　施　帅　徐春仲　徐海祥
　　　　　蒲丽丽　瞿桂香

审　稿　董明盛

前　言

"肉品加工与检测技术"是一门既专业，又综合的技术。伴随着科技和社会的发展，肉品的种类和加工方式，以及对应的检测项目和方法正发生着不断的变化，使得肉品相关技术日益复杂，同时相关研究与探索也日益广泛和深入。《肉品加工与检测技术（第二版）》的编写团队，面对肉品行业工作过程对加工技术员、检验员、机械设备维护员、品控员等岗位日益严格的要求，着重培养学习者一定的肉品原辅料选择与检测能力，肉制品的设计与加工操作能力，以及设备使用与维护能力，生产过程的控制与成品检测能力，并兼顾一定的成本核算能力。鉴于学习者能力培养的过程，主要为获得经验，并进一步形成策略的过程，本教材采用了情境化设计，以便于广大师生和工作人员在教学过程中设置情境和项目，有选择地开展教学。

多年来我们研究了肉品的加工过程和检测过程。加工过程可以归纳为：原辅料选择验收→预处理→配料→制胚→**腌制**→灌装→熟制（熏、煮、烘、烤、发酵等）→包装→**杀菌**→成品→运输贮存。检测过程为：原料、产品取样→检测方案确定→场所、器具、材料的准备→检测→结果分析与反馈。流程中加粗文字处表示需要重点进行检测的位置，其他加工工序还伴随着设备的使用与维护，中间产品的监测等操作。上述流程实际为学生技能学习的主线，结合肉品的类别特点，我们可以对学习的项目进行选择与归类，设置了8个情境，共计21个项目。

情境1分割肉加工与检测技术，涉及选择与处理原料肉的能力，由陈玉勇、赵瑞靖、秦枫、艾君涛、殷玲、王道营编写；情境2调理制品加工与检测技术，涉及一般的肉品预处理技能，重点对辅料进行辨别与使用，并对调理肉制品进行加工，由陈玉勇、徐海祥、秦枫、唐劲松、刘禾蔚、胡晓凤、王美萍编写；情境3腌腊制品加工与检测技术，重点为腌制技术，并突出相应产品特有的造型、干腌、湿腌操作，由徐海祥、陈玉勇、陈琳、李冠华、战旭梅编写；情境4火腿制品加工与检测技术，重点仍为腌制技术，对产品特有的干腌、堆叠、修割、浸洗、滚揉、装模、大肠菌群指标检测等内容进行编排，由陈玉勇、秦枫、唐劲松、殷玲、李冠华编写；情境5肠类制品加工与检测技术，突出灌制、晾晒、蒸煮、亚硝含量、酸价测定等技能点，由陈玉勇、赵瑞靖、唐劲松、秦枫、艾君涛编写；情境6酱卤肉制品加工与检测技术，突出造型、油炸上色，煮制、调味、菌落总数测定等进一步复杂化的技能点，由陈玉勇、徐海祥、牛林、罗小虎、邢佳溧编写；情境7熏烧焙烤肉制品加工与检测技术，重点为熏制和烤制，由陈玉勇、赵瑞靖、唐劲松、罗小虎、邢佳溧、徐春仲编写；情境8干肉制品加工与检测技术，突出干制的不同方式，及水分含量测定方法，由陈玉勇、赵瑞靖、秦枫、艾君涛、黄银波编写。这8个情境形成了由基础技能到综合技能的渐进，每个情境重点强化一专有技能，每个情境各有侧重并分化出层次。

在《肉品加工与检测技术（第二版）》教材中对各部分内容均进行了更新，并结合生产实际和地区差异提供更多的操作方案和配方。新版教材内容和图片丰富多样，信息量大，能促进实践教学并启迪技术创新。教师和学生还可以登录江苏农牧科技职业学院肉品加工与检测技术学习网站，在线观看相关资源，进行在线的学习和讨论（网址 http://www.icve.com.cn/portal_new/courseinfo/courseinfo.html? courseid = tq10aaivyaxhgo44ncgyg）。本教材内容的编排相比第一版教材更加易于实施，并有所侧重地增加和删除了一定内容，突出技能点，促进学习者在肉品方面的经验积累和技术创新。

本教材的出版得到了江苏省教育厅、江苏农牧科技职业学院（江苏牧院）的大力支持，并且得到了中国轻工业出版社的项目资助，还得到众多师生和朋友的关心与帮助，尤其是杨世章（江苏牧院食品科技学院退休教师）老师对本书的结构给予了详细的指导。在此一并表示衷心的感谢。鉴于时间紧迫和编者的能力所限，书中的不足之处在所难免，恳请读者批评指正。

陈玉勇

第一版前言

肉品是每个人都会接触的食品。2011年我国肉类产量7957万t，肉品行业在我国食品行业乃至整个国民经济中均占有重要地位。然而目前，企业和监督管理部门仍缺乏大量的精于肉品加工及其检测技术的人员，同时，当今社会更需求肉品方面的技能型人才。这要求我们改变过去各自独立地传授肉品加工技术和食品检测技术的方式，将肉品的加工及其检测以具体产品为载体，整合并进行系统化的项目训练。这不同于单独地进行加工技术或是检测技术的教学，因为传统的分割开来的做法往往使加工和检测的学习片面化，而整合的做法使检测更加具体化、更有针对性，从而对"食品营养与检测"等相关专业学生的检测技能起到强化和升华的作用，同时检测的结果是对加工的产品的及时评价，帮助学生通过主动思考去调节加工过程，起到加工与检测互相促进的作用，并最终促进学生的综合技能的形成。

这本《肉品加工与检测技术》教材通过设置6个学习情境，共含12个项目，让学生在教师的指导下按照生产过程完成肉品加工与检测项目的实施，使学生掌握肉品加工与检测的综合技能，以及生产中质量、设备、操作要点等知识；培养学生分析与解决问题的能力等。

全书共6个情境12个项目，每个项目均设置"岗前准备""岗位操作""问题探究""知识拓展"。"岗前准备"是要求师生在生产或检测操作前必须准备好一些仪器、材料，当然卫生状况是每次操作前、操作后必须检查的，但没有在每个项目任务中重复列出，具体实施时可以参照情境1项目1中的分割肉加工的操作细节以及相关的食品工厂生产规范标准。"岗位操作"规定了各项目中每个任务的岗位操作流程及具体操作细节。"问题探究"对每个项目中一些必须掌握的知识点，操作技巧进行了探讨。"知识拓展"对一些知识点和操作要点进行了进一步的深入探讨，供学生在课后拓展自己的知识体系和技能体系。

本教材主要由泰州梅香食品有限公司质量部经理王从峰，靖江双鱼食品有限公司开发部经理赵瑞靖，以及江苏畜牧兽医职业技术学院的陈玉勇、杨士章、蒲丽丽、徐海祥、施帅、瞿桂香、徐春仲、俞益芹参与编写。情境1项目1"原料肉选用与检测技术"由陈玉勇、杨士章、蒲丽丽编写，情境1项目2"辅料的选用与鉴别技术"由陈玉勇、杨士章、徐海祥编写；情境2项目1"板鸭加工与检测技术"由徐海祥、杨士章、陈玉勇编写，情境2项目2"腊肠加工与检测技术"由徐海祥、杨士章、王从峰编写；情境3项目1"盐水火腿加工与检测技术"由陈玉勇、蒲丽丽、瞿桂香、赵瑞靖编写，情境3项目2"熟熏肠加工与检测技术"由陈玉勇、蒲丽丽、徐海祥、赵瑞靖编写；情境4项目1"烧鸡加工与检测技术"由徐海祥、杨士章、陈玉勇编写，情境4项目2"肴肉加工与检测技术"由陈玉勇、徐春仲、俞益芹编写；情境5项目1"培根加工与检测技术"由陈玉勇、俞益芹、徐海祥编写，情境5项目2"烤鸭加工与检测技术"由徐海祥、王从峰、陈玉勇编写；情境6项目1"肉干加工与检测技术"由徐海祥、陈玉勇编写，情境6项目2"肉松加工与检测技术"由徐海祥、施帅、陈玉勇编写。

  本书在编写过程中还得到雨润集团、泰州市质量技术监督局、泰州市食品药品监督管理局等多家企业和行业主管部门的技术人员的指点，但由于编者水平有限，错误之处难免，恳请广大读者批评、指正。

编　者
2012年5月

目 录 CONTENTS

情境一 分割肉加工与检测技术 ··· 1

　项目1-1　原料肉的检验 ··· 1

　　任务一　原料肉品质的检验 ··· 2

　　任务二　肉的新鲜度的检测 ·· 59

　　任务三　原料肉安全（宰前）快速检验 ································ 66

　　任务四　掺假肉的鉴别 ·· 69

　　任务五　原料肉的选择 ·· 73

　项目1-2　分割肉的加工及保鲜 ··· 75

　　任务一　畜肉（猪肉）的分割 ·· 75

　　任务二　鸡肉的分割 ·· 90

情境二 调理制品加工与检测技术 ·· 94

　项目2-1　常用辅料的识别 ·· 94

　　任务一　常用辅料的鉴别与使用 ··· 95

　　任务二　辅料的选择 ··· 122

　项目2-2　调理肉制品的加工 ··· 133

　　任务一　速冻涮羊肉片的加工 ··· 134

　　任务二　速冻鸡肉圆的加工 ·· 135

　　任务三　五香肉串的加工 ··· 137

　　任务四　川香鸡柳的加工 ··· 138

　　任务五　骨肉相连的加工 ··· 141

情境三 腌腊制品加工与检测技术 ·· 143

　项目3-1　板鸭的加工 ·· 143

　　任务一　板鸭的加工 ··· 144

　　任务二　板鸭产品的感官检验 ··· 153

项目3-2　咸猪肉的加工 156
　　任务一　咸猪肉的加工 156
　　任务二　咸猪肉产品的感官检验 159

情境四　火腿制品加工与检测技术 162
　项目4-1　金华火腿的加工 162
　　任务一　金华火腿的加工 163
　　任务二　金华火腿产品的感官检验 169
　项目4-2　盐水火腿的加工 173
　　任务一　盐水火腿的加工 173
　　任务二　盐水火腿的感官检验 182
　项目4-3　盐水火腿中大肠菌群计数 185

情境五　肠类制品加工与检测技术 189
　项目5-1　腊肠的加工 189
　　任务一　腊肠的加工 190
　　任务二　腊肠产品的感官检验 197
　项目5-2　熟熏肠的加工 201
　　任务一　熟熏肠的加工 201
　　任务二　熟熏肠的感官检验 215
　项目5-3　腊肠中亚硝酸盐的检测 218
　项目5-4　腊肠产品的酸价的检测 221

情境六　酱卤肉制品加工与检测技术 227
　项目6-1　烧鸡的加工 227
　　任务一　烧鸡的加工 228
　　任务二　烧鸡产品的感官检验 236
　项目6-2　肴肉的加工 238
　　任务一　肴肉的加工 239
　　任务二　肴肉产品的感官检验 245
　项目6-3　烧鸡中菌落总数的测定 247

情境七　熏烧焙烤肉制品加工与检测技术 ·················· 251
  项目7-1　培根的加工 ·················· 251
    任务一　培根的加工 ·················· 252
    任务二　培根产品的感官检验 ·················· 260
  项目7-2　烤鸭的加工 ·················· 263
    任务一　烤鸭的加工 ·················· 263
    任务二　烤鸭产品的感官检验 ·················· 268

情境八　干肉制品加工与检测技术 ·················· 270
  项目8-1　肉干的加工 ·················· 270
    任务一　肉干的加工 ·················· 271
    任务二　肉干产品的感官检验 ·················· 277
  项目8-2　肉松的加工 ·················· 280
    任务一　肉松的加工 ·················· 281
    任务二　肉松产品的感官检验 ·················· 286
  项目8-3　肉干中的水分含量测定 ·················· 290

参考文献 ·················· 294

情境一

分割肉加工与检测技术

肉的分割能够提高畜禽肉的附加值，便于精深加工，实现按品质论价，并节约消费者处理原料的时间。目前，畜禽分割肉已成为市场主流，受到广大消费者的青睐。本情境主要学习原料肉的检测方法及肉的分割方法。

项目1-1
原料肉的检验

知识目标

1. 了解肉的组成和性质。
2. 掌握典型肉制品的原料肉选料要求。

技能目标

能正确进行原料肉感官检验，对肉的新鲜度相关指标进行检测，并评定其品质。

学习型工作任务

肉是动物体可食部分的统称，具有复杂的细胞结构，是常用的食品原料。肉，因为动物品种、年龄等因素的不同，具有不同品质特征（肉色、嫩度、风味、系水力、多汁性）和不同的用途。在食品工业上常需根据产品要求选择对应的原料肉，并根据产品需要进行恰当的分割、修整等处理。此外，原料肉在宰后会发生一系列变化，特别是肉的品质劣变会造成食用品质和安全性的下降，带来直接经济损失，所以要加强肉的新鲜度的检测。同时，在市场上肉类的掺假现象也频繁出现，掌握一些可靠的鉴别肉种类的方法对于肉品从业人员也非常必要。

任务一　原料肉品质的检验

原料肉品质检验主要包括肉色、嫩度、风味、系水力、多汁性的检验。

【岗前准备】

原料肉；

无氨蒸馏水、双蒸水、10%醋酸铅、10%氢氧化钠、10%硫酸铜等；

刀、砧板、托盘、一次性纸杯、吸水纸、塑料薄膜包装袋、肉色评分标准图、大理石纹评分图、定性中速滤纸、肌肉嫩度仪或质构分析仪、书写用硬质塑料板、有机玻璃板、天平、pH计、温度计、水浴、冰浴等。

【岗位操作】

1. 肉色检测

肉色是肉品的主要品质指标之一，鲜红的肉色能刺激人的食欲。肉色的形成主要取决于肌肉中色素物质（如肌红蛋白、色素等）的含量和分布。这些物质受肉中化学成分的影响会呈现不同的化学结构，从而显示不同颜色。借此可以帮助推断肉经受了什么样的处理，是否发生品质劣变等。通常情况下肉色指肌肉中肌红蛋白的含量和氧化／氧合状态及其分布的一种综合光学特征（NY/T 2793—2015）。

肉色一般采用目测的方法，常常参照肉色评分标准图进行评分，也可采用光学测定法、化学测定法等。

（1）比色板法　是一种主观评定方法，采用标准比色板与肉样对照并评分。目前有美制、法制、日制等不同色块标准，以美制最为通用。

①取样：畜肉取胸腰椎接合处背最长肌（即通脊、扁担肉，又称眼肌。猪、牛、羊推荐使用宰后24h、48h或72h胸段后端或腰段前端）的横断面。可根据测定需要，选择宰后不同时间点和不同分割肉块进行测定，但应注明具体时间和分割部位。若测定全胴体肉色则需加测腰大肌、臀中肌、半膜肌和半腱肌。鸡肉取胸肉靠近肋骨一侧表面的中间1/3面积内。特定部位肉块的肉色直接测定其横断面。样品表面应平整，测量时尽量避开结缔组织、淤血和可见脂肪。

②前处理：取样时间：有三种类型，第一种是宰后1～2h取肌肉样本。第二种是宰后24h取背最长肌中段于0～4℃保存，测冷却肉样本。第三种是在宰后肉样充分成熟的特定时间取样。上述三种处理时间中以第二种最为常用。

样本（即冷却肉）处理：在 0~4℃ 冰箱中保存到宰后 24h。将肉样切开，在新鲜切面上覆盖透氧薄膜并于 0~4℃ 条件下静置 1h 使表面色素充分氧化，注意肉样厚度不得少于 1.5cm。真空包装的鸡胸肉样品经取出后，需要在 25℃ 环境下避光静置 30min。

照明条件：将实验室内光照强度调至 750lx 以上（采用自然漫射光源或荧光灯）。

③器材：美制 NPPC 比色板（1991 版）：含有 5 种背最长肌横切面肉色，分值级别由浅至深排列，可用于肉色定量评估。1 分 = 灰白色（异常肉色），2 分 = 轻度灰白（倾向异常肉色），3 分 = 正常鲜红色，4 分 = 稍深红色（属于正常肉色），5 分 = 暗紫色（亦作暗黑色，为异常肉色）。

美制 NPPC 比色板（1994 版）：该版用于目测半膜肌、半腱肌肉色进行定性评估，适用于生产流水线使用。该板上有 PSE（苍白松软脱水肉）、RSE（红色松软脱水肉）、RFN（红色坚挺不脱水肉，亦即理想肉）、DFD（暗紫坚硬干燥肉）四种标准腿肌肉色样板，供检验员将猪肉归类。

④操作：用 1991 版美制 NPPC 比色板对照眼肌样本给出肉色分值。分值可精确至 0.5 分。

用 1994 版美制 NPPC 比色板对照腿肌肉样给出定性评估。

⑤注意事项：比色板方法简单易行，但有两点技术要领不容忽视。其一，检测人员要回避了解被测样本的品种和生产厂家背景以免产生感情分值偏差。其二，比色板评分的结果如果用一般统计方法计算样本平均数和标准差很容易将劣质肉（5 分的 DFD 和 1 分的 PSE）平均成 3 分的优质肉。故肉色评分应表达成 5 个肉色级别的样本分布概率。

（2）光学测定法 利用物理学手段对肉样进行客观的光学度量，对肉面反射的波长和色彩等参数进行定量。

①取样：参照比色板法取检测用样品并冷藏。

②前处理：同比色板法。沿着肌纤维垂直的方向切取厚度不低于 2.0cm 的肉块。将肉样平放于红色塑料板或托盘中，使新切面朝上。然后于 -1.5~7.0℃ 避光静置 25~30min。另外，某些仪器要求取肉糜装入样品盒中测试。若检测鸡胸肉，需要将样品（如图 1-1）平放在白色塑料校正板（消除背景）上。采用真空包装的鸡胸肉还需要在 25℃ 环境下避光静置 30min。

③仪器：最为流行的为色度仪（Colorimeter），也可用色差计（Chroma Meter）、波长测定仪、白度仪。

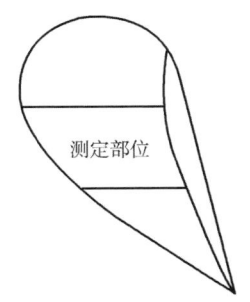

图 1-1 鸡肉样品颜色测定部位
（NY/T 2793—2015）

④操作：以色差仪为例，第一步进行仪器校正。先将色差仪放于纯白色校正板上进行校正，对比色差仪上的值和标准比色板上的值。当测定值与标准值差异不超过 0.1% 时，则完成校正。当测定值与标准值差异超过 0.1% 时，检查校正板和色差计的测量面是否有污物。如有污物，用擦镜纸轻擦干净，重复校正，直至差异不超过 0.1%。

第二步，测定肉样。将镜头垂直置于肉面上，镜口紧扣肉面（不能漏光），避开肌内脂肪和肌内结缔组织。按下测定按钮，色度参数即自动存入微机。参数的表示方式主要为：亮度（L^* 值）、红度（a^* 值）、黄度（b^* 值）。由于肉面颜色随位置而异，需要不断改变位置重复度量，一般每个肉样至少 3 个点，取平均值。

⑤注意事项：PSE 肉比正常肉的 L 值高而 a^* 值低，DFD 反之。我国地方猪种肉色的 L 值相当高，但一般不是 PSE 肉，其原因是大理石纹白色反光造成亮度偏高，所以在肉色评定时应区别对待，不能硬搬国际标准将其定为 PSE 肉。中国生鲜猪肉颜色的正常范围是 L^* 值介于 35~53，a^* 值不超过 15，b^* 值不超过 10。中国生鲜牛肉和羊肉颜色的正常范围是 L^* 值介于 30~45，a^* 值介于 10~25，b^* 值介于 5~15。中国生鲜鸡肉颜色的正常范围是 L^* 值介于 44~53，a^* 值介于 2.5~6.0，b^* 值介于 7~14。

2. 嫩度检测

嫩度也是原料肉以及肉制品的主要食用品质之一，是评判肉质优劣的最常用指标之一。肉的嫩度是肉在食用时口感的老嫩，反映了肉的质地。在感官品尝时，嫩度的总体印象包括质地，分三个方面：牙齿初次咬切肉的难易程度；将肉嚼碎的难易程度；咀嚼后的残渣量。嫩度由肌肉中蛋白质、脂肪等的结构特性决定。蛋白质中的结缔组织蛋白、肌原纤维蛋白、肌浆蛋白与嫩度有很大的关系。

肉嫩度的感官评定主要依据其柔软性、抗压性、易碎性和可咽性来判定。柔软性是舌头和颊接触肉时产生的触觉。较嫩的肉有软糊感，而老肉有木质化感觉。抗压性是肉对牙齿压力的抵抗力，即牙齿插入肉中所需的力，有些肉硬得难以咬动，而有的柔软得几乎对牙齿无抵抗力。易碎性，是肌纤维被咬断的难易程度，首先要咬破肌外膜和肌束膜，这与结缔组织含量和性质密切相关，然后切断肌原纤维。嫩度好的肉易被咬断，很容易嚼碎。可咽性是咀嚼后肉渣残留的多少以及吞咽的容易程度（可用肉渣残留量和咀嚼后到下咽时所需的时间来衡量）。

肉嫩度的客观评价可使用仪器来测定切断力、穿透力、咬力、剁碎力、压缩力、弹力和拉力等指标，其中切断力（或称剪切力）是最通用的指标。剪切力是使用一定钝度的刀切断一定粗细的肉所需的力量，常以 N 为单位。一般剪切力大于 40N 的肉就偏老了。

肉的剪切力测定步骤如下。

①取样：来自健康动物的新鲜原料肉，沿与肌肉自然走向（肌肉长轴）垂直的方向切取 2.54cm 厚的肉块，如图 1-2 所示。去除样品表面结缔组织、脂

肪和肌膜，并将表面处理平整。对于鸡肉以胸肉（胸大肌）作为取样原料，固定取样部位，如图 1-3 所示。形状不规则、肌纤维走向不一致或鸡肉厚度小于 2.5cm 的鸡胸肉不适合用于剪切力的测定。用锋利刀具（陶瓷刀）顺着鸡胸肉肌纤维的方向在取样部位将其切成厚度、长度、宽度分别为 3.0cm、5.0cm、5.0cm 的肉块。

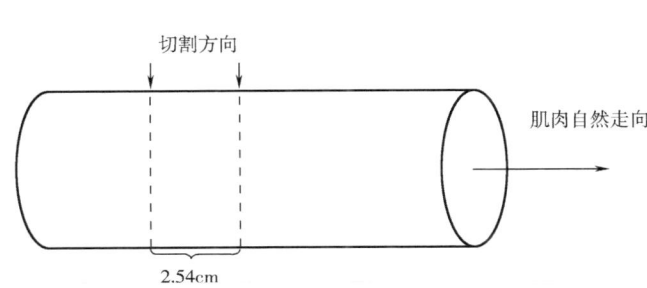

图 1-2　肉块切分方法　　　　　　　图 1-3　鸡胸肉取样部位
（NY/T 2793—2015）　　　　　　　　（NY/T 2793—2015）

②前处理：将肉块从 -1.5~7.0℃ 的冷库或冰箱中取出，置于室温（22.0±2.0）℃平衡 0.5h。然后放入塑料蒸煮袋（3 层结构分别为：外层聚酯膜，中层铝箔膜，内层聚丙烯膜）中，将温度探头自上而下插入肉块中心，记录肉块初温，并以夹子夹住蒸煮袋口。将包装好的肉块放入 72℃ 水浴中，水位应完全浸没肉块，袋口不得浸入水中（常将肉样袋置于 U 形金属框架内，再放入水浴中）。当肉块中心达到 70℃ 时，记录加热时间，并立即取出肉样袋，于流水中冷却 30min，水不得浸入包装袋内。将肉样袋放于 -1.5~7.0℃ 冷库或冰箱中过夜（约 12h）。

然后，将冷却的熟肉块放于室温下平衡 30min，用普通吸水纸或定性滤纸吸干表面的汁液。再以 1.0cm 间距的双片刀沿肌纤维方向分切成多个 1.0cm 厚的肉片。用陶瓷刀从 1.0cm 厚的肉片中沿肌纤维自然走向分切出 1.0cm 宽的肉柱，如图 1-4 所示，宽度以直尺测量。分切时应注意避免肉眼可见的结缔组织、血管等缺陷，每个肉样分得的肉柱个数应不少于 5 个（鸡胸肉样品分切得到的肉柱个数应不少于 3 个）。

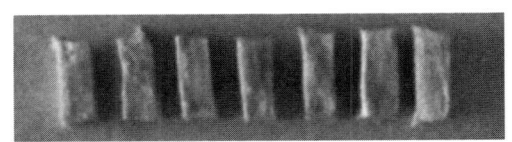

图 1-4　肉柱形状
（NY/T 2793—2015）

③仪器：沃—布剪切力仪或物性测试仪等。仪器的准确度应使用国家法定计量单位认可的标准砝码测试，测定值与检测标准砝码的准确值的误差范围应在±0.1%以内，仪器需具备校准能力。测定仪器的最低作用力感应值应≤0.0098N，仪器精度应≤0.02%，如图1-5所示。

剪切力仪上使用3.0mm±0.2mm厚的刀片，刃口内角度60°，内三角切口的高度≥35mm，砧床口宽4.0mm±0.2mm，移动速度0.83mm/s。

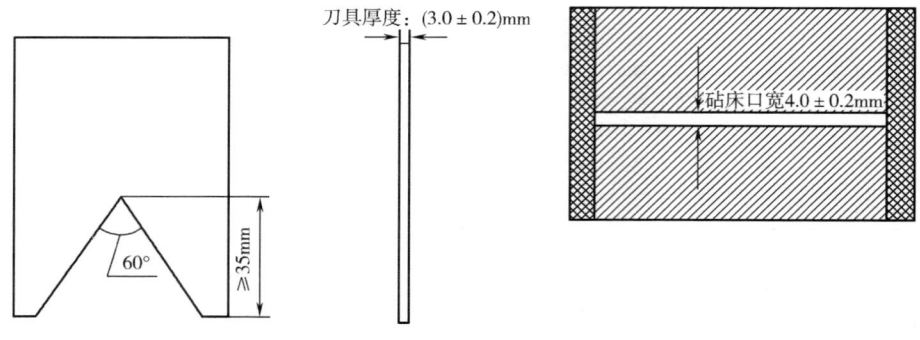

图1-5　剪切力仪的刀具
（NY/T 1180—2006）

④测定操作：将肉柱置于仪器的刀槽上，使肌纤维与刀口走向垂直，启动仪器剪切肉样，测定刀具切割这一用力过程中的最大剪切力值（峰值），作为肉柱剪切力的测定值。读数可使用千克力（kg）或牛顿（N）。

以剪切力（纵坐标）和刀片移动距离（横坐标）作图，如图1-6所示。最有用的是最大剪切力和能量消耗值，初始屈服在某些情况下也很有用，但初始屈服不常出现。一块肉检测8~10个肉样为宜。

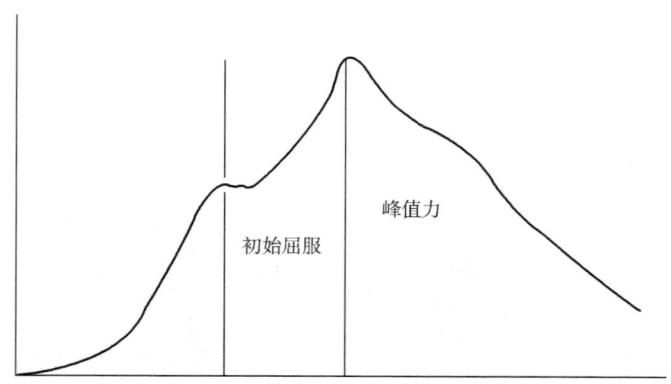

图1-6　剪切力值变化趋势图

（Karl O. Honikel，1998，Reference Methods for the Assessment of Physical Characteristics of Meat，Meat Science）

⑤计算：记录所有测定数据，取各肉柱剪切力的测定值的平均值扣除空载运行最大剪切力，计算肉样的嫩度值。同一肉样的有效肉柱试样的测定值允许相对偏差应≤15%。一般情况下，生鲜猪肉宰后48h剪切力不超过45N；生鲜牛肉、羊肉宰后72h不超过60N；生鲜鸡肉宰后24h不超过40N。

嫩度公式为：
$$F = (F_1 + F_2 + \cdots\cdots + F_n)/n - F_0$$

式中　F——肉样的嫩度值，N；

　　　$F_{1\cdots\cdots n}$——有效平行试样的最大剪切力值，N；

　　　F_0——空载运行最大剪切力，N；

　　　n——有效平行试样数量。

3. 风味检测

风味是一个综合的感觉，包括气味、滋味、质地、温度和pH等，其中，气味最重要，其次是滋味。有4种基本滋味：苦、甜、酸、咸。气味和滋味很难客观定义。尽管气相色谱可准确测定食品中的挥发性物质，但仍不能清晰阐明分离出物质与感官品尝的气味之间的关系。一般认为，风味的特性包括同时存在的多感官意识——触觉、听觉、化学感觉、气味、滋味和视觉及其他心理因素如经验和期望的综合。对多个刺激作出反应的多元神经元被发现在风味的鉴别过程中起主要作用。

肉的气味取决于其中所含的特殊挥发性及芳香物质的含量和种类，如脂肪酸。影响肉气味的因素很多，如动物品种、产地、宰前饲喂、腐败、一些化学反应（如美拉德反应等）等。生肉有各自的特有气味，其主要原因是脂肪组成不相同。不同动物的脂肪酸组成不同，由此造成氧化产物及风味的差异。一些异味物质，如羊膻味和公猪腥味分别来自于脂肪酸和激素代谢产物。肉腐败后产生臭味、酸败味。若有葱、蒜等物质存在，则有外加的气味。肉的气味分为两大类：一是生肉中存在的香气；二是加热等处理后肉中呈味物质的前体物质通过美拉德反应、脂质氧化或热降解等方式产生。气味通过鼻腔表面的嗅觉细胞传递到大脑的嗅觉神经，并作出反应。

滋味的呈味物质主要靠人的舌面味蕾感觉，经神经传导至大脑反应出味感。甜味主要来自各种碳水化合物如葡萄糖、核糖和果糖等；咸味主要来自于无机盐和谷氨酸盐及天门冬氨酸盐；酸味主要来自乳酸等；苦味主要来自于某些种类的氨基酸和肽；鲜味来自于谷氨酸钠以及肌苷酸等。

可以通过感官评定，并结合气质联用仪、液质联用仪、电子鼻检测特征呈味物质。

感官评定是风味检测使用最多的方法，可根据检测要求制定评分标准或评定依据，直接嗅闻肉或肉制品的气味，嗅闻和品尝产品及煮沸后肉汤，给出评价或评分。特定肉制品还应按照具体产品标准要求进行感官评定。具体感官检验方式主要用到差异/差别检验方式中的类别评分检验和描述性分析中的风味轮廓法。

当对产品的给定特性进行类别评分检验时，评定员需要鉴定一些特性的等级。此法可用于消费者检验，对一些给定特性的喜好程度、接受程度、偏爱程度进行等级评分。等级的形式可以是有特定术语的数字形式（如 1~5），这些数字与术语非常甜，比较甜等相关联。评定员在一条直线上自左向右标出他们认为这个产品特性所在的点，随后用尺子测量这一点，可由计算机系统来自动测量。不论是成体系的标度还是未成体系的标度，评定员给出答案的数值都可通过方差分析来分析它们的变异性。

当用风味轮廓法进行描述性感官分析时，由经过培训的评定员以一致的方式描述并量化风味特征。评定员围坐在一张桌子的周围，先各自分析样品，然后以小组的形式讨论他们的结论。香气、滋味和口感特征出现的顺序最为重要。评定员用一个简化的尺度来表示某个产品属性的风味强度，结果的范围从可检测出到非常强烈。由于最终结果是由一个小组决定，所以不需要用统计的方法来分析数据。

此外，用仪器法检测风味物质需要结合仪器的具体操作要求进行，而且，仪器的检测灵敏度和检测到的呈味物质强度与样品处理方法及仪器选用的配件、检测条件等因素有关。

4. 系水力检测

肉的系水力（保水性或持水力）指肉受到外力作用（如压榨、加工、切碎、冷冻、解冻、储存等）时保持原有水分与添加水分的能力。

系水力可分为三个方面：系水潜能，可榨出水分和自由滴水。系水潜能表示肌肉在外力的影响下超量保水的能力，用它来表示肌肉滞留水分的最大能力。可榨出水分是指在外力作用下，从肌肉中榨出的液体量，即在测定条件下所释放出来的松弛水量。自由滴水量指在不施加任何外力的条件下，肌肉的液体损失量，即滴水损失。

屠宰前后的各种条件、品种、年龄、身体、脂肪厚度，肌肉的解剖学部位，宰前运输，囚禁，饥饿，屠宰工艺，pH，能量水平，尸僵开始时间，蛋白质水解酶活性和细胞结构，胴体储存，熟化、切碎、盐渍、加热、冷冻、融冻、干燥，包装等，都会影响肌肉系水力，其中最主要的是 pH（乳酸含量），ATP（能量水平），加热和盐渍。

肌肉中水分含量在 75% 左右，占据肌肉组织 80% 的体积空间。这些水分以结合水、不易流动水和自由水三种状态存在。肌肉中的水分大部分（占总水分 80%）为不易流动水，存在于纤丝、肌原纤维及膜之间，它能溶解盐类和其他物质，在 0℃ 或稍低温度下结冰。通常测定肌肉系水力的变化主要由这部分水决定，而这部分水的可保持性主要取决于肌原纤维蛋白质的网状结构及蛋白质所带静电荷多少。结合水又称水化水（hydration water），指与蛋白质分子表面紧密结合的水分子层，占总水量的 5% 左右。结合水的冰点很低，在 -40℃，不易解离和蒸发，并且不易受到肌肉蛋白质结构和电荷变化的影响，甚至在施加严重外力的条件下，也不能改变其与蛋白质结合的状态。因此结合水对肌肉系水力没有影响。自由水是存在于肌细胞外间隙中的水分，这部分水主要靠毛细管凝结作用而存在于肌肉中。肌肉系水力的测定方法可分为三类：①不人为施加外力的方法，如滴水法和储藏损失法；②施加外力的方法，如加压法和离心法；③加热的方法，如用熟肉率（或煮熟后失水率）来反映热处理水分损失。

（1）滴水法（卡尔（Karl O. Honikel）推荐方法）

①取样：从胴体上割取肉样，去除样品表面结缔组织、脂肪和肌膜，使其表面平整，肉块厚度不低于2.0cm，沿着肌纤维方向将肉样切成2.0cm×3.0cm×5.0cm的肉条，并立即称重。鸡肉的取样部位，如图1-3所示，但沿着肌纤维方向切成2.0cm×2.0cm×2.0cm的肉块。

②前处理：样品应密闭，可以用网网住并悬挂于充气塑料袋中，样品不接触袋子内壁；也可将样品用网状物支承（supporting mesh）放置于密封的盒子（容器）当中，于1~5℃静置。NY/T 2793—2015推荐的方法为用铁钩钩住肉条一端，悬挂于聚乙烯塑料袋中，充气，扎紧袋口，同时肉条应悬空，不接触到包装袋内壁，环境温度控制在-1.5~7.0℃，如图1-7所示。

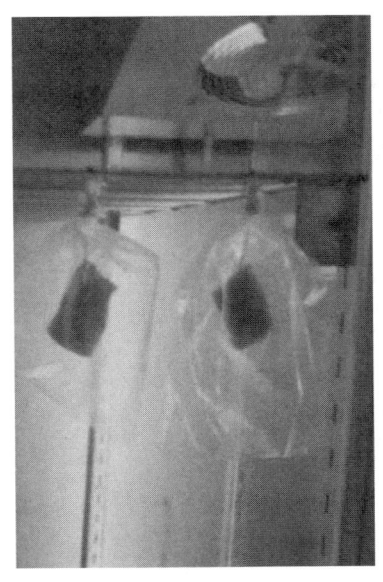

图1-7 滴水法样品吊挂方法
（NY/T 2793—2015）

③器材：精确至0.001g的天平，可密封的防水容器（或塑料袋），样品支承物（塑料网袋、穿孔支持物、铁钩等），调温冷库或冷藏设备，吸水纸（能吸水并且不与肉反应的材料）。

④操作：将样品在密闭容器中冷藏指定时间后（如1d、2d、7d等，农业部推荐方法为1d），取出，用吸水纸或定性滤纸吸干肉条表面水分，并称重。

⑤计算：

$$w = \frac{(m_0 - m_1)}{m_0} \times 100\%$$

式中　w——试样的滴水损失，%；

　　　m_0——试样冷藏前质量，g；

　　　m_1——试样冷藏后质量，g。

至少测同一块肌肉上的两片外形和质量相似的肉片的滴水损失，推荐做三次重复。

⑥注意事项：取样时要保持肌肉的完整性，以减少外力（重力除外）的作用。切割的方向也很重要。要防止水分蒸发。对肉样的支持方式应注意最小化拉伸力（从上端吊挂）或压缩力（从下部支承）。样品的一些特征应作详细记录，比如，肌肉类型，取自肌肉的哪个部分，肌纤维走向，表面积与质量之比，宰后所处时期，肉的温度，肉样pH。中国生鲜猪肉、生鲜牛肉、生鲜羊肉滴水损失一般不超过2.5%，生鲜鸡肉滴水损失不超过3.0%。

（2）储藏损失法

①取样：从胴体上割取肉样，去除样品表面结缔组织、脂肪和肌膜，使其表面平整，肉块厚度不低于2.5cm，并立即称重，一般可以控制在100g左右。

②前处理：样品应密闭，放在真空包装袋内，抽真空，并-1.5~7.0℃避光放置。

③器材：精确至0.001g的天平，可密封的塑料袋，调温冷库或冷藏设备，吸水纸或定性滤纸。

④操作：将样品避光冷藏指定时间后（如48h），取出，用吸水纸或定性滤纸吸干肉样表面的汁液，再次称重。

⑤计算：

$$w = \frac{(m_0 - m_1)}{m_0} \times 100\%$$

式中　w——试样的储藏损失,%；

　　　m_0——试样储藏前质量，g；

　　　m_1——试样储藏后质量，g。

⑥注意事项：中国生鲜猪肉、生鲜牛肉、生鲜羊肉储藏损失一般不超过3.0%。

（3）压力法

①取样：从胴体上割取肉样，去除样品表面结缔组织、脂肪和肌膜，使其表面平整，肉块厚度不低于1.0cm。沿着肌纤维垂直方向取1.0cm厚、直径2.5cm的圆形肉柱，并立即称重。检测鸡肉时肉块部位应固定（如图1-3所示），以同样方法制成1.0cm厚、直径2.5cm的圆形肉柱。

②器材：无限压缩仪，吸水纸（滤纸）和纱布，圆形钻孔取样器（直径2.5cm），称量瓶、烘箱、组织捣碎机等。

③操作：将肉样用双层纱布包裹，再上、下各16层滤纸（吸水纸）包裹。然后用无限压缩仪加压35.0kg，持续5min。撤除压力后，去除纱布、吸水纸或滤纸后，再次称重。

肌肉含水量可通过烘干法测定。

④计算：

$$w = \frac{(m_0 - m_1)}{m_0} \times 100\%$$

式中 w——试样的加压失水率,%;
m_0——试样加压前质量,g;
m_1——试样加压后质量,g。

$$w = \frac{(w_0 - w_1)}{w_0} \times 100\%$$

式中 w——试样的系水力,%;
w_0——肌肉试样含水量,g;
w_1——肌肉试样加压后含水量,g。

⑤注意事项:中国生鲜猪肉、生鲜牛肉、生鲜羊肉加压失水率一般不超过35.0%,生鲜鸡肉加压失水率一般不超过40.0%。

(4)加压滤纸法

①取样:试样只需0.2~0.4g(取薄片)。

②器材:两块有机玻璃板,6cm×6cm滤纸(Whatman 1号),铅笔,求积仪。

③操作:将一片滤纸放在有机玻璃上,肉样置其中央,再用一块有机玻璃压在上面,施加50kg压力,5min后,移去上板,用铅笔画出肉样圈和压出水渍圈,用求积仪或其它方法测出肉样和水渍的面积。

④系水力评估:水渍的面积减去肉样的面积所得差值与失水量正相关。肉样面积与水渍面积的比值代表肌肉系水能力,比值越大系水力越高。

(5)离心法

①取样:从胴体上割取肉样,去除样品表面结缔组织、脂肪和肌膜,使其表面平整,肉块厚度不低于2.0cm。切取2.0cm厚的肉块,在肉块几何中心部位取重量约10.0g的肉柱,并立即称重。鸡肉检测应使用胸肉(如图1-3所示)。

②器材:高速离心机,定性滤纸,电子天平(0.001g),50mL具塞离心管,脱脂棉等。

③操作:用定性滤纸将肉样包裹好,放入50mL的离心管中(内放有脱脂棉,脱脂棉高度为5.5~6.0cm,如图1-8所示),将肉样置于高速离心机中在4℃,9000r/min离心10min后,以镊子取出肉样,剥去滤纸,再次称重。

④计算:

$$w = \frac{(m_0 - m_1)}{m_0} \times 100\%$$

式中 w——试样的离心损失,%;
m_0——试样离心前质量,g;

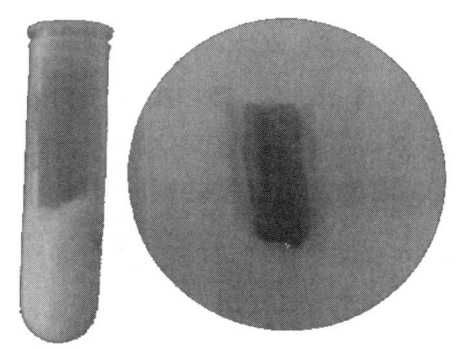

图1-8 离心法样品处理方法
(NY/T 2793—2015)

m_1——试样离心后质量,g。

⑤注意事项:中国生鲜猪肉、生鲜牛肉、生鲜羊肉离心损失一般不超过30.0%,生鲜鸡肉离心损失一般不超过15.0%。

(6)蒸煮损失法

①取样:取新鲜肉样(畜肉一般取眼肉,鸡肉一般取胸肉),肉块厚度不低于2.5cm,并去除样品表面的结缔组织、脂肪和肌膜,使表面平整。

②器材:精确至0.001g的天平,可控温水浴,塑料蒸煮袋,热电偶,吸水纸或定性滤纸。

③前处理:将肉块从 -1.5~7.0℃的冷库或冰箱中取出,置于室温(22.0±2.0)℃平衡0.5h。称重后放入塑料蒸煮袋(3层结构分别为:外层聚酯膜,中层铝箔膜,内层聚丙烯膜)中,将温度探头自上而下插入肉块中心,记录肉块初温,并以夹子夹住蒸煮袋口。将包装好的肉块放入72℃水浴中,水位应完全浸没肉块,袋口不得浸入水中(常将肉样袋置于U形金属框架内,再放入水浴中)。当肉块中心达到70℃时,记录加热时间,并立即取出肉样袋,于流水中冷却30min,水不得浸入包装袋内。

④操作:将平衡后的肉样从袋中取出,吸干表面汁液,并称重。

⑤计算:

$$w = \frac{(m_0 - m_1)}{m_0} \times 100\%$$

式中 w——试样的烹调损失,%;

m_0——试样加热前质量,g;

m_1——试样蒸煮并印迹干燥后质量,g。

至少测同一块肌肉上的两片外形和质量相似的肉片的烹调损失,推荐做三次重复。

⑥注意事项:取样时要保持肌肉的完整性,切割的方向也很重要。加热条件必须控制并记录(如加热速率,终止时中心温度)。中国生鲜猪肉蒸煮损失不超过30.0%,生鲜牛肉、生鲜羊肉不超过35.0%,生鲜鸡肉不超过20.0%。

5. 多汁性检测

熟肉的多汁性有两个感官特征:①初次咀嚼时的湿润感,主要是肉中汁液的释放;②多汁的持续性,很大程度上是脂肪对唾液分泌的促进作用。

多汁性作为对肉质地影响较大的指数,与口腔用力、嚼碎难易程度和润滑程度有关。目前,对多汁性较为可靠的评价仍为人为感官评价。评判大致分为四个方面:①根据咀嚼时肉中释放出的肉汁多少;②根据咀嚼过程中肉汁释放的持续性;③根据咀嚼时刺激唾液分泌的多少;④根据肉中的脂肪在牙齿、舌以及口腔其它部位的附着给人以多汁性的感觉。①、③两个方面最为重要。

目前多汁性的量化测定主要采用哈钦斯(Hutchings)和利昂福特(Lillford

综合考虑口腔力度、咀嚼难易程度和润滑程度建立的多汁性模型。此模型为三维结构,由咀嚼时间、食物结构度和润滑度三个坐标组成。

6. 质构的检测

质构是肉制品最重要的特征,动物的年龄、肉品的加工方法等因素均能对质构产生影响。最早的关于肉品质构的仪器检测项目只涉及肉品的嫩度,而现在,对于肉品质构的检测,要求能反映其在口腔中的整个咀嚼、吞咽过程。当前通行的方法是采用质构分析仪进行质构剖面(TPA)分析。肉类的质构分析常采用双曲线 TPA。可以计算出硬度、弹性、凝聚性和咀嚼性。

肉样按要求制备后放置于金属平台上,此时需要设定压缩比。一般压缩比范围是样品原始高度的 60%~80%,低于 60% 的压缩比不能充分压缩样品使其达到可测量的变化,而大于 80% 的压缩比会使样品在第 1 次压缩时就严重破坏,以至于第 2 次压缩曲线几乎没有或是完全没有信息。在第一次压缩后,探头回到初始位置,然后进行第二次压缩。如图 1-9 所示。

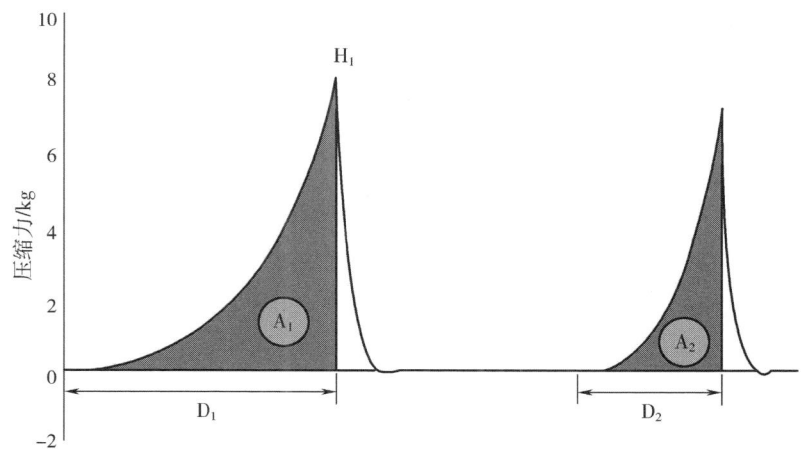

注:硬度 = H_1 = 第 1 次压缩力(kg)。
黏合力 = A_2/A_1 = 第 2 次压缩的面积(mm^2)/第 1 次压缩的面积(mm^2)。
弹性 = D_2/D_2 = D_2 的长度(mm)/D_1 的长度(mm)。
咀嚼性 = 硬度 × 黏合力 × 弹性。

图 1-9 肉类双曲线 TPA
(Casey M. Owens,Christine Z. Alvarado,Alan R. Sams,
2010,POULTRY MEAT PROCESSING,Second Edition)

质构的检测也常常要求进行感官评定,质构的感官评定常分为三个评定阶段,如表 1-1 所示。感官评定比仪器法检测数据更有意义,但是在评定多汁性等指标时由于个人感官差异,结果也会更加复杂。

表 1-1 质构属性的测试指标定义

(Casey M. Owens, Christine Z. Alvarado, Alan R. Sams, 2010, POULTRY MEAT PROCESSING, Second Edition)

术语	定义
第 1 阶段：将样品放于臼齿之间，缓慢压缩样品且不咬通 3 次	
1. 弹性	样品被部分压缩后，恢复原来形状的程度（标尺度：由低到高）
第 2 阶段：将样品放于臼齿之间，以每秒咀嚼一次的速率咬穿样品，多次咬穿，但不超过 6 次	
2. 最初凝聚性	破裂前的形变量（标度尺：低 5 至高 5，即破裂前非常小的形变量到破裂前很大的形变量）
3. 硬度	把样品咬穿至破裂所需的力（标度尺：低至高）
4. 最初多汁性	肉放出的水分总量（标度尺：低且干到高且多汁）
第 3 阶段：将样品至臼齿之间，以每秒咀嚼一次的速率咀嚼样品。在第 15~25 次咀嚼之间开始评估下述特性	
5. 硬度	继续咬穿样品所需的力（标度尺：低到高）
6. 质量凝聚性	在咀嚼过程中，样品如何结合在一起（低 5，纤维容易咬断，大量样品消散；增到高 5，小块状，抵抗破裂）
7. 唾液分泌	操作过程中，产生的与样品混合为吞咽样品做准备的唾液量（标度尺：由无到很多）
8. 颗粒大小与形状	描述样品破裂后继续咀嚼时样品颗粒的大小和形状（标度尺：细小的颗粒到粗大的颗粒）
9. 纤维性	纤维性或黏性的程度（标度尺：小到大）
10. 咀嚼性	（标度尺：软，耐咀嚼，硬）
11. 咀嚼数	准备吞咽样品前咀嚼的总次数
12. 颗粒大小	吞咽时颗粒的大小（标度尺：小到大）
13. 颗粒的湿润度	在准备吞咽时，样品颗粒释放出的水分或感受到水分的总量
第 4 阶段：在吞咽样品后评估下述特性	
14. 易于吞咽性	（标度尺：易到难）
15. 残留颗粒	吞咽后，口腔中残留的颗粒总量
16. 粘牙程度	塞在牙齿中和牙齿周围的物质的总量（标度尺：无到很多）
17. 口腔涂层	吞咽后水和脂肪在口腔中形成涂层的总量（标度尺：低到高）

【问题探究】

1. 肉与肉制品是什么?

"肉"是动物体可食部分的统称,不仅包括动物的肌肉组织,还包括可食用的内脏器官。也常将畜肉称为"红肉",把禽肉和鱼肉称为"白肉"。在食品加工中,将动物可食部分从形态学上分为肌肉组织、内脏组织、脂肪组织、结缔组织、骨骼组织和脑组织等部分。肉在食品加工业一般指畜禽宰杀后除去血、皮(也有保留皮的)、毛、内脏、头、蹄的胴体,包括肌肉、脂肪、骨骼或软骨、腱、筋膜、血管、淋巴、神经和腺体等。完全由肌肉组织组成的肉称为"瘦肉"或"精肉"(lean meat);而将脂肪组织多的肉称为"肥肉";我国常将胴体称为"白条肉";根据分割后相应部位被称为肩颈肉(前槽肉)、臀腿肉(后腿)、背腰肉(外脊)、肋腹肉(五花)、前臂和小腿肉(肘子)等,这些未经其他处理的肉又称原料肉。以肉或可食内脏为原料加工制造的产品称为"肉制品"。

2. 肉的系水力的影响因素有哪些?

肉的系水力是非常重要的指标,不仅影响煮制前肉的外观,而且影响熟制过程中的汁液损失和咀嚼时的多汁性等,在肉品加工时需要注意影响系水力的各种参数的控制。

肌肉中的水分存在形式有结合水、不易流动水和自由水。宰后僵直时,结合水变化很小,胞内自由水流出,导致胞外自由水增加。组织学研究发现宰后僵直过程中至少存在两种胞外环境。肌肉中的绝大多数水分通过毛细管作用存在于粗纤丝和细纤丝之间。当大部分的A带蛋白质被提取后,肌原纤维蛋白仍具有很高的持水能力,说明蛋白质表面的结合水并不重要。肌原纤维之间的间隙大小决定了肌原纤维的持水能力,而间隙的大小又受静电作用的影响。当pH较高时,蛋白质纤丝间的负电荷增加,肌原纤维溶胀,但受到肌动蛋白纤丝与Z线的连接、肌球蛋白纤丝与M线的连接及肌动蛋白与肌球蛋白之间交联的限制。在盐溶液(腌制过程)中,肌原纤维吸收水分,发生溶胀,这是由于纤丝间负电荷增加、肌原纤维之间的空隙增加所致。如果粗纤丝和细纤丝之间的交联不断裂,肌原纤维中网格结构就不能充分溶胀。相反,网格结构溶胀时,交联就会断裂。只有当交联同时分解时,肌原纤维才能充分溶胀,因此,肌原纤维溶胀实际上是一个合力作用的过程,直接影响着肉品的系水力。此外,组织学研究也发现结缔组织的溶胀对肉与肉制品的系水力影响也很明显。

从肉的生产与加工方面来看,肉的系水力的影响因素众多,包括肉在宰后的生理阶段、来源动物种类、年龄、肌肉部位、组织结构、肌肉pH、无机盐、冻结方式、加热温度和时间等。

(1) 生理状态的影响 僵直前的肌肉中ATP含量高,阻止了肌动球蛋白形成,当有盐存在时,肌原纤维溶胀的程度比僵直肉大,系水力更高。此时仅受粗纤丝与 M 线、细纤丝与 Z 线之间连接的影响。当盐含量充足时，A 带将会溶出。

（2）pH 的影响　宰后肌糖原酵解，pH 会逐渐下降至 5.5 左右，接近肌肉中主要蛋白质的等电点（5.3），导致肌肉的持水能力下降。若极限 pH 越高，持水能力变化反而越小。如果宰后肌肉 pH 下降到很低，会导致肌肉出水非常严重。因此，宰后糖原酵解不足或酵解过度都会影响肉的持水能力，前者形成黑干肉，后者形成白肌肉。影响肌肉持水能力的肌原纤维蛋白质受宰后 pH 下降速率的影响。宰后肌肉发生僵直时，ATP 不断减少，形成肌动球蛋白，不管 pH 如何，都会导致持水能力下降，这是因为，肌动球蛋白的持水能力比肌动蛋白和肌球蛋白差；ATP 水平下降到很低时，会导致活体状态下需要能量供应的蛋白质变性。此外，僵直前的肌节收缩也会造成僵直后储存过程中持水能力的下降。肌原纤维间的汁液流出后，稀释到胞浆中，降低了胞内渗透压，使细胞间的空隙增加。当温度过高会造成 pH 下降过快，导致蛋白质变性加速，胞内水分流出增加，进而加速肉的系水力下降。

（3）宰后成熟可提高肉的系水力　尽管肌肉 pH 可能上升，但其与肉的持水能力提高没有关系。系水力的提高更可能是由于离子和蛋白质之间电荷的改变造成的，当肌肉吸收 K^+、释放 Ca^{2+} 时导致净电荷增加。宰后成熟过程中，纽蛋白和肌间线蛋白发生缓慢降解，而踝蛋白发生快速降解，使骨骼肌膜结构遭到破坏，使肌纤维收缩时产生的交联及肌原纤维之间的交联断裂，挤压胞内水分的力被消除，使持水能力提高。

（4）动物年龄的影响　年龄对猪肉持水能力影响不大，但对牛肉影响较大，犊牛肉的持水能力高。这些差异在某种程度上是由于 pH 下降速率和程度不同造成的，猪肉和犊牛肉的 pH 要比其他牛肉高。肌肉之间、肌肉内部持水能力的差异也是由于 pH 下降速率和程度不同造成的，但并不全部都是。不同部位猪肉和牛肉之间水分含量存在很大差异，但这可能与 pH 有关。另外，牛和猪背最长肌的持水能力都比腰大肌差，即使是 pH 下降速率和下降幅度相同时也是如此，表明这两个部位肉中蛋白质的类型不同。

（5）肌内脂肪含量对系水力的影响。肌肉中肌内脂肪含量越高，持水能力越高，其原因未知，可能是由于肌内脂肪使微观结构松散，允许更多的水保留在其中。对于某一个部位的肌肉来说，其内部持水能力可能存在很大差异，甚至极限 pH 恒定的情况下也是如此。但是在生产环节，例如香肠制品在前处理和加工过程中，为了保持香肠的结构，需限制脂肪的用量，因为蛋白质水合物结合脂肪的能力有限，且受到多个因素影响。斩拌可促进可溶性蛋白质的释放，一般在较低温度下进行，如果内部温度高于 22℃，乳化能力就会下降。过度斩拌可增加脂肪颗粒与蛋白质—水相的接触面积，但并不能使其很好地溶到乳浊液中。乳浊液的过度混合，尤其是在 18~22℃时，可能会导致水油分离。

肉糜加工的成功与否与肌肉蛋白质对脂肪和水的结合能力有关。因此，影响肉糜乳化能力的因素非常重要。这类产品中食盐的主要作用是使肌原纤维蛋白疏松，提高脂肪的乳化能力，在 pH 接近等电点时尤其如此。肉糜蛋白质发生乳化时，在水—空气界面中，肌球蛋白的表面活性比肌动蛋白或肌动球蛋白大，肌球蛋白的酶水解产物的表面活性比完整的肌球蛋白小，肌球蛋白头端 S_1 比其尾部的表面活性大。

（6）所有影响肌肉持水能力的因素也适用于冻肉和非冻肉　对于冻肉来说，冻结过程中部分细胞内水分被挤出胞外，导致解冻过程中汁液流失或"出汗"增加，若采取速冻，汁液损失会减少。

（7）pH 对肉的系水力的影响　当 pH 高于肌肉蛋白质等电点时，持水能力较高，pH 低于等电点时，持水能力也较高。但是，后一种情况一般不会发生，因为当 pH 下降到等电点（5.4～5.5）时，糖原酵解酶失活。肌肉 pH 很少会降到 5.0 以下，在传统的酱肉加工中，要用到醋和香辛料等调料，可使 pH 低于等电点，使肉的持水能力增加。通过研究不同部位牛肉在 0.01～0.25mol/L 醋酸溶液中持水能力的变化，可以发现当 pH 由 5.1 下降到 4.0 时，六个不同部位肉的持水能力都增加；且在 pH 为 4.3～4.0 时，背最长肌溶胀率比其他部位肉高。pH 为 5.1～4.4 时，6 个部位肉横向和纵向溶胀率都增加。当醋渍液 pH 达到 4.0 时，白肌纤维含量高的肌肉发生溶胀，而红肌纤维含量高的肌肉发生收缩。pH 为 4.5～4.0 时，肌纤维的溶胀和结缔组织的溶胀决定了肌肉的总溶胀。醋渍过程中肌肉的溶胀率反映了蛋白质的总含量及结缔组织蛋白占总蛋白的比率。pH 低于 4.3 时，在总蛋白含量相对较高的肌肉（如背最长肌）中，肌纤维的溶胀占主要地位，而胶原蛋白的溶胀次之；而在总蛋白含量较低，结缔组织含量较高的肌肉（如冈上肌）中，结缔组织的溶胀占主导地位。在腌渍液中，肌束膜胶原蛋白和肌内膜网状纤维都发生溶胀，且肌内膜薄的肌肉（如背最长肌），溶胀效果更明显。但总的来说，腌渍液对肌原纤维蛋白的溶胀作用比对结缔组织蛋白的作用大。

在适度酸性条件（如 pH5.0）下，腌渍导致熟肉硬度增加。这与此 pH 范围内肌原纤维热变性和胶原蛋白热收缩都加剧有关。这一作用与动物年龄（尽管动物年龄越大，剪切力越大）和肌节收缩程度（尽管肌节越长，剪切力越小）无关。

（8）盐的种类和浓度对肉的系水力也有很大影响　强酸盐，如 NaCl，对提高肉糜混合物的持水能力具有重要作用，表 1-2 列出了不同钠盐和氯化物在离子强度低于 0.4 时的效果。在高 pH 和低 pH 时，钠盐的顺序相同，而对于氯化物，在高、低 pH 时显著不同，在高 pH 时，一价盐比二价盐更有效，但在低 pH 时，二价盐效果更好。

表 1-2　　不同钠盐和氯化物对肌肉匀浆物持水能力的影响

(R. A. Lawrie, D. A. Ledward, 2006, Lawrie's Meat Science, 7th Edition)

pH	离子强度 0.4 时的功效顺序
	钠盐
6.4 和 5.5	$F^- < Cl^- < Br^- < CNS^- < I^-$
	氯化物
6.4	$Ca^{2+} < Ba^{2+} < Mg^{2+} < K^+ < Na^+ < Li^+$
5.5	$K^+ < Na^+ < Mg^{2+} < Ca^{2+} < Li^+ < Ba^{2+}$

离子与蛋白质结合越紧密，水化作用越强。阴离子的作用是使等电点向酸性迁移，只要 pH 高于肉的原始等电点，肉的持水能力都会增强，而胶原蛋白持水能力的增加主要是由于阳离子的作用。在强盐溶液中，肌原纤维持水能力增加，主要有两方面的原因：①静电斥力作用，导致粗丝和细丝网格溶胀；②调控 Z 线和 M 线的作用力、肌球蛋白分子头部和邻近肌动蛋白分子之间的作用力被破坏。NaCl 和焦磷酸盐都有着两方面的作用。

肌纤维在高渗溶液中也会溶胀，起初受肌内膜的约束，但随着时间的延长，溶胀程度增加。这可能是成熟过程中肌内膜结构被破坏所致，也可能是无肌内膜的肌纤维数量增加的结果。在高渗溶液中，肉条的溶胀率比肌内膜完整的肉块高。成熟期间，肌纤维和肌内膜之间的连接弱化，由此可分离不含肌原纤维成分的肌内膜网格。在盐溶液中，肌纤维与肌内膜之间连接弱化，使肌球蛋白的提取更加容易。肌肉中可能含有几种类型的肌纤维，不同肌原纤维对高渗溶液的反应不同，因此不同的肉在腌制中发生不同的变化。人们可以此现象为依据进行肉品腌制过程质量控制。

在高离子强度时，盐具有脱水作用，如离子强度为 0.8~1.0，即盐浓度为 5%~8% 时，持水能力最高。而肌原纤维在浓溶液中也发生溶胀，这是由于为阻抗与肌动蛋白连接的肌球蛋白尾部的旋转运动空间产生热焓溶胀。当 NaCl 浓度为 6% 时溶胀最大。高盐浓度下的脱水作用是由于肌球蛋白沉淀造成的解聚受阻，收缩增加。

若采用 75mmol/L $CaCl_2$ 溶液进行腌渍时，牛肉嫩度提高（可能是激活钙蛋白酶），但有苦味。由于腌渍时间较长，可采取直接注射法来缩短时间。

某些弱酸盐，如磷酸盐和聚磷酸盐，也常添加到肉糜（香肠）中以增加肉的持水能力。不同磷酸钠盐的添加效果不同，由小到大分别为：单磷酸盐、环三聚磷酸盐、二聚磷酸盐、四聚磷酸盐、三聚磷酸盐。三聚磷酸盐可被磷酸酶降解为二聚磷酸盐而发挥作用。

肉在成熟过程中持水能力增加的同时，Ca^{2+} 浓度降低。磷酸盐的作用主要是通过改变离子强度和 pH 来实现的，而焦磷酸盐（在 1% NaCl 存在的条件下）的作用是专一性地解聚肌动球蛋白，分解为肌球蛋白和肌动蛋白，形成肌球蛋白单聚体，该作用与 ATP 有关。焦磷酸盐可降低肌原纤维在 NaCl 溶液中发生溶胀所需的离子强度，在没有焦磷酸盐存在的情况下，仅 A 带中间的蛋白质被提取出来，而有焦磷酸盐存在时，A 带全部溶解。当肌原纤维放置在网格棒而不是放在盖玻片上时，用 NaCl 提取时，肌节中央存在某些物质，可抵抗盐的提取，这类物质可能是肌联蛋白或伴肌动蛋白。用 NaCl 提取 A 带和 Z 线蛋白时，随着盐浓度的提高，提取效果下降，可能是因为肌球蛋白被溶出所致。在活体状态下或宰后僵直过程中，ATP 浓度下降时，形成肌动球蛋白，导致肌肉持水能力下降。而焦磷酸盐可提高肉糜制品的持水能力，表明焦磷酸盐可能对维持宰后高浓度 ATP 有用。

但目前尚无很好的宰前处理方法来防止宰后僵直的发生，宰前注射焦磷酸盐可能引起低钙血症（hypocalcaemia）而导致动物死亡。宰后肉糜制作过程中添加焦磷酸盐可使肌原纤维蛋白的持水能力提高。该方法成功与否和肌肉中残留的 ATP 有关。如果在 ATP 降至产生僵直的水平前添加食盐，并以足够快的速度渗透到肌肉内部，向僵直前的肉中添加 2% 的 NaCl 可防止宰后僵直的发生，此时肌节略有收缩，持水能力略有下降，这主要是由于肌动球蛋白的形成。但食盐并不能阻止 ATP 的降解，恰恰相反，食盐会加速 ATP 的降解。添加醋酸钠不起作用，而氯离子的结合可能起了主要作用。因此，将僵直前的肉切成肉片，之后在 -18℃ 冻结，可限制 ATP 降解，再在食盐溶液中解冻，可防止僵直和收缩。没有食盐的情况下，僵直前冻结的肉在解冻时会出现大量的汁液流失。如果冻结前加盐绞碎，解冻后肉糜的持水能力提高，且持续的时间较长，这是因为在冰点处（约 -1℃），腌肉中 ATP 降解比未腌肉慢。因此，对于僵直前的肉，在冻结前进行腌制要比在绞碎乳化过程添加食盐效果好。如果腌肉在僵直前进行冷冻干燥，香肠的持水能力也会提高。宰后僵直对未腌肉匀浆物的持水能力（蒸煮损失或自然状态下的汁液流失）影响较小，但是僵直后再进行腌制、匀浆时，其持水能力显著下降。说明食盐有两方面的作用：在僵直之前，阻止肌球蛋白和肌动蛋白的结合；而在僵直之后，促进蛋白质的变性。在僵直前进行腌制，冷收缩不影响腌肉糜的持水能力。僵直前腌制可抑制糖原酵解酶的活性，其 pH 要比僵直后腌制的肉糜的 pH 高 0.3~0.4，在此情况下，食盐对口感几乎没有影响。

（9）不同类型的肉，系水力存在差异　在加工乳化肉制品时，快收缩肌肉（白肌，如躯干皮肌）制成的乳化肉制品的凝胶特性与慢收缩肌肉（红肌，如咬肌）制成的肉制品明显不同。躯干肌蛋白形成凝胶的温度比咬肌蛋白低 10℃。在高温条件下，肌原纤维的聚集能力均下降，但咬肌比躯干皮肌聚集程度小，导致其持水能力较高。

（10）蛋白质形成网状结构可包裹脂肪提高系水力　例如，煮熟的猪皮中含有部分变性的胶原蛋白和弹性蛋白，如果添加该物质到肉糜中，可提高香肠制品的持水能力。如果将微生物源转谷氨酰胺酶与肌原纤维蛋白提取物和大豆蛋白混合，可增加凝胶的黏弹性，且可用大豆蛋白代替肌肉蛋白。在香肠加热过程中，蛋白质或肌丝凝聚形成的网状结构包裹在熔化的脂肪颗粒周围，导致脂肪颗粒不能凝聚。网格孔径越小，凝聚越少，持水能力越高。有关脂肪相的转变对乳浊液稳定性的作用仍不清楚。牛脂肪和猪脂肪都有两个热熔变化范围，其中牛脂肪为 3～14℃和 18～30℃，猪脂肪为 8～14℃和 18～30℃，18.5℃以上乳化稳定性与高熔点脂肪的熔化有关。蛋白质的状态是重要的影响因素，如牛半腱肌的乳化能力随着宰后成熟时间的延长而降低（宰后 4 天时的乳化能力比宰后 30min 时低）；如果在 -4℃下储藏，4d 时的乳化能力比宰后 30min 时高。

（11）加热会改变肉的系水力以及嫩度，这点在食品加工过程的应用尤其广泛大块肉煮制过程中经历四个阶段：①40～53℃，肌浆蛋白质和肌原纤维蛋白质变性，肌纤维中的汁液缓慢排出胞外，但没有发生收缩；②温度升至 60℃时，肌膜中胶原蛋白发生热收缩，肌纤维中汁液快速流出；③64～90℃，肌内膜、肌束膜和肌外膜都发生热收缩，肌纤维直径变小，蒸煮损失增加；④延长加热时间，肌外膜、肌内膜和肌束膜中的胶原蛋白依次转变成明胶，肉的嫩度改善。

肉的极限 pH 高时，蒸煮损失中水分损失相对较少；肉糜中添加焦磷酸盐可减少加热过程中的汁液损失。宰后 pH 下降速度越快，蒸煮损失越大，比如猪肉宰后 40min 时的 pH 低于 5.9 时，蒸煮损失达到 40%～50%，而 pH 高于 6.0 时，蒸煮损失低于 20%。因此，宰后成熟可提高肉的持水能力在某种程度上表现为蒸煮损失的降低，但并非所有分割肉的效果都明显。脉冲 NMR 研究发现，80℃煎猪排的多汁性和嫩度主要由细胞内外的水分分布决定。与瑞士约克夏猪排相比，汉普夏煎猪排多汁性更好，主要是因为后者胞内水分含量更高。

优质猪肉蒸煮损失要比劣质猪肉少，前者脂肪含量高，加热过程中脂肪流失多，而水分损失少，这可能与结构的变化有关，脂肪可提高肉的持水能力。肌肉类型对蒸煮损失有一定影响，如腰肉中肌内脂肪含量高，加热时脂肪损失多。

肌肉蛋白质在干热（80℃）条件下，当温度由 0℃上升到 80℃时，游离酸性基因减少，pH 上升，持水能力下降。

在 pH 为 5.0～7.0 时，肉的缓冲能力增加。这是蛋白质变性，尤其是肌浆蛋白的变性所致，与蛋白质多肽链中咪唑、巯基、羟基及羧基和氨基基团的氢键的断裂有关。

一般随着加热温度升高，蒸煮损失增加，但此方面的实验数据较少。将牛肉分别加热到中心温度为 60℃、70℃和 80℃，发现随着加热温度升高，蒸煮损失增加，但水分损失只占总蒸煮损失的小部分，如表 1-3 所示。

表 1-3　　　　　　　　　牛肉中心温度对蒸煮损失的影响

(R. A. Lawrie, D. A. Ledward, 2006, Lawrie's Meat Science, 7th Edition)

蒸煮损失	肉块中心温度		
	60℃	70℃	80℃
总蒸煮损失（占湿重的百分数）	10.5	28.8	40.5
水分损失（占湿重的百分数）	5.6	9.6	14.0

在同一中心温度下，快速加热时蒸煮损失小，多汁性更好。

尽管100℃时，胶原蛋白转变为明胶，可提高肉的持水能力，但由于肌浆蛋白和肌原纤维蛋白严重变性，当温度由80℃升高到100℃时，持水能力明显下降。

由于变性严重，加热时间相对不重要。在70~80℃下加热时，随着时间的延长，肌肉收缩加剧。在肉的加热时间-温度曲线中，70℃时有个平台期，表明在此温度下肉发生了一些化学变化，但似乎不是因为结缔组织的降解。

当加热温度由107℃升到155℃时，肉的多汁性增加。在此温度下，可能会出现部分蛋白质的降解和氨基酸的分解。在烤肉过程中，表面蛋白质的凝固可能会抑制汁液流失，且加热速度越快，凝固层形成越早，收缩越少。同样，直接在沸水中快速煮制要比在冷水中慢速加热时的汁液流失少。明火烤和绝缘加热可降低汁液流失。煮制培根时常有灰白色汁液流出，如果再次加热时，汁液色泽加深，这主要是培根中水分含量高，盐分含量低的原因。流出的汁液中主要含有肌浆蛋白及少量的肌原纤维蛋白。

加热造成肉的水分损失主要是由于蛋白质构象的改变所致。主要肌肉微观变化表现为：薄肌肉片或小肌纤维束在64℃时发生收缩，而在90℃水溶液中加热时，单个肌纤维不仅收缩，且直径变小。40~53℃时，单个肌纤维中水分流出慢，但在60℃时，在新的外力作用下，水分流出加快。部分蛋白质在60℃时发生变性收缩，主要是肌膜中的Ⅳ/Ⅴ型胶原蛋白变性引起。在此温度下，肌纤维中60%的水分被排出，64℃以上时，肌内膜胶原蛋白收缩，但并没有加速水分排出。当小肌纤维束在60℃以下加热时，只发生横向收缩，直径变小；64℃以上时，发生纵向收缩，长度变短；90℃时，其长度只有原来的30%，70%水分被排出。64℃以上时，肉片的收缩加剧，且收缩程度与肌束膜胶原蛋白的含量有关。

综上所述，我们可以发现，肉与肉制品的系水力的增加主要可以通过增加肌原纤维、结缔组织的溶胀，改变加工条件使蛋白质的乳化作用最大化，将脂肪均匀微细地分散进肉制品中等手段实现。

3. 肉的嫩度和质地，以及嫩度的影响因素有哪些？

肉的食用品质特性中，质地和嫩度最重要，直接决定肉在口中的口感，有时甚至会牺牲风味或肉色。但是，这两个词语很难给出确切定义。哈蒙德（Hammond）（1932）认为，质地是肉眼看到的肌肉纵切面中肌束的大小。对于出生后生长速度快的肌肉，如半膜肌，其肌束粗；而生长速度慢的肌肉，如半腱肌，其肌束细。肌束的大小不仅与肌纤维的数量有关，而且与肌纤维的大小有关。随着年龄的增加，肉的质地变粗，但对于肌纤维细的肌肉来说，年龄对质地的影响不如肌纤维粗的肌肉明显。总的来说，雄性动物的肌肉质地更粗糙，体格高大的动物的肌肉也更粗糙，品种对质地也有一定的影响。不同部位牛肉的肌束膜厚度不同，导致其嫩度存在差异。肌束的大小并不是决定肉的质地的唯一因素，肌束周围的肌束膜含量也很重要，肌束膜越厚，肌肉越粗糙。如果仅从结缔组织方面对肉的质地进行定义，那么煮制后肉的硬度和肌束的粗糙度之间应该有直接的关系。但实际并非如此，肉的嫩度与肌纤维直径之间也存在关系。由此看出，用质地和嫩度作为食用品质的特性非常复杂。

在感官品尝时，嫩度的总体印象包括质地，分3个方面：①牙齿初次咬切肉的难易程度；②将肉嚼碎的难易程度；③咀嚼后的残渣量。

现有多种客观评价肉的嫩度的物理方法和化学方法。物理方法有剪切力测定法、穿刺法、咬切法、剁切法、压缩法及拉伸法。化学方法有结缔组织测定、酶法消化等。压缩法是通过一个小孔径装置测定生肉的嫩度，其与专家感官品尝的嫩度较为接近。切断法用于测量牛半腱肌生肉的质地，发现其与熟肉的品质相关。肌束是肌肉破碎的一个重要特征，肌束膜（含肌束）的强度对熟肉的硬度有很大影响，这与主观评价相吻合。

肉的嫩度与肌肉中3类蛋白质有关：结缔组织蛋白（胶原蛋白、弹性蛋白、网状蛋白、基质中的黏多糖）、肌原纤维蛋白（肌动蛋白、肌球蛋白、原肌球蛋白）、肌浆蛋白（肌浆蛋白质、肌质网）。三类蛋白质的重要性与收缩程度、肌肉类型及加热温度等有关。肌原纤维结构的变化可通过剪切力、压缩力和拉伸力来衡量。除了初始值，力的变化反映了结缔组织的状态，而结缔组织的状态可通过测定黏着力来反映。由于肌浆蛋白质是水溶性的，可能对肉的质地作用不大。但是，在离体状态下，蛋白质占肌浆的25%，加热时发生凝聚，一部分变性的肌浆蛋白质与结构蛋白质结合，导致F-肌动蛋白的黏弹性发生改变。因此，肌浆蛋白质对肉的质地的影响不容忽视。此外，肌肉流失的汁液中主要是肌浆蛋白质，其黏弹性为血浆蛋白质（食品工业中用作黏着剂）的2倍。

肉的嫩度除了可以从上述肉品化学和组织学角度考察，还可以从其他多个视角进行研究。

（1）宰前因素对嫩度的影响　动物种类影响嫩度，也影响质地。与羊和猪相比，牛的体格大，肌肉也粗糙。一般认为猪肉中的结缔组织含量比牛肉低，但牛肉中羟脯氨酸含量比猪肉低，每克肉中其含量分别为350～1430μg和420～2470μg。将羟脯氨酸折算成结缔组织含量，可以发现小牛肉的嫩度比牛肉好，但其结缔组织含量比牛肉高，因此，结缔组织类型和含量对肉的嫩度都有影响。品种对肉的嫩度/质地也有影响。体格小的亚伯丁安格斯牛牛肉的嫩度较好,可能与其肌束细小有关。但其他因素也会影响肉的嫩度,如矮脚牛肉的嫩度比正常牛肉差,而双肌牛肉的嫩度与正常牛肉相当。双肌牛杂交的后代的肉也很嫩,如双肌牛亚伯丁安格斯公牛和娟姗母牛杂交的后代的半腱肌硬度比其父本低。

基因影响嫩度。卡朋特(Carpenter)等(1955)发现婆罗门牛肉的嫩度差,与该品种杂交时引入了瘤牛基因(Bosindicus)有关,在澳大利亚,瘤牛基因是影响牛肉嫩度的重要因素。尽管品种之间结缔组织的含量没有显著差异,胶原蛋白的化学性质可能是引起品种间肉的嫩度差异的重要原因。

同一品种内,60%的嫩度是遗传的。由此可见,质地并不是嫩度的唯一决定因素。父系不同,其嫩度也存在差异;不同父系牛胴体的不同部位之间的嫩度差异不尽相同。

即使是同一窝的猪,同一肌肉中结缔组织含量也存在个体差异。相同年龄和屠宰体重的猪,个体之间嫩度的差异与总胶原蛋白含量、成熟交联及非成熟交联的含量关系不大。这种差异可能与宰后糖原酵解速率、蛋白质的自动降解或其他因素有关,其中宰前的生理因素有重要影响。马尔汀(Maltin)等(1997)发现猪背最长肌中快收缩肌纤维的直径与其硬度呈正相关。

动物年龄影响嫩度。随着年龄的增加,结缔组织含量虽然下降,但其嫩度也随之降低。这可能与青年动物肌肉中,结缔组织中成熟交联少有关。当牛的年龄超过18月龄时,嫩度随年龄的变化不明显,如40月龄和90月龄的牛肉嫩度之间差异很小。凝胶电泳表明,随着年龄增加,牛肉中盐溶性和酸溶性胶原蛋白的比例下降,胶原蛋白分子内和分子间的交联含量增加。此外,胶原蛋白的热溶性下降,犊牛肉中热溶胶原蛋白占总胶原蛋白含量的19%~24%,而2岁阉牛为7%~8%,老母牛只有2%~3%;对酶的敏感性下降。羊肉试验也表明,2月龄至8岁的羊,随着年龄增加,熟羊肉的硬度逐渐增加。雅妮娜(Young)和伯拉金斯(Braggins)(1993)认为胶原蛋白含量主要决定羊肉的食用品质,而其可溶性与剪切力密切相关。紫外光学探针研究表明,12~17月龄的牛,随着年龄的增加,牛肉中肌束膜的荧光发射角增加。而17~24月龄时,随着年龄的增加,荧光发射角反而下降,这说明在此年龄段,肌肉组织的肌束膜分离,但肌束膜变厚,光谱变宽。布顿(Bouton)等(1978)指出,年龄与嫩度之间的关系,不仅反映了肌肉组织和结缔组织随年龄的变化,而且也反映了胴体体积增加和肥度的增加,影响到冷藏对肉嫩度的影响,部分肌肉可能会出现冷收缩现象。

阉割对肉的嫩度有影响。布莱斯·琼斯(Bryce-Jones)等采用配对试验,比较公牛肉和阉牛肉的食用品质的差异,发现阉牛肉比公牛肉嫩,背最长肌、半腱肌及7~8肋处肌肉尤其如此。

不同部位肌肉之间嫩度也存在显著差异。许多年以前,拉姆斯博滕(Ramsbottom）和斯坦戴恩（Strandine）（1948）就对牛 50 个部位肌肉的嫩度进行了研究，发现生肉的剪切力（剪切直径 12mm 的肉样所需的力）最小的为背最长肌，最大的为皮肌；熟肉剪切力最小的为腰大肌，最大为胸下颌肌，感官品尝结果与此一致，腰大肌最嫩，胸下颌肌最老。牛肉和猪肉数据表明，尽管腰大肌中基质氮（stroma nitrogen，代表不同来源的不溶性蛋白质）含量比背最长肌高，但腰大肌中羟脯氨酸是最低的。劳埃德（Loyd）和海纳（Hiner）（1959）发现不同肌肉中胶原蛋白和弹性蛋白含量存在差异，且碱不溶性蛋白质中羟脯氨酸含量与嫩度成反比。不同肌肉中肌外膜、肌束膜和肌内膜的相对比例不同，胶原蛋白的类型也不同，胶原蛋白多肽链中成熟交联含量不等，受加热影响的程度也不同，嫩度差异较大。除了结缔组织的影响外，肌肉在僵直前或僵直过程中收缩程度也会影响肉的嫩度。随着对肌肉内在生化特性理解的不断深入，人们在寻找新的方法来改善肉（如脖肉和后腿肉）的食用品质。

同一个部位肌肉的内部，嫩度也可能存在显著差异。如牛半膜肌中，嫩度由近端向远端逐渐下降，牛股二头肌的嫩度由中间向两端逐渐提高；猪背最长肌的外侧比中间嫩。牛股二头肌、半腱肌、半膜肌、股直肌内部的嫩度都存在差异，其中股二头肌差异最明显。因为肌肉内部不同位置之间嫩度存在差异，人们在加工时可将嫩度差的部分切除掉。

一些特殊蛋白质影响肉的嫩度。弹性蛋白是结缔组织中另一个重要蛋白。弹性蛋白分子有个中心核，核内有两个非常规氨基酸：锁链素和异锁链素，主要由赖氨酸衍生而成。弹性蛋白具有抗热变和抗降解能力，是熟肉发硬的主要因素，但除血管外，肌肉中弹性蛋白含量非常低。虽然含量低，但弹性蛋白的韧性对肉的质构的影响也不容忽视，尤其是那些含量相对高的肌肉（如半腱肌）。基质中黏蛋白（mucoprotein）含量很低，包裹胶原纤维和弹性纤维，并与弹性纤维并行排列。

一些细胞器也影响肉的嫩度，如肌质网。肌质网包裹肌原纤维，增加肌原纤维黏弹力，在冻干肉中表现为木质化，故可以归为结缔组织。肌质网也影响无菌、常温（30℃）条件下放置的肉的硬度及冰鲜鱼的硬度。

肌内脂肪会影响嫩度。肌内脂肪（大理石花纹）沉积于结缔组织中，能缓解结缔组织对嫩度的负面影响。因此，饲喂良好的牛肉嫩度较好。

胶原蛋白的含量和质量可通过营养配方来调节，从而改变肉的嫩度。青年动物快速生长可提高非交联胶原蛋白的含量，改善肉的嫩度。注射合成代谢的激素可提高生长速度，但不能改善嫩度，注射 β-兴奋剂导致肉变硬。注射 β-兴奋剂并没有使结缔组织含量增加，可能是形成更多的交联。注射克伦特罗也可使小牛肉的硬度增加。

消费者越来越关心不同肌肉的嫩度及其他食用品质之间的差异。美国已经提出"肌肉图谱"的概念，即根据肌肉的特性分别施以不同的处理措施，从而获得期望的食用品质。即便是品质最差的分割肉也可获得最佳的食用品质。

（2）宰后因素对肉的嫩度的影响　宰后因素影响结缔组织含量、分布和类型。结缔组织和嫩度之间存在间接的关系，就某一个部位肌肉来说，结缔组织含量和类型是固定的，受宰后因素影响而导致嫩度差异较大，其中最重要的是宰后糖原酵解。

①宰后糖原酵解：宰后 pH 的下降速度与熟肉的嫩度呈反比；宰后僵直前的时间与嫩度之间有直接关系。不论是自然的变化还是有意控制，pH 下降缓慢，则嫩度增加，所以在接近活体的温度下使高 pH 维持一段时间，可促进内源性酶如 CASF 作用，可加快嫩化。

在上述条件下，高温僵直收缩不会发生。洛克（Locker）（1960）发现肌肉剥离骨骼后，或处于拉伸状态时，僵直阶段嫩度的下降与收缩程度直接相关（肌动蛋白和肌球蛋白的交联程度）。收缩程度或拉伸程度主要与温度下降到 15℃ 的速度直接相关。如果分离的肌肉放在低于 14℃ 时，收缩加剧；2℃ 时的收缩程度与 40℃ 时相近，熟肉嫩度很差，这就是冷收缩。冷收缩与硬度之间的关系不是线性的。将僵直前的肌肉切块放置在冷收缩温度下，随着僵直前收缩程度增加（由 20% 到 40%），熟肉的硬度也增加；而收缩程度进一步加剧到 60% 时，硬度反而下降。40% 收缩是由于形成了肌动球蛋白交联，宰后僵直过程中交联越多，肉的硬度越大。参照如图 1-10 所示肌纤维结构，电镜下，肌球蛋白丝一端与 Z 线相连，导致硬度增加。在收缩的肌肉中，肌球蛋白凝聚形成聚合体。然而，在非收缩的肌肉中，加热时肌球蛋白凝聚成团块，肌原纤维在 I 带断裂，但在收缩的肌节中不会发生这一现象。沃莱尔（Voyle）和德兰斯费尔德（Dransfield）认为，肌动蛋白和肌球蛋白交联并不是导致肉变硬的唯一原因。布顿（Bouton）等证实，正常 pH 肉的剪切力值与肌原纤维收缩程度有关，收缩时肌纤维的弹性（反映肌内结缔组织的状态）显著增加，表明收缩肌肉中胶原蛋白可导致硬度增加。罗维（Rowe）发现肌束膜的变化与肌节收缩同步。当肌肉收缩时，胶原蛋白的疏松构象变成有序的网格结构。罗德（Rhodes）和德兰斯费尔德（Dransfield）发现生牛肉剪切力随肌肉拉伸而增加，他们认为这是由于拉伸后单位横截面积内结缔组织含量增加所致。大卫（Davey）和温格（Winger）指出，熟肉硬度增加与肌节收缩有关。但也有人发现，将牛胸下颌肌在 37℃ 下僵直收缩或在 2℃ 下冷收缩，之后再在 37℃ 下完成僵直，其硬度并没有增加。在上述情况下，早期的成熟变化已发生，使肉得到嫩化。萨韦尔（Savell）等发现在肌节长度一定的情况，肉中发生的蛋白水解作用越大，肉的嫩度越佳。

将肉在 100℃ 下煮 4h（结缔组织已被破坏），拉伸肌动蛋白丝和肌球蛋白丝至无重叠，此时的抗张强度为非拉伸肉的 2/3。这表明足肌连接蛋白可能是决定熟肉抗张强度的主要因素，但间隙纤丝在成熟过程中发生降解。金（King）发现连接蛋白在 60~80℃ 下发生降解，降解程度比生肉在 2℃ 下成熟 3 周还要大，因此认为

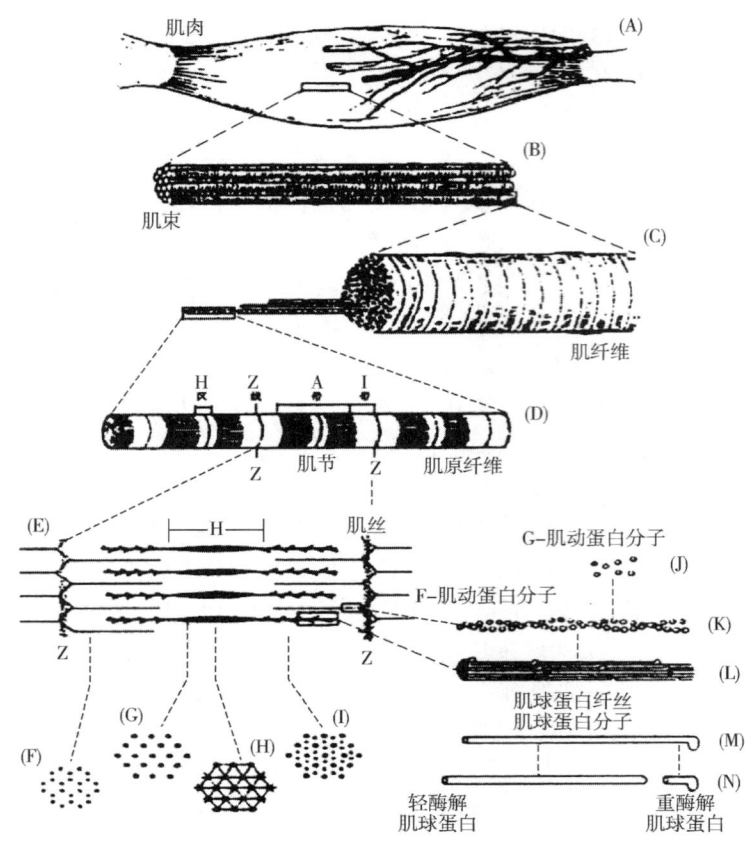

图 1-10 肌纤维结构
（周光宏，2008，肉品加工学）

肌球蛋白单独凝聚或与其他蛋白结合，对熟肉结构完整性的作用比足肌连接蛋白更重要。后来洛克（Locker）和威尔德（Wild）推测足肌连接蛋白主要为伴肌动蛋白和肌联蛋白，而不是 N 线蛋白，成熟过程中足肌连接蛋白的主要变化为伴肌动蛋白的降解。

  肌节长度与肉的硬度之间的关系曲线和结缔组织含量与硬度的关系曲线形状相似，但硬度值的范围不同。当熟肉的肌节长度只有原长度的 40% 时，硬度降低，可能与肌肉结构的破坏有关。实际上，电镜下发现，这一现象可能是由于肌节在收缩过程中发生了断裂所致。当收缩超过 50% 时，肌纤维中出现许多节点，这些节点就是超收缩区域，节点之间出现纤维断裂，导致硬度下降。高压（约 100MPa）对肉的嫩化作用可能也是由于超收缩所致。

  如果僵直过程中采取措施控制肌肉收缩，如不对胴体进行分割，则肌肉硬度与温度没有直接关系。在正常操作条件下，即肌肉保留在胴体上，部分肌肉仍会出现一定程度的收缩，甚至出现部分肌肉收缩，部分肌肉被拉伸，导致即使总体长度固定，局部仍会出现变硬的情况。显然，不可能在宰后一定时间内将胴体所有部分同时从37℃降至15℃。赫林（Herring）等发现即使肌肉保留在胴体上，部分肌肉仍出现了收缩。因此，在宰后糖原酵解过程中，胴体垂直吊挂时，部分肌肉如腰大肌、股直肌肌节长度比水平吊挂时长，硬度比水平吊挂时低。盆骨吊挂是最佳方法。大卫（Davey）等发现垂直处理羊胴体时，股二头肌、半膜肌、背最长肌的嫩度是水平操作时的两倍。与跟腱吊挂相比，盆骨吊挂胴体时背最长肌收缩降低、煮制时嫩度提高。费希尔（Fisher）等也发现，盆骨吊挂猪胴体可显著提高猪肉嫩度，促进火腿（半膜肌、臀股二头肌）中盐分的渗透和产品的得率，对股二头肌制作的火腿没有任何负面影响。吊挂胴体中，多数肌肉被拉伸，降低了肌原纤维收缩和肌纤维内结缔组织变化造成的硬度变化。

宰后立即进行电刺激，可使肌肉 pH 快速下降，防止冷收缩发生。马什（Marsh）等研究了不同电刺激和温度对糖原酵解速率的影响，发现宰后3h时的pH降至5.9~6.0时肉的嫩度最佳。电刺激可加速pH下降，防止冷收缩造成的嫩度下降，但不可能使pH在3h内降至5.9~6.0，因此，嫩度达不到最佳状态。

冷收缩对胴体深层的肌肉如牛的臀腰肉没有影响。因为这个部位起初温度高，且隔热，使得糖原酵解速度很快，在冷却至15℃之前已完成酵解。但如此快速的糖原酵解可能会导致牛肉汁液流失增加，类似PSE猪肉。但如果采取热分割并在15℃的空气中快速冷却，可避免该现象发生。而且，在此温度条件下，肌肉将不会发生冷收缩，甚至避免了体温下宰后僵直所带来的收缩，此时，肉的嫩度比留在胴体时要好，且持水能力增强。

当温度降至冰点以下时，将会严重损害红肉和白肉的肌管系统，使得捕获Ca^{2+}的能力下降。如果在肌肉发生僵直之前，快速冻结使ATP维持在一定水平，解冻时发生僵直现象（除非解冻速度非常快）。实际上，红肉和白肉解冻过程中都发生了解冻僵直，产生明显收缩。冷收缩和解冻僵直都是由于肌动球蛋白ATPase的作用所致。尽管僵直前冻结再进行快速解冻会导致解冻僵直，煮制时肉非常老，但如果不进行解冻直接煮制，肉会非常嫩。这可能是由于高温下肉的pH接近活体pH，大部分水分都保留在肌肉中。僵直前进行胴体或分割肉冻结，之后进行缓慢解冻（-2℃），在冰晶作用下收缩被阻止，此时肌肉收缩和硬化都可得到缓解。德兰斯费尔德发现肌肉僵直前在-3℃下冻结（ATP 降解较快）时嫩度较佳，他认为是钙蛋白酶的催化作用所致。如果肌肉僵直前在-12℃冻藏1个月，ATP降解速度更慢，但1个月以上时，ATP 进一步下降，不具备解冻僵直的条件，不会发生解冻僵直。ATP的降解主要是由于酶的作用，在此温度下，不会发生糖原酵解（快速解冻将会发生解冻僵直，导致明显的收缩）。解冻时糖原快速酵解会产生僵直现象。格雷（Gray）指出，在加拿大中西部，冬天气温可降至-40℃，在强风的作用下，空气的制冷强度大为增加。而牛在农场里被宰杀，之后直接分割，并很快冻结，烹调时肉特别硬，其原因为僵直前冻结，加热过程中解冻并发生僵直。同样，在尼日利亚的乡下，牛肉也特别老，因为这些地方很湿热，为了防止微生物的快速繁殖，胴体在当地市场上分割销售。在 30~37℃ 下，肉质发生宰后僵直，导致收缩。可见，高温收缩也是肌肉变硬的重要因素。

宰后糖原酵解速率不仅影响僵直收缩，而且也影响肉的嫩度。如果 pH 下降过快，就会产生 PSE 猪肉。肌浆蛋白质变性，沉积于肌原纤维上，肌原纤维也发生一定程度的变性，使其溶解性下降。研究表明，肉的嫩度与不溶性肌原纤维蛋白和总蛋白的比率有直接关系。

除了糖原酵解速率外，酵解程度对牛肉、猪肉和羊肉的嫩度也有一定影响。当极限 pH 由 5.5 升至 6.0 时，嫩度下降，而极限 pH 高于 6.0 时，嫩度反而提高。牛肉和羊肉的极限 pH 介于 5.8~6.2 时，嫩度最差。极限 pH 对嫩度的影响主要是由影响蛋白水解酶的活性来实现的。瓦塔纳荷（Watanahe）和德维恩（Devine）发现极限 pH 介于 5.8~6.2 时，肌联蛋白和伴肌动蛋白的降解程度最小，随着极限 pH 的升高，肌原纤维和结缔组织的剪切力和黏弹性都下降。pH6.8 时，肉非常嫩，如同果酱一般，但其总体的接受程度下降。嫩度和 pH 之间的关系因肌肉不同而异。对于羊肉而言，股二头肌、半腱肌和背最长肌分别在 pH 为 5.64、5.90 和 6.05 时最差。如果僵直前迅速加热，导致参与糖原酵解的酶失活，极限 pH 将会很高。pH 为 7.0，分切过程中的肌肉收缩将会减轻，嫩度提高。实际上，僵直前煮制的肉的嫩度与煮制前肉的 pH 直接相关。在高 pH 下，肌纤维溶胀，蛋白质持水能力增加，水分含量高，肉的嫩度得到改善。除了肌原纤维收缩、结缔组织特性对嫩度的影响外，胞内环境和胞外间隙中的水分分布对嫩度也有重要影响。在肌肉 pH 处于肌肉蛋白质等电点上下 2 个单位时，持水能力都提高。因此，在生理 pH 范围内，pH 越高，嫩度越好；pH 位于等电点酸性一侧时，嫩度也提高。在自然状态下 pH 不可能降到那么低，但在腌腊制品加工中会出现。

②成熟：成熟使肉（冷藏 10~14d）的嫩度显著提高，鹿肉等都需要经过成熟来改善嫩度。宰后僵直会导致嫩度下降，但在成熟过程中，嫩度逐渐得到改善。这并非是肌动球蛋白的解聚所致，末端基团没有增加，表明肌原纤维蛋白没有被水解。而且，基质中也没有可溶性的羟脯氨酸，即使在 37℃ 下放置 1 年也是如此，表明结缔组织也没有发生大量水解。虽然结缔组织蛋白水解量很小，但胶原蛋白分子端肽交联明显断裂，可能是溶酶体蛋白酶的作用所致。就肌原纤维蛋白来说，虽然没有大量降解，但发生很多细微变化。钙蛋白酶作用于肌钙蛋白 T（pH6 以上）、Z 线蛋白、M 线蛋白、原肌球蛋白和足肌连接蛋白；而溶酶体酶作用于肌钙蛋白 T（pH6 以下）、胶原蛋白非螺旋端肽交联和基质。肌浆蛋白和骨架蛋白都发生了明显的降解。成熟过程中，这些蛋白质的变化伴随着 Ca^{2+} 的释放和 K^+ 的吸收，使蛋白质持水能力增加。

蛋白组学研究表明，宰后糖原酵解和成熟过程中蛋白质发生了变化，这些变化与后期肉的嫩度有关。

成熟过程中不管上述蛋白质是如何变化的，肉的嫩度都会得到明显改善。肌肉中蛋白水解酶在37℃时的作用比5℃时强，因此高温成熟嫩化所需的时间比低温成熟短。牛肉在20℃成熟2d的效果与0℃下成熟20d的效果相同，且品质差的牛肉成熟嫩化效果更明显，尽管品质差的牛肉最初很老，但成熟以后其嫩度与优质牛肉相似。

威尔森（Wilson）等采用抗生素控制微生物腐败，研究高温（49℃）条件下嫩度的变化。将牛半膜肌浸入土霉素溶液中（浓度为30~50mg/L），切成1.91cm厚的肉块，之后真空包装，分别在2℃、38℃、43℃和49℃下成熟不同时间，煮熟后进行感官品尝，发现成熟组的肉比对照组嫩，且38℃下成熟2d、43℃或49℃成熟1d的肉比2℃下成熟14d的肉嫩。49℃下成熟的肉嫩度提高的幅度比其他组高，但风味不如其他组。38℃下成熟难以控制，即使是经过一定剂量的电离辐射，仍然可能会有大量微生物繁殖。要达到0℃下成熟14d的嫩化效果，最佳温度和时间为43℃、1d。但温度从40℃升至60℃时，成熟速率下降，进一步升高温度，成熟急剧下降，在75℃时停止成熟。潘妮（Penny）和德兰斯费尔德对此也进行了相关研究，发现在3℃和15℃下，嫩度的提高与肌钙蛋白T的水解有很大关系，且温度越高水解速率越快，但在高温下成熟时嫩度改善的程度要小。这可能是因为在高温条件下，蛋白质发生了变性，例如，与0℃成熟的肉相比，37℃成熟的肉不易匀浆。钙蛋白酶和组织蛋白酶B分别在40℃和50℃失去活性，在高温（约60℃）下羧肽酶被激活，降解肌肉蛋白质，但在80℃下降解足肌连接蛋白的能力比60℃时低。

电刺激可避免快速冷却过程中的冷收缩。电刺激可使肌肉pH在温度仍然很高的情况下快速下降，从而激活溶酶体蛋白酶，在pH降至6.0之前，还激活钙蛋白酶。电刺激可加速成熟过程，此时肉的温度仍然很高。如果电刺激后进行快速冷却，虽然不会发生冷收缩，但其嫩化作用无法实现。

欧盟对快速冷却（Very fast chilling）的定义是：宰后5h内胴体中心温度降至 $-1℃$。约瑟夫（Josph）（1996）认为，如此低温条件下，肌肉生物化学特性和肌肉物理特性会发生很大变化，尤其是靠近冷源部分的肌肉变化更强烈。在此过程中释放 Ca^{2+}，一方面导致冷收缩，另一方面可直接嫩化肌肉或激活蛋白水解酶嫩化肌肉。在发展中国家，用干冰冷却热分割肉，这种方法虽然很方便，但容易导致冷收缩，使肉变硬。

如果宰后立即采用高温成熟，肌肉很快进入僵直，产生明显收缩。但如果采取一些限制措施，37℃下高温僵直的肉更嫩（相对于15℃），可能是通过提高钙蛋白酶的活性（pH接近活体时的pH最佳）来实现的；僵直前的肌肉，如果pH下降慢，放在37℃下成熟的肉嫩度最好。哈里斯（Harris）和麦克法兰（McFarlane）

发现在 0~1℃成熟 6 周，牛背最长肌的嫩化速度比半膜肌快。无论胴体是否采用盆骨吊挂，背最长肌的嫩化速度都比牛膜肌快。肌肉拉伸具有嫩化效果，可与传统吊挂方式时的 0~1℃下成熟 2 周的效果相当。

斯坦顿（Stanton）和莱特（Light）发现成熟前牛腰大肌和腓肠肌中肌内膜提取率比指伸肌和冈上肌高，但在成熟过程中指伸肌和冈上肌肌内膜提取率变化更大。西蒙埃斯（Simoes）等发现胴体在 0℃下成熟 7d 后，股二头肌嫩度可准确预测整个胴体的嫩度。总而言之，肌内膜胶原蛋白比肌束膜胶原蛋白更易降解，且肌内膜中，Ⅲ型胶原蛋白比Ⅰ型胶原蛋白更易降解。

③加热：加热对嫩度的影响取决于很多因素，如终点温度、加热时间、肌肉类型等。

加热可使结缔组织中胶原蛋白转化为明胶，使结缔组织变嫩的同时，明胶发生凝聚，导致肌原纤维蛋白变硬。两种作用的强弱取决于加热时间和温度，加热时间对胶原蛋白的软化更重要，而加热温度对于肌原纤维的变硬更关键。因此，对于结缔组织含量高的肌肉，采取低温长时加热较为合适；而结缔组织含量低的肉，适合用高温短时加热。长时间加热的嫩化效果不同于成熟的嫩化作用。

随着加热温度的升高，胶原蛋白溶解性增加。60~65℃时胶原蛋白变性，转化成一种可溶的形式。变性温度是胶原蛋白的重要特征。胶原蛋白在水中加热时，其变性温度为 65℃，而肉在加热过程中，汁液及肌浆蛋白也对胶原蛋白的变化起着一定的作用。64℃加热 10min 时，胶原蛋白的螺旋结构折叠。60~98℃时，牛肉中胶原蛋白的热溶解性随着加热温度的升高而增加。98℃时，胶原蛋白转化成明胶。115~125℃下压力加热时，胶原蛋白很快变成明胶；如果采用蒸馏加热，温度高于 100℃时，胶原蛋白的可溶性明显下降。

由于加热过程中，部分原蛋白会转变成明胶，因此加热到 80℃的过程中，20℃时测定的嫩度比 70℃时差；55℃时的嫩度与其他温度时没有差异。因此，仪器测定的剪切力值（室温）与专家感官品尝的嫩度（热）之间存在一定的差异。

将胸下颌肌在 70℃下加热不同时间，发现加热 40min 以上时，肌球蛋白和肌动蛋白变性，而胶原蛋白和足肌连接蛋白不变性。通过扫描电镜观察，发现足肌连接蛋白具有很强的耐热性，可在 100℃加热 4h 不变性（对于成熟的肉，在钙蛋白酶的作用下被弱化，加热时分解断裂）。金（Jin）采用十二烷基硫酸钠聚丙烯酰胺凝胶电泳（SDS – PAGE）方法发现足肌连接蛋白有一定程度的降解，但很难解释为何加热后肉的结构仍保持完好状态。

热示差扫描分析表明肌动蛋白热稳定性高，在 75℃以下时不发生变性。肌联蛋白的高度变性可能是导致加热过程中肉硬度增加的重要因素。

炖肉时，胶原蛋白溶解性增加，嫩度提高；烤肉时胶原蛋白溶解性也增加，但嫩度变化不大。

微波加热时，肌原纤维蛋白和肌浆蛋白变性程度比传统方法小；这可能与传统方法所需加热时间长有关。另外，微波加热还可提高胶原蛋白的溶解性。

不同的肌肉加热过程中嫩度的变化不一样。如在61℃煮制时，牛背最长肌嫩，而股二头肌老（股二头肌中胶原蛋白含量是前者的两倍）；但在100℃水中炖时，牛背最长肌老，而股二头肌嫩。背最长肌加热到60℃、70℃和80℃时剪切力值没有差异，而半腱肌和半膜肌加热到70℃和80℃时的剪切力与60℃时相比显著降低，这与半腱肌和半膜肌中结缔组织含量比背最长肌高有关。伍德（Wood）等研究了猪背最长肌和臀股二头肌加热到65℃、72.5℃和80℃嫩度的变化，发现在高温条件下嫩度有所下降。

牛胸下颌肌，随着加热温度升高，硬度分两个阶段变化：①40~50℃，主要是收缩蛋白的变性所致；②65~75℃，是由于胶原蛋白变性，肌纤维收缩所致。75℃以上时，随着加热时间的延长，胶原蛋白降解，硬度下降。如果胶原蛋白中含有热不稳定性交联，加热时胶原蛋白溶解性增加，剪切力值下降；相反，如果胶原蛋白含热稳定性交联，随着加热时间延长，肉的硬度和拉伸性都增加。在等肌节长度下加热时，肌纤维膜、肌外膜、肌束膜和肌内膜及其热稳定性交联的含量都会影响肉的硬度。

加热过程中，肌纤维除了自身收缩外，还被变性的肌束膜束缚，肌束膜的强度取决于热稳定性交联的含量。在较高温度下延长加热时间，剪切力下降，可能是由于肽腱和成熟交联的断裂，尤其是肽腱的断裂所致。

扫描电镜观察发现，在50℃下加热1h，肌内膜中胶原纤维变成串珠状，主要是由于相邻肌原纤维蛋白的变性所致。60℃下加热1h，肌膜变性，70℃下分解（肌内膜收缩）。而肌纤维膜可在100℃下加热1h不变性。

宰后僵直收缩程度相同、加热温度相同的条件下，青年牛肉比老年牛肉嫩。犊牛肉加热时，胶原蛋白更易溶解，冷却时形成凝胶。而相同温度下，老年动物肌肉中胶原蛋白溶解性差，肉质老。老年动物中高度交联的胶原蛋白与肌原纤维束缚在一起，即使是变性以后，加热收缩过程中产生的张力更大。

僵直收缩反映了单个肌节收缩的程度，即肌动蛋白和肌球蛋白结合的程度。加热导致肌节收缩，加重了肌肉的收缩。肌节在60℃以下时不发生收缩，而在79℃时收缩。79℃时，M线和I带都发生断裂，胶原纤维也发生了变化（胶原纤维在70℃时发生收缩）。对于未发生收缩的肌肉而言，加热时发生纵向收缩，并伴随汁液流出（横向溶胀则吸收液体），高度收缩的肌肉加热时也发生汁液流出，且加热时发生横向收缩。对于宰后僵直过程中未收缩的肌肉，80℃加热时发生的收缩与冷收缩的程度相近。

前已述及，肌肉水相中肌浆蛋白质的含量高，且肌浆蛋白质易变性。加热到40℃，肌浆蛋白发生沉淀，导致肌原纤维相互黏在一起，形成凝胶。这对熟香肠馅的黏着力具有重要作用。虽然肌浆蛋白是水溶性的，但对质构/嫩度的作用不容忽视。

压力加热可提高肉的嫩度，却导致肌肉蛋白发生不利的生化变化。贝乌克（Beuk）等发现用高压锅在112℃加热24h，45%的半胱氨酸被破坏。酸水解时，肉中的必需氨基酸不受影响；但如果是酶水解，有几种必需氨基酸的含量明显下降，尤其是色氨酸受到的影响最大。100℃以下时，肉的营养价值不受影响，而正常加热过程中肉的中心温度远低于100℃。在澳大利亚，已确定了影响嫩度的宰前宰后的关键因素，并建立了分级体系，用于预测肉的嫩度。

④加工：肉品加工过程也可能影响肉的嫩度。僵直前冻结的肉在解冻时发生糖原酵解，导致僵直，影响肉的嫩度。尽管正常的商业冻结方式对肉的嫩度没有影响，但采用鼓风冻结可使胴体在24h内完全冻结，此种方式冻结的肉的嫩度比冻结前冷却了2~3d的肉差，可能是因为后者已经历了短期的成熟。如果提高鼓风冻结的速度，可使胴体在18h内完全冻结，此时肉的嫩度与冻结前冷却了2~3d的肉差不多。尽管快速冻结可减少微观结构的变化，但由于鼓风冻结的胴体未经冷却，对肉的嫩度影响较大。当冻结速度足够快时，只在肌原纤维内部形成细冰晶，可使僵直后冻结的肉的嫩度得到改善，但对于牛四分体来说，这种冻结速度是无法实现的。此外，对预包装肉进行冻结时，要保证必要的冻结速率。牛热胴体鼓风冻结时肉质变硬可能与冷收缩有关。如果冻结速度足够快，在发生冷收缩前肌肉已冻结，肉的嫩度会提高。

对于冻干肉来说，不论操作条件如何，复水后的产品嫩度都比鲜肉差，且有木质感。这可能是与托盘温度对肌浆蛋白和肌原纤维蛋白质的影响有关，当肉的极限pH高时，这种影响可能要小些。高pH的鲜肉非常嫩，快速冻干再复水后肉的嫩度仍较好。

采用巴氏杀菌剂量（50kGy）的辐射可使肌肉蛋白发生变化，提高肉的嫩度，可能与胶原蛋白分子的变化有关。用50kGy辐射时，分离的胶原蛋白的热变性温度由61℃降至47℃，如果辐射剂量为400kGy，胶原蛋白热变性温度降至27℃。

对宰后新鲜牛肉和羊肉进行短时超高压处理，可使肉的嫩度得到改善。当用$100MN/m^2$的压力处理2~4min时，可使肉的剪切力值降为对照的1/4。显微观察表明超高压处理可使肌肉发生超收缩，组织结构被破坏。麦克法兰发现在30℃下对僵直前的肌肉给予高压处理（100MPa），可使肌肉发生收缩，其程度与冷收缩类似，但硬度没有增加。后来发现超高压和热结合处理（150MPa，60℃，30min）可显著降低肉的剪切力，且对冷收缩的肉也有很好的嫩化效果。高压处理主要影响肌原纤维蛋白，而由结缔组织形成的黏弹性不受高压处理的影响。组氨酸中的咪唑基含量可反映高压处理后蛋白溶解程度。马（Ma）和莱德沃德（Ledward）发现僵直后的牛肉处以高压和热结合处理（60~70℃，200MPa），可使牛肉得到明显嫩化，但黏弹性降低。这可能是由于肌原纤维蛋白和胶原蛋白变性后更利于酶的作用。吉·米乃兹·科尔蒙内洛（Ji minez Colmenero）等认为酶主要作用于肌球蛋白重链或足肌连接蛋白。但胶原蛋白的变化也很重要。如果高压和热处理分开，其嫩化效果不及两者结合使用。

（3）人工嫩化　肉的人工嫩化方法都是些古老的方法，如摔打和切块（使结缔组织被破坏）、（醋、酒、盐）腌渍和酶法嫩化等。古代墨西哥印第安人用巴婆叶包裹肉进行煮制，就是酶法嫩化的雏形。人们将这些传统的方法逐渐现代化。在哥伦比亚部分地区，人们仍有用蕨叶包裹食物的习惯，肉的颜色和质地诱人。蕨叶中蛋白水解酶可加速肌束膜结缔组织的降解，使肉的嫩度提高。

一些植物、真菌和细菌分泌的蛋白水解酶无毒，现已被开发为商业的嫩化剂。最早是浸泡法，但效果不尽如人意，容易表面过度嫩化，出现蘑菇样的质地（有时风味也不好），且酶液不能渗透到肌肉内部。为了解决这一问题，煮制前用叉子将肉戳一些孔，再浸泡在酶液中；或者将酶液泵入肉块的大血管中；或者将冷冻干燥的肉块放在酶液中复水，与浸泡或灌注相比，最后一种方法可使酶液更好地渗入肉块内部。宰前活体注射可使酶液更均匀地分布于肉中。嫩化酶的允许用量为 5% ~ 10%，每 1kg 活重约 0.25mg，注射后，活动量大的肌肉中结缔组织含量高，血管分布丰富，酶的含量也高。当酶的含量达到可嫩化肌肉的水平时，舌、肝等器官会积蓄过量的嫩化酶，导致这些器官煮制时松散开。注射 1 ~ 30min 后将动物宰杀。一般来说，注射的酶对动物没有伤害，因为血液 pH 远高于酶的最适 pH，酶活与 -SH 有关，在活体氧气压下，酶处于失活状态，此外，也达不到酶的最适温度（70 ~ 85℃）。但是，软骨组织中的氧供应有限，可促进活体状态下嫩化酶发挥作用。当给兔注射木瓜蛋白酶后（血液循环时氧分压可暂时使其氧化失活），兔的耳朵耷拉下来。当注射木瓜蛋白酶和无花果蛋白酶（200mg/kg）后动物肝脏发生结构和组织化学变化。宰前注射商用剂量的木瓜蛋白酶可改善冷收缩造成的羊肉变硬。

品种对酶的效果也有显著影响。如果牛的基因中含瘤牛基因成分，将会使木瓜蛋白酶的嫩化效果明显下降。

细菌和真菌蛋白水解酶仅作用于肌原纤维。这些酶首先作用于肌膜，导致细胞核消失，随后降解肌原纤维，最终导致横纹消失。植物源性的蛋白水解酶主要作用于结缔组织纤维，首先降解基质中黏多糖，进而使结缔组织纤维变成无定型的物质。需要指出的是，这些酶不是作用于未变性的胶原蛋白，而是作用于加热时变性的胶原蛋白。弹性蛋白在成熟或加热过程中不发生变化，但注射外源性蛋白水解酶后弹性蛋白发生水解。不同于成熟过程中的嫩化，人工嫩化酶降解结缔组织蛋白，使其变成可溶性的含羟脯氨酸的物质。真菌蛋白水解酶对结缔组织没有作用，对感官品尝时咀嚼后的残渣量也没有影响。

除了添加外源性的蛋白水解酶，也可通过激活内源酶（组织蛋白酶）来嫩化肉。诱导性的维生素 E 缺乏症将会提高溶酶体蛋白酶的活性；过量饲喂维生素 A

可导致溶酶体蛋白酶的释放。

宰前注射皮质激素或维生素 C 缺乏，都会抑制基质中黏多糖和胶原蛋白的合成，从而使肉的嫩度得到改善。

NaCl 及其他盐类对肉的嫩化作用也很重要。宰后向分割肉中灌注食盐溶液，直接或间接提高肉的持水能力，从而改善肉的嫩度，如果使用磷酸盐，pH 升高，从而提高持水能力，改善嫩度。注水也可使肉的嫩度得到改善，不过鲜肉在销售前是禁止注水的。关于 $CaCl_2$ 对肉的嫩化效果，报道不一。宰前注射 $CaCl_2$，可加速宰后僵直，引起肉变硬。如果将肉块浸泡在 $CaCl_2$ 溶液中，肉的嫩度提高，这主要是由于 Ca^{2+} 激活了钙蛋白酶所致，但需在宰后 24h 后浸泡。将肉干在 $CaCl_2$ 溶液中复水，可促进肌原纤维小片化，使肉的嫩度明显提高。但也有人发现 $CaCl_2$ 溶液浸泡可导致肉的汁液流失增加，肉变硬，宰后 0.5~6h 注射 $CaCl_2$，可使肉的嫩度提高；尤其是僵直前注射，作用更明显。这并不是因为钙蛋白酶的作用所致，而是由于 Ca^{2+} 加速了糖原酵解，抑止了冷收缩所致。目前，盐对肉的嫩化作用还需要进一步探索。

此外，注射乳酸可使嫩度差的肉变嫩；僵直前或僵直后注射 100（g/L）0.5mol/L 乳酸，都可提高牛肉嫩度，主要是通过加速溶酶体酶的释放，加速肌球蛋白重链的降解，降低肌束膜胶原蛋白的热稳定性来实现的，但产品出现褐变，可接受性下降。

4. 肉与肉制品的风味是如何形成的？

生肉的滋味很淡，略有甜味、咸味、酸味或苦味，这因肉的化学状态或来源而异。但是肉经过加工后，往往形成令人愉快的风味（主要为滋味和气味）。肉和肉制品风味的形成实际上主要是一些化学或生物化学过程。

（1）肉风味的化学分析　肉的水溶性透析液中含有肌酸和糖蛋白，加热过程中释放出肉味。如果将组成糖蛋白的各种氨基酸和糖、肌醇一起加热，可产生类似于熟肉味的气味。将生牛肉提取物进行凝胶透析色谱分析，可获得许多的组分，其中一半的组分在加热过程中可产生煮牛肉的香味。生牛肉浸提液中 80% 为两种组分，可产生浓烈的香味，其中包括含硫氨基酸（甲硫氨酸、半胱氨酸）和 2－脱氧核糖。将含硫氨基酸（半胱氨酸或甲硫氨酸）和核糖一起加热，可产生猪肉味；如果是其他氨基酸，则产生牛肉味。也有一些人工制备产品，如无机硫化物和碳水化合物反应产生的物质具有肉香味。当硫化物与 2－或 3－甲基丁醛加热时，产生培根味；硫胺素、二乙醛和己醛与含硫多肽加热时，产生禽肉味。亚硝酸盐与氨基酸混合物反应也可产生肉味。

这些经验的观察已得到化学研究的验证，主要包括氨基酸、碳水化合物和脂肪加热过程中的热化学反应。从熟牛肉中已鉴定出 750 种挥发性的化合物，如表 1－4 所示。

表1-4 熟牛肉主要风味成分

(R. A. Lawrie, D. A. Ledward, 2006, Lawrie's Meat Science, 7th Edition)

类型	鉴定出的种类	类型	鉴定出的种类	类型	鉴定出的种类
脂肪烃类	73	内酯	32	噻吩及衍生物	40
芳香烃类	4	脂肪族脂类	27	吡咯及衍生物	20
萜烯类	8	脂肪族醚类	5	吡啶及衍生物	17
脂肪醇类	46	脂肪族氨类	20	吡嗪及衍生物	54
脂肪醛类	55	氯化物	10	χ唑及χ唑啉	13
脂肪族酮类	44	苯类化合物	86	噻唑及噻唑啉	29
芳香族酮类	8	含硫（非杂环）	68	含硫（杂环）	13
脂肪酸类	20	呋喃及衍生物	43	其他	12

很多类型的加热反应可产生肉味。主要包括：肽和氨基酸的热分解、糖的分解、脂肪的氧化、脱氢和脱羧基反应、硫胺素和核苷酸的分解，以及糖、氨基酸、脂肪、H_2S 和 NH_3 的交互反应。

挥发性风味物质主要来自于氨基酸的热分解，首先是斯特雷克（Strecker）降解反应，即氨基酸脱氨基和脱羧基，生成少1个碳原子的醛类化合物；其次是美拉德反应，即氨基和羰基反应，生成系列产物（含氮化合物、1-氨基化合物、1-脱氧-2-酮类化合物）。苯丙氨酸、β-丙氨酸、半胱氨酸和甲硫氨酸热分解过程中产生乙醛，缬氨酸分解产生甲基丙醛，亮氨酸分解产生3-甲基丁醛，色氨酸分解产生吲哚，苯丙氨酸分解产生甲苯和乙苯，半胱氨酸和甲硫氨酸分解产生 CO_2 和 SO_2。氨基酸混合物加热过程中产生的香味物质不一定与肉提取物加热过程中产生的物质相同，可能是由于氨基酸的序列不同所致，这类物质的安全性需要给予充分的关注。

肉中的碳水化合物也是加热过程中产生风味的重要前体物。180℃和220℃时碳水化合物脱水生成不同物质，戊糖脱水生成糠醛，而己糖脱水生成羟甲基糠醛。300℃下，发生焦糖化反应，产生许多香味物质，如呋喃、醇类、芳香族碳氢化合物。

氨基酸和碳水化合物单独加热时可产生香味物质，如果混合后加热，所需的火力要小得多。

水溶性前体物加热时产生各种肉味，脂肪或脂溶性前体物对肉的风味和不同种类肉味之间的差异也有很大贡献。不同种类动物的肌内脂肪存在很大差异，如猪脂肪加热后产生的挥发性羰基化合物包括辛醛、十一醛、2,4-庚二烯醛、2,4-壬二烯醛，而羊脂肪和牛脂肪加热后不产生这类物质；牛脂肪和猪脂肪风味中存在2,4-癸二烯醛，但羊脂肪中不存在；4-甲基辛酸是羔羊肉和山羊肉的主要风味物质，而支链脂肪酸（如4-甲基辛酸和4-甲基壬酸）是绵羊肉中的主要风味物质。这些物质的强度随着饲草中 3 - 甲基吲哚和烷基苯酚的含量的增加而增加。长链醛类化合物可反映不同的饲喂方式，放牧的畜禽肉中含 2 - 十一醛，而谷饲的畜禽肉中含 2,3 - 辛二醇。饲草中亚油酸含量高，使草饲牛羊肉的食用品质与精饲的牛、羊肉的品质存在很大差异。

没有脂肪存在的情况下，肉的风味不佳。但出于健康考虑，人们应尽量减少脂肪的摄入量，促使农户饲养瘦肉型的动物。但猪肉中肌内脂肪含量低于 1.5% 时，风味和嫩度均较差。

熟牛肉和猪肉的顶空挥发性成分中脂源性成分存在显著差异。脂肪对不同动物肉的风味有很大影响。

脂肪中的磷脂而不是三酰甘油酯对熟肉的风味起重要作用。当去除三酰甘油酯后，肉的风味没有多大改变；但如果去除磷脂，肉中脂肪醛类物质含量降低，熟肉中吡嗪含量显著降低。磷脂若参与美拉德反应则抑制了吡嗪的产生。

油酸、亚油酸、α - 亚油酸，在有或无半胱氨酸和核糖的情况下，对熟肉风味形成有作用。当混合体系中只含有亚油酸时，有明显的鱼味。当有 Fe^{2+} 存在时，鱼味更重。

熟肉中常出现过热味，主要是由于脂肪氧化造成的，由于血色素铁和非血色素铁催化的磷脂氧化所致。在冷藏条件下，熟肉的酸败速度比生肉快。任何破坏肌肉膜的操作如斩拌、乳化等都会加速酸败，而抗氧化剂，如亚硝酸盐、磷酸盐、天然中草药、香辛料（如迷迭香）都可延缓酸败。

风味种属特异性可能与氨基酸或脂肪组织中碳水化合物含量有关。气相色谱分析发现，白鲸肉风味成分中有一种在其他哺乳动物肉中不存在的物质；后来发现这种物质是三甲胺，是由于白鲸摄入的磷虾肉中三甲基氧化物被细菌分解后产生的。

除了氨基酸、碳水化合物和脂肪外，硫胺素也是肉的风味的重要前体物质。硫胺素加热分解至少可产生 8 种风味化合物，包括 H_2S、甲酸和杂环呋喃类化合物。2,3 - 二硫呋喃的香味阈值为 2×10^{-14}。

无论是水溶性的前体物还是脂溶性的前体物，对香味物质的产生都具有重要作用。早期检测到肉的风味中有氨气、乙醛、丙酮、二乙醛、挥发性脂肪酸（甲酸、乙酸、丙酸、丁酸和异丁酸）、二甲基硫化物、H_2S 等；随着检测技术的发展，可检出更多的化合物。随着加热时间的延长，H_2S 及其他含硫化合物如甲硫氨酸的浓度增加。熟猪肉中 H_2S 的含量是熟牛肉的 1.2～1.3 倍，主要是因为猪肉中游离的巯基含量高。这些游离的巯基是肉中 H_2S 的来源。煮制 1h 的牛肉中，挥发性物质中 50% 以上为含硫脂肪族化合物，而加热时间延长至 4h 时，杂环类含硫化合物的含量明显增加。

加热过程中，随着加热时间延长或加热温度升高，产生杂环含硫化合物（如噻唑）。水煮牛肉中含 3,5 - 二甲基 - 1,2,4 - 三硫烷，烤牛排中含 2 - 烷基噻吩，烤猪排中含 4,6 - 二甲基 - 2,3,5,7 - 四硫辛烷。

在熟羊肉中含有两种特殊的含硫化合物，顺 - 甲硫醚和 1,2,3,5,6 - 戊硫烷（蘑菇香精），可能是甲醛和 H_2S 反应的产物。羔羊肉中 4 - 甲基，4 - 乙基辛酸含量较高，是羔羊肉的特征风味物质。

吡嗪是另一类对肉的风味起重要作用的杂环化合物，随着加热时间延长，这类物质的含量增加。吡嗪由脂肪族羟胺化合物产生，是肉中风味物质的重要成分。吡咯吡嗪和 4 - 乙酰基 - 2 - 甲基吡嗪都具有烤牛肉味。二环吡嗪具有烤肉味。

烤肉时，过度加热导致噻唑和吡嗪含量增加。加热方式对牛肉风味有影响，未熟透的水煮牛肉或未熟透的微波烹制牛肉中吡嗪含量高，而熟透的水煮牛肉中含苯类化合物。

吡啶是醛类物质和胺类物质反应的产物，也可能来自于氨基酸的热分解（如 β - 丙氨酸和半胱氨酸）或美拉德反应。烤制条件下，脯氨酸和葡萄糖反应生成吡啶。吡啶的产生与动物种类有关，如羔羊肉挥发性风味中烷基吡啶含量的高低，决定其风味的可接受性。

熟透的牛肉风味中含呋喃和大分子烃类化合物，而未熟透的牛肉中含大量的小分子烃类化合物。对于猪肉也是如此。脂肪是呋喃和甲基呋喃的前体物。美拉德反应中碳水化合物和氨基酸之间的阿马多利（Amadori）重排、硫胺素的热分解、核苷酸降解也是产生风味物质的重要途径。呋喃类化合物所呈现的肉味与呋喃环取代程度有关。从牛肉汤中分离出的 4 - 羟 - 5 - 甲基 - 3(2H) - 呋喃酮与 H_2S 反应生成的化合物具有烤牛肉的香味。

加热时还产生各种醇类物质和酯类物质，如加热猪肉时产生异己醇、异庚醇、异癸醇和乙酸酯。

加热也会引起肉中核苷酸的变化。日本科学家认为单核苷酸是肉的风味的重要组分。嘌呤环的 6 位被羟基取代，核糖环的 5 位被磷酸基取代。在日本，谷氨酸、肌苷、次黄嘌呤已被用作调味料。越来越多的人认为这类物质随着浓度的升高或降低，导致风味发生变化，但也有人认为它们的作用很小。

加热时间和温度对肉的滋味和气味都有显著的影响。除高压加热外，肉块的中心温度不会超过 100℃，除非所有水分被蒸干，因此，肉块中心几乎没有风味；加热过程中，肉块表面水分被蒸发，温度较高，有利于产生各种风味物质。但压力加热时，内部温度高，产生的风味物质多，风味更好。随着肉块中心温度的升高，肉的风味增强。

（2）肉的风味（气味和滋味）的变化　受内在和外在因素影响，肉的风味变化较大。外在因素包括种类、品种等。索艾羊肉中吡嗪和含硫化合物（美拉德反应产物）的含量比萨克福羊肉中高。即使是同一品种的肉，风味也可能存在一些差异，这种差异可能是遗传性的。

随着动物年龄增加，肉的风味增强，如犊牛肉风味平淡，而成年牛肉风味足。18 月龄以内，随着年龄增加，牛肉风味增强；18 月龄后风味变化不大。这与风味前体物的阶段性变化有关。青年山羊肉和绵羊肉之间的风味差异较小。

老年动物肉中含有较多的脂肪，且饱和脂肪酸含量高，脂溶性风味前体物都存在于脂肪中。当猪背最长肌肌内脂肪含量增加时，不饱和脂肪酸含量增加，但多不饱和脂肪酸含量下降，风味提高。虽然脂肪对风味来说是必需的，但脂肪含量达到一定水平后，风味不再改变。

不同部位肌肉的生化特性存在明显差异，导致其风味也不同，如腰大肌风味淡而膈肌风味浓。牛背最长肌的风味比半腱肌强。同一年龄牛的 12 个部位肌肉的风味比较实验可以发现股二头肌风味得分最高，冈上肌得分最低。不同牛部位肌肉中风味前体物的含量存在差异。

极限 pH 也是影响肉风味的重要生化指标，总的来说，极限 pH 越高，感官品尝时风味越差，可能是因为肌肉结构溶胀后阻止了风味物质在口腔中的散发。在咸肉中也存在类似现象，即使盐浓度相同，pH 高的培根不及 pH 低的培根咸。除此之外，从正常 pH 的羊肉和牛肉（极限 pH5.5～5.8）蒸馏出的挥发性物质与高极限 pH（6.0 以上）的羊肉和牛肉之间存在显著差异。高极限 pH 的牛肉和羊肉中含有三甲胺、氨气和甲基吡啶。与正常 pH（5.5～5.6）猪肉相比，真空包装高 pH（6.3～6.6）猪肉在储藏过程中产生更多的硫化氢、甲硫醇、二甲基硫化物及其他含硫挥发性物质，这主要是由微生物作用所致。

宰后成熟对风味也有很大的影响。宰后成熟过程中，肉变嫩，风味增强或改变。成熟过程中，大分子烃类化合物、苯类化合物和吡嗪含量显著增加；游离脂肪酸的变化对风味也有影响，如牛背最长肌在 2℃下成熟 21d，肌内脂肪中油酸含量增加。在此过程中，核苷酸逐渐分解，ADP 和 AMP 最终分解为核糖、次黄嘌呤、磷酸和氨气。

上述内在因素使肉类风味产生期望的变化，但消费者对风味的喜好也存在很大差异。

常见的不愉快气味，主要来自饲料中的某些成分，而与饲料的水平和强度没有关系。牧饲动物和精饲动物的熟肉风味之间没有差异（除了年龄的影响），但饲草中含有的特殊风味物质对肉的风味有影响。调查发现西班牙消费者喜欢精饲羔羊肉（$n-6$ 多不饱和脂肪酸含量高）的风味，而英国消费者更喜好牧饲羔羊肉（$n-3$ 多不饱和脂肪酸含量高）的风味，消费者的喜好主要受以前的经验和习惯影响。

为了保持感官品质和控制微生物腐败的多数操作都会导致风味下降。而在腌腊肉制品、肉糜制品和香肠制品加工中，常添加香辛料、调味料（如谷氨酸钠）、糖等物质来增强肉的风味。

腌腊肉制品与非腌腊制品的风味明显不同。猪肉常采用腌渍保藏，时间长，风味足，大多数的风味研究都集中于培根和火腿的风味研究上。

熟火腿与熟猪肉中的挥发性成分存在一定差异。火腿腌制过程抑制了己醛的形成，而对其他羰基化合物影响较小。亚硝酸盐是盐的重要成分，可抑制各种大分子烃类化合物的产生。熟咸肉的顶空成分中 $C_2 \sim C_5$ 羰基化合物含量高。咸猪肉香味主要为低浓度的脂肪氧化次级产物，但挥发性含硫化合物也很重要。咸猪肉煮制过程中 H_2S/硫醇比率增加（5:1），产生其特有的风味。亚硝酸盐对培根风味的形成具有重要作用。培根中含有烷基硝酸盐和腈类化合物，这些物质可能来自于脂肪氧化产物的亚硝基化反应。

培根和火腿煮制过程中，氨气含量增加，甲胺和二甲胺含量下降。

腌制可增加游离氨基酸的含量，煮制过程中产生更多的游离氨基酸。游离氨基酸转变为各种挥发性物质，促进风味的形成。此外，在卤水中添加氨基酸（甲硫氨酸）可提高腌猪肉的风味。

外源性肉类气味和滋味强化如添加香辛料、调味料（如谷氨酸钠）、糖等物质，主要限于腌腊制品和香肠制品。培根和香肠风味与微生物有关。这类产品的风味来自脂肪水解和游离脂肪酸的降解。脂肪酸的降解与微生物的种类有关。为了获得特定的风味，有时接种某些微生物。如把啤酒片球菌（*Pediococcus cerevisiae*）作为香肠的发酵剂；卤水中添加假单胞菌可显著改善风味。发酵剂（不同组合的乳酸菌和葡萄球菌）能决定干发酵香肠的风味物质种类和含量。

肉类气味和滋味的强化和控制已取得很大发展，如在肉糜制品中添加产生风味的微生物或宰前饲喂产生风味的化学物质或微生物（如雅致枝霉）。宰前饲喂不一定理想，但干发酵香肠生产过程中添加外源性的酶可起到很好的效果，该方法已得到应用。

通过制备浓缩肉精可获得水溶性的风味成分。肉精中非挥发性的成分与鲜肉中的成分相似，如盐、乳酸、肌肽、肌酸和次黄嘌呤。将肉长时间加热后得到浓缩肉精，肉精中肌酸含量高，色泽深（氨基酸和糖反应形成美拉德产物），还含有 H_2S 和异戊醛。

（3）肉中异常风味的形成　冻藏 10 年的牛肉具有和鲜牛肉一样可接受的风味，但肉的风味会逐渐损失，这可能是由于高挥发性物质的缓慢释放所致。储藏在 -10℃ 的冻肉中经常可检测到二乙醛气味。在冻藏过程中风味的损失是不可避免的，但令人不愉快的气味是由于微生物作用、化学变质及外来物的污染产生的。

肉块表面微生物产生的气味不如厌氧微生物产生的气味明显，表面微生物产生的是酸味而不是臭味。微生物的脂肪酶分解脂肪，生成各种脂肪酸，产生异味。异味的性质与微生物类型有关，而微生物的类型与储藏温度、产品类型（鲜肉、腌腊制品和肉糜制品）有关。高温、厌氧条件下，如将预包装的培根置于 20℃，则微生物分解蛋白质，产生臭味。如果胴体深层肌肉没有得到及时冷却，且微生物含量偏高时，易出现腐败。

常见微生物腐败案例如下：20% CO_2、80% O_2 气调包装的牛背肉在 3℃ 下储存 28d 后，产生 1-己烯、1-庚烯、乙酸乙酯和苯等异味物质，其中的优势微生物为恶臭假单胞菌。而真空包装的牛肉、100% CO_2 气调包装的牛肉、40% CO_2/60% N_2 气调包装的牛肉异味小，其优势微生物分别为植物乳杆菌和肠膜明串珠菌。植物乳杆菌和肠膜明串珠菌产生挥发性物质中含有丙酮、甲苯、乙酸、乙酸乙酯和氯仿。高极限 pH 的猪肉真空包装后其优势微生物是革兰氏阴性菌，产生挥发性的含硫化合物，具有异味。但在正常极限 pH 的肉中优势微生物为乳酸菌，不产生含硫化合物和异味。真空包装的切片培根中分离到无恒变形菌，该菌产甲硫醇，使肉具有白菜味。肉中微生物引起的异味由弱到强依次为黄油味、干酪味、甜味、水果味、臭味。

由于微生物作用或其他作用产生的游离脂肪酸，可加速氧化酸败。低温（-10℃）长时间冻藏过程中肉质也会发生酸败。脂肪氧化生成 200 多种羰基化合物，很难确定导致异味的具体物质。氧化酸败过程中，脂肪酸种类不同，降解产物不同，异味也不同。磷脂是肉中最不稳定的脂类，可能是加速风味变质的主要因素。牛肉和猪肉肌内脂肪中脑磷脂氧化产生鱼腥味，而肉中其他脂质的氧化产生的异味少。提高肉的 pH，可延缓冻藏时猪脂肪的氧化。当用甲醛处理不饱和脂肪酸含量高的饲料，再饲喂猪时，猪脂肪中不饱和度高，有明显的油味。用同样的饲料饲喂反刍动物后，脂肪酸败仍很严重。肉中可能还含有消费者讨厌的甜味，甜味主要来自于顺 -6-十二烷酮，而油味来自于反 -2,4-十二烯醛。

通过宰前补饲亚麻籽油（α-亚油酸含量高）和鱼油（EPA 和 DHA 含量高），可改变羊肉中 $n-3$ 多不饱和脂肪酸含量，加热时多不饱和脂肪酸发生自氧化，芳香风味增强。

尽管反刍动物瘤胃中的微生物可氢化不饱和脂肪酸，饲喂亚麻籽油和鱼油的同时补饲核糖和半胱氨酸，可提高脂肪的不饱和度。宰后煮制过程中核糖、半胱氨酸和脂肪酸发生美拉德反应，使肉的风味增强。但该饲喂方法并没有提高多不饱和脂肪酸与饱和脂肪酸的比例。饲喂大豆油和亚麻籽油混合物（2:1），可使多不饱和脂肪酸与饱和脂肪酸之比提高到 3，但对 $(n-6):(n-3)$ 之比没有影响。

除了瘤胃微生物的氢化作用，日粮的性质对脂肪组成也有影响。分别以白三叶和多年生黑麦草饲喂羔羊，则其皮下脂肪中己酸及其支链异构体、十六碳不饱和脂肪酸（油酸、亚油酸和亚麻酸）含量存在显著差异。

虽然有机食品备受欢迎，但是牧饲牛肉比谷饲牛肉风味要差，前者不饱和脂肪酸含量高，且有青草味，存在适口性差、冻藏后脂肪变质严重等缺陷。牧饲牛肉重组加工时，添加没食子酸丙酯和牛肉香精，可提高其适口性。

宰前饲喂喷洒过狄氏剂的作物，牛肉可能会有杀虫剂的气味；如果牧草掺杂有独行菜（有治疗肠炎作用）和豚草等杂草，那么牛肉中不会产生吲哚和粪臭素（色氨酸的代谢产物）。公猪肉中常有粪臭味，主要是因为公猪体内雄甾酮分泌旺盛，导致动物采食量下降，胃肠道内容物停留时间长，肠道微生物分解色氨酸，产生了粪臭素。宰前牧饲可导致绵羊肉中出现多种异味。在特定的季节、特定的生长阶段、特定的土壤条件下都会产生上述异味。宰前饲喂中性饲草，可避免羊肉中出现上述异味。

煮制猪肉时，有时出现明显的公猪味，这种气味在公猪肉和母猪肉都可能发生。产生这种气味的物质是脂溶性的，但不被皂化。宰前注射雌己酚可消除公猪味。该气味物为 5α-雄甾酮-16-烯-3-酮，存在于活重100kg以上的公猪的肉中，但仔猪和母猪肉中没有该物质。在公猪的颌下腺中，该物质以醇形式存在。女性比男性对公猪味更敏感。当雄甾酮浓度高于 $1\mu g/g$ 时，才会对肉的食用品质产生明显的影响，因此，50%以上的公猪肉具有可接受的食用品质。可采用一种简单的方法（将猪脂肪放在375℃电烙铁加热，根据产生的气味即可检测）尽早检测商品肉中的公猪味。

在特定的加热条件下，蛋白质分解产生 H_2S，可与异亚丙基丙酮反应，生成各种化合物，包括4-甲基-4-戊硫醇-2-酮，该物质具有难闻的腥臭味。苯类物质经常用于绵羊的临床诊断，在绵羊肉中也能检测到这类物质。

肉经常需要冻藏很长时间，运输到不同的地方。但在冻藏及运输过程中从外界（如柴油、水果）吸收各种异味，导致产品失去商品价值。为了避免这种现象，通常在冷库中放入活性炭吸附这些异味。冷藏（高于或低于冰点温度）时产生的异味一般不是由于冷藏本身造成的，而是其他工序操作，如脱水、冷冻干燥、辐射等造成的风味变化。肉干和冷冻干燥肉在有氧气存在的条件下容易发生氧化酸败，在高温条件下还产生油粉味和油漆味。在无氧条件下，由于美拉德反应产生苦味物质。

辐射也会导致肉的气味和滋味的变化，牛肉中 H_2S、硫醇、羰基化合物、醛类化合物都是异味的重要来源。包装内添加抗坏血酸等保护剂可消除异味，在冰点以下进行辐射，可减少异味的产生。储藏过程中，辐射灭菌的肉有腐败味和苦味，这是由于蛋白水解酶作用于蛋白质产生酪氨酸的缘故。

长时间加热也可导致肌肉蛋白质降解，产生 H_2S。在177℃下烤2h至中心温度82℃时牛排的气味和滋味要比在288℃下烤1h至中心温度82℃时的牛排差。肉类罐头加工过程中由于长时间高温加热，导致香味成分发生明显变化。牛肉罐头高温短时加热可减少异味物质（醛类和含硫化合物）的产生。灌制前添加赖氨酸和精氨酸，可降低牛肉中醛类的含量，添加延胡索酸和丙二酸，可降低含硫化合物的含量。牛肉罐头在20℃下存放12个月后肉味下降，但在121℃下重新加热时肉的风味有所恢复。

5. 肉色的影响因素分析

肌红蛋白不同于血红蛋白，除放血不当外，肉色并不是由血红蛋白产生的，而是由肌红蛋白决定的。肉表面的色泽不仅取决于肌红蛋白的含量，还与肌红蛋白分子的类型、化学状态及其他成分的物理化学状态有关，如表 1-5 所示，而这些又受到许多外在因素的影响。

表 1-5　　　　　鲜肉、腌肉和熟肉中的色素

(R. A. Lawrie, D. A. Ledward, 2006, Lawrie's Meat Science, 7th Edition)

色素	形成方式	铁离子状态	血色素核的状态	球蛋白的状态	颜色
1. 肌红蛋白	高铁肌红蛋白还原、氧合肌红蛋白脱氧	Fe^{2+}	完整	天然	紫红色
2. 氧合肌红蛋白	肌红蛋白氧合	Fe^{2+}（或 Fe^{3+}）	完整	天然	鲜红色
3. 高铁肌红蛋白	肌红蛋白或高铁肌红蛋白氧化	Fe^{3+}	完整	天然	褐色
4. 亚硝基肌红蛋白	肌红蛋白和一氧化氮结合	Fe^{2+}	完整	天然	粉红色
5. 亚硝基高铁肌红蛋白	高铁肌红蛋白和一氧化氮结合	Fe^{3+}	完整	天然	深红色
6. 亚硝酸盐高铁肌红蛋白	高铁肌红蛋白和亚硝酸盐结合，且亚硝酸盐过量	Fe^{3+}	完整	天然	棕红色
7. 球蛋白血色素原	加热、变性剂作用于肌红蛋白和氧合肌红蛋白；球蛋白的辐射，血色素原	Fe^{2+}	完整（通常与蛋白质结合，球蛋白除外）	变性	暗红色
8. 球蛋白高铁血色素原	加热、变性剂作用于肌红蛋白、氧合肌红蛋白、高铁肌红蛋白和血色素原	Fe^{3+}	完整（通常与蛋白质结合，球蛋白除外）	变性	褐色（灰色）
9. 亚硝基血色素原	加热、变性作用于亚硝基肌红蛋白	Fe^{2+}	完整	变性	鲜红色（粉红）
10. 硫化肌红蛋白	H_2S 和 O_2 作用于肌红蛋白	Fe^{2+}	完整（一个双键饱和）	天然	绿色
11. 高铁硫化肌红蛋白	硫化肌红蛋白氧化	Fe^{3+}	完整（一个双键饱和）	天然	红色
12. 胆绿蛋白	过氧化氢作用于氧合肌红蛋白和肌红蛋白，抗坏血酸和其他还原剂作用于氧合肌红蛋白	Fe^{2+}（或 Fe^{3+}）	完整（一个双键饱和）	天然	绿色

续表

色素	形成方式	铁离子状态	血色素核的状态	球蛋白的状态	颜色
13. 亚硝酸盐血色原	亚硝酸盐过量，加热作用于亚硝基高铁肌红蛋白	Fe^{3+}	完整但处于还原状态	无	绿色
14. 高铁胆红素	同 7–9	Fe^{3+}	卟啉环打开	无	绿色
15. 胆色素	同 7–9	无 Fe	卟啉环被破坏	无	黄色或无色

（1）肌红蛋白的含量与化学特性　一般情况下，肌肉的活动量越大，肌红蛋白含量越高，但不同种类、品种、性别、年龄、肌肉类型及运动方式等也会导致肌红蛋白含量的差异。野兔肉中肌红蛋白含量比家兔高，赛马肉中肌红蛋白含量比挽马高，公牛肉中的肌红蛋白含量比母牛高，阉割牛肉中肌红蛋白的含量比青年牛高。淡红色的犊牛肉最受消费者欢迎，但是犊牛肉的色素成分主要为血红蛋白。

运动方式影响肌红蛋白含量。比如持续运动的膈肌中肌红蛋白含量要比间隙性、低强度运动的背最长肌高；牧饲动物肌肉中肌红蛋白含量要比圈养动物高。营养水平和特性也影响肌红蛋白含量——高能量水平或日粮中缺铁都会导致肌肉中肌红蛋白含量很低，但两者的作用机理不同。日本消费者喜好浅红色的牛肉，而欧洲消费者更喜好鲜红色的牛肉。有证据表明，宰前饲喂绿茶可降低牛肉中肌红蛋白的含量。令人奇特的是，同一肌肉中相邻部分（1cm 左右）肌红蛋白含量也可能相差数百倍。

不同种类动物的肌红蛋白分子形态存在很大差异，如牛肉和猪肉中的氧合肌红蛋白（鲜红色）和高铁肌红蛋白（褐色）的色调不同。都在鲜切状态下，猪背最长肌表面氧合肌红蛋白的形成速度比牛背最长肌快。

肌肉表面的色泽主要与肌红蛋白分子的化学状态有关。肌红蛋白分子包括一个血色素和一个球蛋白组分。相对分子质量为 17000。血色素（铁卟啉）是由 4 个吡咯形成的环和一个铁离子组成，铁离子位于环的中央。铁离子以还原态和氧化态形式存在。还原态的 Fe^{2+} 能与 O_2、NO 等气体结合；但球蛋白部分发生变性时，氧结合能力下降，还原态氧氧化增强，形成 Fe^{3+}，但与 NO 的结合更加紧密。因此，能引起球蛋白变性的因素都能加速脱氧肌红蛋白（紫红色）和氧合肌红蛋白（鲜红色）的氧化形成高铁肌红蛋白（褐色），主要是由于低氧条件下，肌红蛋白体系还原能力下降；而同样条件下，亚硝基肌红蛋白转化为亚硝基血色素原，使腌肉的色泽稳定性增加。在这些色素中，铁离子为还原态的，但亚硝酸还可与高铁肌红蛋白反应生成亚硝基高铁肌红蛋白。

无论是鲜肉中的肌红蛋白、氧合肌红蛋白和高铁肌红蛋白，还是腌肉中的亚硝基肌红蛋白和亚硝基高铁肌红蛋白，血色素环和蛋白质都是没有变化的，只是铁离子的价态和颜色发生了变化。在加热过程中，球蛋白变性，但血色素环不变化，与红色的球蛋白血色素原、褐色的球蛋白血色素原、粉红色的亚硝基血色素原中的血色素环没有区别。熟肉中的色素复合物为变性的血色素蛋白，这些蛋白可能包含几种变性的蛋白质，而不仅仅是球蛋白。褐色的球蛋白血色素原经过辐照后转变成红色的球蛋白血色素原。在硫化氢和氧气同时存在的条件下，血色素环被还原，肌红蛋白转变成绿色的硫化肌红蛋白；而在过氧化氢和抗坏血酸（或其他还原剂）作用下，血色素环被还原生成绿色的胆绿蛋白；这些是由于微生物的作用造成的，也存在于受伤的活体组织中。当肉的极限 pH 高于 6.0 时，更容易形成硫化肌红蛋白，而在 pH 较低的情况下，产 H_2S 的微生物生长受到抑制，不会产生硫化肌红蛋白。在较为极端的条件下，卟啉环被打开，而铁离子保留在其中，形成绿色的高铁胆绿素；如果环境条件进一步加剧，导致卟啉环中的铁离子丢失，卟啉与蛋白质分离，并展开，形成黄色的吡咯或无色的胆色素，腌肉中过量的亚硝酸盐与肌红蛋白反应，生成深红色的亚硝基高铁肌红蛋白。

煮制前，鲜肉中氧合肌红蛋白最重要，只存在于肌肉表面，呈鲜红色。宰后相当长的时间内，肌肉中细胞色素酶可以利用氧。尽管肌肉内部没有氧气，但暴露在空气过程中，肌肉表面的氧气向内部扩散，当氧气扩散速率与细胞色素酶的吸收速率和肌红蛋白的吸收速率达到平衡时，不再向深层扩散，肌红蛋白与氧气结合后形成氧合肌红蛋白。氧气渗透的深度与肌肉表面的氧气压力、肉中氧气扩散系数，以及氧气消耗速度有关。从肉的表面至氧合肌红蛋白：脱氧肌红蛋白为 1∶1 的厚度（即氧渗透最大厚度的 84% 处）之间，氧合肌红蛋白占主导地位，呈鲜红色。由于呼吸酶活性不同，在相同条件，不同肌肉的氧气渗透深度不同。如同时将马腰大肌和马背最长肌在 0℃ 下放置 1h，前者氧气渗透层的厚度为 0.94mm，而后者为 2.48mm，主要因为前者的呼吸作用强，而后者的呼吸作用弱所致。

培根中氧气的渗透深度可达 4mm，主要是因为在高盐浓度下，呼吸酶的作用受到了抑制。当环境温度下降时，氧气扩散系数和呼吸作用都下降，但前者下降幅度比后者小；因此，0℃ 下氧合肌红蛋白层比 20℃ 下的氧合肌红蛋白层厚，低温条件下储存，肉的表面色泽更加鲜艳。

熟肉色素主要为褐色的球蛋白血色素原，熟培根中的主要色素为红色的亚硝基高铁血色素原。有研究表明烟酰胺血色素原也是熟肉色的重要成分。不加硝酸盐或亚硝酸盐的帕尔玛火腿的粉红色主要来自于 Zn 原卟啉 I。不同于鲜肉，熟肉中的褐色是消费者乐意接受的品质特性。加热温度影响色素转化的程度。因此，加热过程中，牛肉的中心温度为 60℃ 时内部呈鲜红色，60~70℃ 时呈粉红色，而达到 70~80℃ 或更高温度时呈淡褐色。在较低温度条件下，肌肉中的肌红蛋白可发生很明显的变化，而在溶液中却几乎没有变化。65℃ 以下，肌红蛋白的变性

（色素的提取率）主要是由于酶的作用或协同沉淀作用而非温度导致的。肌红蛋白是热稳定性的肌浆蛋白之一，但在 80~85℃时完全变性，可依此判定肉是否加热到 90℃。在此温度条件下，口蹄疫病毒已被灭活。为了预防 E. coli O_{157}：H_7 等病原微生物的危害，需要将肉糜制品加热到 70℃并至少保持 2min，直到肉色变褐，此条件下，在肌红蛋白变性转变为肌血色素原前，微生物已被杀死。但有研究发现，杀死羊肉中的 E. coli O_{157}：H_7 所需温度比肌红蛋白变性温度高，且不同的肌肉所需的褐变温度不同。肌肉煮熟时微生物未必被杀死。有人建议把脱酰胺肌动蛋白的含量作为评价肉熟化程度的指标。研究发现牛背最长肌和半膜肌中盐溶性含氮物质的含量随加热温度升高（40~90℃）而下降，采用热示差扫描法测定牛肉热解曲线中三个峰值随蛋白热变性的变化时发现，热解峰值与变性的起始阶段有关，热解曲线面积与加热持续的时间有关。这些特征可用来判定肌肉受热程度。

熟肉色的形成还包括碳水化合物的焦糖化和还原糖与氨基化合物之间美拉德反应。宰后猪肉中碳水化合物水解产生大量的还原糖，加热过程中发生美拉德反应。猪肉中肌红蛋白含量较低，因此，美拉德反应就决定了猪肉的褐变程度。此外，加热过程中血红素释放大量的铁离子，加速了脂肪氧化。

（2）变色　肉的极限 pH 影响肉色。如果肉的极限 pH 很高，细胞色素酶的残余活力高；且肌肉蛋白的 pH 比其等电点高很多，蛋白质与水分结合紧密，导致肌纤维被紧紧包裹在一起，限制了氧气的渗透。这种情况下，鲜红色的氧合肌红蛋白层就会很薄，而紫红色的脱氧肌红蛋白占主导地位，使肉色很深，典型的产品为黑切牛肉和双色培根。

此外，高极限 pH 时，肌红蛋白的光吸收发生改变，使肉的表面色泽发暗；而低极限 pH 肉的表面色泽较鲜艳。

PSE 肉的肉色苍白，一方面是由于肌红蛋白含量相对较低，另一方面与肌红蛋白的化学变化有关。肌红蛋白的化学变化有两种情况：①pH 下降过快，导致肌浆蛋白包括肌红蛋白在高温、低 pH 条件下发生变性；②极限 pH 过低，导致肌红蛋白变性。上述两种情况下，肌红蛋白氧化形成高铁肌红蛋白，而高铁肌红蛋白的色强度很低。此外，肌红蛋白的结构是开放的，可散射光。NN 基因型的猪肉肉色比 nn 基因型的猪肉色稳定，主要是因为 nn 基因型的猪肉中高铁肌红蛋白生成速度快。肌肉对光的折射率与 pH 和苍白程度呈反比。

高铁肌红蛋白是肌肉表面最常见的色素成分，当肌肉表面 60% 的肌红蛋白以此形式存在时，就呈褐色。如前所述，凡是能引起球蛋白变性的因素，如加热、低 pH、盐、紫外线等都会加速肌红蛋白或氧合肌红蛋白转变为高铁肌红蛋白。如果在低温条件长期保藏或在高温条件下短期保藏，都会导致肉块表面干燥，增加盐的浓度，从而加速高铁肌红蛋白的形成。低温会直接或间接降低需氧酶的活性。

在 533.3Pa 氧分压下，高铁肌红蛋白的生成速度最快，因此褐色的高铁肌红蛋白层位于肉的表面层之下。腌肉中肌红蛋白的氧化，即亚硝基血色素原含量与氧分压呈正比，经过包装的腌肉，其褐变速度随氧分压的增加而增加；而包装的鲜肉中氧分压越高，其褐变越慢。羊肉对氧气的需要量比牛肉和猪肉高，这可能是导致新鲜羊肉更易褐变的重要原因。

无论是在无氧还是有氧条件下，高铁肌红蛋白都可被细胞色素酶及辅酶 NADH 还原。牛肉和羊肉中氧气吸收量和辅酶 NADH 含量有关。肌肉中存在高铁肌红蛋白还原酶，NAD 是其辅酶，在 50℃时该酶失活；但有研究表明，肌肉还存在另一种形式的高铁肌红蛋白还原酶，具有更强的耐热性，在 70℃时才失活。因此，未经腌制的熟肉内部呈粉红色。

NADH - 细胞色素 b_5 还原酶催化的高铁肌红蛋白还原反应主要由线粒体膜上的细胞色素 b_5 和肌质网上的细胞色素 b 完成。有氧条件下，还原酶的活性与高铁肌红蛋白含量呈负相关，但在无氧条件下两者之间无相关性。不同肌肉中肌红蛋白的氧化程度与高铁肌红蛋白的还原力之间没有关系。

如同血红细胞中血红素的变化机制，高铁血红蛋白形成的同时，也会被黄素蛋白酶（flavoprotein enzymes）还原。为了获得理想的鲜红肉色，大多数预包装鲜肉都需放在透氧包装袋中，但几天后，即使在低温条件下，肌肉表面的肌红蛋白也开始氧化形成高铁肌红蛋白，或高铁血色素原。这种变化最初是由肌红蛋白中球蛋白的变性引起的。正因为如此，鲜肉仓储式透氧包装的发展受到了限制。如果采用真空包装，细胞色素酶可还原高铁肌红蛋白，生成紫红色的脱氧肌红蛋白。真空包装的鲜肉（如不透氧热缩包装）可在冷藏温度下保藏数周。销售前去除包装时，脱氧肌红蛋白重新氧合，形成鲜红色的氧合肌红蛋白。鲜肉的仓储式包装就是根据这一原理而设计的。

充气包装广泛用于延长冷却肉的货架期，常用气体为 CO_2 或 N_2。由于此类包装中氧气含量非常低，肌肉表面的肌红蛋白氧化形成高铁肌红蛋白。但在开袋销售过程中，高铁肌红蛋白可被肌肉中的还原酶还原成脱氧肌红蛋白，之后再进行氧合。尽管褐变现象很短暂，但如果包装时间过短，色素变化还未达到平衡状态时即开袋，褐变难以恢复正常，影响肉的正常色泽。褐变程度和持续时间与包装内氧分压和浓度有关。

一氧化碳肌红蛋白呈樱桃红色，是预包装鲜肉的重要成分，该色素比氧合肌红蛋白更稳定。CO 气调包装冷却肉可在 3℃下保持 15d 不变色。在包装条件下，樱桃红色的一氧化碳肌红蛋白比氧合肌红蛋白更稳定，可能会掩盖微生物造成的变质。在 60% CO_2、40% N_2 的包装中加入 0.4% 的 CO，即可起到很好的护色作用，对人体也不会造成毒害作用，但 CO 气调包装还没有被人们所接受。研究发现，CO_2 和 O_2 组合气调包装也可保持氧合肌红蛋白的鲜红色，同时 CO_2 还可抑制微生物的生长。由于不同肌肉内在的生化特性不尽相同，导致宰后鲜肉中肌红蛋白氧化的进程不同。如在空气中，牛、猪腰大肌和臀中肌的高铁肌红蛋白的生成速度比背最长肌快，即使是在相同的 pH 条件下也是如此。这主要是因为腰大肌和臀中肌的极限pH高，细胞色素氧化酶和琥珀酸脱氢酶活性高，导致氧气消耗量大。但在氧气充足的低温条件（4℃）下，牛腰大肌、臀中肌和背最长肌的抗褐变能力相当。

此外，NO存在于正常的机体内，主要由细胞内的NO合成酶生成。NO参与机体内许多重要的生化反应，如与过氧化物反应生成过（氧化）亚硝酸盐，该反应可能促进高铁肌红蛋白的形成，加速鲜肉的褐变。

在现代包装和展示条件下，鲜肉和腌肉的褐变现象非常严重。可见光对鲜肉色和腌肉色的影响程度不同，3天之内不会对鲜肉肉色产生太大影响，但腌肉中亚硝基肌红蛋白1d之后即发生分解，出现明显的褐变。未完全熟化的腌肉更容易褐变。在一定的曝光时间和光强度下，白炽光、钨光和荧光都会导致褐变。尽管紫外光对腌肉的褐变作用比可见光小，但可导致鲜肉褐变，可能是由于肌红蛋白中的球蛋白变性所致。冷冻并不能阻止或延缓光引起的褐变变化。

人们已尝试多种措施来控制由高铁肌红蛋白引起的褐变，如在高铁肌红蛋白刚形成时，或肌红蛋白中的球蛋白大量变性之前，向肉制品中添加抗坏血酸，可还原高铁肌红蛋白，形成稳定的肉色；也可添加烟酸来减缓肌红蛋白的氧化。抗坏血酸可通过宰前注射的方式加入；每100g肉中烟酰胺的浓度达到60mg时，可减缓高铁肌红蛋白的生成；而烟酸却加速高铁肌红蛋白的生成。某些国家禁止采用注射抗坏血酸或添加烟酸方式来控制肉色的氧化。高铁肌红蛋白可被还原，但这并不是说肉吸收氧气后就能自动变成氧合肌红蛋白。色素氧化时球蛋白变性、产生褐色的球蛋白血色素原。尽管高铁肌红蛋白可被还原成淡红色的球蛋白血色素原，但后者不能与氧气结合形成氧合肌红蛋白。如果肉的pH大于6.0，则不适合于真空包装，因为在此条件下，微生物产生H_2S，H_2S与肌红蛋白反应生成绿色的硫化肌红蛋白。如果宰前动物受到外界因素（如应激）影响，肌肉中糖原含量不足，宰后肌肉中葡萄糖含量低，导致肌肉的pH较高。在此条件下，微生物只能利用氨基酸来提供能量，导致在微生物数量较低的情况下就能引起肉的变质。与正常pH的肉相比，高pH肉中微生物数量比正常肉低10倍的情况下，即可检测到腐败味。

其他的变色现象也与微生物作用或过度褐变有关，过度褐变还会产生苦味，肉干制品（尤其是猪肉干）储藏过程中易发生此类变化。尽管冻结对僵直肉的色泽没有不利影响，但研究发现处于僵直阶段的鲜肉或其熟肉经鼓风冻结后，其肉色发暗，脂肪发白。这种颜色变化的机理还不清楚。除表面干燥引起的褐变外，延长宰后储藏时间和升高温度都会降低鲜肉表面肌红蛋白的氧合能力。

腌肉中的脂肪偶尔也会出现红变或绿变现象，这可能是嗜盐细菌（*halophilic bacteria*）的代谢产物。老年奶牛肉的脂肪发黄，与类胡萝卜素等色素的沉积有关；青年牛肉的肌内脂肪颜色较佳。如果宰前两个月进行谷饲而非牧饲，牛肉中沉积的脂肪为白色。

黄脂肉中顺式单不饱和脂肪酸的比率随着类胡萝卜素含量的增加而增加。

培根加工中常出现背膘发黄或褐变的问题，可能与3种蜡质色素有关，但加速这种褐变的原因未知。猪背膘的黄色度随亚油酸和α-亚油酸含量的增加而增加。在香肠等肉制品加工中，添加100mg/m³的血源性卟啉可使产品获得诱人的红色，由于血源性卟啉是天然色素，不会造成人工污染。

肉制品中偶尔会出现彩虹色现象，消费者误认为是腐败变质造成的。其实，这是由于肌肉组织脱水造成的，随着肉持水能力的下降，彩虹色增加。不同的肌肉发生彩虹色的程度不同，其中最严重的是牛半腱肌，年龄小的动物肌肉易出现彩虹色，极限pH低的肉也易出现彩虹色。

除了肌红蛋白含量和pH对肉色的影响外，猪肉线粒体可吸收部分光，对肉色也有一定的影响。

6. 还有哪些测定系水力的方法？

测定持水能力的方法有多种，如格劳（Grau）和哈姆（Hamm）（1953）发明的滤纸包裹压榨法及哈尼可尔（Honikel）（1998）的重力悬挂法，但此二法都存在外力作用，破坏了肉的结构。伯特伦（Bertram）等（2001）报道，低场核磁共振技术（NMR）可在无损状态下测定肌肉中的自由水含量，其中横向弛豫时间（transverse relaxation，t_2）可有效反映自由水含量。肌肉中两种状态的水分，分别对应着两个横向弛豫时间：30~45ms（记作t_{21}）和100~180ms（记作t_{22}），宰后僵直过程中，t_{21}受到影响，反映肌原纤维中水分特性的变化，而t_{22}则反映的是活体肌肉中胞外水分的变化。

【知识拓展】

1. 肉的化学组成

肉的化学组成主要有蛋白质、脂肪、水分、浸出物、维生素和矿物质六种成分。

（1）水分　水分是肉中含量最多的成分，在不同组织中含量差异很大，如肌肉含水70%，皮肤为60%，骨骼为12%~15%，脂肪组织含水甚少。动物越肥，胴体中水分含量越低。水分虽然不是肉品的营养物质，但肉品中的水分含量及其存在状态会影响肉及肉制品的品质和储藏性。

肉中水分存在的形式主要有三种：结合水、不易流动水、自由水。结合水是借助于极性基团与水分子的静电引力而紧密结合在蛋白质分子上的水分子，不易受肌肉蛋白质结构或电荷变化的影响，甚至在施加严重外力条件下，也不能改变其与蛋白质分子紧密结合的状态。它的冰点达-40℃，无溶剂性，不会被微生物利用。结合水约占肌肉水分含量的5%。不易流动水一般存在于纤丝、肌原纤维及膜之间，这些水距离蛋白质亲水基较远，水分子虽然有一定朝向性，但排列不够有序，容易受蛋白质结构和电荷变化的影响，肉的持水性主要取决于肌肉对此类水的保持能力，此类水能溶解盐及其它溶质，在-1.5~0℃结冰。肌肉中80%水分是以不易流动水状态存在的。自由水指存在于细胞外间隙中能自由流动的水，它们靠毛细管作用力保持，含量约占肌肉总水分的15%。

水分活度（A_W）反映了水分与肉品结合的强弱及可被微生物利用的有效性，严格地说微生物的生长并不取决于食品的水分含量，而是它的有效水分。一般情况下，新鲜肉的水分活度为0.97~0.98，鱼为0.98~0.99，灌肠为0.96左右，干肠为0.65~0.85。一般而言，细菌生长所需水分活度下限为0.94，酵母为0.88，霉菌0.8。嗜盐菌能忍受0.7的水分活度，耐干燥霉菌能耐0.65，耐渗透酵母达到0.61。

（2）蛋白质 肉中的主要成分是蛋白质，约占肌肉的18%~20%，其含量仅次于水。肌肉中的蛋白质可粗略地分为可溶于水或稀盐溶液的蛋白质（肌浆蛋白，占总蛋白的20%~30%）、可溶于浓盐溶液的蛋白质（肌原纤维蛋白，占总蛋白的40%~60%）及不溶于浓盐溶液，至少是在低温条件下不溶的蛋白质（结缔组织蛋白或称基质蛋白，占总蛋白的10%左右；细胞结构蛋白，约占总蛋白的14%）。

①肌原纤维蛋白质：这是构成肌原纤维的蛋白质。肌原纤维是肌肉收缩的单位，是由丝状蛋白质凝胶所组成，参与肌肉收缩过程，被称为肌肉的结构蛋白质或肌肉的不溶性蛋白质。肌原纤维蛋白主要包括肌球蛋白、肌动蛋白、肌动球蛋白、原肌球蛋白、肌钙蛋白、M蛋白、C蛋白、肌动素、I蛋白。

a. 肌球蛋白：肌球蛋白也称肌凝蛋白，相对分子质量420~520，约占肌肉总蛋白质的1/3，占肌原纤维蛋白的50%~55%，不溶于水或微溶于水，在离子强度大于0.3的中性盐溶液中可溶解，等电点为5.4，在55~60℃发生凝固，易形成黏性凝胶，在饱和食盐溶液或硫酸铵溶液中可盐析沉淀。

肌球蛋白是肌原纤维微观结构中粗丝的构成部分，粗丝也可称肌球蛋白纤丝。肌球蛋白是与肌肉收缩直接有关的蛋白质。

b. 肌动蛋白：肌动蛋白也叫肌纤蛋白，约占肌原纤维蛋白质的20%。肌动蛋白等电点4.7，能溶于水和稀盐溶液，在半饱和硫酸铵溶液中可盐析。在低离子强度溶液中以球形蛋白分子形式存在，称为G-肌动蛋白（相对分子质量42），在高离子强度溶液中（比如生理状态）G-肌动蛋白聚合成具有右手螺旋结构的纤维肌动蛋白（F-肌动蛋白）。肌动蛋白不具备凝胶形成能力。

在肌原纤维蛋白中，肌动蛋白是以F-肌动蛋白的形式存在，两条F-肌动蛋白互相扭合在一起与原肌球蛋白和肌钙蛋白等结合形成肌原纤维中微观的细丝，也叫肌动蛋白纤丝。

c. 肌动球蛋白（actomyosin）：肌动球蛋白又叫肌纤凝蛋白，它是由肌球蛋白和肌动蛋白结合后的复合物。肌动球蛋白的溶液黏度很高，有明显的流动双折射现象。由于其聚合度不同，因而分子质量不定，肌动蛋白与肌球蛋白的结合比例为1:2.5~4。肌动球蛋白能形成热诱导凝胶，影响肉制品的工艺特性。

d. 原肌球蛋白（tropomyosin）：约占肌原纤维蛋白的4%～5%，为杆状分子，构成细丝的支架。

e. 肌钙蛋白（troponin）：又叫肌原蛋白，占肌原纤维蛋白的5%～6%。

f. M蛋白（myomesin）：占肌原纤维蛋白的2%～3%。

g. C蛋白：约占肌原纤维蛋白的2%。

h. 肌动素：亦称辅肌动蛋白（actinin），约占蛋白质的2.5%。

i. I蛋白：存在于A带的一种蛋白质。

②细胞骨架蛋白：细胞骨架蛋白是明显区别于肌原纤维蛋白和肌浆蛋白的一类蛋白质，它支撑和稳定肌肉网格结构，维持肌细胞收缩装置，部分组成Z线并连接肌动蛋白的蛋白质亦被认为骨架蛋白质。肌肉中细胞骨架蛋白的降解对肉的嫩化起决定性的作用。

a. 肌联蛋白：是细胞骨架蛋白中含量最多的蛋白，占肌肉蛋白质总量的10%，也是肌肉中相对分子质量最大（3000）的蛋白质，富有弹性，贯穿于整个肌节，连接两个相邻的Z线，并将肌球蛋白纤丝连接到Z线上。

b. 伴肌动蛋白（nebulin）：占肌原纤维蛋白质总量的5%，是I带中心Z线组成成分。

c. 纽蛋白（vinculin）：含量不到肌肉蛋白质总量的1%，存在于肌纤维膜下，具有连接肌纤维膜和肌原纤维的作用。

d. 肌间线蛋白：位于Z线内和周围，连接邻近的细丝，并维持肌节间的横向连接。

e. 波形蛋白：位于Z线周围，是中间丝的成分。

f. 融合蛋白（synemin）：位于Z线中，形成网状结构。

g. Z蛋白：位于Z线中，形成网状结构。

h. Z重组蛋白：位于Z线中，形成网状结构。

③肌浆蛋白质：肌浆是指肌纤维细胞中环绕、渗透于肌原纤维的液体和悬浮其中的各种肌浆蛋白、有机物、无机物以及亚细胞结构的细胞器、线粒体等，通常将肌肉磨碎压榨便可挤出肌浆。肌浆中蛋白质一般占肌肉蛋白质总量的20%～30%，主要包括肌红蛋白、肌浆中的各种酶和肌粒蛋白等。这些蛋白质易溶于水或低离子强度的中性盐溶液中，是肉中最易提取的蛋白质，且其提取液的黏度很低，故常称为肌肉的可溶性蛋白质，这些成分不直接参加肌肉收缩，其功能主要是参与肌纤维细胞的物质代谢。肌浆蛋白质在30～40℃凝固。

a. 肌红蛋白：肌红蛋白是由一分子珠蛋白和一个血红素结合而成的复合性色素蛋白质，等电点6.78，其组成中含铁，是肌肉呈红色的主要成分。肌红蛋白在肌肉组织中的含量，因动物种类、年龄、肌肉的不同而有差异。如牛肌肉组织中肌红蛋白含量，每克小牛肉中可达16～20mg，猪肉肌红蛋白含量与小牛相似，羊肉稍微高一些。

b. 肌浆中的各种酶：肌浆中存在大量可溶性酶，糖酵解酶类占 2/3 以上，此外还有钙激活酶和组织蛋白酶。

　　c. 肌粒蛋白：主要为线粒体中的三羧酸循环酶和脂肪氧化酶系统。在离子强度大于 0.2 的盐溶液中溶解，在小于 0.2 的盐溶液中呈不稳定的悬浮液。

　　④基质蛋白质：基质蛋白质亦称间质蛋白质，主要存在于结缔组织中，故又称结缔组织蛋白质，其属于硬性蛋白类。基质蛋白质主要有三种，包括胶原蛋白、弹性蛋白、网状蛋白，它们是肌内膜、肌束膜、肌外膜和筋腱的主要成分。

　　a. 胶原蛋白：胶原蛋白是结缔组织的主要结构蛋白，是筋腱的主要组成部分，也是软骨和骨骼的组成成分之一。根据肌肉类型和肉畜年龄不同，胶原蛋白占机体蛋白质的 20%～25%，主要存在于肌外膜、肌束膜和肌内膜，对肉的嫩度有很大影响。胶原蛋白的氨基酸组成主要是甘氨酸、脯氨酸和羟脯氨酸，三者占到总氨基酸的 2/3，由于羟脯氨酸在胶原蛋白中的含量在不同肉畜间变化不大，可用来表示肌肉中胶原蛋白含量。胶原蛋白因其分子间的交联形成了其独特的不溶性和坚韧性。这种分子间交联是通过共价键形成的。未发生交联的胶原蛋白强度差，并能溶于中性盐溶液。动物越老，肌肉结缔组织中胶原蛋白的交联，尤其是成熟交联的比例越大，肉的嫩度越差。

　　b. 弹性蛋白：是一种纤维蛋白，弹性很高，呈分叉形，在韧带和血管中分布较多，在一般肌肉中只有胶原蛋白的 10%，但在半腱肌中占到胶原蛋白的 40%。弹性蛋白中具有特异的赖氨酸，占总氨基酸的 1.6%。

　　c. 网状蛋白：主要存在于肌内膜，形状和组成与胶原蛋白相似，但含有 10% 的脂肪。

　　(3) 脂肪　畜肉中 99% 的脂肪为中性脂肪，脂肪存在于脂肪组织中，同时也伴生着 7%～8% 的水分，以及 3%～4% 的蛋白质，还有少量类脂。脂肪对肉的多汁性和嫩度等食用品质影响很大，脂肪酸组成还在一定程度上决定肉的风味和营养价值。肉中脂肪含量越高，则水分越少。

　　①中性脂肪：中性脂肪是由甘油和脂肪酸所组成的，其性质主要由脂肪酸的性质所决定。脂肪酸分为饱和脂肪酸和不饱和脂肪酸两类，在脂肪酸分子中，凡不含有双键的叫饱和脂肪酸，有双键的叫不饱和脂肪酸。含饱和脂肪酸多的中性脂肪熔点和凝固点高，脂肪组织比较硬、坚挺，也难消化；含不饱和脂肪酸多的中性脂肪熔点和凝固点低，脂肪组织比较软，易被人体消化吸收，但易氧化变质，不耐储藏。

　　肉中常见的脂肪酸有棕榈酸、硬脂酸、油酸和亚油酸。牛、羊脂肪中饱和硬脂酸多，猪、鸡脂肪中油酸等不饱和脂肪酸较多，所以牛、羊的脂肪较硬而猪脂肪较软。

　　②类脂：主要包括磷脂、固醇。磷脂主要有卵磷脂、脑磷脂、神经磷脂和其他磷脂等，它们多存在于神经、脑、脏器等部位的脂肪中，其中卵磷脂多存在于

内脏器官，脑磷脂大部分存在于脑神经和内脏器官，这两种磷脂在肌肉中含量较低。磷脂类物质在化学组成上是由磷酸、含氮物、甘油和脂肪酸构成的脂类（磷酸甘油酯、缩醛磷脂类和鞘磷脂）。磷脂在空气中暴露时有明显的颜色和气味变化，加热会促进这种变化。如猪肉或牛肉的脑磷脂加热时，可产生强烈的鱼腥气，而同一来源的卵磷脂则鱼腥气很小，且有肝脏的芳香气味。

固醇及固醇酯也广泛存在于动物体中，它们以游离状态的固醇或与脂肪酸结合成固醇脂而存在。胆固醇含量虽然很少，但有重要的生理功能，由于发现冠心病人动脉中含有较高的胆固醇而引起人们的重视，当摄取多量动物性脂肪时，血浆中胆固醇含量会明显升高。肌肉中每100g含有65~75mg胆固醇，内脏中胆固醇含量更高。

（4）浸出物 浸出物主要指除蛋白质、盐类、维生素外，能溶于水的物质，包括含氮浸出物和无氮浸出物。

①含氮浸出物：为非蛋白质的含氮物质，包括游离态氨基酸、磷酸肌酸、核苷酸类、胆碱、肌苷等。这些物质形成肉的滋味。其中肌苷酸是肉的鲜味的主要成分。肌肉中每100g约含500mg含氮浸出物。

②无氮浸出物：为可以浸出的不含氮的有机化合物。主要包括糖原、葡萄糖、核糖等碳水化合物和乳酸、乙酸、丁酸、延胡索酸等有机酸。其中糖原占肝脏的2%~8%，占肌肉的0.3%~0.8%。肌肉中糖原含量对屠宰后肉的pH、持水性、色泽、风味和储藏性等有明显影响。动物宰前的应激、疲劳等不良条件将降低肉中糖原含量。

（5）维生素 肌肉中富含B族维生素，但脂溶性维生素含量低。脂肪中存在少量维生素A、维生素D、维生素E和维生素K。内脏中的维生素的含量比肉中高，例如肝、肾中含有大量维生素A。同时，维生素含量也受肉畜种类、品种、年龄、性别和肌肉类型的影响。

（6）矿物质 肌肉中含有大量的矿物质，但钾和磷较多，而钙含量偏低。内脏中矿物质含量比肌肉组织中高。

2. 肉的组织结构

肉（胴体）是由肌肉组织、脂肪组织、结缔组织和骨组织四大部分构成。这些组织的构造、性质直接影响肉品的质量、加工用途及其商品价值，它依动物的种类、品种、年龄、性别、营养状况不同而异。其组成的比例大致为：肌肉组织50%~60%，脂肪组织15%~45%，骨组织5%~20%，结缔组织9%~13%。此外，还存在有少量神经组织、淋巴及血管等。

（1）肌肉组织 即瘦肉，主要指横纹肌。因横纹肌附着于骨骼上，所以又叫骨骼肌。肌肉组织的干物质中蛋白质约占80%，而且是全价蛋白质，包括人体必需的各种氨基酸，是胴体中最具食用价值的部分，也是肉品加工的主要对象。肌肉结构如图1-11所示。

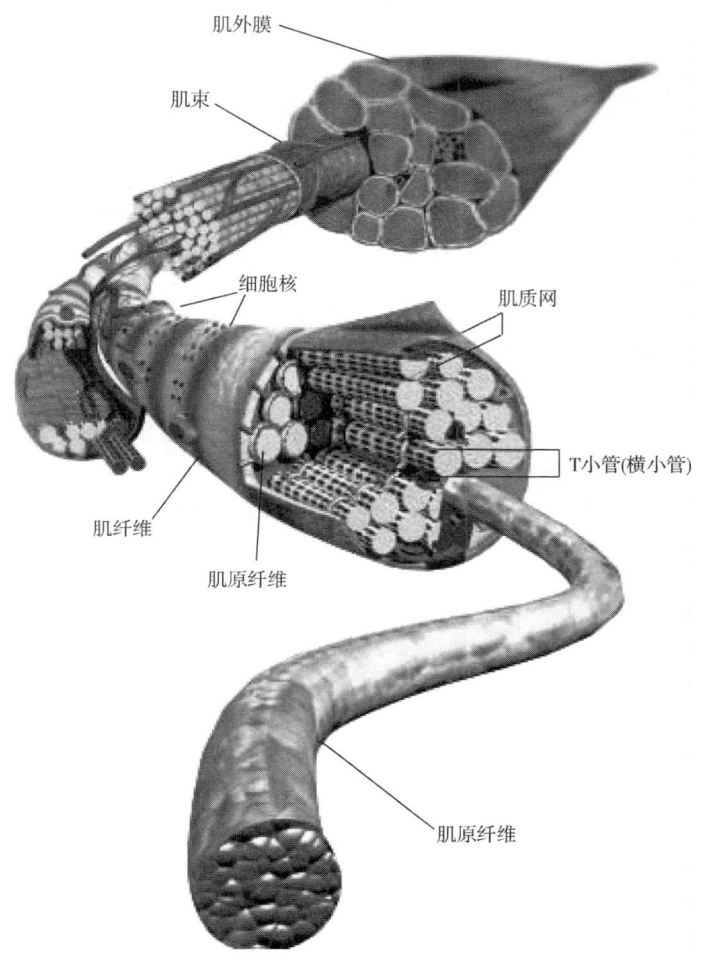

图1-11 肌肉结构
(http://blog.sina.com.cn/s/blog_4a1a83af01014trj.html)

①肌肉组织的一般结构：家畜体上约有300多块形状、大小不同的肌肉。肌肉是由许多肌纤维（肌肉的基本构造单位，也叫肌纤维细胞）和少量结缔组织、脂肪组织、腱、血管、神经、淋巴等组成的。

许多肌纤维细胞（50~150根）集聚在一起成为束状，称肌束。肌束周围包有一层结缔组织鞘膜，称为肌束膜，这样形成的小肌束也称为一级肌束或初级肌束，如图1-12所示。许多（数十条）一级肌束集结并包以稍厚的结缔组织膜，构成二级肌束或称次级肌束。由多个二级肌束集结，表面再包以强韧的结缔组织膜，就构成肌肉块，这层强韧的膜就称为肌外膜。

一级肌束和二级肌束外表包围的膜叫内肌束膜，肌肉块最外表包围的膜叫外肌束膜（或称肌外膜），这两种膜都属结缔组织，内外肌束膜交集以后形成肌肉

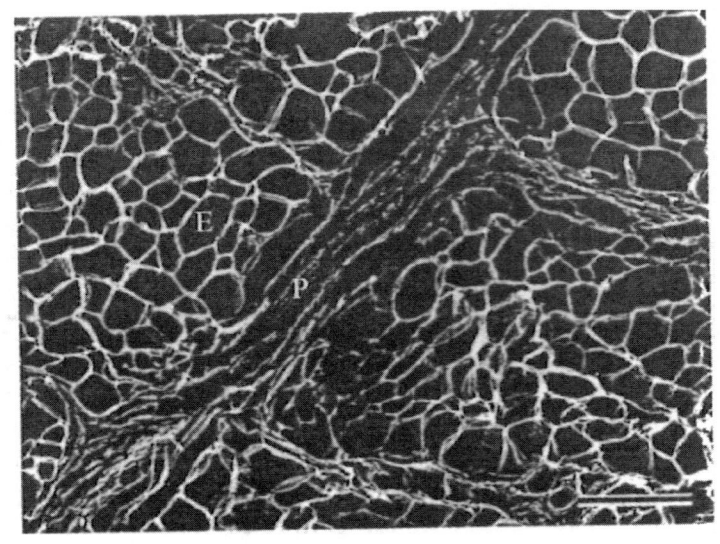

图 1 – 12 肌束膜和肌内膜

（肌纤维已经被去除，图中横线表示 200μm）E 代表肌内膜，P 代表肌束膜。
(R. A. Lawrie, D. A. Ledward, 2006, Lawrie's Meat Science, 7th Edition)

两端的腱。在内外肌束膜之间还分布有血管、淋巴管和神经等，当营养条件好的时候也有脂肪细胞蓄积。肌束膜进一步向内延伸，包裹单个肌纤维，就形成肌内膜。在每一肌纤维间有微细纤维网状组织连接，这个纤维网称基膜（有人把基膜称为肌内膜，也有人把肌纤维膜、基膜和肌膜合在一起），也分布有微细血管（如图 1 – 13 所示，在电镜下，肌内膜/基膜/肌膜复合体与肌纤维是明显分开的）。

②肌肉组织的微观结构：肌纤维细胞呈细长圆筒状，长度 1～40mm，有时长达 10cm，部分肌纤维可以从肌肉一端延伸到另一端（最长达 34cm），直径有 10～100μm，是一种相当特殊化的细胞。肌纤维的粗细随畜禽种类、年龄、营养状况、肌肉活动情况、使用激素情况等而有差别，猪肉的肌纤维比牛肉的细，幼龄家畜比老龄细。

肌纤维细胞是由肌原纤维、肌浆和一个以上细胞核、线粒体等组成，表面包有一层具有弹性的膜称肌膜或肌纤维膜。如图 1 – 10 所示。

a. 肌纤维膜：是由蛋白质和脂质组成的，有很好的韧性，可承受肌纤维的伸长和收缩。其构造、组成和性质，与动物体内其他细胞膜相当。肌纤维膜向内凹陷形成网状的管，称为横小管，通常又称 T – 系统或 T 小管（T – tubule）。

b. 肌原纤维（myofibrils）：肌原纤维呈丝状平行排列于肌纤维细胞中，它是肌纤维的主要的而且独有的组成部分，占肌纤维细胞固形成分的 60%～70%，是肌肉的伸缩装置，一个肌纤维细胞中约含有 1000～2000 根肌原纤维。肌原纤维沿长轴，呈

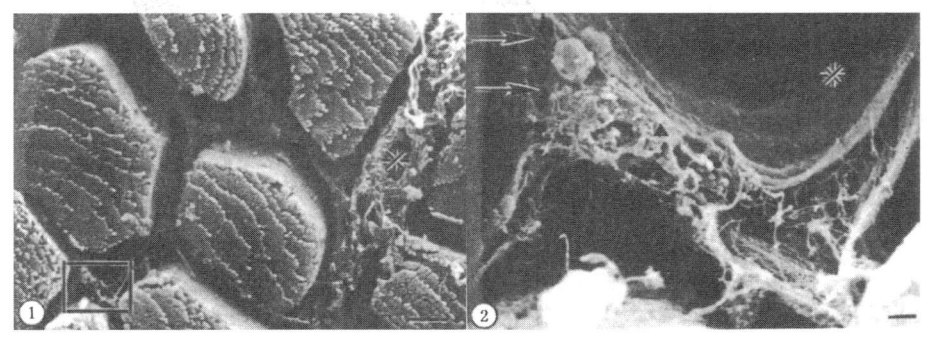

图 1-13 肌纤维与复合体（肌内膜/基膜/肌膜）

(图①中肌纤维与肌内膜/基膜/肌膜复合体明显分开，图中横线表示 10μm；图②为图①中选定区域的放大图，图中横线表示 1μm。) P 代表肌束膜；＊在图①中表示血管，图②中表示肌膜；→表示胶原纤维；▲表示毛细血管。

(R. A. Lawrie, D. A. Ledward, 2006, Lawrie's Meat Science, 7th Edition)

现有规则的明暗交替，称为明带（I 带）和暗带（A 带）。在一个细胞中并列的各肌原纤维中的明带或暗带，不仅长度相等，在横的方向上也都处于同一水平，这就使肌纤维有明显的横纹。暗带的长度一般较为固定，无论肌肉静止或处于收缩状态，都保持基本相同的长度。明带的长度是可变的，可在一定范围内随肌肉被拉长程度而相对增大。在暗带中央有一处相对稍亮的 H 区，明带中央也有一条暗线，称为 Z 线。在肌原纤维上位于相邻的两条 Z 线之间，即由中间的暗带和两侧各 1/2 明带所组成的部分称为肌节，是肌纤维进行收缩和舒张的最基本的机能单位。

电子显微镜下观察肌原纤维是由两种更细的纤丝（或称肌丝，myofilament）构成，一种是在暗带看到的粗纤丝，主要由肌球蛋白组成，故又称肌球蛋白丝（myosin filament）。每条粗丝中段略粗，形成光镜下的中线及 H 区。粗丝上有很多横突伸出，横突实际上是肌球蛋白分子头部。另一种是从明带 Z 线伸向两侧的细纤丝，主要由肌动蛋白分子组成，所以又称肌动蛋白丝。它们不仅大小形态不同，而且组成性质和在肌节中的位置也不同。每条细丝从 Z 线伸出，插入粗丝间一定距离。在细丝与粗丝交错穿插的区域，粗丝上的横突分别与 6 条细丝相对。所以，从明带的横断面看只有细丝，且呈六角形分布；但在暗带，两种微丝交错穿插的区域，横截面可见每条粗丝周围有 6 条细丝，呈六角形包绕，而暗带的 H 区则只有粗丝，呈三角形排列。

c. 肌浆（sarcoplasm）：肌浆充满肌原纤维之间和细胞核的周围，它是胶状液体，在化学组成上水占 75%～80%，蛋白质 18%～22%、脂肪和类脂 1.7%～5%、矿物质 1.0%～1.2%，呈淡红色。肌浆中含有线粒体（又叫肌粒）、肌红蛋白、酶、糖元等。肌红蛋白是肌肉呈红色的主要成分，由于不同部位肌肉所执行的机能不同，肌浆中肌红蛋白的数量也不一样，因而不同部位的肌肉有深浅不同的颜色。

肌浆中的溶酶体是一种重要器官，属于小胞体，含有多种能消化细胞和细胞内容物的酶。其中能分解蛋白质的酶称为组织蛋白酶，其中一些组织蛋白酶对某些肌肉蛋白质有分解作用，对肉的成熟和肉制品风味有重要作用。

肌浆中的其它特殊结构有：T管，由肌纤维膜上内陷的漏斗状结构延续而成，横管的作用是将神经信号传导到肌原纤维。肌质网相当于普通细胞中的滑面内质网，为管状或囊状，交织于肌原纤维间，此管道内含高浓度钙离子，其中小管起着钙泵的作用，在神经冲动的作用下，可以通过释放或回收钙离子来控制肌纤维的收缩和舒张。特殊结构还包括三联管、肌小管等。

d. 肌细胞核：骨骼肌肌纤维中所含的核的数目不定，一条几厘米长的肌纤维可能有数百个核。核为椭圆形，位于肌纤维的边缘，紧贴在肌纤维膜下，呈规则分布。

③肌纤维的种类：常根据肌纤维收缩特性、能量利用方式、结构、色泽、ATP酶活性等将肌纤维分为不同的类型。主要有红肌纤维、白肌纤维和中间型纤维三类。

（2）结缔组织　结缔组织是将动物体内不同部分联结和固定在一起的组织，在动物体内分布很广，包括形成肌肉的内外肌束膜、肌膜、腱、血管、淋巴、神经、毛皮等。许多部位都由结缔组织构成。结缔组织由胶状的基质、丝状的纤维和细胞成分组成。其基质为无色透明的胶态液体，其主要成分是黏多糖和蛋白质，可由溶胶形成凝胶。结缔组织纤维包括胶原纤维、弹性纤维和少量的网状纤维，细胞成分有成纤维细胞、组织细胞、肥大细胞、浆细胞和脂肪细胞等。

结缔组织在体内的含量，随动物种类、肥瘦程度、年龄、性别及经济用途而有差别。役用的、老龄的肌肉中结缔组织多，同一家畜的不同部位也不一样，如肥度中等的羊肉，胸部12.7%，背部7%。结缔组织包括疏松结缔组织，致密结缔组织，胶原纤维组织和网状组织。

①疏松结缔组织：是由细胞、无定形基质和纤维三部分构成的，其中基质和纤维是主要成分。胶原纤维是由胶原蛋白组成，在70～100℃中加热变成明胶，易被酸性胃液消化，而不易被碱性胰液消化；弹性纤维是由弹性蛋白构成，色黄，故又称黄纤维，有弹性，在沸水、弱酸或弱碱中不溶解，需130℃以上高温方可水解，但可被胰液消化，在一般烹调条件下不能溶解，难被利用。网状纤维是由网状蛋白构成。胶原蛋白、弹性蛋白和网状蛋白属不全价蛋白质、缺少人体所必需的氨基酸成分，所以结缔组织多的部位，其营养价值较低。疏松结缔组织多分布在皮下浅筋膜（包围着整个躯体肌肉系统的一层筋膜）及肌肉束间的内外肌束膜等，如图1-14所示。

②致密结缔组织：致密结缔组织的构成与疏松结缔组织相似，只是各种成分的数量有所不同，基质较少而纤维多，结构较为紧密。如皮肤中的真皮，即属致密结缔组织。

③胶原纤维组织：胶原纤维组织的主要成分是胶原纤维，胶原纤维排列得非

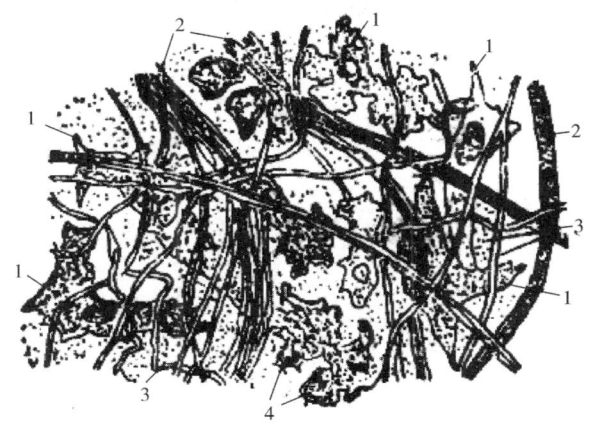

图1-14 疏松结缔组织结构
1—成纤维细胞 2—胶原纤维 3—弹性纤维 4—游走细胞
(杨世章,2004,畜产品加工学)

常紧密,如腱和腱膜等。在各种不同的肌肉中,腱的发育程度因年龄和使役强度差别很大,肌肉的腱越发达,肉的营养价值越低。

④网状组织:主要构成淋巴结,由网状纤维和网状细胞组成网状支架,网眼间充满液态基质,基质在淋巴结中为淋巴液,其他器官中为组织液,淋巴结在肉品加工时要除掉。

(3)脂肪组织　脂肪组织是由退化的结缔组织和大量脂肪细胞组成的,脂肪细胞很大,直径为30~250μm。它由原生质组成的细胞膜、其外包以网状纤维,细胞内充满脂肪滴,由于脂肪滴的大量存在,使得细胞核处于细胞的边缘。如图1-15所示。

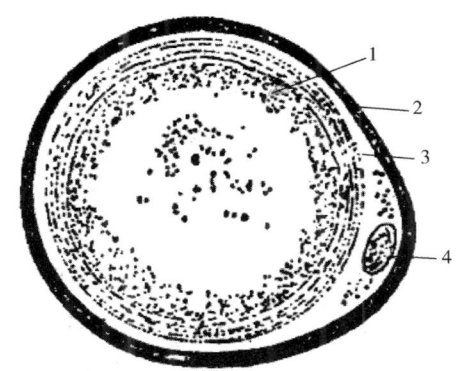

图1-15 脂肪细胞
1—脂肪滴 2—由网状纤维所组成的外围层 3—原生质 4—细胞核
(杨世章,2004,畜产品加工学)

①脂肪的构成：脂肪滴是由脂肪和水构成的胶体体系，一定数量的脂肪细胞集聚在一起，包以结缔组织，称为一次小叶，由一次小叶再集聚成二次小叶，三次小叶，进而形成脂肪组织，由于结缔组织的存在，使得脂肪滴不致从组织中流出，若要挤出脂肪，必须在加工时破坏脂肪组织的结缔组织膜和内部的网状纤维膜。

②脂肪的蓄积特点：脂肪主要以皮下、肠系膜、肾周围等处最多，也有蓄积在肌肉中和肌纤维间，使肌肉呈现大理石状脂肪纹，这种肉质最佳，肉嫩多汁，食用价值也高。脂肪分布的部位和性质因畜禽种类、年龄和品种的不同而有所差异。老龄、役用及非肉家畜脂肪多积在肌肉组织中，而皮下和腹腔沉积较少；去势家畜肌肉中脂肪多于没去势的。

③脂肪的颜色：脂肪的颜色也受家畜种类、品种及饲料中植物色素的影响，猪和羊的脂肪为白色，其他家畜脂肪多带黄色，幼龄家畜脂肪的颜色较老龄稍浅，夏季吃青草多，脂肪呈黄色，冬季呈白色。

④脂肪对肉质影响：脂肪是肉风味的前体物质之一，脂肪过多则腻而无味；若缺少脂肪，肉则柴而粗糙。理想的是肌纤维间充有脂肪呈现大理石状花纹，则品质更好。

（4）骨组织

①骨组织的特点：骨在生物学中亦属结缔组织，骨骼是畜禽的支柱，是构成肉的成分之一。肉中骨骼所占比例的大小，是影响肉的质量和等级的重要因素。

②骨骼的构造：骨组织包括骨膜、骨质（包括骨密质、骨松质）和骨髓，如图1-16所示。

骨的表层为骨膜，里层为骨密质，再内层为海绵状骨松质，骨的内腔和骨松质中间充满着骨髓。

骨膜是一种胶原纤维组织，膜内有丰富的血管和神经。

骨密质和骨松质是由错综排列的薄骨板组成。所谓骨板是由骨细胞和胶原纤维按一定方式排列组成的，骨板组成的骨松质含有许多小孔隙，在孔隙内充满骨髓。骨中含有很多钙质，沉积在构成骨板的胶原纤维上，形成硬骨组织。由于骨中含有大量胶原纤维，可以用骨骼生产明胶。

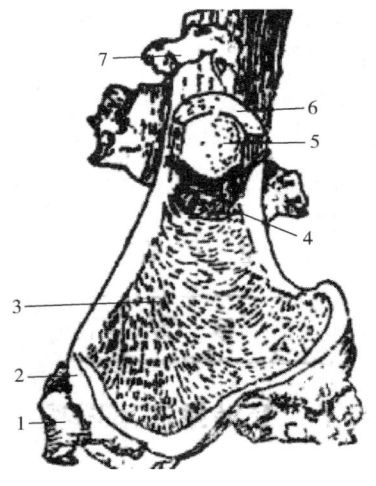

图1-16 管状骨
1—关节囊（割开） 2—关节软骨
3—骨松质 4—骨髓质 5—骨髓
6—骨密质 7—骨膜（剥开）
（杨世章，2004，畜产品加工学）

在骨骼中存在的骨髓有两种，一种是红骨髓，为造血组织，幼年畜禽较多，成年较少；另一种是黄骨髓，含有较多的脂肪，多存在于管状骨髓腔中，用骨髓可以炼油。

3. 肉与肉制品质构的 QDA 分析

质构仪检测肉品的结果和感官评定小组的评定结果有良好的一致性。为了使感官分析和质构检测的结果便于分析，现在常使用定量描述分析法（Quantitative Descriptive Analysis，QDA）借助软件生成评价蛛网图以方便比较不同产品的感官和质构剖面特性。蛛网的辐射线代表每一个研究的指标，不同产品的指标强度不同，从而产生产品各自特定形状的多边形图案。蛛网图更便于比较产品之间的相似度，找出差异指标。

任务二　肉的新鲜度的检测

新鲜度是肉新鲜的程度。肉的腐败变质是一个非常复杂的过程，因此要准确判定腐败的界限（或称判断肉的新鲜程度）是相当困难的，目前主要将原料肉的感官、理化、微生物三个方面的检测结果对照相关标准来判定其是否达标。任何一种肉制品对原料肉的新鲜度均有一定要求。

【岗前准备】

原料肉；

甲基红乙醇溶液、甲基橙水溶液、2% 硼酸、1% 氧化镁混悬液、0.01mol/mL 盐酸标准溶液或硫酸标准溶液、无氨蒸馏水、双蒸水、10% 醋酸铅、10% 氢氧化钠、10% 硫酸铜；

刀、砧板、托盘、烧杯、一次性纸杯、吸水纸、半微量凯氏定氮装置、水汽发生器、定性中速滤纸、酸式滴定管、天平、pH 计、绞肉机或组织捣碎机等。

【岗位操作】

1. 原料肉的感官检验

原料肉随着时间变化会发生明显的感官指标的变化，比如肉色、组织状态、外表粘手程度、气味、煮沸后肉汤等。可以借助于感官发生的变化推断原料肉的新鲜程度。感官检验一般通过视、嗅、触、剖、品、听等方式执行。

操作过程应按《GB/T 22210—2008 肉与肉制品感官评定规范》、《GB/T 9695.19—2008 肉与肉制品取样方法》、《GB/T 5009.44—2003 肉与肉制品卫生标准的分析方法》等现行有效规范执行。

①取样：所取样品注意代表性，取同一批次，同一规格产品，取样量应满足检验、复检、留样备查的需要。取样时注意避免污染。样品应以恰当方式进行储藏。

鲜肉：从3~5片胴体上或同规格的分割肉上取若干小块混为一份，每份样品500~1500g。

冻肉：对于堆放的产品在堆放空间的四角和中间设采样点，每点从上、中、下三层取若干小块混为一份样品，每份样品500~1500g。对于包装冻肉随机取3~5包混合，总量不得少于1000g。

取样报告：应包括取样人员和取样单位名称；取样地点和日期；样品的名称、等级和规格；样品特征；样品的商品代码和批号；被取样单位名称和负责人姓名；生产日期；产品数量；取样数量；取样方法；以及其他可能情况（如取样目的；会对样品造成影响的气温和空气湿度等包装环境和运输环境等）。

②前处理：冷冻状态的样品应先在冻结状态下进行观察，然后采用室温自然解冻方式进行解冻，待样品中心温度达到2~3℃时制样。

③器材：烧杯、水、电炉等。

④操作：冻结肉在冻结状态下观察肉表面的变色脱水程度，有无霉斑、光泽等。

鲜肉目测色泽，嗅闻气味，手触目测组织状态。

煮沸后肉汤的检查：应称取20g绞碎的试样，置于200mL烧杯中，加100mL水，用表面皿盖上加热至50~60℃，开盖检查气味，继续加热煮沸20~30min，检查肉汤的气味、滋味和透明度，以及脂肪的气味和滋味，并参照具体样品的标准要求做出判定（GB/T 5009.44—2003）。

⑤感官指标要求：鲜冻畜肉应无异味无酸败味（GB 2707—2005）。

分割鲜、冻猪肉感官指标为肌肉色泽鲜红，有光泽；脂肪呈乳白色；肉质紧密，有坚实感；具有猪肉固有的气味，无异味（GB/T 9959.2—2008）。

分割鲜、冻牛肉指标如表1-6所示（GB/T 17238—2008）。

鲜、冻胴体羊肉感官指标如表1-7所示（GB/T 9961—2008）。

鲜、冻兔肉感官指标要求如表1-8所示（GB/T 17239—2008）。

鲜禽肉的感官指标见表1-9（GB 16869—2005）。

表1-6　　　　　　　　鲜、冻分割牛肉的感官指标要求

（GB/T 17238—2008 鲜、冻分割牛肉）

项目	鲜牛肉	冻牛肉（解冻后）
色泽	肌肉有光泽，色鲜红或深红；脂肪乳白或淡黄	肌肉鲜红，有光泽；脂肪乳白或微黄
黏度	外表微干或有风干膜，不粘手	肌肉外表微干，或有风干膜，或外表湿润，不粘手
弹性（组织状态）	指压后凹陷可恢复	肌肉结构紧密，有坚实感，肌纤韧性强

续表

项目	鲜牛肉	冻牛肉（解冻后）
气味	具有鲜牛肉正常的气味	具有牛肉正常的气味
煮沸后肉汤	透明澄清，脂肪团聚于表面，具特有香味	澄清透明，脂肪团聚于表面，具有牛肉汤固有的香味和鲜味
肉眼可见异物	不得带伤斑、血淤、血污、碎骨、病变组织、淋巴结、脓包、浮毛等杂质	

表1-7 鲜、冻胴体羊肉感官指标要求

（GB/T 9961—2008 鲜、冻胴体羊肉）

项目	鲜羊肉	冷却羊肉	冻羊肉（解冻后）
色泽	肌肉色泽浅红、鲜红或深红，有光泽；脂肪呈乳白色、淡黄或黄色	肌肉红色均匀，有光泽；脂肪呈乳白色、淡黄色或黄色	肌肉有光泽，色泽鲜艳；脂肪呈乳白色、淡黄色或黄色
组织状态	肌纤维致密，有韧性，富有弹性	肌纤维致密、坚实，有弹性，指压后凹陷立即会恢复	肉质紧密，有坚实感，肌纤维有韧性
黏度	外表微干或有风干膜，切面湿润，不粘手	外表微干或有风干膜，切面湿润，不粘手	表面微湿润，不粘手
气味	具有新鲜羊肉固有气味，无异味	具有新鲜羊肉固有气味、无异味	具有羊肉正常气味，无异味
煮沸后肉汤	透明澄清，脂肪团聚于液面，具特有香味	透明澄清，脂肪团聚于液面，具特有香味	透明澄清，脂肪团聚于液面，无异味
肉眼可见杂质	不得检出	不得检出	不得检出

表1-8 鲜、冻兔肉感官指标要求

（GB/T 17239—2008 鲜、冻兔肉）

项目	鲜兔肉	冻兔肉（解冻后）
色泽	肌肉呈均匀鲜红色，有光泽；脂肪呈白色或微黄色	肌肉呈均匀鲜红色；脂肪呈乳白色或浅黄色
组织状态	有弹性，指压凹陷很快恢复	肉质紧密，有坚实感
气味	具有鲜兔肉正常气味，无异味	具有冻兔肉正常气味，无异味
煮沸后肉汤	澄清透明，脂肪团聚于液面，有兔肉香味	基本澄清透明，脂肪团聚于液面，无异味
肉眼可见异物	不得检出	

表1-9　　　　　　　　　　鲜、冻禽产品感官指标要求

（GB/T 16869—2005 鲜、冻禽产品）

项目	鲜禽产品	冻禽产品（解冻后）
组织状态	肌肉富有弹性，指压凹陷立即恢复	指压凹陷恢复较慢，不易完全恢复原状
色泽	表皮和肌肉切面有光泽，具有禽类品种应有的色泽	
气味	具有禽类品种应有的气味，无异味	
加热后肉汤	澄清透明，脂肪团聚于液面，具有禽类品种应有的滋味	
淤血［以淤血面积（S）计］/cm² S＞1 0.5＜S≤1 S≤0.5	不得检出 片数不得超过抽样量的2% 忽略不计	
硬杆毛（长度超过12mm的羽毛，或直径超过2mm的羽毛根）/（根/10kg）	≤1	
异物	不得检出	

注：淤血面积指单一整禽，或单一分割禽的一片淤血面积。

2. 原料肉的理化检验

原料肉的一些理化指标如：挥发性盐基氮含量、pH、硫化氢含量等会随着储藏时间的延长发生变化，能够表征肉是否新鲜，有没有发生腐败。

（1）挥发性盐基氮含量测定（GB 5009.228—2016）　挥发性盐基氮是动物性食品由于酶和微生物的作用，在腐败过程中，蛋白质分解而产生氨和胺类等碱性含氮物质。此类物质具有挥发性，在碱性溶液中蒸出后，可用硼酸溶液吸收，再用标准酸溶液滴定计算其含量。

①取样：同原料肉的感官检验。

②前处理：将试样除去脂肪、骨及腱后，绞碎搅匀，称取约20.0g（记录实际质量），置于具塞锥形瓶中，加100mL水，不时振摇，浸渍30min后过滤，滤液置冰箱备用。

③器材：半微量定氮器、微量滴定管（0.01mL）、300mL具塞锥形瓶（1个）、100mL锥形瓶（4个）、玻璃棒、漏斗（2个）、滤纸、pH试纸。

④试剂：氧化镁混悬液（10g/L）：称取1.0g氧化镁，加100mL水，振摇成混悬液。

硼酸吸收液（20g/L）。

盐酸［$c(HCl) = 0.0100$mol/L］或硫酸［$c(1/2H_2SO_4) = 0.0100$mol/L］的标准滴定溶液（临用前以0.1000mol/L标准酸溶液配制）。

甲基红-乙醇指示剂（2g/L）。

次甲基蓝指示剂（1g/L）。

临用时将甲基红、次甲基蓝指示液等量混合作为甲基红－次甲基蓝混合指示剂。

⑤操作：

a. 仪器准备：将装置搭建好，通入水蒸气检查气密性，并用无氨蒸馏水倒吸清洗干净。若反应室内有残留污物，可在反应室中加入少量碱液并通入蒸汽洗涤片刻，倒吸出碱液，并用水倒吸清洗干净，当冷凝管下端的冷凝水的pH和无氨蒸馏水同样pH时，才达到了洗涤的终点。

b. 空白试验：在确保反应室洁净的前提下，将盛有10mL吸收液及5滴混合指示液的锥形瓶置于冷凝管下端，并使其下端插入吸收液的液面下，准确吸取10.0mL无氨蒸馏水由小玻璃杯注入蒸馏器反应室内，以10mL水洗涤小玻璃杯并使之流入反应室内，随后塞紧棒状塞，再加5mL氧化镁混悬液（10g/L），迅速注入反应室，盖塞，并加水以防漏气。通入蒸汽，进行蒸馏，蒸馏5min后移动接收瓶，使液面离开冷凝管下端再蒸馏1min即停止，然后用少量水冲洗冷凝管下端外部，取下蒸馏液吸收瓶，流水冷却后用盐酸标准滴定溶液（0.0100mol/L）或硫酸标准溶液滴定，终点至蓝紫色。

c. 蒸馏滴定：在确保反应室洁净的前提下，将盛有10mL吸收液及5滴混合指示液的锥形瓶置于冷凝管下端，并使其下端插入吸收液的液面下，准确吸取10.0mL上述试样滤液于蒸馏器反应室内，同法（与上述试剂空白试验相同）洗涤，加入5mL氧化镁混悬液，做水封，并蒸馏、接收和滴定。

d. 平行试验：确保反应室清洁的情况下，重复上述实验。

⑥计算：

$$X = \frac{(V_1 - V_2) \times c \times 14}{m \times 10/100} \times 100$$

式中 X——试样中挥发性盐基氮的含量，mg/100g；

V_1——测定用样液消耗盐酸或硫酸标准溶液体积，mL；

V_2——试剂空白消耗盐酸或硫酸标准溶液体积，mL；

c——盐酸或硫酸标准溶液的实际浓度，mol/L；

14——与1.0mL盐酸标准滴定溶液 $[c(HCl)=1.000mol/L]$ 或硫酸标准滴定溶液 $[c(1/2H_2SO_4)=1.000mol/L]$ 相当的氮的质量，mg；

m——试样质量，g。

精密度≤10%。

⑦注意事项：注意反应室中的液体或泡沫不能溢出，可通过控制蒸汽压力，或添加消泡剂（比如硅油1至2滴）等方式避免。注意空白对照采用相同处理。每次测定前确保反应室清洁。

（2）pH检测　pH测定可采用pH试纸或pH计。pH试纸上浸有酸碱指示剂，可以显示对应pH的颜色。pH计原理是测定浸没在试样中的玻璃电极和参比电极之间的电位差。在进行新鲜度检验时，肉表面的 pH 变化很重要，有必要使用具有表面测定电极的 pH 计。因为有时候即使表面腐败，内部 pH 也没有太大变化。

参照《GB/T 9695.5—2008 肉与肉制品 pH 测定》执行，猪、牛、羊、鸡肉的 pH 检测可以参照《NY/T 2793—2015 肉的食用品质客观评价方法》进行。

①试样：原料肉（冻肉应解冻好再测）。

②前处理：非均质化样品选取有代表性的测试点测 pH；均质化样品应采用恰当设备对样品进行均质化，注意温度控制在 25℃ 以内，若采用绞肉机，试样至少通过该仪器两次。均质化后的试样应尽快分析（存放时间最多不超过 24h）。

③器材：pH 计（精确至 0.01）：具温度补偿系统。如无此功能应在 20℃ 以下测定。

复合电极：由玻璃指示电极和 Ag/AgCl 或 Hg/HgCl 参比电极组装成。玻璃电极可为球形、圆锥形、圆柱形或针状。为避免油脂样品引起的污染，亦可用易于复原的液体接界的单体玻璃电极和参比电极。

高速旋转切割机或绞肉机（孔径不超过 4mm）。

均质机（20000r/min）。

磁力搅拌器。

④试剂：（一般分析纯水均为符合 GB/T 6682 规定的三级水，用于配制缓冲液的水应新煮沸，或用不含二氧化碳的氮气排出二氧化碳。）

氢氧化钠溶液（1.0mol/L）：取 40g 氢氧化钠，溶于水中，用水稀释至 1000mL。

氯化钾溶液（0.1mol/L）：称取 7.5g 氯化钾于 1000mL 容量瓶中，加水溶解，用水稀释至刻度。若待测试样处在僵硬前的状态，需加入已用氢氧化钠溶液（1.0mol/L）调节 pH 至 7.0 的 925mg/L 碘乙酸溶液，以阻止糖酵解。注意在 NY/T 2793—2015 中采用预冷匀浆缓冲液（0.15mol/L 氯化钾、5mmol/L 碘乙酸钠，调 pH7.0）。

清洗液：用水饱和的乙醚；95% 乙醇。

校正 pH 计用缓冲液：可选择读数精确至 0.01 的商品 pH 缓冲液；商品化的缓冲剂配成的缓冲液；自行配置的缓冲液。

pH 为 4.00 的标准缓冲溶液（20℃）：取在 110℃ 至 130℃ 干燥至恒重的邻苯二甲酸氢钾 10.21g，加入 800mL 水中溶解，定容至 1000mL。该溶液的 pH 在 0℃ 至 10℃ 时为 4.00，30℃ 时为 4.01。

pH 为 6.88 的标准缓冲溶液（20℃）：取在 110℃ 至 130℃ 干燥至恒重的磷酸二氢钾 3.40g 和无水磷酸氢二钠 3.55g，溶于水中，定容至 1000mL。该溶液的 pH 在 0℃ 时为 6.98，10℃ 时为 6.92，30℃ 时为 6.85。

pH 为 5.45 的标准缓冲溶液（20℃）：取 7.01g 一水柠檬酸，加入 500mL 水溶解，加入氢氧化钠溶液（1.0mol/L）375mL，用水定容至1000mL。

⑤操作：pH 计的校正：用两个接近待测试样 pH 的标准缓冲液，在测定温度下用磁力搅拌器搅拌的同时校正 pH 计。若不带温度补偿系统，应保证缓冲液温度在 20℃ ±2℃ 范围。

均质化试样测定：取一定量均质化试样，加入 10 倍于待测试样质量的氯化钾溶液进行均质，再取出足够量出来，将电极插入试样中，将温度补偿系统调至试样温度。采用适合于对应 pH 计的步骤测定，于搅拌的同时测试 pH。读数稳定后直接读数，准确至 0.01。NY/T 2793—2015 规定取 10.0g 搅碎肉样，称取 1.0g，加入 9ml 预冷匀浆缓冲液 6000r/min 匀浆 15s。间隙 5s，再匀浆 15s，然后插入电极，待读数 15～20s 稳定不变后即为所测 pH。

非均质化试样的测定：用小刀或大头针在试样上打一个孔，以免复合电极破损（如采用肉品专用 pH 计则在电极头部装上专用刀片即可直接插入肉块中），将 pH 计的温度补偿系统调至试样的温度，若不带温度补偿系统，应保证待测试样的温度在 20℃ ±2℃ 范围内。采用适合于 pH 计的步骤进行测定，读数稳定 15～20s 后直接读数，准确至 0.01。鲜肉通常保存于 0～5℃，测定时需用带温度补偿系统的 pH 计。一般在同一点重复测定。必要时可在试样的不同点重复测定，测定点的数目随试样的性质和大小而定。

电极的清洗：用脱脂棉先后蘸乙醚和乙醇擦拭电极，最后用水冲洗并按生产商的要求保存电极。

⑥结果表述：对非均质化试样的测定：若在同一试样同一点测定，取两次测定值的算术平均值作为结果，pH 读数准确至 0.01；在同一试样不同点的测定（一般 3 点以上），描述所有测定点及各自 pH。

对均质化试样的测定：结果准确至 0.01。

重复性：同一分析者在同一实验室采用相同的方法和相同的仪器，在短时间间隔内对同一样品独立测定两次，两次测试结果的绝对差值超出 0.04 的概率不超过 5%。重复性标准偏差（S_r）约为 0.014。

⑦注意事项：若采用肉品专用 pH 计，应按产品说明书要求进行校正与测定，及电极的维护。

也可采用 pH 试纸测定，将选定的 pH 试纸条的一端浸入被检溶液（1：10 肉浸液）中，数秒后取出与标准色板比较，直接读取 pH 的近似数值。精确度一般为 0.2。

（3）硫化氢含量测定　硫化氢在碱性环境下与醋酸铅碱性溶液发生反应生成黑色的硫化铅。通过测定肉中硫化氢与醋酸铅反应呈色的深浅可评估肉品中产生的硫化氢的量，判定肉品的新鲜度。

$$Pb(CH_3COO)_2 + 4NaOH \rightarrow Na_2PbO_2 + 2CH_3COONa + 2H_2O$$

$$Na_2PbO_2 + H_2S \rightarrow PbS \downarrow + 2NaOH$$

①试样：原料肉（冻肉应完成解冻）。

②前处理：将原料肉剪成绿豆大小的碎块，置于 50～100mL 具塞锥形瓶中，装至 1/3 容积，并尽量使其平铺于瓶底。

③器材：刀、剪刀、绞肉机或组织捣碎机、滤纸、100mL 具塞锥形瓶、烧杯。

④试剂：

碱性醋酸铅溶液：10% 醋酸铅溶液中加入 10% 氢氧化钠溶液，至析出白色沉淀为止。

碱性醋酸铅试纸：将滤纸裁成小条后于碱性醋酸铅溶液中浸泡，取出晾干后备用。

⑤操作：将碱性醋酸铅试纸条夹在瓶口与瓶塞间，悬于肉样上方，在室温下静置 30min，观察试纸条的颜色变化。

⑥结果判定：若试纸条无变化，此为新鲜肉特征；若试纸条边缘变浅褐，则为可疑肉（次鲜）；若试纸条下部变为褐色或黑褐色，则为腐败肉。

3. 微生物检测

使用特定的选择性计数培养基与培养条件对特定微生物进行计数，或通过一系列鉴定试验检测致病微生物。不同的样品要采用恰当的取样和样品处理方式。

操作时参照 GB 4789—2010 相关规定执行。

【问题探究】

1. 为什么挥发性盐基氮测定过程中要求使用无氨蒸馏水？

因为溶解在水中的氨或胺类物质会对检测造成一定的影响，为消除这一误差，规定使用无氨蒸馏水。

2. 半微量凯氏定氮装置反应室中的肉渣如何除去？

挥发性盐基氮测定过程中，每测定一个样品就要对反应室进行充分清洗，以便除去肉渣，减小测定误差。因为碱液对油污有很强的去除作用，一般先用低浓度热碱液倒吸，清洗；再用低浓度盐酸溶液倒吸清洗。最后除去酸碱，并用无氨蒸馏水倒吸清洗干净。

3. 硫化氢试验的意义与要点？

肉品不仅在腐败时产生硫化氢，在自溶状态下，肉品自生内部的蛋白酶等酶系的共同作用也会造成含硫氨基酸分解并产生硫化氢。所以，测定硫化氢可以判断肉的新鲜程度。碱性醋酸铅试纸条必须悬于肉样上方，接近肉面但不接触肉面，静置 30min 后及时进行观察记录和判定。

任务三　原料肉安全（宰前）快速检验

在肉品生产过程中，常需采用一些快速方法来筛查不安全的原料肉。在宰前通过试剂盒快速检测牲畜尿液中违禁药品，能更好地避免不安全畜肉流向市场，且相比宰后抽检更加方便快捷。

【岗前准备】

猪尿样；

盐酸克伦特罗快速检测试剂盒、莱克多巴胺胶体金快速检测试剂盒；

一次性 PE 手套和塑料杯；洁净离心管、试管、烧杯、量筒（10mL）等。

【岗位操作】

1. 尿液中盐酸克伦特罗的胶体金快速检测

盐酸克伦特罗（Clen）快速检测试纸卡（以康正生物公司产品为例）基于竞争法胶体金免疫层析技术，用于快速筛查盐酸克伦特罗超标的尿液，可用于动物屠宰前的筛查。将检测液加入试纸卡的样品孔，检测液中的 Clen 与金标垫上的金标抗体结合形成复合物，若 Clen 在检测液中浓度低于灵敏值，未结合的金标抗体流到 T 区时，被固定在膜上的 Clen - BSA 偶联物结合，逐渐凝集成一条可见的 T 线；若 Clen 浓度高于灵敏度值，金标抗体全部形成复合物，不会再与 T 线处 Clen - BSA 偶联物结合形成可见 T 线。未固定的复合物流过 T 区被 C 区的二抗捕获并形成可见的 C 线。C 线出现则表明免疫层析发生，即试纸有效。

①试样：猪尿样约 10mL。

②前处理：用干燥、洁净的离心管或适当容器采集 10mL 猪尿样，直接加样检测。若尿样出现沉淀或混浊物，则离心后再检测。

③器材：盐酸克伦特罗（瘦肉精）胶体金检测试纸卡（尿样，康正生物或其它同类型产品公司出品）等（参见原料肉安全（宰前）快速检验任务三岗前准备）。

④操作：从包装盒内取出试纸卡，打开后在较短时间内（1h）使用。用滴管吸取待检样品溶液，滴加 3 滴于加样孔中，加样后开始计时。5min 后判读，10min 之后的结果无效。

⑤结果判定：

阴性：C 线显色，T 线肉眼可见，无论颜色深浅均判为阴性。

阳性：C 线显色，T 线不显色，判为阳性。

无效：C 线不显色，无论 T 线是否显色，该试纸判为无效。

图 1 - 17 为显色效果示意图。

⑥注意事项：试纸卡拆开即用，勿长时间暴露于空气中，避免储存于温度较高的环境中，忌冷冻。自来水、有机溶剂、蒸馏水或去离子水均不能作为阴性对照。本方法适用于快速筛查。

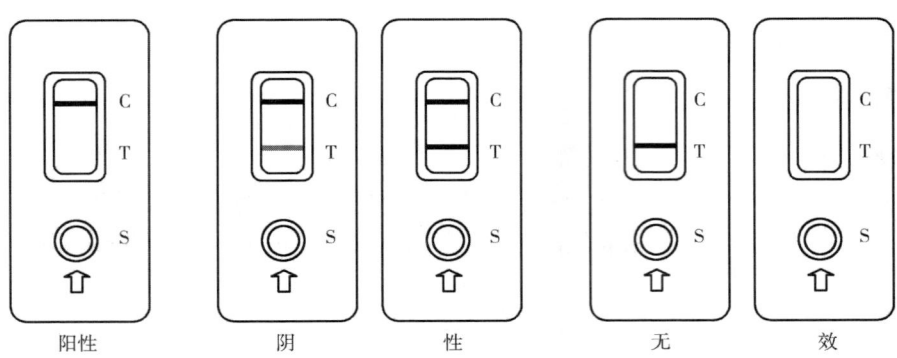

图 1-17　盐酸克伦特罗（瘦肉精）胶体金检测试纸卡（尿样）结果示意图
（康正生物公司产品说明书）

2. 莱克多巴胺胶体金快速检测

莱克多巴胺胶体金快速检测试纸卡（以康正生物公司产品为例）应用竞争抑制胶体金免疫层析的原理，将莱克多巴胺抗原先固定于硝酸纤维素膜的测试区中（T线），猪尿中莱克多巴胺（竞争抗原）与金标垫上的胶体金标记抗体结合后，根据迁移到测试区的剩余抗体能被T线捕获的多少，来定性判定待测猪尿中莱克多巴胺的含量。

①试样：新鲜尿样或在4℃保存不超过24h的尿液。

②前处理：新鲜采集的尿液可直接检测。若尿液不立即检测，须在4℃保存，且不超过24h。若尿样在储存过程中出现沉淀或浑浊，须离心后取上清检测。

③器材：莱克多巴胺胶体金检测试纸卡（尿样，康正生物或其它同类型产品公司出品）等（参见原料肉安全（宰前）快速检验任务三岗前准备）。

④操作：从包装盒内取出试纸卡，加样孔、测试区朝上平放在桌面。打开后在较短时间内（1h）使用。用滴管吸取待检尿液，滴加3滴于加样孔中，加样后开始计时并观察测试区窗口中T线和C线的显色反应，C线应显紫红色。5分钟后判读，10分钟之后的结果无效。

⑤结果判定：

阴性：C线显色，T线肉眼可见，无论颜色深浅均判为阴性。

阳性：C线显色，T线不显色，或者T线隐隐约约，判为阳性。

无效：C线不显色，无论T线是否显色，该试纸判为无效。

⑥注意事项：试纸卡拆开即用，勿长时间暴露于空气中，避免储存于温度较高的环境中，忌冷冻。自来水、有机溶剂、蒸馏水或去离子水均不能作为阴性对照。本方法适用于快速筛查，若要确证还需其他方法进行验证。如滴加检测液后30s内，在测试窗口无液体移行，则再补加1滴检测液。

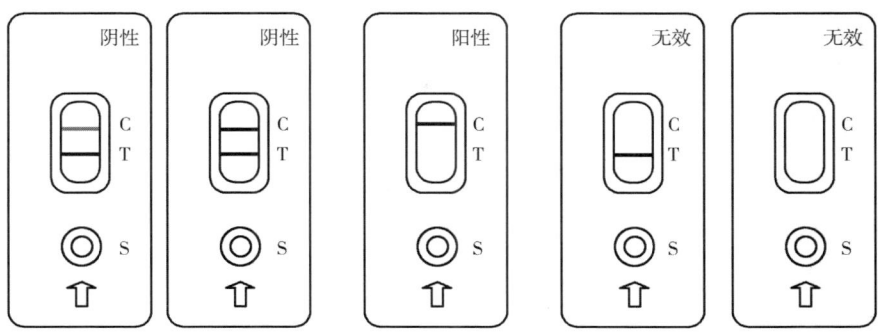

图 1-18 莱克多巴胺胶体金检测试纸卡（尿样）结果示意图
（图片源于康正生物公司产品说明书）

【问题探究】

快速检测试剂盒法应用的意义是什么？

由于动物饮食了 β-受体激动素（莱克多巴胺、克伦特罗等）后会增加瘦肉率，常有不法养殖场违规添加。为了能快速检出 β-受体激动素，在屠宰前检测动物的尿液是最为方便、快速的筛查方法。《GB/T 22286—2008 动物源性食品中多种 β-受体激动剂残留量的测定　液相色谱串联质谱法》对于肉样需要均质，酶解后以高氯酸调节 pH，沉淀蛋白离心后，上清液用有机溶剂提取，再经阳离子交换柱净化后，通过液质联用仪器内标法定量。但是我们可以看出，液质联用法耗时，同时对设备要求高，不利于大生产中的在线快速筛查，所以借助试剂盒方法能大大提高原料肉生产时的效率。

任务四　掺假肉的鉴别

肉制品的真伪检验一直是国内和国际贸易中的关注问题，包括肉与非肉组分含量检测，肉的种类鉴别，肉的加工方法（冷冻、辐射、机械回收、成熟）等方面的内容。肌原纤维检测可以判断食品中肉类成分的含量，常采用 3-甲基组氨酸滴定法测肉类罐头等产品中肌肉蛋白含量。目前，电子喷雾质谱图法也可以用于肌动蛋白定量分析，从而对产品中瘦肉含量进行准确检测。同时分子生物学方法发展迅速，由于 DNA 广泛存在于细胞核和线粒体中，线粒体广泛存在于细胞中，各个体的 DNA 序列具有独特性，和蛋白质相比，DNA 更能抵抗加工；荧光定量 PCR 法可免去电泳步骤，更加方便准确地检测肉的种类。DNA 分析技术有望替代蛋白质检测方法检验掺假肉。本任务参照中国国内贸易标准 SB/T 10923—2012 采用荧光定量 PCR 法检测混合肉样中肉的种类。

【岗前准备】

猪肉、牛肉、羊肉、马肉、驴肉、鸡肉、鸭肉、鹅肉、兔肉，及可疑掺杂肉；

电子天平（量程2kg，感量0.1g和量程100g，感量0.001g各1台），组织捣碎机，研钵（160℃烘烤2h），恒温水浴锅，台式冷冻离心机（12000g），微量移液器（量程分别为0.1~2.5μL、0.5~10μL、10~100μL、50~200μL，各1支），pH计，核酸蛋白分析仪，实时荧光PCR检测系统，实时荧光PCR反应管（光学），易耗性耗材（应一次性使用，其他不宜烘烤或高压处理的器皿可使用1%次氯酸钠溶液浸泡6h后用蒸馏水冲洗干净。

试剂一般分析纯且无核酸污染；液氮，TaqMan通用PCR扩增预混试剂；

DNA提取裂解液（成分：10g/L CTAB（十六烷基三甲基溴化铵），0.05mol/L Tris（三（羟甲基）氨基甲烷），0.7mol/L NaCl，0.01mol/L Na_2EDTA（乙二胺四乙酸二钠）。配制步骤：称量CTAB 10g，Tris 6.1g，NaCl 41g，Na_2EDTA 3.7g置于1L烧杯中，加入去离子水约800mL，充分搅拌混匀，加去离子水定容至1L后，室温保存。

DNA提取试剂（10g/L）CTAB，0.05mol/L Tris-HCl（pH8.0），0.7mol/L NaCl，0.01mol/L EDTA（pH8.0），苯酚，三氯甲烷，异戊醇，无水乙醇，70%乙醇，醋酸钠，TE缓冲液（Tris-HCl、EDTA缓冲液）：10mmol/L Tris-HCl（pH8.0），1mol/L EDTA（pH8.0）。

引物及探针序列参考表1-10所示，检测靶基因序列参考表1-11所示。

表1-10　　　　　　　　引物及探针序列
（SB/T 10923—2012）

畜禽种类	引物、探针序列	Tm ℃	参考基因序列号	扩增位置及长度
猪	FP：CGACAAAGCAACCCTCACAC	59	X56295	509-579bp 71bp
	RP：TGCGAGGGCGGTAATGAT	58		
	Probe：FAM-CTTCGCCTTCCACTTTATCCTGCCATTC-TAMRA	68		
牛	FP：CTCCTCGGAGACCCAGATAAC	59	GU249568.1	744-822bp 79bp
	RP：AGAAGTATCACTCGGGTTTG	59		
	Probe：FAM-CCAGCCAATCCACTCAACACACCC-TAMRA	70		
羊	FP：CAGCCCTCGCCATAGTTCAC	59	AF010406	569-666bp 98bp
	RP：AGGGTGGAAGGGAATTTTATCTG	58		
	Probe：TCTTCCTCCACGAAACAGGATCCAACA	68		

续表

畜禽种类	引物、探针序列	Tm ℃	参考基因序列号	扩增位置及长度
马	FP：CCAATGCGTATTCTGACTCTTAGTG	59	JF511458.1	962－105bp 81bp
	RP：CGATAATTACGTATGGGTGTTCC	58		
	Probe：FAM－CTGACACTAACATGAATCGGCGGACAGC－TAMRA	68		
驴	FP：CCTCAGCACTCCCCCTCAT	60	JF718884.1	782－869bp 87bp
	RP：AAGGATAAGGGCTAATACACCA	59		
	Probe：FAM－CCAGAATGGTATTTCCTATTTGCTTACGCC－TAMRA	69		
鸡	FP：CGACAACCCAACCCTTACC	59	X52392	512－601bp 89bp
	RP：AGGAAGGTGAGGTGGATGATA	59		
	Probe：FAM－ACACTTCCTCCTCCCCTTTGCAATCGC－TAMRA	69		
鸭	FP：GGCCACACAAATCCTCACAG	59	EU755252	125－209bp 85bp
	RP：TGTGTTGGCTACTGAGGAGAAA	59		
	Probe：FAM－CCTACTGGCTATGCACTACACCGCAGAC－TAMRA	69		
鹅	FP：AGACAATCCAACCTTAACCCGA	59	AY552163.1	512－588bp 77bp
	RP：GGACTAGGGTGATTCCTGCA	58		
	Probe：FAM－CCATCCACTTCCTACTGCCCTTCCTA－TAMRA	68		
兔	FP：GTTCTCGTCGCAGATCTTCTCA	58	AJ001588	978－1058bp 73bp
	RP：TACTTGTCCAATGGTGATGAAC	58		
	Probe：FAM－CACTCACATGAATCGGAGGCCAACCAGTA－TAMRA	68		

表1－11　实时荧光PCR检测靶基因序列
（SB/T 10923—2012）

来源	实时荧光PCR扩增产物序列
猪	cgacaaagcaaccctcacacgattcttcgccttccactttatcctgccattcatcattaccgccctcgcag
牛	ctcctcggagacccagataactacaccccagccaatccactcaacacacccccctcacatcaaacccgagtgatacttct
羊	cagccctcgccatagttcacctactcttcctccacgaaacaggatccaacaaccccacaggaattccatcggacacagataaaattcccttcacccct
马	ccaatgcgtattctgactcttagtggcagacttactgacactaacatgaatcggcggacagccagtggaacacccatacgtaattatcg
驴	cctcagcactcccctcatattaagccagaatggtatttcctatttgcttacgccatcctacgctccattcccaacaaactaggtggtgtattagcccttatccttt
鸡	cgacaacccaaccccttaccgattcttgctttacttcctcctccccttgcaatcgcaggtattactatcatccacctcaccttcct
鸭	ggccacacaaatcctcacaggcctcctactggctatgcactacaccgcagacatcccttgctttctcctcagtagccaacaca
鹅	agacaatccaacccttaacccgattcttgccactccttcctactgccctccttaattgcaggaatcaccctagtcc
兔	gttctcgtcgcagatcttctcacactcacatgaatcggaggccaaccagtagaacaccgttcatcaccattggacaagta

【岗位操作】

一、 岗位操作流程

制备均质样品→提取总 DNA→加样→实时荧光 PCR 检测→结果判定。

二、 岗位操作细节

1. 样品制备

在样品粉碎区进行样品的制备。取样应同批多点采取肌肉组织，样品均质后，再提取 DNA。

2. 样品的总 DNA 提取

设立质控对照，阳性对照和样品分别用同样方法提取 DNA。将研钵内研磨物转移到 1.5mL 离心管中，加入 700μL DNA 提取裂解液，置于 65℃水浴 3h，期间不时振荡混匀；12000r/min 离心 5min，取上清液至新的 1.5mL 离心管内；加入等体积苯酚，充分混匀后，12000r/min 离心 5min；取上清液，加等体积三氯甲烷与异戊醇的混合溶液（三氯甲烷：异戊醇的体积比为 24∶1），充分混匀，12000r/min 离心 5min；取上清液，加入 1/10 体积的 3mol/L 醋酸钠溶液，混匀后再加入 2 倍体积预冷的无水乙醇，－20℃静置 1h，12000r/min 离心 5min，弃去上清液；用 70% 乙醇洗涤二次，超净台内室温下晾干，加入 50μL TE 缓冲液溶解沉淀；用核酸蛋白分析仪对提取的 DNA 进行测定，OD260/OD280 在 1.8～2.0，浓度在 10～100ng/μL 时，方可进行实时荧光 PCR 扩增。

3. 扩增试剂准备

进行扩增试剂准备，在冰盒中配制如下反应体系。每个样品测试配制 20μL 反应体系：Master Mix（2×）10.0μL，上游引物 FP（900nM）2.0μL，下游引物 RP（900nM）2.0μL，探针 Probe（250nM）2.0μL，模板 DNA 模板（10～100ng）1.2μL，无菌双蒸水 2.8μL。向每个实时荧光 PCR 反应管中加入以上反应混合液，转移至样品制备区备用。

4. 加样

在各实时荧光 PCR 反应管中分别加入制备好的模板 DNA 溶液，盖紧管后混匀，3000r/min 离心 5～10s。

5. 实时荧光 PCR 检测

将离心后的实时荧光 PCR 反应管放入实时荧光 PCR 检测系统内，记录样本摆放顺序。实时荧光 PCR 反应条件一般为：50℃ 2min→95℃ 10min→40×（95℃ 15s→60℃ 1min）收集荧光。具体反应条件可根据仪器要求适当调整。检测结束后，根据扩增曲线和 Ct 值判定结果。

检验过程中必须设立阳性对照、阴性对照和空白对照。阳性对照用相应组织的 DNA 作为模板，用不含相应成分样品的 DNA 作为阴性对照，用等体积去离子水作为模板空白对照。样品设 3 个重复，对照设 2 个重复，以 Ct 值的平均值作为最终结果。

6. 结果判定

直接读取检测结果。阈值设定原则根据仪器噪声情况进行调整。空白对照：无 FAM 荧光信号检出或 Ct 值≥35.0，未出现典型的扩增曲线。阴性对照：无 FAM 荧光信号检出或 Ct 值≥35.0，未出现典型的扩增曲线。阳性对照：有 FAM 荧光信号检出，并出现典型的扩增曲线，Ct 值<30.0。以上必须同时满足，否则本次实验无效。

样品测定中，当猪、牛、羊、马、驴、鸡、鸭、鹅、兔源性成分检测体系的 Ct 值<30.0 时，有 FAM 荧光信号检出，并出现典型的扩增曲线，判断样品为阳性（检出对应动物源成分）。当 30.0≤Ct 值≤35.0 时，且有典型的扩增曲线时，则需重复实验。再次扩增后若检测体系的 Ct 值仍≤35.0，且有典型的扩增曲线，则判定该样品含有相应的动物源性成分。当再次扩增后，若检测体系 Ct 值>35.0，或无典型的扩增曲线，则判定该样品不含相应的动物源性成分。

上述方法对牛肉中掺猪肉、羊肉中掺猪肉、牛肉中掺鸭肉、羊肉中掺鸭肉、驴肉中掺猪肉、驴肉中掺鸭肉的检测下限为 $5g/m^3$。

【问题探究】

实时荧光 PCR 检测掺假肉的原理是什么？

实时荧光 PCR 技术根据线粒体 DNA 的细胞色素氧化酶 b 亚基（Cyt b）基因上畜禽各物种间序列差异而进行动物源性成分的检测。以 GenBank 上公布的猪（X56295）、牛（GU249568.1）、羊（AF010406）、马（JF511458.1）、驴（JF718884.1）、鸡（X52392）、鸭（EU755252）、鹅（AY552163.1）、兔（AJ001588）的 Cyt b 基因序列为模板，设计并合成各自的特异性引物对及探针；利用裂解液破碎细胞，三氯甲烷抽提去除蛋白质，异丙醇沉淀得到总 DNA；以提取的 DNA 为模板，分别使用各物种的特异性引物对及探针进行实时荧光 PCR 扩增，并通过标记报告基因羧基荧光素（FAM）、淬灭基因羧基四甲基罗丹明（TAMRA）的探针进行特异性杂交。根据实时荧光 PCR 的扩增曲线和 Ct 值，对肉及肉制品中的动物源性成分进行检测。

任务五　原料肉的选择

肉品加工时原料肉选择除应符合新鲜度的要求之外，对原料肉品种、部位等还有进一步的要求。由于各种产品均对原料肉有一定要求，本任务分散在其他各个情境中进行。

【岗前准备】

猪肉、牛肉、光鸡、鸭等；

刀、剪刀、砧板、托盘、天平（0.1g）等。

【岗位操作】

在保证原料肉安全的基础上，原料肉的选取还需要综合考虑产品的具体要求，以获得最佳的产品外型、色、香、味、质构。一些产品选择原料肉的要求如表1-12所示。选取时注意辨别原料肉种类、部位等特征。

表1-12　　　　　　　　　　　常见肉制品原料肉的要求

类型	产品	原料肉要求
腌腊肉制品	板鸭	挑选体长、身宽、胸腿肉发达，两腋有核桃肉，健康、无损伤、体重在1.5kg以上经稻谷催肥的活鸭，或直接使用右翅下开口的光鸭，现代制法也有采用食用品质相近的腹中线开口的光鸭
	腌猪肉	鲜（冻）猪肉
火腿肉制品	中式火腿	猪宰后24h内的鲜（冻）后腿，单只5~13kg；爪小，皮薄（不超过3.5mm）、骨细，无伤无破、无断骨无脱臼；腿心饱满，肌肉鲜红完整，肥膘较薄而洁白（不超过3.5cm）
	盐水火腿	一般采用冷却腿肉（Ⅱ、Ⅳ号肉），也有用冷却肩肉（Ⅰ号肉）
肠类肉制品	腊肠	一般用未经成熟的新鲜猪肉。原料肉须去掉筋腱、骨头、皮、杂质。瘦肉以腿臀肉为最好，肥膘以背部硬膘为好，腿膘次之；加工其他肉制品切割下来的碎肉亦可作原料
	熟熏肠	一般用新鲜猪肉，也有使用其它动物肉的，肉的选用部位随制品特点而异，常见有肩肉、槽头肉、肉品加工边角料等
酱卤肉制品	烧鸡	选择专用原料鸡，体重约1.5kg左右，要求鸡的胸腹长宽，两腿肥壮，鸡龄1年左右。现代食品工业常用肉鸡做原料。如无特殊要求，也可购买食用品质与加工要求相近的已宰杀整理好的光鸡
	肴肉	用薄皮猪的前后蹄髈为原料，以前蹄髈为最好
熏烤肉制品	培根	大培根的坯料取自整片带皮猪胴体（白条肉）的中段，即前端从第三肋骨处斩断，后端从荐椎骨与尾椎骨之间斩断，再割除奶脯，大培根肥膘最厚处以3.5~4.0cm为宜；排培根和奶培根各有带皮和去皮两种，选料时注意前端从白条肉第五根肋骨处斩断，后端从最后两节荐椎处斩断，去掉奶脯，再沿距背脊13~14cm处分斩为两部分，上为排培根，下为奶培根之坯料，排培根肥膘最厚处2.5~3.0cm为宜，奶培根肥膘最厚处约为2.5cm
	烤鸭	可以选用经过填肥的活重在2.5~3kg以上、饲养期约50~60d的填鸭。也可以选用品质规格相似的宰杀整理好的光鸭

续表

类型	产品	原料肉要求
肉干制品	肉干	新鲜瘦肉，以前后腿瘦肉为佳
	肉松	新鲜瘦肉（鱼肉亦可），须除尽筋腱、骨头、皮、肥膘等

项目1-2
分割肉的加工及保鲜

知识目标

能准确说出猪肉、鸡肉分割的部位。

技能目标

1. 能正确进行猪肉（或鸡肉）的分割。
2. 会对设备和工器具进行消毒。
3. 能将肉修割成指定形状并除去杂质。
4. 能正确进行原料肉的解冻及保藏。

学习型工作任务

原料肉在加工前常需进行分割及整形处理。肉类分割是一项非常复杂的技术。通过分割可以得到进一步加工肉制品所需的各部位的分割肉，实现肉块的规格均一化，满足肉制品加工的原料要求，并实现肉的按部位论价，极大地增加产品的附加值。此处以畜肉中的猪肉和禽肉中的鸡肉为加工对象来练习这一技术。

任务一　畜肉（猪肉）的分割

本任务主要练习猪肉分割中最常见的三段锯分法。各部位的进一步细分，还需要根据市场要求做相应调整。

【岗前准备】

猪胴体；

圆盘锯、刀、档刀棍、砧板、托盘、案板桌、推车、周转盘、煮制锅、不锈钢桶或盆、冷库、热封袋、真空包装机、分割肉商标或标签等。

【岗位操作】

1. 岗位操作流程

设备、器具的消毒→分割。

2. 岗位操作细节

（1）设备、器具的消毒　圆盘锯、刀、案板桌、推车、周转盘等均须在使用前后仔细清洗，将可拆卸浸烫部位进行浸烫消毒，不能烫的物品可进行有效氯溶液或过氧乙酸溶液浸泡消毒。浸泡消毒之前应去除油污，以防油污影响杀菌效果。当用漂白粉、漂白粉精、次氯酸等含氯药品稀释液作消毒剂时，必须防止被碱液沾污，否则影响消毒效果。根据所用药品的有效氯含量配制溶液，漂白粉5%的溶液用于工器具等的消毒，有效氯含量250mg/kg的溶液用于手的消毒，600mg/kg浓度的溶液用于胶靴的消毒。若用过氧乙酸，常以2%溶液用于空气的喷雾消毒，过氧乙酸供手浸洗消毒时，只能用0.5%以下的溶液。

分割室温度应低于15℃。分割前制定或领取分割计划，合理安排数量和次序，与负责解冻人员做好协调，合理安排分割时间，并办好交接手续。

磨刀时先将刀面上的油污擦洗干净，再把磨刀石放平稳，以前面放置略低、后面略高为宜。磨刀石旁放一盆清水，磨刀时，右手持刀，左手按住刀面的前端，刀口向外放在磨刀石上，两手要按稳，以防脱手造成事故。然后在刀面和磨刀石上淋些水，将刀刃紧贴石面，后部略翘起，将刀前推后拉，注意用力均匀。磨至石面起砂浆时再淋水继续磨，刀的两面及前、后、中部都轮流均匀磨到，两面磨的次数基本相同，保持刀刃平直、锋利。刀磨完后要用清水洗净、擦干，然后将刀刃朝上，用双目观察，若刀刃上看不见白色的亮光，则已锋利，否则需继续磨。

（2）分割（NY/T 1759—2009）

工艺为：原料肉预冷→三段锯分→小块分割与修整→快速冷却→冻结→包装、储藏。

①原料肉：一般采用白条肉（片猪肉）。

②前处理：有三种方式可供选择。一种是将宰后为38℃左右的热鲜肉立即进行分割加工（称为热剔骨，其优点在于容易进行肥膘的剥离、剔骨和修整，肌膜较完整），但是由于肉温较高，微生物易生长，易致肉卫生质量降低；大量热鲜肉进入分割车间，使分割车间负荷增大，温度不易控制；这种分割肉在冻结时易产生血冰。因此不提倡采用这种方法。

另一种方法是将热鲜肉冷却到0~7℃，再进行分割加工，称为冷剔骨。其优点是微生物的繁殖受到抑制，减少污染，肉的卫生质量较好，分割车间热负荷减小。不足之处是肥膘的剥离、剔骨和修整等操作不易进行，易伤肌膜，出肉率较低。

第三种方式是将宰后的热鲜肉送至 0℃ 的预冷间,在 3h 内将肉的中心温度降至 20℃ 左右,肉平均温度 10℃ 左右,再进行分割加工。这种方法有诸多优点:抑制了微生物的生长繁殖,能保证产品的卫生质量;肌肉酶的活性受到抑制,肉的成熟及其他生化反应过程减慢,肉的保水性稳定,冻结时不易产生血冰,肌红蛋白的氧化受到抑制,保证了肉色泽艳丽;肉温在 8℃ 以下,并在 15℃ 以下的分割间加工,可保证操作方便,易于剔骨、去肥膘和修整,劳动效率高。

按《GB/T 17236—2008 生猪屠宰操作规程》,预冷操作的方法为,将片猪肉送入冷却间进行预冷,可采用一段式预冷或二段式预冷工艺。一段式预冷方法为调节相对湿度 75%~95%,温度 -1~4℃,胴体间距 3~5cm,时间 16~24h。二段式预冷工艺为先进行快速冷却,将片猪肉在 -15℃ 快速冷却间进行冷却,时间 1.5~2h,再进入预冷车间 -1~4℃,胴体间距 3~5cm,时间 14~20h。很明显该标准方法适用于上述第二种剔骨方法(冷剔骨)。

③分割:分割操作应保证肉温不超过 8℃。

a. 分割前准备工作:磨刀,摆放好周转盘,要求摆放整齐、有序,周转盘使用前要求清洁、无杂质,磨后的刀具一定要清洗,每人只允许一把刀,每张台板只允许一把档刀棍。

盛放原料肉的周转盘不得直接触地,可使用红色周转盘垫底,接触地面的周转盘使用前需清洗干净后方可使用,以免带入杂质,破损的周转盘不得使用。

检查原料肉解冻后的温度及解冻情况(正常中心带微冻),安排分割。

b. 三段锯分:片猪肉可采用卧式或立式分段,并分别使用卧式分段锯和立式分段锯。一般将预冷后的白条肉(即半胴体)传送至电锯处,胴体前部从第 5、6 肋骨中间直线锯下,胴体后部从腰荐椎联接处直线锯下,从而将胴体锯分为前腿、中段和后腿三部分。

c. 小块分割与修整:本工序可生产出不同品种和不同质量规格的分割肉。

带皮带骨分割肉的加工:将半胴体锯分为前腿、中段和后腿三段后,再按要求切割修整即可。

带肥膘的分部位分割冻猪肉加工:将中段在脊椎骨下约 4~6cm 的肋骨处平行斩下,带脊背部位略修割脂肪层为大排;中段去大排后,带肋骨的部位,割去奶脯,为带骨方肉;前腿部分剔骨,并略修割脂肪层,为去骨前腿肉;后腿部位剔骨,略修割脂肪层,得去骨后腿肉。

分割冻猪瘦肉的加工:分割冻猪瘦肉为去皮、去骨、去皮下脂肪的四块肌肉,是目前我国各屠宰厂加工的主要分割肉品种。根据 GB/T 9959.2—2008 规定,前腿部分从第 5、6 肋骨中间斩下的颈背部位去骨、去肥膘后的肌肉为颈背肌肉(简称 I 号肉);前腿部分从第 5、6 肋骨中间斩下的前腿部位去骨、去肥膘后的肌肉为前腿肌肉(简称 II 号肉);中段部分脊背部位在脊椎骨下约 4~6cm 肋骨处平行斩下的去骨、去肥膘后的脊背肌肉为大排肌肉(简称 III 号肉);后腿部分从腰椎和荐椎连接处（允许带腰椎一节半）斩下的去骨、去肥膘后的后腿部位肌肉为后腿肌肉（简称Ⅳ号肉）。

一般根据市场的需求，采用不同的分割方法，图1-19，图1-20均为经常采用的分割方法。无论哪一种分割方法，在分割修整时都应刀法平直整齐，保证产品美观。尽量修净伤斑、淋巴结、碎骨、出血点、脓包和血污等。要求剔骨和去脂肪的，应把骨和皮下脂肪尽量除尽，但应同时注意保持肌膜完整。

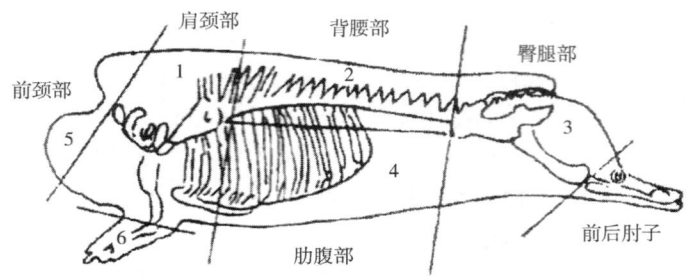

图1-19 中国猪胴体部位分割图
1—肩颈肉 2—背腰肉 3—臀腿肉 4—肋腹肉 5—前颈肉 6—肘子肉
（周光宏.2008.肉品加工学）

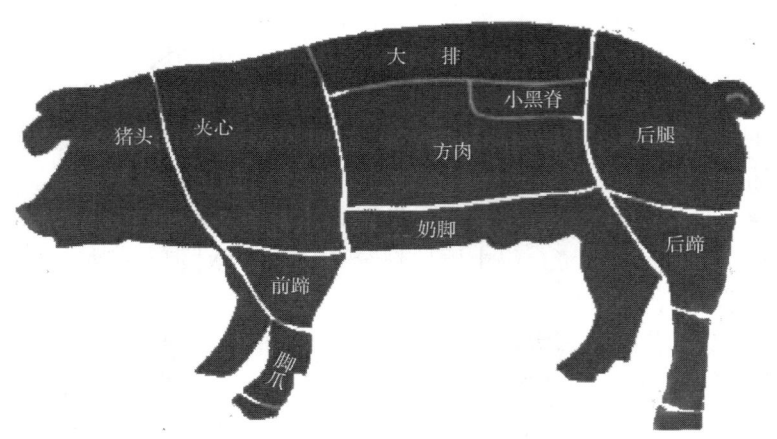

图1-20 常见都市超市猪肉分割图
（http://www.photophoto.cn/show/13868754.html）

分割车间应装设空调，保证车间的温度不超过15℃，空气流速0.25m/s，相对湿度60%。注意保持地面清洁卫生，及时用刮水板将积水、血水刮干；周转盘摆放整齐，分割挑选好的原料肉应分别放入专用的周转盘中，原料肉之间不得污染，周转盘不得盛装过满，肉温应低于8℃。

④快速冷却：即二次冷却。把修整好的分割肉平摊在铁盘内（注意肌膜面向下，不要挤压），放入冷却间，将肉的中心温度降至7℃以下。快速冷却与热鲜肉的预冷合称为两段冷却。为了保证成品无冰霜和血块，快速冷却应越快越好。为此冷却间的温度应事先控制在-5℃左右，产品入库后温度迅速稳定在0~4℃，在2h以内完成二次冷却过程。

⑤包装、冻结、储藏：冷却好的肉用聚乙烯塑料或玻璃纸包裹两圈半以上。把包裹的分割肉放入铁盒中于-25℃以下的冻结室内冻结，使肉的中心温度降至-15℃以下，一般24h内即完成冻结，然后转入瓦楞纸箱中，每箱净重一般为25kg，入-18℃的冻藏库储藏。

⑥猪肉质量等级评定：胴体分为带皮和去皮两种。根据胴体的规格等级和质量等级可以确定猪胴体的综合等级（详见《NY/T 1759—2009 猪肉等级规格农业行业标准》），规格等级和质量等级参照表1-13和表1-14。猪胴体经综合评定质量和规格，可以细分为四个综合等级。一级对应AⅠ，二级对应AⅡ、AⅢ、BⅠ，三级对应BⅡ、BⅢ、CⅠ，四级对应CⅡ、CⅢ。

表1-13　　　　　　　　　　　　猪胴体规格等级

（NY/T 1759—2009）

等级	背膘厚度（mm）/瘦肉率（%）	胴体重/kg
A	<20/ >55	>65（带皮）或>60（去皮）
B	20~30/50~55	50~65（带皮）或46~60（去皮）
C	>30/ <50	<50（带皮）或<46（去皮）

表1-14　　　　　　　　　　　　猪胴体质量等级

（NY/T 1759—2009）

等级	外观	肉色	肌肉质地	脂肪颜色
Ⅰ	整体形态美观、匀称，肌肉丰满，脂肪覆盖情况好。每片猪肉允许表皮修割面积不超过1/4，内伤修割面积不超过150cm²	鲜红，光泽好	坚实，纹理致密	白色，光泽好
Ⅱ	整体形态较美观、较匀称，肌肉较丰满，脂肪覆盖情况较好。每片猪肉允许表皮修割面积不超过1/3，内伤修割面积不超过200cm²	深红，光泽一般	较坚实，纹理致密度一般	较白略带黄色，光泽一般

续表

等级	外观	肉色	肌肉质地	脂肪颜色
Ⅲ	整体形态、匀称性一般，肌肉不丰满，脂肪覆盖情况一般。每片猪肉允许表皮修割面积不超过 1/3，内伤修割面积不超过 250cm²	暗红，光泽较差	坚实度较差，纹理致密度较差	淡黄色，光泽较差

分割猪胴体后主要得到 4 块分割肉，去骨前腿肉、去骨后腿肉、大排、带骨方肉，每一块肉都可进一步分级。在 0~4℃ 冷藏 24h 后，测定肉块皮下脂肪最大厚度和肉块重，然后对照等级标准进行判定。共设置 3 个判定等级，级别 A、级别 B、级别 C，如表 1-15 至表 1-18 所示。

表 1-15　　　　　　　　　去骨前腿肉等级

（NY/T 1759—2009）

皮下脂肪最大厚度/mm	去骨前腿肉重/kg		
	>8.5	7~8.5	<7
<40	A	B	B
40~50	B	B	C
>50	B	C	C

表 1-16　　　　　　　　　去骨后腿肉等级

（NY/T 1759—2009）

皮下脂肪最大厚度/mm	去骨前腿肉重/kg		
	>10.4	8.6~10.4	<8.6
<25	A	B	B
25~35	B	B	C
>35	B	C	C

表 1-17　　　　　　　　　大排等级

（NY/T 1759—2009）

皮下脂肪最大厚度/mm	大排重/kg		
	>5.3	4.4~5.3	<4.4
<30	A	B	B
30~40	B	B	C
>40	B	C	C

表 1-18　　　　　　　　　　　带骨方肉等级

（NY/T 1759—2009）

皮下脂肪最大厚度/mm	带骨方肉重/kg		
	>6.0	5.0~6.0	<5.0
<20	A	B	B
20~26	B	B	C
>26	B	C	C

⑦原料肉的适用：Ⅲ号肉原料要求：有筋膜的一面脂肪厚度≤3mm，另一面脂肪基本修净，脂肪含量≤4%，保持Ⅲ号肉的原来形状，不得含其它型号的肉，粗细基本均匀，组织致密。

火腿原料：采用Ⅱ、Ⅳ号肉。分割时要求基本剔除脂肪和组织内较粗的筋膜，（不得采用白肌肉及风干肉），切成块状，质量为 50~150g，脂肪含量≤1%。

方腿原料：采用Ⅱ、Ⅳ号肉，分割到无筋膜、无粗组织膜、无明显的脂肪块，脂肪含量≤4%。

分割碎肉（猪碎肉）：新鲜、卫生、无杂质、无碎骨、无软骨，块形不限，但最大一块重不得超出 200g，厚度≤4cm。

肥丁：采用脊膘，解冻至 -2~0℃，用人工或机械根据生产需要按照产品的标准进行切片。

猪皮：要求将大猪皮分割成块状，每块≤900cm²，剔除黑、白、猪毛等不合格猪皮。

⑧分割工作结束后处理：分割挑选桌面和周转盘用洗涤剂刷洗，再用清水冲洗干净，要求桌面及桌档无肉屑、油泥，工器具清洗后摆放整齐。地面用洗涤剂刷洗干净后，用清水冲洗干净，并用刮水板将积水刮干。下水道保持清洁、无异味。

【问题探究】

1. 怎样理解猪胴体精细分割时常用术语？

肩颈肉　俗称前槽、夹心、前臂肩。前端从第 1 颈椎，后端从第 4~5 胸椎或第 5~6 肋骨间，与背线成直角切断。下端如做火腿则从腕关节截断，如做其他制品则从肘关节切断，并剔除椎骨、肩胛骨、臂骨、胸骨和肋骨。如图 1-21 所示。

臀腿肉：俗称后腿。从最后腰椎与荐椎结合部和背线成直线垂直切断，下端则根据不同用途进行分割。如作为分割肉、鲜肉出售，从膝关节切断，剔除腰椎、荐椎骨、股骨、去尾；如做火腿则保留小腿后蹄。

背腰肉：俗称外脊、大排、硬肋、横排。前面去掉肩颈部，后面去掉臀腿部，余下的中段肉体从脊椎骨下 4~6cm 处平行切开，上部即为背腰部。

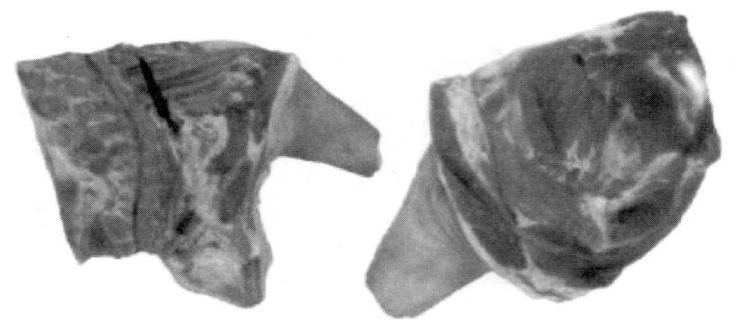

图1-21 肩颈肉和带骨猪肩
(gobarto 公司产品图)

肋腹肉：俗称软肋、五花。与背腰部分离，切去奶脯即是。

小排：即肋排。

前臂和小腿肉：俗称肘子、蹄膀。前臂上从肘关节、下从腕关节切断，小腿上从膝关节下、从跗关节切断。其中带筋腱的瘦肉又称为猪展、腱子肉、猪蹄。如图1-22所示。

前颈肉：从第1~2颈椎处至3~4颈椎处切断。

里脊：猪、牛、羊脊椎骨内侧的条状嫩肉，做肉食时称里脊肉。通常提到里脊有大里脊和小里脊之分，大里脊就是大排骨相连的瘦肉，外侧有筋覆盖，大排去骨后就是里脊肉，适合炒菜用；小里脊是脊椎骨内侧一条肌肉，比较少，很嫩，适合做汤。猪里脊又分外脊和里脊。外脊处在脊背位置，脊背上面的是外脊，贯穿整个脊背，所以又称为通

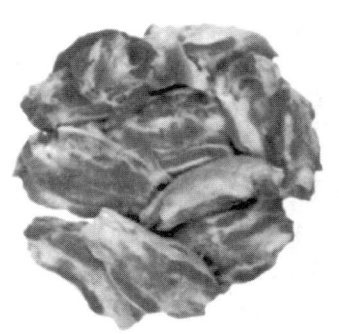

图1-22 猪腱肉
(gobarto 公司产品图)

脊、扁担肉、硬脊，是较嫩的瘦肉（肉店里叫Ⅲ号肉，有的人也把它叫里脊）；里脊位于外脊下侧，从腰子到分水骨之间的一条肉，呈长条圆形，一头稍细，是最嫩的肉（也有叫腰柳肉的）。由于里脊分量太少（一扇肉只有一条里脊和外脊），做菜时往往用外脊替代里脊。如图1-23所示。

梅肉：即梅花肉、梅头肉、上肩肉、夹心肉，主要位于肩胛骨中心部位的肉，就是第4、5肋条部位颈背脊肉，属于一号肉。猪梅肉肥瘦相连，肉质细嫩，颜色白，肌纤维长。如图1-24所示。

棒骨：实为腿骨。

扇骨：即肩胛骨。

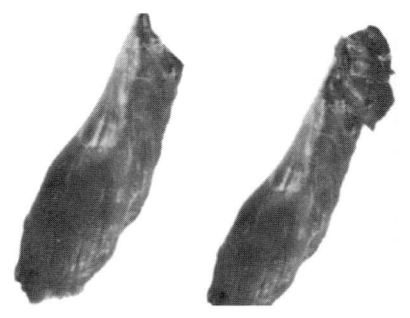
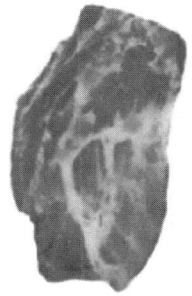
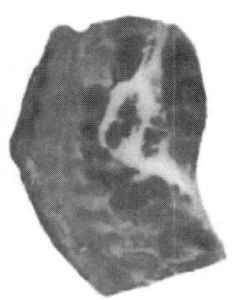

图1-23　里脊和带脊头肉里脊
（gobarto 公司产品图）

图1-24　去骨和带骨梅肉
（gobarto 公司产品图）

2. 如何使用有效氯溶液？

有效氯溶液常使用漂白粉、漂白粉精、次氯酸等含氯药品进行稀释配制。当用漂白粉、漂白粉精、次氯酸等含氯药品稀释液作消毒剂时，必须防止被碱液污染，否则影响消毒效果。消毒液 pH 达到 10 时，几乎没有消毒能力。因为次氯酸比次氯酸根杀菌效力大 80～100 倍，而在碱性条件下，则解离成次氯酸根（OCl^-）。浸泡消毒之前应去除油污，以防油污影响杀菌效果。

漂白粉为次氯酸的钙盐［$Ca(OCl)_2$］，含有效氯为 25%～35%，为白色、灰白色的粉末或颗粒，有显著氯臭，吸湿性强，易受水、光、热等的作用而分解。0.5%～1% 的溶液 5min 可杀死在熟肉制品中的大多数细菌，5% 的溶液在 1h 内可杀死大多数细菌芽孢。常用于工器具等的消毒，有效氯含量 250mg/kg 的溶液用于手的消毒，600mg/kg 浓度的溶液用于胶靴的消毒。

漂粉精又名高度漂白粉，其有效氯含量为 60%～75%，它是一种白色或灰白色粉末，或呈颗粒状，也有制成片剂状的。在室内保存，质量比较稳定，无吸湿性。其用途与漂白粉相同。

各种氯的制剂杀菌作用包括次氯酸的作用、新生氧作用和氯化作用。一般认为次氯酸的氧化作用是最主要的杀菌作用。各种氯制剂均可在水中生成次氯酸，次氯酸是一种弱酸，在酸性条件下时，主要以次氯酸（HOCl）形式存在，其不仅可与细胞壁发生作用，且因为分子小，不带电荷，易透过细胞膜与胞内蛋白质发生氧化作用，抑制磷酸脱氢酶活性，使细菌代谢障碍而死亡。

【知识拓展】

牛、羊肉的分割

（1）中国牛胴体的分割方法　牛经屠宰，去头、蹄，去尾，剥皮，去内脏，胴体经劈半，并冷藏吊挂成熟后，分割为四分体，再进一步分割成臀腿肉、腹部肉、腰部肉、胸部肉、肋部肉、肩颈肉、前腿肉、后腿肉共八个部分。然后再进一步分割成牛柳、西冷、眼肉、上脑、胸肉、腱子肉、臀腰肉、臀肉、膝圆、大米龙、小米龙、腹肉、嫩肩肉共十三个部位。主要部位如图 1-25 所示（NY/T 676—2010 未规定分割部位，仍参照 2003 版标准分割部位）。牛肉的等级规格应参照 NY/T 676—2010 根据肉色、大理石花纹、生理成熟度、脂肪色综合评定。

①牛柳：又名里脊，实为腰大肌。剥去肾脂肪后，沿耻骨前下方将里脊剔出，由里脊头向里脊尾逐个剥离腰横突，取下完整的里脊。如图 1-26 所示。

②西冷：又名外脊，主要是背最长肌。先沿最后腰椎切下，再沿眼肌腹侧距离眼肌 5~8cm 切下，然后在第 12、13 胸肋处切断胸椎，逐个剥离胸椎、腰椎。如图 1-27 所示。

③眼肉：包括背阔肌、背最长肌、肋间肌等。其一端与外脊相连，另一端在第 5、6 胸椎处。可先剥离胸椎，抽出筋腱，再在眼肌腹侧距离为 8~10cm 处切下。如图 1-28 所示。

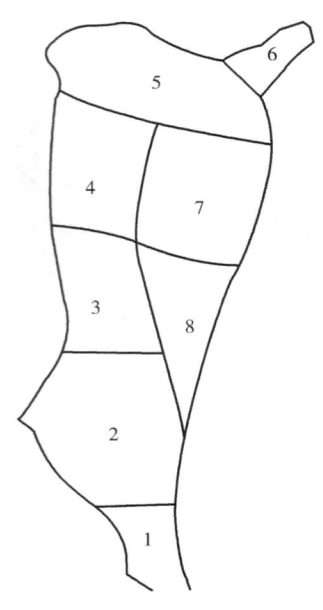

图 1-25　中国牛胴体部位分割图示
1—后腿肉　2—臀腿肉　3—后腰肉
4—肋部肉　5—颈肩肉　6—前腿肉
7—胸部肉　8—腹部肉
（NY/T 676—2003 牛肉质量分级）

 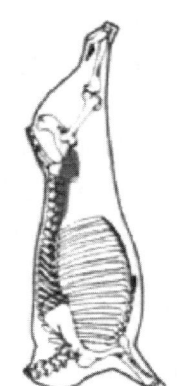

图 1-26　牛柳
（NY/T 676—2003 牛肉质量分级）

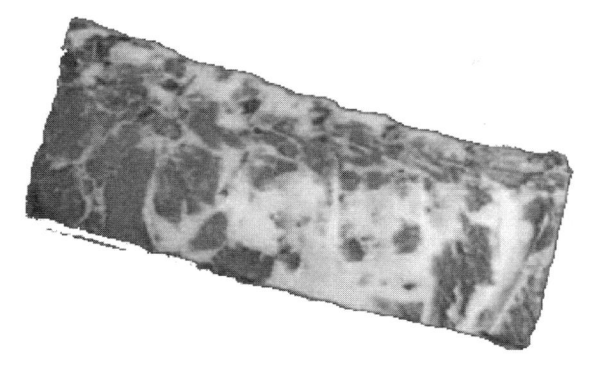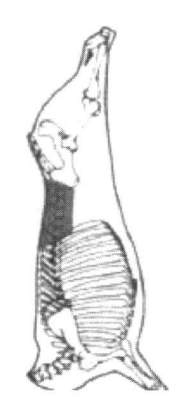

图 1-27 西冷
(NY/T 676—2003 牛肉质量分级)

④上脑：主要为背最长肌、斜方肌等。其一端与眼肉相连，另一端在最后颈椎处。一般先剥离胸椎，去除筋腱，再于眼肌腹侧距离 6~8cm 处切下。如图 1-29 所示。

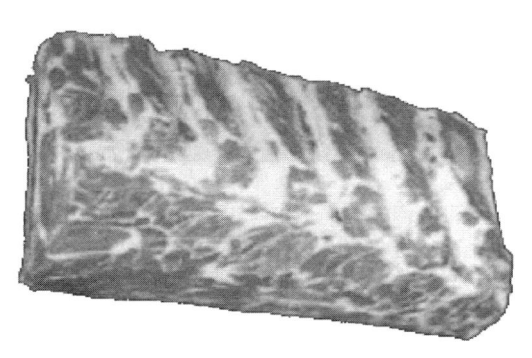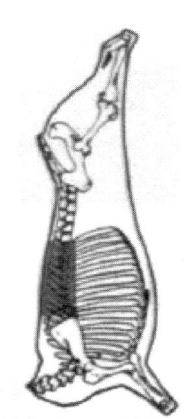

图 1-28 眼肉
(NY/T 676—2003 牛肉质量分级)

⑤嫩肩肉：主要为三角肌。一般循眼肉横切面的前端继续向前分割，得到的一块圆锥形的肉块。如图 1-30 所示。

⑥胸肉：包括胸升肌和胸横肌等。在剑状软骨处，随胸肉的自然走向剥离，修去部分脂肪而得的一块完整胸肉。如图 1-31 所示。

⑦臀腰肉：主要包括臀中肌、臀深肌、股阔筋膜张肌。在臀肉、大米龙、小米龙、膝圆取出后，剩下的一块肉便是臀腰肉。如图 1-32 所示。

 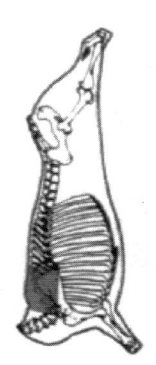

图 1-29　上脑
(NY/T 676—2003 牛肉质量分级)

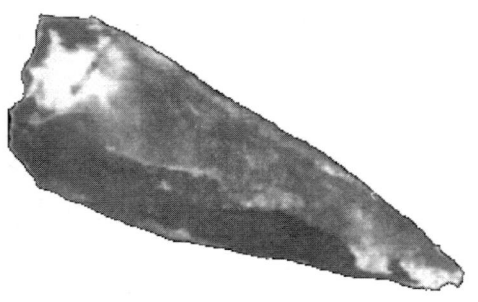 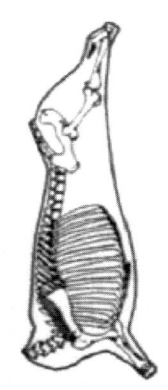

图 1-30　嫩肩肉
(NY/T 676—2003 牛肉质量分级)

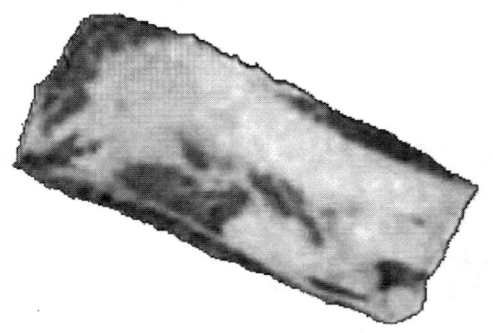 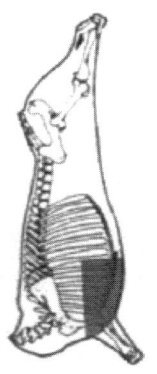

图 1-31　胸肉
(NY/T 676—2003 牛肉质量分级)

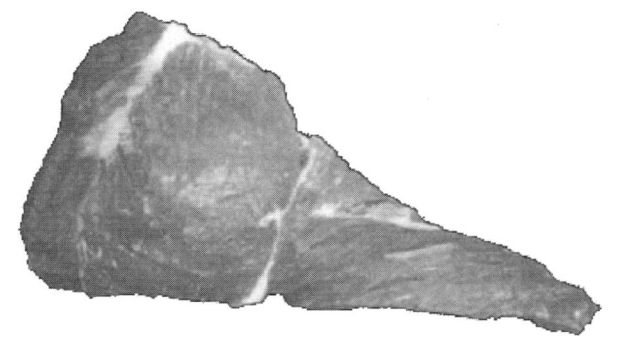
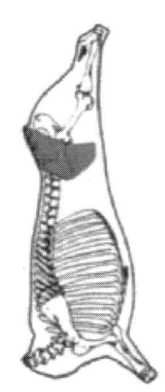

图 1-32　臀腰肉

(NY/T 676—2003 牛肉质量分级)

⑧臀肉：包括半膜肌、内收肌、股薄肌等。将大米龙、小米龙剥离后可得到臀肉，也可以沿着被切开的盆骨外缘，再沿着臀肉边缘分割。如图 1-33 所示。

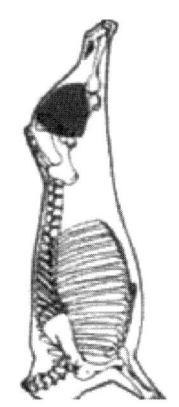

图 1-33　臀肉

(NY/T 676—2003 牛肉质量分级)

⑨膝圆：主要为臀股四头肌。当取下大米龙、小米龙、臀肉后，能见到一块长圆形肉块，沿此肉块边缘（周边自然走向）分割可以得到完整的膝圆肉。如图 1-34 所示。

⑩大米龙：主要为臀股二头肌。与小米龙紧密相连，当剥离小米龙后大米龙就完全暴露，顺着该肉块自然走向剥离，便可得到一块完整的四方形肉块，称之为大米龙。如图 1-35 所示。

⑪小米龙：主要为半腱肌。位于臀部，当牛后腱子取下后，小米龙肉块即处于最明显位置。按小米龙肉块的自然走向剥离即可。如图 1-36 所示。

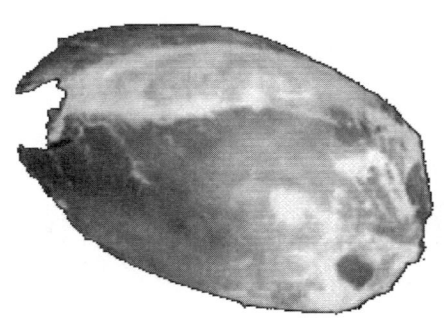 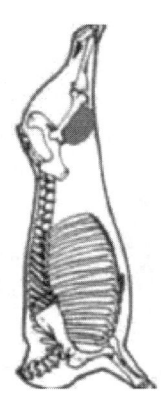

图 1-34　膝圆

（NY/T 676—2003 牛肉质量分级）

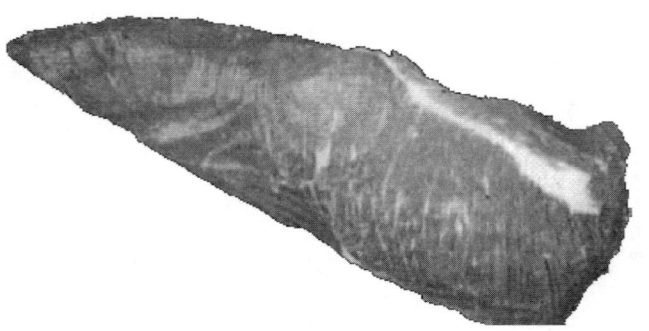 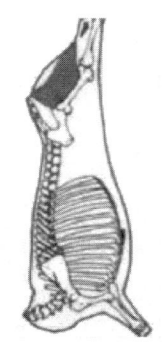

图 1-35　大米龙

（NY/T 676—2003 牛肉质量分级）

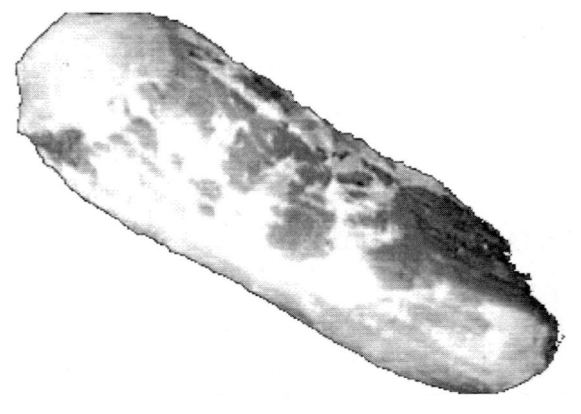 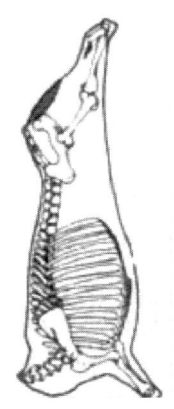

图 1-36　小米龙

（NY/T 676—2003 牛肉质量分级）

⑫腹肉：主要为肋间内肌和肋间外肌等。也即是肋排，分为无骨肋排和带骨肋排。一般含 4~7 根肋骨。如图 1-37 所示。

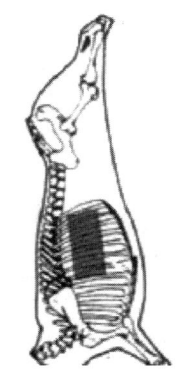

图 1-37　腹肉
（NY/T 676—2003 牛肉质量分级）

⑬腱子肉：分为前、后两部分，主要是前肢肉和后肢肉。前牛腱从尺骨端下刀，剥离骨头。后牛腱从胫骨上端下刀，剥离骨头后取下。如图 1-38 所示。

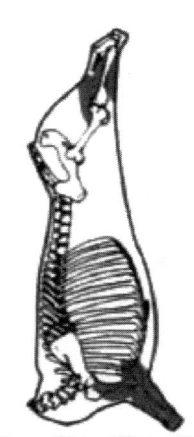

图 1-38　腱子肉
（NY/T 676—2003 牛肉质量分级）

（2）羊胴体分割方法　我国一般将羊肉分割为九个典型部位肉（如图 1-39 所示），分别是：①前 1/4 胴体、②羊肋脊排、③腰肉、④臀腰肉、⑤带臀腿、⑥后腿腱、⑦胸腹腩、⑧羊颈、⑨羊前腱。

具体操作方法参照《NY/T 1564—2007 羊肉分割技术规范》，羊肉质量等级评定参照《GB/T 9961—2008 鲜、冻胴体羊肉标准》和《NY/T 2781—2015 羊胴体等级规格评定规范》。

◆ 任务二　鸡肉的分割

禽肉是当前市场上分割后销售或加工的典型产品。有分析发现一般鸡的分割可以增加超过50%的价值，而分割更可以使缺陷鸡胴体的价值提高，分割后能增至原来的4倍价值。同时工业化的分割更利于禽类的养殖、宰杀的封闭式全程化管理，减少活禽交易，降低禽病流行风险，并有助于肉制品的追溯体系的建设。本任务练习最常见的禽类（鸡）的分割。

【岗前准备】

鸡胴体；

圆盘锯、刀、剪刀、档刀棍、砧板、托盘、案板桌、推车、周转盘、煮制锅、不锈钢桶或盆、冷库、热封袋、真空包装机、分割肉商标或标签等。

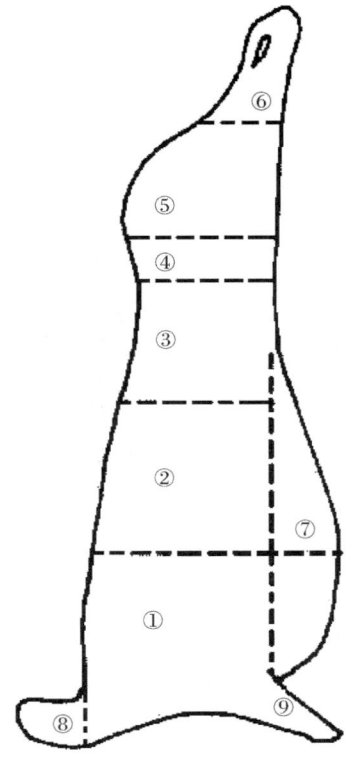

图1-39　羊肉分割图
（NY/T 1564—2007 羊肉分割技术规范）

【岗位操作】

1. 岗位操作流程

设备、器具的消毒→预冷→修割→分割。

2. 岗位操作细节

（1）设备、器具的消毒　做好刀具、剪刀、桌面，环境等清洗和消毒工作，同项目1-2的任务一。

（2）预冷　目前主要有两种方法：水冷法和空气冷却法。

水冷法：预冷水温度在4℃以下，鸡胴体应冲洗干净后入预冷水冷却，防止污染。终冷却水的温度在0~2℃，冷却总时间30~40min（体型偏大的禽类应控制在45~110min内）。鸡体在冷却槽内逆水流方向移动。冷却后鸡的中心温度降到4℃以下。冷却槽内常加入消毒液50~100mg/kg（鸡体消毒池应单设。欧洲多国禁止使用氯消毒。消毒液需洗去。）。鸡体出冷却槽后需要2~3min转动沥干。

空气冷却法：这是目前比较流行的方法。将悬挂于钩环上的胴体通过一个循环冷空气的大房间，首先暴露于极冷空气（-8~-6℃）中，使表面形成冰层。然后，在冷却车间内通过循环冷空气冷却 1~3h，使胴体中心温度降至 4℃以下。

（3）修割　摘取胸腺、甲状腺、甲状旁腺及残留气管。修割整齐，冲洗干净，无出血点，无溃疡，无骨折，无突出碎骨，无严重创伤，无胸囊肿，无青黑跗关节。

（4）分割

全翅：从臂骨与乌喙骨吻合处紧靠肩胛骨下刀，割断筋腱，不得划破骨关节面和伤残里脊。全翅可进一步细分为翅根（第一节翅，肩关节至肘关节）、翅中（第二节翅，肘关节至腕关节）、翅尖（第三节翅，腕关节至翅尖），也可分为上半翅（V形翅，即第一和第二节翅）和下半翅（第二和第三节翅）。

胸肉：俗称鸡大胸。紧贴胸骨两侧用刀划开，切断肩关节，紧握翅根连同胸肉向尾部方向撕下，剪下翅。修净多余的脂肪、肌膜，使胸皮肉相称、无淤血、无熟烫，又称带皮大胸肉。若去皮，则为去皮大胸肉。带里脊大胸肉包括去皮大胸肉和小胸肉。

胸里脊：俗称鸡小胸、小胸肉。沿锁骨和乌喙骨两侧取下胸里脊，保证条形完整，无破碎。

全腿：在腹股沟用刀将皮划开，将大腿向背侧方向掰开，于筋关节处脱开，割断关节的四周肌肉和筋腱，使腿型完整，边缘整齐，腿皮覆盖良好，皮与肉不得脱离。全腿可以从膝关节分为大腿和小腿。

去骨带皮腿肉：从胫骨到股骨内侧用刀划开，切断膝关节，剔除股骨、胫骨和腓骨，修割多余的皮、软骨、伤痕，皮肉大小相称，腿形完整。

产品不得积压，先加工，先包装，先入库冻结。冻结库-30℃，一般冻结 8h 可至肉块中心-15℃。装箱后入-18℃冷藏库按批次冷藏，并做好标记；若生鲜制品则-1~4℃储藏。（加工规范参照 GB/T 24864—2010 执行）

【问题探究】

1. 为什么工业生产禽肉时不选择成熟后剔骨？

动物宰后到剔骨一般有一段成熟时间，成熟可以有效防止肉质变老。但在工业大生产时成熟期间的能量、劳力和成熟所需空间的要求及因冷藏期间的滴水损失引起的产量降低，这些因素使得鸡肉成本上升。成熟产生的损失会占到鸡胸肉的3%。现在为了减少成熟时间，一般宰后 1.5~2h 即进行剔骨。

2. 禽肉分割前预冷的要求和方式。

预冷一般要求肉块中心快速达到5℃，有水冷和风冷2种主要方式。仔鸡一般水冷却 30~40min 即可冷却，体型较大的肉鸡水冷一般 1~2h 可以冷却，而风冷时间大大延长，一般需要 1~3h。

水冷由多级水罐或水槽组成，第一级 7~12℃，在短时间内（10~15min）可使 38℃ 的胴体降至 30~35℃，由于水温较高可以防止冷刺激对品质产生不良影响。第二级 1~4℃，本级水槽体积很大，禽类胴体在 30min（根据胴体大小）内迅速降至指定温度。为了便于热交换和清洁胴体，水流一般为逆流，同时用空气来鼓动水流。水冷却速度快，可清洗掉胴体表面微生物，但是存在病原体传播危险。也常设置多个水槽，温度逐级降低，并加入消毒剂防止致病菌污染，最后一级水槽不加消毒剂以便洗净胴体。

空气冷却采用极冷空气和循环冷空气进行风冷。由于空气的热交换效率较低，花费的时间更长。暴露于极冷空气中，可使胴体表面形成冰层，能阻止冷却时水分的流失。通过湿度控制，还能最大程度地提高空气从胴体中吸收热量和蒸发表面水分的能力，从而达到蒸发冷却的目的。迅速风冷易出现胴体表面干燥斑点，可通过表皮补水或添加雾状水来恢复正常。空气冷却的禽肉在冷却过程中可以达到零水分流失，并被标以零水分添加的标签。空气冷却中胴体相对较独立，可以减少病原体的污染，并且不需要使用消毒剂，同时也节约了用水和减少了废水处理量。

3. 鸡肉分割图示

鸡肉分割，如图 1-40 所示。

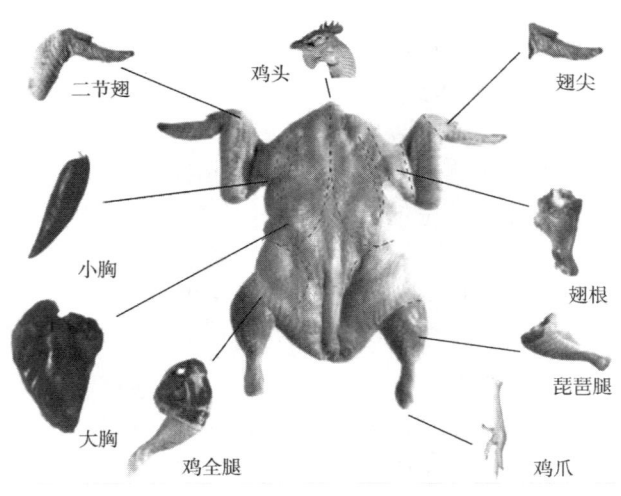

图 1-40 鸡肉分割图

【知识拓展】

肉分割过程中如何做到均一化

（1）形状的均一化 通过水平切割（切片）可以控制肉块的厚度。肉块在两块圆盘或传送带之间向刀片运输，在刀片切割过程中，圆盘或第二个传送带将肉块固定。肉块厚度可以设定，取决于刀片与传送带或圆盘间的距离。切片后肉块表面如果还保留分割后的初始性状，往往更受青睐。鸡肉块一般只切片一次，大的肉块或火鸡肉需要切片多次，这样初始性状得以保留，认可度更高。

另一方式是通过刀片和模具实现垂直和水平分割。胸肉被吸附或挤压到模具中，然后通过传送带将肉块送向刀片完成水平和垂直切割。此分割产品形状一致，剩下的肉块可以用来生产涂抹或裹面包屑的油炸产品，或进一步分割成小块（鸡米花）或其他产品。

最后一种控制肉块形状的方法是肉块水平通过一种叫做"桥接"的加工器。肉块通过两块非常近的表面带有凸出齿轮的滚轮。肉块在滚轮之间被挤压成厚度减小、长度和宽度增加的肉块。齿轮穿刺到肌肉膜和结缔组织中，增加了腌制的表面积，促进腌制液吸收并通过破坏肌肉结构提高了嫩度。此法的另一种方式是带挤压，肉被不同的两个传送带挤压但不对肉进行穿刺。这个过程也能很好地控制产品厚度。然后可以用液氮浸泡或能固定形状的螺旋速冻来快速地冷冻这些产品。

（2）颜色的均一化　难看的外观会影响产品品质，需要在加工中将异常色泽肉挑拣出来。常见的色泽异常有 PSE 肉块、DFD 肉块，以及肌红蛋白或血红蛋白浓度异常的肉块。不同色泽的肉块需要分开放置，否则，某一肉块的颜色异常在众多其它肉块面前会非常明显，会导致客户对整个批次的拒绝。

课程思政

本情境学习后，我们应该树立肉品行业从业人员的基本职业道德观念，遵纪守法，具备责任意识。不从事掺杂或掺假肉制品的生产；按照标准要求进行肉制品原辅料的检测；不使用有安全隐患的材料，严防掺杂和掺假现象，确保产品的安全，将消费者的健康放在第一位。

情境二

调理制品加工与检测技术

调理肉制品是以肉类为主要原料，与米、面、蔬菜、香辛料、调味料等辅料经造形、配料、调味加工，生拌或熟化或部分熟化，打开包装后直接食用或加热即食的一类肉制品。其实质是一种经过预制的方便食品，有一定的保质期，常需要冷藏或冷冻保存与销售。本情境训练常用辅料的识别和典型调理肉制品的加工。

项目2-1
常用辅料的识别

知识目标

1. 能准确说出常用辅料的分类及特性。
2. 能说出辅料的使用及保藏方法。

技能目标

能正确进行辅料的感官检验。

学习型工作任务

情境二 调理制品加工与检测技术

任务一 常用辅料的鉴别与使用

辅料按照其在肉制品中的用途分为调味料、香辛料、添加剂。为赋予产品宜人的"色、香、味",肉品加工时常会添加辅料。这就要求从业者掌握一些鉴别辅料的方法,并正确使用辅料。

【材料与仪器】

辅料若干种、剪刀、托盘、一次性纸杯、吸水纸、药匙等。

【实践操作】

将辅料置于一次性纸杯或搪瓷托盘中观察并品评(图片参见课程学习网站图库)。

1. 调味料的鉴别与使用

调味料是指为了改善食品的风味,赋予食品特殊味感(咸、甜、酸、苦、鲜、麻、辣等),使食品鲜美可口,增进食欲而添加入食品中的天然或人工合成的物质。其主要作用是改善制品的滋、气味等感官性质(有些种类调味料对食品质构、色泽等也能产生影响),提高制品的美味度,如食盐、酱油、糖、酒、食醋、味精等。

(1) 谷氨酸钠 谷氨酸钠是肉品加工和家庭烹调常用的增鲜料。它为无色或白色棱柱状结晶或结晶性粉末,具特有的鲜味,易溶于水,略带甜味和咸味,加热至120℃失去结晶水,在200℃以上的高温中使用味精,鲜味剂谷氨酸钠会转变为焦谷氨酸钠。焦谷氨酸钠没有鲜味,会使味精鲜味丧失,但焦谷氨酸钠对人体无害。谷氨酸钠在270℃发生分解。在碱性环境中,谷氨酸钠会起化学反应产生一种叫谷氨酸二钠的物质。所以要适当地使用和存放。谷氨酸及其盐类均能产生鲜味,其中的谷氨酸钠溶解度最大,味道最佳。

在入厂验收时,若做化学分析可参照2015年版《中国药典》方法,通过薄层层析法检测。使用时应注意温度不能过高,同时须严格控制用量,若添加过量易造成食用者过敏。

(2) 肌苷酸二钠 肌苷酸二钠是白色或无色的结晶或结晶性粉末,性质稳定,含约7.5分子结晶水,不吸湿,40℃开始失去结晶水,120℃以上成无水物,在230℃分解。其溶于水,水溶液稳定,呈中性;微溶于乙醇;几乎不溶于乙醚。在常规加工条件下(pH4~7),100℃加热1h无分解现象,但在酸性溶液中加热易分解,失去呈味力。遇到动植物中磷酸酯酶也易分解失去鲜味。

肌苷酸二钠鲜味10~20倍于谷氨酸钠。常与谷氨酸钠、鸟苷酸钠等合用。肌苷酸二钠鲜味阈值为0.025g/100mL,鲜味强度低于鸟苷酸钠,但二者并用有显著的协同作用。当二者以1：1混合时，鲜味阀值可降至0.0063%。与0.8%谷氨酸钠并用，其鲜味阀值更进一步降至0.000031%。使用前应通过加热等方法破坏物料中的磷酸酯酶，并尽量避免在酸性环境中加热。

（3）鸟苷酸二钠　鸟苷酸二钠为无色至白色结晶或结晶性粉末，是具有很强鲜味的5′-核苷酸类鲜味剂，不吸湿，溶于水，水溶液稳定。在酸性溶液中，高温时易分解，可被磷酸酶分解破坏，稍溶于乙醇，几乎不溶于乙醚。5′-鸟苷酸钠有特殊香菇鲜味，鲜味阈值为0.0125g/100mL，鲜味程度约为肌苷酸钠的三倍，与谷氨酸钠合用有很强的相乘效果。亦与肌苷酸二钠混合配制成呈味核苷酸二钠，作混合味精用。在使用时也应先破坏磷脂酶，并在烹调或加工过程中尽量避免高温造成的损失。

光谱学鉴别方法：在0.01mol/L HCl溶液中，样品溶液（1+50000）的紫外吸收光谱在（256±2）nm处有最大吸收。

（4）蔗糖　蔗糖常以多种商品形态出现，如白糖、红糖和砂糖。果糖、蔗糖、葡萄糖的甜度比为4：3：2。蔗糖在水中溶解度很高，每1g水可以溶解2.1g蔗糖即溶解度为210g（25℃）。肉制品中添加少量蔗糖可以改善产品的滋味，并能促进胶原蛋白的膨胀和疏松，使肉质松软、色调良好。糖比盐更能迅速、均匀地分布于肉的组织中，增加渗透压，形成乳酸，降低pH，延长肉制品保藏期。蔗糖添加量在0.5%~1.5%为宜。

（5）葡萄糖　为白色晶体或粉末。葡萄糖加热后逐渐变为褐色，温度在170℃以上则生成焦糖。葡萄糖液能被多种微生物发酵，是发酵肉制品的重要原料。葡萄糖除可以改善产品的滋味外，还可形成乳酸，有助于胶原蛋白的膨胀和疏松，使制品柔软。葡萄糖的保色作用较好，而蔗糖的保色作用不太稳定。葡萄糖对肉制品还起间接作用，使肉处于适当的pH和氧化还原状态，具有发色作用使肉变红。肉品加工中葡萄糖的使用量为0.3%~0.5%。

（6）饴糖　饴糖又称麦芽糖、糖稀，由麦芽糖（50%）、葡萄糖（20%）和糊精（30%）组成，味甜爽口，有吸湿性和黏性，在肉品加工中常作为烧烤、酱卤和油炸制品的增色剂和甜味助剂。优质饴糖应无杂质，颜色鲜明，汁稠味浓，洁净不酸。

（7）盐　食盐主要成分为NaCl，为白色结晶或粉末，易溶于水，味咸、中性。食盐是人体不可缺少的成分，大部分食品中均有使用。在肉制品中食盐用量一般为2%~3%。

普通食盐中由于钠元素的含量过高，钾元素的含量过低，容易引起膳食中钠元素和钾元素摄入量的不平衡，诱导高血压。鉴于此，目前市场上流行使用低钠盐。低钠盐是由钠、钾、氯、镁等主要元素组成，其主要成分的比例为氯化钠65%、氯化钾25%、氯化镁10%。低钠盐与普通食盐的最大区别在于钾元素和镁元素的比例增大、钠元素的比例减少，在低钠盐中钠和钾的物质的量比为1：1，镁和钾的物质的量比为1∶4，所用比例符合人体营养需求。低钠盐色泽雪白，颗粒细小，口味与普通食盐相似，不会对制品的风味产生任何影响。如果把低钠盐用于腌制咸肉、风鸡等，腌制后形成的风味也与普通食盐腌制的风味相似。因此，低钠盐是一种十分理想的加工用盐。

（8）酱油　酱油是我国传统的调味料，优质酱油咸味醇厚，香味浓郁。传统的酱油制法是以大豆或豆饼、面粉、麸皮等为原料，经淀粉糖化、蛋白质水解、乙醇发酵等生化过程酿制而成的液体调味品，其色、香、味都是在这些过程中逐步形成的，这些过程也是酱油质量优劣的关键。酱油品种很多，按颜色分有红酱油、白酱油等。按形态分有液体酱油、固态酱油、粉末酱油等。按风味分有辣味酱油、口蘑酱油、虾子酱油、五香酱油、鱼汁酱油、低钠酱油等。根据焦糖色素的有无，酱油分为有色酱油和无色酱油。

酱油含有水、食盐、蛋白质、氨基酸、糖类及少量乙酸等，以咸味为主，兼有特殊的香气和丁醇等。酸类主要有乙酸、异戊酸、丙酸等；酚类有4-甲基愈创木酚、4-乙基愈创木酚等；酯类有乙酸戊酯、乙酸丁酯等；还有各种饱和与不饱和醛、酮类物质。酱油特具香气的主要成分是甲基硫；鲜味主要来源于其中富含的氨基酸；而且含有维生素B_1、维生素B_2及锌、铁、钙、锰等多种微量元素。

肉制品加工中选用的酿造酱油浓度不应低于22°Bé，食盐含量不超过18%。酱油的作用主要是增鲜增色，改良风味。在中式肉制品中广泛使用，使制品呈现美观的酱红色并改善其口味。在香肠等制品中，还有促进发酵成熟的作用。在选择酱油时还应注意其氨基酸含量指标，含量越高味道越鲜。

（9）醋　醋是酿造制品，含醋酸3.5%以上，此外还含有乳酸、琥珀酸、柠檬酸、苹果酸等有机酸，作为食品常用酸味料，帮助消化和防腐去腥。醋分为酿造醋和人工合成醋两种。酿造醋分为米醋、熏醋、糖醋三种。每种醋的成分不同。米醋又称麸醋，是以大米、小麦、高粱及麸皮、谷糠、盐等经醋曲发酵产生乙酸而成；熏醋又名黑醋，是在米醋原料发酵后，加入少许花椒、桂皮等熏制而成；糖醋是用饴糖、醋曲等为原料发酵而成，色泽较浅，其酸味单调，不如米醋、熏醋味美；人工合成醋是用乙酸与水混合而成，一般称为乙酸醋或白醋。

我国生产的名醋很多，如用高粱作为原料的山西老陈醋，用麸皮做原料的四川麸醋，用糯米作为原料的镇江香醋，用大米为原料的江浙玫瑰米醋，以糯米、红曲、芝麻为原料的福建红曲老醋。在我国台湾还有用菠萝或香蕉为原料的菠萝醋和香蕉醋。现在，国内外还有乙醇醋、葡萄酒醋、苹果醋、麦芽醋、蒸馏白醋等品种。食醋的品种有成百上千，花色繁多，风味各异。优质醋不仅具有柔和的酸味，而且有一定程度的香甜味和鲜味，是肉制品常用的酸味料。在肉品加工中可不受限制使用，一般按风味要求添加。

（10）柠檬酸　柠檬酸是一种重要的有机酸，又名枸橼酸，无色透明晶体或白色粉末，常含一分子结晶水，无臭，有很强的酸味（临界值为0.0025%），易溶于水。其钙盐在冷水中比热水中易溶解，此性质常用来鉴定和分离柠檬酸。结晶时控制适宜的温度可获得无水柠檬酸。在工业，食品业，化妆业等具有极多的用途。在食品方面不仅作为酸度调节剂，还用作肉制品的改良剂，可提高肉制品的持水性，还能作为抗氧化剂的增效剂。柠檬酸可在各类食品中使用，残留量不受限定（GB 2760—2014）。

（11）料酒　料酒就是专门用于烹饪调味的酒，是中式肉制品加工中所必不可少的调味料之一。料酒通常有黄酒、白酒和果酒三大类。应用最多的是黄酒，俗称料酒，是我国人民酿造饮用最早的一种弱性酒。它是以糯米、粳米、黍米等为原料，用酒曲为糖化发酵剂，再经压榨而得到的一种低度酒，一般酒精度为10°~20°。其次是白酒，果酒应用较少。由于料酒中含有一定量的乙醇，因此具有一定的杀菌作用。中国传统料酒中除了乙醇外，还含有糖、有机酸、氨基酸、酯类等物质，所以作为调味料，具有香味浓烈、味道醇和的特点，有去腥增香、提味解腻、固色防腐等多种作用。在加工过程中，酒能将肌肉、内脏、鱼类中所含的膻腥味的主要物质如三甲胺、氨基戊醛、四氰化吡咯等物质溶解，而乙醇的沸点比水低，加热时腥膻味的物质随乙醇挥发掉，从而达到去腥除膻和解除异味的效果；料酒中的氨基酸与调味品中的糖结合成芳香醛，能够赋予制品以特有的浓郁醇香气味，所以料酒有增香提味的功能。此外，料酒还有重要的医疗作用，能畅通血脉、散瘀活血、祛风散寒、消积食、健脾胃。由于料酒是风味醇美、营养较高、功能优良的调味料，作为肉制品辅料是有益无害的。因此在肉制品加工中，可以按正常生产需要添加。从理论上来说，啤酒、白酒、黄酒、葡萄酒、威士忌都可用作料酒。但人们经过长期的实践、品尝后发现，不同的酒所烹饪出来的菜肴风味相距甚远。因此，料酒选用种类还要根据具体肉制品的品质要求而定。

2. 香辛料的鉴别与使用

香辛料是某些植物的果实、花、皮、蕾、叶、茎、根，它们具有辛辣和芳香风味成分，能赋予产品特有的风味，调节香气，抑制并矫正不良气味，增进食欲，促进消化。许多香辛料兼具抗菌防腐和一定的生理作用。

（1）大茴香　大茴香是木兰科乔木植物的果实，鲜果绿色，成熟果实深紫色，暗而无光，干燥果呈红棕色，为辐射状的蓇葖果，叶如榕叶，花似菜花，干燥后裂为8~9瓣，多数为八瓣，故又称八角（中国北方称大料，南方称唛头）；是肉品加工中的主要调味料，能使肉失去的香气回复，故名八角茴香，或称大茴香。八角树是亚热带常绿乔木，每年2、3月和8、9月结果两次，一般秋季果是全年主要收成。八角属中有4个品种，其中莽草和厚皮八角毒性很大，不能食用。在选用时要特别注意鉴别。八角果实含精油2.5%~5%，其中以茴香脑为主（即对丙烯基茴香醛，80%~85%），还有蒎烯、水芹烯、茴香酸、甲基黑椒酚、醛和酮等。八角有独特浓烈的香气（山楂花香气），性温微甜稍带辣味，有去腥、防腐、暖胃、止痛、促进消化等作用，是五香粉的主要配料。

在我国传统肉制品的加工时，如酱制、卤煮过程中经常使用八角，它具有增加肉的香味、增进食欲的效果。目前，几乎在所有中式酱卤肉制品中都有应用，其使用量按正常生产需要确定。

（2）小茴香 小茴香又名茴香、小茴、角茴香、刺梦、香丝菜、谷香等，系伞形科多年草本植物茴香的种子。外形像干瘪的稻谷，呈椭圆形略弯曲，黄绿色，气芳香，味微甜，稍有苦辣，性味辛温，含精油 3%~4%。主要成分为茴香脑，占 50%~60%，柠檬烯（13%）另有小茴香酮（12%）及爱草脑、松油烯、蒎烯、月桂烯等。小茴香气味香辛、温和，有樟脑气味，微甜，略有苦味，是肉制品加工中常用的调香料，有增香调味、防腐除膻的作用。

小茴香的柔嫩茎叶可供食用，且营养丰富，其维生素 A 的含量比芹菜、黄瓜高 20 多倍，维生素 C 比胡萝卜高 2 倍，比南瓜高 5 倍，还含有大量的矿物质、糖类和其他成分。小茴香是配制五香粉的主要原料，在肉制品中可单独使用，也可以和其他香味料配合使用，在酱卤肉制品中使用时常和花椒配合使用，能起到增加香味，去除异味作用。

（3）花椒 花椒又名秦椒、凤椒、野花椒、大红袍、川椒、红椒、蜀椒、竹叶椒等，为芸香科落叶灌木或小乔木花椒树的果实，果实为蓇葖果，圆球形，果实成熟干燥后，球果开裂，黑色种子与果皮分离，即为市售花椒，红色至紫红色。花椒有大小之分，大花椒称"大红袍"，粒大、色红、味重；小花椒称"小红袍"，粒小，色淡黄，口味比大的香。花椒果皮含辛辣挥发油及花椒油香烃等，精油含量一般为 4%~7%，主要成分为柠檬烯、香茅醇、萜烯、丁香酚等，辣味主要是山椒素。花椒具有特殊的强烈芳香气。味辛麻持久，是很好的香麻味调料，花椒籽能榨油（出油率为 25%~30%），有轻微的辛辣味，也可调味。花椒不但能独立调香，同时还可与其他调味品和香味调料按一定比例配合使用，从而衍生出五香、椒盐、怪味、麻辣等各具特色的风味。花椒性热味辣，在肉品加工中，整粒多供腌制肉制品及酱卤制品用；粉末多用于配制五香粉或用于香肠及肉糜制品中。使用量一般为 0.2%~0.3%。花椒不仅能赋予制品适宜的辛辣味，而且还有抗氧化、杀菌、抑菌等作用。

花椒的选用以皮色大红或淡红、黑色、黄白，睁眼、麻味足，香味大，身干无硬梗，无腐败的最佳。

（4）肉蔻 肉蔻又称肉果、玉果、肉豆蔻，由肉豆蔻科常绿乔木肉蔻果肉干燥而成。肉蔻含精油 5%~15%，其主要成分为肉豆蔻醚（有毒，4%）、α-蒎烯、松油-4-烯醇、γ-松油烯、柠檬烯等。皮和仁有特殊浓烈芳香气，味辛略带甜、苦味。肉蔻不仅有增香去腥的调味功能，亦有一定抗氧化作用。可用整粒或粉末，肉品加工中常用作卤汁、五香粉等调香料。

植株肉蔻是常绿乔木。叶互生，革质，长椭圆形，先端锐尖，全缘，叶面暗绿色。总状花序，腋生，花单性，异株，花冠黄白色。果实梨形，淡黄色或橙黄色，成熟时纵裂成两瓣，露出绯红色的假种皮，称为"豆蔻瓣"（Mace），内含种子 1 枚，称"肉豆蔻"。种皮红褐色，木质坚硬。肉豆蔻含有肉豆蔻醚，对大脑有兴奋及致幻作用，如服用过量，可产生瞳孔放大及昏迷等现象。人服肉豆蔻粉 7.5g，可引起眩晕，甚至谵语、昏睡，大量可致死亡。肉品加工中必须按要求适量添加。

（5）豆蔻　豆蔻有草豆蔻、白豆蔻、红豆蔻几种。草豆蔻又名草蔻、草蔻仁、圆豆蔻、假麻树、偶子，辛辣芳香，性质温和；白豆蔻又称多骨（《本草纲目》）、滑叶山姜、壳蔻（《本经逢原》）、白蔻（《本草经解》），皮色黄白，具有油性，辣而香气柔和；红豆蔻也叫红豆、红蔻（《本草述钩元》），良姜子（《广西中药志》），颜色深红，有辣味和浓烈的香气。另有肉豆蔻，又名迦拘勒（《本草拾遗》）、豆蔻（《续传信方》）、肉果（《本草纲目》），为肉豆蔻科常绿乔木植物果实，性状相近，常被归为豆蔻类，实有不同。豆蔻在中国古代的《本草纲目》中解释为草豆蔻、漏蔻、草果。实际上现代社会的草果与草豆蔻完全不同，而且 2015 年版《中国药典》收载的草药中，豆蔻来源为姜科植物白豆蔻或爪哇白豆蔻的干燥成熟果实。按产地不同分为原豆蔻和印尼白蔻。

白豆蔻多年生草本，高 1.5～3m。根茎粗壮，棕红色。叶近无柄；叶片狭椭圆形或卵状披针形，长约 60cm，宽 5～12cm，先端尾尖，基部楔形，两面光滑无毛；叶舌圆形，长 3～10mm；叶蒜口及叶舌密被长粗毛。穗状花序 2 个或多个，自茎基处抽出，圆柱形或圆锥形，长 7～14cm，直径 3～5cm，密被瓦状排列的苞片；苞片三角形，长 3.5～4cm，麦秆黄色，被柔毛，具明显的方格状网纹；花着生于苞片的腋内；花萼管状，白色微透红，长约 1.2cm，先端 3 齿裂；花冠管与花萼管近等长，裂片 3，白色，椭圆形；唇瓣椭圆形，长 1.5～2cm，宽约 1cm，勺状，白色，中央黄色，基部具瓣柄；雄蕊下弯，长约 6mm，花药宽椭圆形，长约 3mm，药隔附属体 3 裂；子房下拉，被柔毛，具二枚棒状附属体。蒴果近球形，白色或淡黄色，略具钝三棱，直径 1.5～1.8cm，易开裂。种子团 3 瓣，每瓣有种子 7～10 颗。花期 2～5 月，果期 7～8 月。

爪哇白蔻，本种与前种的主要区别点为植株较小，高 1～1.5m。叶揉之有松节油气味，叶鞘口无毛，叶舌仅边缘疏被柔毛。苞片小，长 2～2.5cm。

草豆蔻，多年生草本，株高 1.5～3m。叶柄长 1.5～2cm；叶片狭椭圆形或线状披针形，长 50～65cm，宽 6～9cm，先端渐尖，基部渐狭，有缘毛，两面无毛或仅在下面被极疏的粗毛；叶舌卵形，长 5～8mm，外被粗毛。总状花序顶生，直立，长 20～30cm，花序轴密被粗毛，小花梗长约 3m，小苞片乳白色，阔椭圆形，长约 3.5cm，先端钝圆，基部连合；花萼钟状，白色，长 1.5～2.5cm，先端有不规则 3 钝齿，1 侧深裂，外被毛；花冠白色，草豆蔻花冠管长约 8mm，裂片 3，长圆形，上方裂片较大，长约 3.5cm，宽约 3.0cm，先端 2 浅裂，边缘具缺刻，前部具红色或红黑色条纹，后部具淡紫红色斑点；侧生退化雄蕊披针形，长 4mm 或有时不存；雄蕊1，长2.2~2.5cm，花药椭圆形，药隔背面被腺毛，花丝扁平，长约1.5cm；子房卵圆形，下位，密被淡黄色绢毛。蒴果近圆形，直径约3cm，外被粗毛，熟时黄色。花期4~6月，果期6~8月。叶柄长1.5~2cm；叶舌长5~8mm，外被粗毛。总状花序顶生，直立，长达20cm，花序轴淡绿色，被粗毛，小花梗长约3mm；小苞片乳白色，阔椭圆形，长约3.5cm，基部被粗毛，向上逐渐减少至无毛；花萼钟状，长2~2.5cm，顶端不规则齿裂，复又一侧开裂，具缘毛或无，外被毛；花冠管长约8mm，花冠裂片边缘稍内卷，具缘毛；无侧生退化雄蕊；唇瓣三角状卵形，长3.5~4cm，顶端微2裂，具自中央向边缘放射的彩色条纹；子房被毛，直径约5mm；腺体长1.5mm；花药室长1.2~1.5cm。果球形，直径约3cm，熟时金黄色。

红豆蔻，为姜科植物大高良姜的干燥成熟果实。秋季果实变红时采收，除去杂质，阴干。本品呈长球形，中部略细，长0.7~1.2cm，直径0.5~0.7cm。表面红棕色或暗红色，略皱缩，顶端有黄白色管状宿萼，基部有果梗痕。果皮薄，易破碎。种子6，扁圆形或三角状多面形，黑棕色或红棕色，外被黄白色膜质假种皮，胚乳灰白色。气香，味辛辣。

若做理化鉴别可取该品粉末1g，加甲醇5mL，置水流水浴中加热振摇5min，滤过，滤液作为供试品溶液。另取山姜素和小豆蔻查耳酮作对照品，加甲醇制成每1mL各含2mg的混合溶液，作为对照品溶液。吸取上述两种溶液各5μL，分别点于同一硅胶G薄层板上，以苯-醋酸乙酯-甲醇（15:4:1）为展开剂，取出晾干，在100℃烘约5min，置紫外光灯（365nm）下视检。供试品色谱中在与山姜对照品色谱相应的位置上，显相同的浅蓝色荧光斑点；在与小豆蔻查耳酮对照品色谱相应的位置上，显相同的棕褐色斑点。

（6）肉桂、桂皮 肉桂又名简桂、木桂、杜桂、桂树、阴桂、连桂，为常绿乔木，属樟科植物，茎干内皮红棕色，具有肉桂特有的芳香和辛甜（微甜辛辣）味，树高8~17m，树皮厚约1.3cm，桂皮和桂枝可做香料使用。肉桂味辛，微甜，能温脾和胃、祛风散寒、活血利脉，对痢疾杆菌有抑制作用。

桂皮系肉桂的树皮及茎部表皮经干燥而成。桂皮含精油1%~2.5%，主要成分为桂皮醛，约占80%~95%，另有甲基丁香酚、桂醇等。桂皮用作肉类烹饪用调味料，也是卤汁、五香粉的主要原料之一，能使制品具有良好的香辛味，而且还具有重要的药用价值。

（7）砂仁 砂仁又名缩砂仁、缩砂密、宿砂仁、阳春砂仁，为姜科多年生草本植物砂仁种子的种仁，一般除去黑果皮（不去果皮的叫苏砂）。砂仁含香精油3%~4%，主要成分为龙脑、右旋樟脑、乙酸龙脑酯、芳梓醇、茨烯、蒎烯等，具有樟脑油的芳香味。砂仁味辛、性温，有行气宽中止痛、健脾消涨、安胎止呕的功能，是肉制品中重要的调味香料，具有矫臭去腥、提味增香的作用，常用于酱卤制品、干制品及灌肠制品中。含有砂仁的制品，食之清香爽口，风味别致，并有清凉口感。

理化鉴别可使用薄层层析法，该品经水蒸气蒸馏得到的挥发油，加乙醇制成 $20\mu L/mL$ 的溶液，作为供试品溶液。另取乙酸龙脑酯加乙醇制成 $10\mu L/mL$ 的溶液，作为对照品溶液。吸取上述两种溶液各 $1\mu L$，分别点于同一硅胶 G 薄层板上，以环己烷－乙酸乙酯（22∶1）展开；晾干后喷以 5% 香草醛硫酸试剂显色。在供试品色谱中，与对照品色谱相应的位置上显相同的紫红色斑点。

（8）草果　草果又称草果仁、草果子、为姜科豆蔻属多年生草本植物的果实，干燥果实呈椭圆形，具三钝棱，长 2~4cm，直径 1~2.5cm。顶端有一圆形突起，基部附有节果柄。表面灰棕色至红棕色，有显著纵沟及棱线。质坚硬，破开后，内为灰白色。气微弱，种子破碎时发出特异的臭气，含有 0.7%~1.6% 的挥发油，油中主要成分为反式－2－（十）－碳烯醛、柠檬醛、香叶醇、α－蒎烯、1,8－桉叶油素、p－聚伞花素、壬醛、癸醛、芳樟醇、樟脑、α－松油醇、α－橙花醛、橙花椒醇、草果酮等。性温味辣，多用于酱卤肉制品，常作烹饪香辛料用，特别是烧炖牛肉放入少许，可压膻除腥。使用时，可用整粒或粉末。草果具有燥湿健脾、散寒除痰作用，肉制品加工中也常用作卤汁、五香粉的调香料，起抑腥调味作用，但不能代替肉豆蔻在灌肠制品中使用。以个大、饱满、色红棕、气味浓者为佳。10~11 月果实开始成熟，变为红褐色而未开裂时采收，晒干或微火烘干备用。

理化鉴别可用薄层色谱法，取本品挥发油，加乙醇制成每 1mL 含 $50\mu L$ 的溶液，作为供试品溶液。取桉油精对照品，加乙醇制成每 1mL 含 $20\mu L$ 的溶液，作为对照品溶液。吸取上述两种溶液各 $1\mu L$，分别点于同一硅胶 G 薄层板上，以正己烷－醋酸乙酯（17∶3）为展开剂，展开、取出、晾干，喷以 5% 香草醛硫酸溶液，于 105℃ 烘数分钟，供试品色谱中在与对照品色谱相应的位置上，显相同的蓝色斑点。

（9）丁香　丁香又名公丁香、子丁香，为桃金娘科植物丁香干燥花蕾及果实，干花蕾称为公丁香，干果实称为母丁香。公丁香深红棕色，母丁香墨红色。丁香富含挥发香精油 17%~23%，主要成分是丁香酚、丁香素、乙酸丁香酚、石竹烯（丁香油烃）等挥发性物质，具有特殊的浓烈香味，兼有桂皮香味，常作为桂皮的代用品。丁香性辛温，能温中止痛，和胃暖肾，降逆止呕，是肉品加工中常用的香料，对提高制品风味具有显著的效果，对肉类制品兼有抗氧化、防霉作用。进入人体能够促进胃液分泌、增加胃肠蠕动、帮助消化等，同时丁香油有杀灭白喉、伤寒、痢疾等杆菌的作用。由于丁香的香味浓郁，使用时用量不能过大，否则易压住其他调味料和原料肉的本味。另外，丁香对亚硝酸盐有分解作用，在使用时应加以注意，用量过大可能影响肉品的发色，导致产品颜色变黑、变灰。

理化鉴别常用三种方法①取粉末少许，滴加氯仿搅匀，再加 3% 氢氧化钠的氯化钠饱和液 1 滴，加盖玻片，放置片刻，有针状丁香酚钠结晶析出。②取切片直接滴加碱液,加盖玻片,可见油室内有针状丁香酚钠结晶形成。③薄层鉴别:取本品粉末0.5g,加乙醚5mL,振摇数分钟,过滤,滤液为供试品溶液。另取丁香酚对照品,加乙醚制成对照品溶液。将两种溶液点于同一硅胶G薄层板上,以石油醚(60~90℃)-醋酸乙酯(9:1)展开,取出晾干,喷以5%香草醛硫酸溶液,于105℃烘干。可见供试液色谱与对照品溶液色谱在相同位置显相同颜色的斑点。

(10) 白芷　白芷又称香白芷、杭白芷、川白芷、禹白芷、祁白芷,为伞形科多年生草本植物的根块,呈圆锥形,外表呈黄白色,切面含粉质,有黄圈,性辛温,含白芷素、白芷醚等香豆精化合物,有特殊的香气,味辛。白芷可发表散风、消肿止痛,用于治疗感冒头痛,并具一定抗菌能力,能除腥祛风、止痛及解毒。可用整粒或粉末,肉品加工中常用作卤汁、五香粉等调香料,一般按生产需要添加。

白芷的理化鉴别常用三种方法。①取本品粉末0.5g,加乙醚3mL,振摇5min后,静置20min,取上清液1mL,加7%盐酸羟胺甲醇溶液与20%氢氧化钾甲醇溶液各2~3滴,摇匀,置水浴上微热,冷却后,加稀盐酸调节pH至3~4,再加1%三氯化铁乙醇溶液1~2滴,显紫红色(检查香豆素)。②取本品粉末0.5g,加水3mL,振摇,滤过。取滤液2滴,点于滤纸上,置紫外光灯(385nm)下观察,显蓝色荧光。③取本品粉末0.5g,加乙醚10mL,浸泡1h,时时振摇,滤过,滤液挥干乙醚,残渣加醋酸乙酯1mL使溶解,作为供试品溶液。另取欧前胡素、异欧前胡素对照品,加醋酸乙酯制成每1mL各含1mg的混合溶液,作为对照品溶液。吸取上述两种溶液各4μL,分别点于同一以羧甲基纤维素钠为黏合剂的硅胶G薄层板上,以石油醚(30~60℃)-乙醚(3:2)为展开剂,在25℃以下展开,取出,晾干,置紫外光灯(365nm)下检视。供试品色谱中,在与对照品色谱相应的位置上,显相同颜色的荧光斑点。

(11) 山柰　山柰又称三奈、山椒、砂姜,为姜科多年生草本植物山柰地下块状根茎,切片后晒成的干片。山柰富含龙脑、樟脑油酯、肉桂乙酯、桉油精、对甲氧基桂皮酸等成分,具有浓郁的芳香气味。山柰性辛温,具有较强烈的芳香气味,主要用作肉制品的调香料,有去腥提香和调味的作用,是卤汁、五香粉的主要原料之一。山柰也是西式调味料的原料之一。

山柰植株为多年生草本。根状茎块状,芳香。叶2~4片贴近地面生长,近无柄,有叶鞘;叶片近圆形,干时上面可见小红点。花6~12朵顶生,半藏于叶鞘中,花白色,有香气,唇瓣深至中部以下,基部具紫斑,雄蕊无花丝,药隔附属体为正方形。

(12) 陈皮　陈皮又称橘皮、广陈皮、新会皮,为芸香科植物柑橘成熟果实的干燥果皮,含有挥发油,主要成分为柠檬烯、橙皮苷、川陈皮素等,性辛温,有强烈的芳香气,味辛苦。肉品加工中常用作卤汁、五香粉等调香料,可增加制品复合香味。

(13) 月桂　香辛料月桂又名桂叶、香桂叶、香叶、天竺桂,一般指樟科常绿乔木月桂树的叶子,含精油1%~3%,主要成分为桉叶素,约占40%~50%,此外,还有丁香酚、α-蒎烯等。有近似玉树油的清香香气,略有樟脑味,与食物共煮后香味浓郁,因含有柠檬烯等成分,兼具杀菌防腐功效。月桂辛、温、无毒,肉制品加工中常用作矫味剂、香料,用于原汁肉类罐头、卤汁、肉类、鱼类调味等。

(14) 葱　葱为百合科多年生草本植物,有大葱、小(香)葱、洋葱等。葱的香辛味主要成分为硫醚类化合物,如烯丙基二硫化物(葱蒜辣素,$C_6H_{10}S_2$、二丙烯基二硫、二正丙基二硫等),具有强烈的葱辣味和刺激性。洋葱煮熟后带甜味。葱可解除腥膻味,促进食欲,并有开胃消食以及杀菌发汗的功能。

大葱叶绿色,管状,先端尖。下部白色部分为叶鞘,俗称葱白,富含维生素A、维生素B、维生素C和钙、镁、铁等营养成分。葱的表皮细胞中含有大量的挥发油,主要成分为葱蒜辣素,有强烈香辣味,因此可以调味,并可压腥,是重要的鲜菜调味品。在烧鱼炖肉、炒菜做汤时加点葱,可压腥提味,增加葱香,而且有开胃的功效。在肉制品生产中广泛用于酱卤制品,特别是酱猪肝、肚、肺、舌、蹄等制品时,更是必不可少的辅料。

洋葱又称球葱、葱头等,为须根生草本植物,叶鞘肥厚呈鳞片状,密集于短缩茎周围,形成扁球形的鳞茎,可食部分都是鳞茎。洋葱味香辣,主要有效成分是二硫化丙醇缩甲醛、二硫化二烯基、二丙基二硫醚等硫化物,生洋葱辣味很强,当将其加热变熟后,前两种成分还原为丙硫醇,而具有特殊的甜味。洋葱能使肉制品香辣味美,还能除去肉的腥膻味,而且洋葱中含有铁、磷、乙醇等对人体有益的化学物质30多种,对高血压、心脏病、糖尿病患者有一定的疗效,所以在肉品加工中经常使用。

(15) 蒜　蒜为百合科多年生宿根草本植物大蒜的鳞茎,其主要成分是蒜素,即挥发性的二烯丙基硫化物,如丙基二硫化丙烯、二硫化二丙烯等。因其有强烈的刺激气味和特殊的蒜辣味,以及较强的杀菌能力,故有压腥去膻、增加肉制品蒜香味及刺激胃液分泌、促进食欲和杀菌的功效。蒜素在蒜头中含量最多,蒜叶次之,蒜薹较少,它们都有调味作用。在灌肠类制品中,常将大蒜绞成蒜泥后加入,使制品具有蒜香。此外,蒜中还含有蛋白质、脂肪、糖、B族维生素和维生素C、钙、磷、铁、硒等物质。大蒜中的大蒜辣素是一种强力广谱的植物杀菌素,其杀菌力相当于酚的15倍。对很多细菌都具有强烈的杀菌作用。0.05%大蒜水溶液,可在5min内杀死各种杆菌。大蒜在口腔内咀嚼3~5min后,口腔内细菌全部杀灭。因此,在日常生活中,每天吃几克大蒜,对呼吸道和消化系统的疾病有一定的预防和治疗作用。由于蒜辣味能刺激胃液分泌。因此可帮助消化,增进食欲,在夏天出汗多,食欲不佳时,吃点大蒜有开胃功效。蒜中的硒,是一种抗诱变剂,它能使处于癌变情况下的细胞正常分解；阻断亚硝胺的合成，减少亚硝胺前体物的生成。所以大蒜还具有良好的防癌、抗癌作用。另外，据报道大蒜还有降低血中胆固醇的作用、对冠状动脉栓塞等疾病也有一定的疗效。

（16）姜 姜又称生姜、白姜，是姜科多年生草本植物，须根不发达，主要利用地下膨大的肉质根状茎部。其气味辛、微温、无毒，具有独特强烈的姜辣味和爽快风味。其辣味及芳香成分主要是姜油酮、姜烯酚和姜辣素及柠檬醛、姜醇等。具有去腥调味、促进食欲、开胃驱寒和减腻解毒的功效。在肉品加工中常用于酱卤制品、红烧罐头等的调香料。

观察生姜植株可以发现，其根系不发达，入土浅，主要分布在30cm左右的范围内。茎为肉质根状茎，腋芽不断分生可发生一、二、三……次，次生根茎，丛生密集成块状，一般苗数越多，姜块越大，产量越高。地上茎是叶鞘抱合成的假茎，高70~100cm，直立不分枝。叶披针形，具叶鞘，绿色，互生，排列两行。姜在热带能开花，花黄绿色或红色，很少结果，以根茎繁殖。

姜采摘后应稍晾晒一下，使姜失去部分水分，并及时下窖储存。经窖藏至第二年春天，肉质由松散变坚实，生青气渐消，挥发性的姜醇、姜烯等逐渐形成并增多，出现姜特有的味道。姜的辣味成分是姜辣素，其分解产物姜酮、姜烯酚，还有二氢姜酚、六氢姜酚、γ-氨基丁酸等。在食品中加入姜，不仅调味，还能发汗解表、止吐、解毒，隔年老姜辛辣味更重。姜具有一定杀菌功能，姜中的油树脂，可以抑制人体对胆固醇的吸收，防止肝脏和血清胆固醇的蓄积。姜中的挥发性姜油酮和姜油酚具有活血、祛寒、除湿、发汗、增温、健胃止呕、避腥臭、消水肿等作用。妇女产后血虚吃姜，不仅可以调味，且有温经、散寒和去淤血的功效。值得注意的是，姜的使用还应考虑到特殊人群的需要与禁忌。

（17）胡椒 胡椒又名古月、大川、百川、昧履支，是多年生常绿攀缘藤本胡椒科植物胡椒的珠形浆果干制而成，因加工不同有黑胡椒、白胡椒两种。未成熟的胡椒果实短时间地浸入热水中，再捞出阴干，果皮皱缩而黑，称为黑胡椒；成熟果实脱皮后晒干色白，称为白胡椒。胡椒含有5%~9%胡椒碱和1%~2%的芳香油，辛辣味成分主要是胡椒碱、佳味碱和少量的嘧啶。胡椒性辛温，味辣香，具有令人舒适的辛辣芳香，能温中祛寒、消痰、防湿、消除积食、开口等作用，因含有挥发性香油兼有除腥臭、防腐和抗氧化作用。黑胡椒气味比白胡椒浓。胡椒在我国传统的香肠、酱卤肉制品、肉类罐头及西式肉制品中广泛应用，有调味、增香、增辣的作用。一般荤菜肴、腌腊或酱卤制品，都可加入少许胡椒或胡椒粉，使食物的味道更加鲜香可口。尤其是灌肠制品，大多使用胡椒作为主要调味香料而使产品具有香辣鲜美的风味特色。但用量不宜过多，一般用量为0.2%~0.3%，否则会压抑产品本味。同时对人体的消化器官刺激较大，过食不利于食物的消化吸收。胡椒还有防腐、防霉的作用，其原因是胡椒含有挥发性香油（主要为茴香萜），辛辣成分的胡椒碱、水芹烯、丁香烯等芳香化学成分，能抑制细菌生长，在短时期内可防止食物腐烂变质。

性状鉴别：①黑胡椒果实近圆球形，直径3~6mm。表面暗棕色至灰黑色，具隆起的网状皱纹，顶端有细小的柱头残基，基部有自果柄脱落的疤痕。质硬，外果皮可剥离，内果皮灰白色或淡黄色，断面黄白色，粉性，中央有小空隙。气芳香，味辛辣。以粒大、饱满、色黑、皮皱、气味强烈者为佳。②白胡椒果核近圆球形，直径3~6mm。最外为内果皮，表面灰白色，平滑，先端与基部间有多数浅色线状脉纹。以粒大、个圆、坚实、色白、气味强烈者为佳。

（18）鼠尾草　鼠尾草又叫蓟山陵翘、乌草、水青，气味苦、微寒、无毒。系唇形科多年生宿根草本鼠尾草的叶子，约含精油2.5%。鼠尾草精油蒸馏自其叶子与花朵，呈浅黄绿色，带有些甜味及茴香、樟脑的香味。鼠尾草精油具有抗菌消炎的作用；还能促进细胞再生，修护皮肤细胞组织，净化油腻的头皮，调节皮肤油脂分泌，减轻炎症和肿胀的肌肤问题，帮助改善油性皮肤、粉刺、痤疮等肌肤问题。鼠尾草还具有抗老、增强记忆力、安定神经、明目、缓和头痛及神经痛作用。鼠尾草精油的特殊香味主要成分为侧柏酮，此外有龙脑、鼠尾草素等。

鼠尾草的香味浓烈刺鼻，夹杂些许樟脑的味道，可为各种食物增添沁人的香味。鼠尾草非常适合跟奶制品和油腻食物一起烹饪，有时也会加入葡萄酒、啤酒、茶和醋当中，干燥后的气味浓厚，煮汤类或味道浓烈的肉类食物时，加入少许可缓和味道，可掺入沙拉中享用。鼠尾草的味道浓烈，用量不宜太多，以免掩盖其他配料的味道。在烹制油腻的肉制品时可添加一些鼠尾草以帮助消化。它的独特风味，不但去除肉类的腥味，还能够分解脂肪，加在香肠、腊肠类食品中具有良好的杀菌和防腐效果。

（19）芫荽　芫荽又称香菜、胡荽、香菜子、松须菜，为一年生或二年生伞形科草本植物，全株和种子均可食用，常用其干燥的成熟果实调香，具有温和的芳香，带有鼠尾草、山艾和柠檬混合的味道。芫荽的果实含挥发油（芫荽油）0.8%~1.0%，油中芳香成分主要有沉香醇、芫荽醇、香叶醇、二戊烯、对伞花烃、乙酸芳樟酯、乙酸龙脑酯、蒎烯等。其中沉香醇占60%~70%，有特殊香味。此外，果实还含D-甘露醇、脂肪油10%~20%、蛋白质及黄酮苷类物质。芫荽是猪肉香肠、灌肠等肉制品的常用香料。

（20）辣椒　辣椒又名番椒、辣茄、海椒、鸭嘴椒，其味辛和，辣味重，有刺激性。辣椒为一年生草本植物，可食部位为果实，浆果成熟后变成红色或橙黄色。其辣味主要为辣椒素和挥发油的作用。辣椒果实含有脂肪油、挥发油、油树脂、辣椒素、辣椒玉红素、辣椒红、胡萝卜素、玉米黄素、类胡萝卜素、叶黄素、隐黄素、维生素、蛋白质、戊聚糖和多种矿物质等。辣味成分包括：辣椒素、降二氢辣椒素、高二氢辣椒素、高辣椒素、壬酸香兰基酰胺、癸酸香兰基酰胺。辣椒果挥发油的含量约0.1%~2.6%，主要成分为2-甲氧基-3-异丁基吡嗪，具有鲜辣椒特有香气。其他还有苎烯、芳樟醇、柳酸甲酯、反式-β-罗勒烯等。辣椒性辛、热、辣，能调味，温中散寒，促进胃液分泌，开胃、除湿，提神兴奋，助消化，促进血液循环，增强机体抗病力。辣椒中的辣椒素能刺激口腔中的味神经和痛觉神经而感到特殊的辛辣味道。作为辣味调味品，不仅可以改进菜肴的味道，并且因辛辣刺激作用，增加唾液分泌及淀粉酶活性，从而帮助消化。中式辣味肉制品常使用辣椒粉，辣椒除作调味品外，还具有抗氧化和着色作用。

（21）孜然 孜然又名藏茴香、安息茴香，为伞形科一年生或多年生草本植物，果实有黄绿色与暗褐色之分，前者色泽鲜艳，籽粒饱满，含挥发油3%~7%，脂肪酸中主要成分为岩芹酸、苎烯油酸、亚油酸等。具有独特的薄荷、水果香味，还带有适口的苦味，咀嚼时有收敛作用。果实干燥后加工成粉末可用于肉制品，起到调味、增香、解腥膻及提高风味的作用。

（22）百里香 百里香俗称地椒、地花椒、山椒、山胡椒、麝香草等。百里香植株一般是茎部窄细的常绿植物，亚灌木；茎木质且多分枝；叶中度绿色，数量多，小而尖，小叶（4~20mm长）对生，全缘，呈椭圆形，有浓郁的香味，可混合其他草药作香料；花顶簇生，花萼不规则，上缘分三瓣，下缘裂开，花冠管状，4~10mm长，呈白色、粉色或紫色；根浓密，呈灰褐色。种子发芽时间12~20d，成熟时间90~100d，花期在夏天。小坚果近圆形或卵圆形。百里香可作食材，是欧洲烹饪常用香料，味道辛香，可加在炖肉、蛋或汤中。

（23）迷迭香 迷迭香为常绿唇形科灌木，具有清香凉爽气味和樟脑气，略带甘和苦味。迷迭香株高一般40~60cm，茎木质，叶线形，多枝，边缘反卷，花小，呈浅蓝色或淡灰白色，6~7月开花，茎叶、花序均可食。

迷迭香植株含挥发油和不挥发油、蛋白质、纤维素、树脂、单宁、戊聚糖、色素和矿物质。芳香油中的主要成分有α-蒎烯、莰烯、桉叶脑、冰片（莰醇）和樟脑（莰酮）等。迷迭香辛、温、无毒，具醒脑及镇定安神作用，对消化不良和胃痛均有一定疗效。迷迭香可用于食品调味，如在羊肉、烤鸡、烤鸭、肉汤等中可增加清香味。迷迭香叶浸提物对油脂等食物成分有一定稳定作用，常用作抗氧化剂。

（24）胡芦巴 胡芦巴又名芦巴子、苦豆、葫芦巴、芦巴、胡巴等。全草干后香气浓郁，略带苦味，性温，为一年生豆科植物，全株具香气。小叶呈长卵形，果为荚果，细长扁圆桶状，稍弯曲。果内种子10~20粒，棕色至浅棕黄色，磨碎后可作为食品调料。茎、叶洗净晒干，磨碎后也可作为调料。

胡芦巴含甘露半乳糖、胡芦巴碱、胆碱、挥发油、蛋白质、少量脂肪油、维生素B_1。胡芦巴能补肾阴、祛寒湿、止痛。可用于治疗肾虚腰酸、阳痿、寒疝偏坠、睾丸冷痛、胃寒痛、寒湿脚气肿痛、乏力等病症。胡芦巴种子营养丰富，蛋白质含量达27%~35%，还富含糖、淀粉、纤维素和矿物质等，可作为药用食品香料。干茎叶也可做食品调味料，是制作咖喱粉的原料之一。

（25）姜黄 姜黄又名郁金、黄姜，有胡椒和麝香味，及近似甜橙与姜、良姜的混合香气，略有辣味和苦味。其为多年生宿根草本植物，干燥后根茎的含水量约3%～4%，并含有姜黄酮、姜烯、苦味成分、树脂、蛋白质、纤维素、戊聚糖、矿物质等。姜黄性温，味苦辛，无毒，为芳香兴奋剂，有行气、活血、祛风疗痹、通经、止痛等功用。在食品中添加后有增香作用，还是天然食用黄色着色剂。

（26）良姜 良姜又称蛮姜、风姜、高良姜、小良姜，味香辣、气芳香，有节，节处有环形膜质鳞片，节上生根，为姜科山姜属植物高良姜的根状茎。良姜根状茎含挥发油0.5%～1.5%，油中主要成分为蒎烯、桉油精、桂皮酸甲酯、高良姜酚、黄酮类。此外，尚含淀粉、鞣质及脂肪。良姜性味辛、温，无毒，能温中、散寒、止痛。良姜在肉制品加工中主要用于酱卤制品类的调味上，可起到增香、调香、去异味的作用。并有刺激食欲的功用。

（27）荜拨 荜拨别名毕勃、荜茇、荜菝，为胡椒科胡椒属植物。荜拨为攀援藤本，长达数米；枝有粗纵棱和沟槽，幼时被极细的粉状短柔毛，毛很快脱落。茎细如箸，叶似蕺叶，子似桑椹，八月采，果穗可入药。荜拨为秋季果实由黄变黑时采摘而得，有特异香气，味辛辣，大温，无毒，其香味主要来源于它所含的胡椒碱、四氢胡椒酸、挥发油和芝麻素等成分。其中含1%挥发油和6%胡椒碱，我国主要用于酱卤类肉制品中，常用作卤汁、五香粉等调香料，有调味、提香、抑腥的作用，对白色、金黄色葡萄球菌和大肠杆菌等均有抑制作用。国外用其干叶作香料，主要应用于火腿及香肠中。

（28）莳萝子 莳萝子又称石落子、洋茴香、慈谋勒，为一年生伞形科草本植物莳萝的果实，形似小茴香（《本草纲目》中也称小茴香），具有强烈的似茴香气味，但味较清香甘甜，温和，无刺激感，可用于食品调味。莳萝子含有挥发油3%～4%，为无色至淡黄色液体，其成分为40%～60%的藏茴香酮、柠檬萜、水茴香萜及其他萜类。莳萝子大部分用于肉制品腌渍。有提高肉制品风味、增进食欲的效果，还具有祛寒，理气和胃，促进消化的作用。莳萝子也是配制咖喱粉的主要调料之一。

（29）芥末 芥末即芥菜子粉，是十字花科草本植物芥菜种子研磨而成。芥末分为黑芥末和白芥末。白芥子中不含挥发性油，其主要成分为白芥子硫苷，遇水后，由于酶的作用而产生具有强烈刺鼻辣味的二硫化白芥子苷、白芥子硫苷油等物质。黑芥子含挥发性精油0.25%～1.25%，其中主要成分为黑芥子糖苷或黑芥子酸钾，遇水后，产生异硫氰酸丙烯酯及硫酸氢钾等刺鼻辣味的物质。还有一种绿芥末（青芥辣）源于欧洲，用辣根（马萝卜）制造，添加色素后呈绿色，其辛辣气味强于芥末，且有一种独特的香气。芥末性温味辣，无毒，具有强烈刺激性辛辣味，具有刺激胃液分泌、帮助消化、增进食欲等功效。在肉制品加工中使用，不仅能调味、增香、压异，还有杀菌防腐的作用。芥末粉润湿后有香气喷出，具有催泪性的强烈刺激性辣味，对味觉、嗅觉均有刺激作用。也常用作泡菜、腌渍生肉或拌沙拉时的调味品；亦可与生抽或醋一起使用，充当生鱼片的调料。

3. 肉品常用添加剂的鉴别与使用

在肉品加工和储藏过程中，常需加入少量物质改善肉品的色、香、味、形，并帮助保持肉品的新鲜度和质量，满足加工工艺过程的需求。经常使用的添加剂有 5 种类型。

（1）护色剂　护色剂指能与肉及肉制品中呈色物质作用，使之在食品加工、保藏等过程中不致分解、破坏，呈现良好色泽的非色素类物质。护色剂包括起发色作用和助发色作用的添加剂。

①起发色作用的添加剂主要有以下几种。

a. 硝酸盐：硝酸盐是无色结晶或白色结晶粉末，易溶于水。将硝酸盐添加到肉制品中，硝酸盐在硝酸盐还原酶或还原物质的作用下还原成亚硝酸盐，然后与肉中的乳酸反应生成亚硝酸；亚硝酸再分解生成 NO，后者与肌红蛋白生成稳定的亚硝基肌红蛋白络合物，使肉制品呈现鲜红色，加热会释放一分子—SH，生成稳定的鲜红色（粉红）亚硝基血色原，因此硝酸盐常作为肉品发色剂。

b. 亚硝酸钠：亚硝酸钠是白色或淡黄色结晶粉末，亚硝酸钠除了防止肉品腐败，提高保存性之外，还具有改善风味（产生特殊腌制风味，防止脂肪氧化酸败）、稳定肉色的特殊功效，此功效比硝酸盐还要强，所以在腌制时与硝酸盐混合使用，能缩短腌制时间。亚硝酸盐能与各种氨基化合物反应，产生致癌的 N – 亚硝基化合物，如亚硝胺等，所以其用量要严格控制。我国颁布的《GB 2760—2014 食品安全国家标准　食品添加剂使用标准》中对硝酸钠（或钾）和亚硝酸钠（或钾）在肉制品中的使用量规定如下所述。

最大使用量：硝酸钠（或钾）0.5g/kg，亚硝酸钠（或钾）0.15g/kg。

最大残留量（以亚硝酸钠计）：肉类罐头不得超过 50mg/kg；西式火腿（熏烤、烟熏、蒸煮火腿）中添加亚硝酸钠（或钾）后残留量不得超过 70mg/kg（若添加硝酸钠或硝酸钾，以亚硝酸钠计的残留量不得超过 30mg/kg）；一般肉制品（腌腊肉制品、酱卤肉制品、熏烧烤肉类、油炸肉类、肉灌肠类、发酵肉制品类）中残留量均不得超过 30mg/kg。

亚硝酸钠在添加时，若不使用其它护色剂，当添加浓度在 0.024g/kg 以下时发色不好，在 0.024 ~ 0.04g/kg 就可以发色了，发色程度随添加量增加而增加，发色较好的添加量约为 0.13g/kg，其中亚硝酸钠的残留量可控制在 30mg/kg 以下。若要提高使用量，一定要符合上述国家标准规定。硝酸盐和亚硝酸盐均须专人保管，用多少，领多少，凡是用剩的部分要进行回收或妥善处理，不能误食或误用。

肉发色过程中亚硝酸被还原生成 NO。但是 NO 的生成量与肉的还原性有很大关系。为了使之达到理想的还原状态，常使用助发色作用的物质。这些具有还原能力的物质能起到抗氧化作用，防止肉制品中油脂氧化酸败，并稳定腌肉的颜色和风味。肉制品中常用的护色助剂有抗坏血酸和异抗坏血酸及其钠盐、烟酰胺、葡萄糖、葡萄糖酸 – δ – 内酯等。

②护色助剂一般常用的有以下几种。

a. 异抗坏血酸、异抗坏血酸钠：异抗坏血酸是抗坏血酸的异构体，其性质与抗坏血酸相似，发色、防止褪色及防止亚硝胺形成的效果，几乎相同。使用时常使用异抗坏血酸钠，其与抗坏血酸钠互为异构体，为白色或淡黄色的结晶或粉末，无臭、略有咸味、易溶于水，遇光不稳定。《GB 2760—2014 食品安全国家标准 食品添加剂使用标准》中未对肉制品中异抗坏血酸及其钠盐使用量做规定，实际使用时，其添加量一般为原料肉的 0.02%~0.05%。

b. 烟酰胺：亦称尼克酰胺或维生素 PP，为白色晶体粉末，几乎无臭、味苦、微吸潮，干燥状态时 50℃以下稳定，易溶于水，与酸、碱加热，水解生成烟酸。烟酰胺与抗坏血酸钠同时使用形成烟酰胺肌红蛋白，使肉呈红色，并有促进发色、防止褪色的作用，使用量是原料肉的 0.01%~0.02%。食品添加剂使用标准中未对肉制品中烟酰胺使用量做出规定。

c. 葡萄糖酸内酯：葡萄糖酸内酯为白色结晶粉末，无臭，口感先甜后酸，易溶于水，略溶于乙醇，在水中形成葡萄糖酸、δ-葡萄糖酸内酯和 γ-葡萄糖酸内酯的平衡混合物。葡萄糖酸内酯是水果及其制品的天然组分，也是碳水化合物代谢过程中的中间产物。通常 1% 的葡萄糖酸内酯水溶液的 pH 为 3.5，因此可作为酸味剂，在腌制过程中能促进亚硝酸钠到亚硝酸的转化，起到助发色作用，降低亚硝酸钠的使用量，并稳定产品的色泽提高制品的稳定性和切片性，产品的质构较好。葡萄糖酸内酯对霉菌和一般细菌具有一定抑制作用，也是一种防腐剂，有助于延长产品的保质期，并缩短肉制品的成熟过程，增加出品率。我国 2014 年版《食品添加剂使用标准》标明的 δ-葡萄糖酸内酯的作用主要作为稳定剂和凝固剂。其除可以用于内酯豆腐的制作之外，也可用于畜禽产品助色防腐（0.25%~0.3%），用于鱼虾保鲜不超过 0.1g/kg，用于鱼糜香肠不超过 3.0g/kg。

（2）着色剂　着色剂是赋予食品色泽和改善食品色泽的物质。

①人工着色剂（化学合成着色剂）：人工着色剂常用的有苋菜红、胭脂红、柠檬黄、日落黄、亮蓝等。人工着色剂必须在使用限量范围内使用，其色泽鲜艳、稳定性好，适于调色和复配。价格低廉，但安全性仍是问题。

②天然着色剂：天然着色剂是从植物、微生物、动物可食部分用物理方法提取精制而成。天然着色剂的开发和应用是当今世界发展趋势，如在食品中应用愈来愈多的焦糖色素、红曲红、高粱红、辣椒红素、番茄红素、天然苋菜红、甜菜红、胡萝卜素、姜黄色素、叶绿素等。天然着色剂一般价格较高，稳定性稍差，但比人工着色剂安全性高，所以在肉制品中的应用逐渐加大。

a. 红曲色素：红曲色素是以大米为原料，采用红曲霉液体深层发酵工艺和特定的提取技术生产的粉状纯天然食用色素，又称红曲红、红曲米。其工业产品具有色价高、色调纯正、光热稳定性强、pH 适应范围广、水溶性好，同时具一定的保健和防腐功效。红曲黄素、红曲米、红曲红在熟肉制品中一般按生产需要添加；

红曲米、红曲红还可以按需添加入腌腊制品（咸肉、腊肉、板鸭、中式火腿、腊肠）中（《GB 2760—2014 食品安全国家标准 食品添加剂使用标准》）。

红曲霉在日本保存有40多个种类，在中国科学院微生物所也保存有8种，主要为紫红红曲霉（Monascus purpureus）、安卡红曲霉（Monascus anka）、红色红曲霉（Monascus ruber）、巴克红曲霉（Monascus barker）、烟色红曲霉（Monascus fuliginosus）、发白红曲霉（Monascus albidus）、锈色红曲霉（Monascus rubiginosis）、变红红曲霉（Monascus serorubescens）。红曲发酵物虽然有降压、降血氨、促进钙质吸收等的保健功能，但是近年来也发现其中的一些抗菌成分（例如，橘霉素）具有毒性。所以在发酵制备天然红曲色素时，需要注意采用安全菌株，并严格控制发酵条件以减少或消除有害物质。使用红曲色素前，应检测其中橘霉素的浓度。

红曲色素中最有应用价值的是6种醇溶色素，一般包括两种黄色素（梦那红，安卡黄素）、两种红色素（潘红、梦那玉红）及两种紫色素（潘红胺、梦那玉红胺）。红曲色素的形成取决于发酵基质、温度和pH，对光、有机汞化合物等也较敏感。发酵的最佳条件为：pH8，30℃，并供给富含淀粉的基质（米淀粉）以及充足的氮源。用醇提取发酵后的固体红曲，浓缩后可分离出黄、紫红和红色三种溶液。红曲色素由于具有很高的稳定性等特点，是肉制品中应用最多的一种，在酱卤制品类、灌肠制品类、火腿制品类、干制品和油炸制品类等肉制品的着色中广泛应用。其特点包括以下七个方面。

第一，对酸性和碱性环境稳定。它的水溶液在 pH < 11 时呈现稳定的红色，在 pH 为 11 时呈橙色，pH 为 12 时呈黄色。当碱性较强时，它的水溶液颜色才会发生变色。但是红曲色素的乙醇溶液在 pH 为 11 时仍保持稳定的红色。

第二，耐热性较好。在一般的加工温度下其颜色不会发生明显改变。例如，在 100℃、60min 或者 120℃、10min 的加热条件下，色素残存率能达到 50% 左右。

第三，耐光性较好。红曲红色素对日常光线是比较稳定的，它的乙醇溶液对紫外线稳定，但在太阳光强烈照射下红曲红色素则色泽变浅。

第四，几乎不受金属离子的影响。在 1000 倍稀释的红曲色素的溶液中加入摩尔分数为 0.01 的钙离子、镁离子、铜离子，经 48h 以后，其红曲色素的残存率平均达 97% 以上。

第五，对氧化剂和还原剂耐受能力较强。400 倍稀释的红曲色素溶液中，添加 100mg/kg 抗坏血酸、亚硫酸钠或过氧化氢，经 48h 后，其溶液的颜色仍和最初颜色相同，没有变化。

第六，着色性好。红曲红色素对原料的着色性好，尤其是蛋白质或蛋白质含量较高的原料着色性更好。这些原料一经着色后再用水洗也很难洗去。

第七，安全性好。红曲米和红曲色素的安全性很好。红曲米的加工和应用在我国已有悠久的历史，我国从古代就开始采用红曲色素制作红酒，从古至今从未有过因食用红曲色素制作的食物而中毒的记载。动物试验也表明，食用红曲色素制作的食物均未发现任何急性、慢性中毒现象。

红曲霉菌中的红色红曲在分泌色素的同时，也产生一种称为梦那可啉 K（monacolin K）的代谢物，此代谢物不仅对机体脂肪代谢产生影响，还对培养皿中的细菌有抑制作用，这为我国传统上认为红曲米具有抑菌防腐性提供了依据。同时毛曲霉和紫红曲霉代谢物对猪肉中的金黄色葡萄球菌有显著的抑制效应。红曲霉菌在形成色素的同时，还合成谷氨酸类物质，使红曲在肉制品中具有增香作用。

由此可见，红曲红色素的安全性和稳定性均很高，并且有利于改善食品风味、食品储藏和人体健康，值得大力推广使用。但红曲米和红曲色素应注意不能使用太多，否则将使制品的口味略有苦酸味，并且颜色太重而发暗。另外，使用红曲米和红曲色素时可添加适量的食糖，用以调和酸味，减轻苦味，使肉制品的滋味达到和谐。红曲米有吸湿受潮的特性，一旦受潮后，很容易发生霉变。霉变后的红曲米发灰、发暗，米中有异味。红曲米保藏时还要防止虫蛀。因此，红曲米应保存在干燥通风处，如果存放时间长了，还应取出晾晒，以防霉变和虫蛀。

b. 高粱红：是以高粱壳为原料，采用生物加工和物理方法制成的，有液体制品和固体粉末两种，属水溶性天然色素，对光、热稳定性好，抗氧化能力强，与甜菜红等水溶性天然色素调配可成紫色、橙色、黄绿色、棕色、咖啡色等多种色调。肉制品中使用量按需添加。

c. 甜菜红：即甜菜根红，是食用甜菜的根中提取的一种天然红色色素，由红色的甜菜花青素和黄色的甜菜黄素两种成分组成。甜菜红为红色至紫红色液体、固体块状或粉末状物。其易溶于水，水溶液呈红色至紫红色，pH 为 3.0～7.0 时比较稳定，pH 为 4.0～5.0 时稳定性最强，染着性好，但耐热性差，降解速度随温度上升而增加。光和氧也可促进其降解。金属离子对其影响较小，但 Fe^{3+} 和 Cu^{2+} 含量过多时会发生褐变。抗坏血酸对其具有一定的保护作用，稳定性随食品水分活性（A_w）的降低而增加。国标规定甜菜红可在各类食品中按生产需要量使用。

d. 辣椒红：为从干辣椒中提取的类胡萝卜素，可作为营养强化剂，主要成分为辣椒素、辣椒红素和辣椒玉红素。为具有特殊气味和辣味的深红色的黏性油状液体。溶于大多数非挥发性油。几乎不溶于水。耐酸性好，耐光性稍差。对淀粉的染着能力较强，人造蟹肉通常采用辣椒红。我国规定，辣椒红使用量在冷冻鱼糜制品（包括鱼丸）、熟肉制品和腌腊制品（咸肉、腊肉、板鸭、中式火腿、腊肠）中按正常生产需要添加，在调理肉制品（生肉添加调理料）中应低于 0.1g/kg。

e. β-胡萝卜素：β-胡萝卜素为类胡萝卜素的一种，是在自然界中分布最广的一种。β-胡萝卜素为红紫色至暗红色的结晶性粉末，稍有特异臭味，难溶于乙醇、丙酮，不溶于水和甘油。在弱碱时比较稳定，在酸性时不稳定，对光和氧也较不稳定，但在通常的 pH 范围（2～7）内尚稳定，特别是不受还原物质（如抗坏血酸）所影响。在低浓度时呈橙黄到黄色，高浓度时呈橙红色。重金属离子特别是铁离子可促进其褐变。

胡萝卜素是食物中的天然成分，长期食用对人体健康不会有影响。动物及人体实验证明，胡萝卜素即使摄入过多，对机体也无损害。因此，使用时不作任何剂量限制，完全可按正常需要使用。我国食品添加剂使用卫生标准中规定 β-胡萝卜素可在各类食品中使用，在熟肉制品中使用量应低于 $0.02g/kg$，在肉制品的可食用动物肠衣中应低于 $5.0g/kg$，在冷冻鱼糜制品（包括鱼丸）、预制水产品（半成品）、熟制水产品（即食型）中使用量均应低于 $1.0g/kg$。β-胡萝卜素在动物体内可转变为维生素 A 的前体物质（维生素 A 原）。同时，β-胡萝卜素对肺癌细胞有一定抑制作用。因此，β-胡萝卜素除了提供食品色泽之外，还兼有营养保健的作用。

由于 β-胡萝卜素纯品在空气中不稳定，易于被氧化，因此不以纯品出售，一般以各种浓度的悬浮剂及干燥小颗粒形式出售应用。在调配 β-胡萝卜素时应注意，不宜用铁器盛装或搅拌，最好用瓷器或玻璃制品来盛装 β-胡萝卜素溶液，并要注意 β-胡萝卜素的成品应放遮光、阴凉处保存。

f. 姜黄色素：是从姜黄根茎中提取的一种黄色色素，主要成分为姜黄素，是植物界很稀少的具有二酮的色素，为二酮类化合物。姜黄素为橙黄色结晶粉末，味稍苦。不溶于水和乙醚，溶于乙醇、丙二醇，易溶于冰醋酸和碱溶液。在碱性时呈红褐色，在中性、酸性时呈黄色。对还原剂的稳定性较强，着色性强（对蛋白质除外），一经着色后就不易褪色，但对光、热、铁离子敏感，耐光性、耐热性、耐铁离子性较差。由于姜黄素分子两端具有两个羟基，在碱性条件下发生电子云偏离的共轭效应，所以当 pH 大于 8 时，姜黄素会由黄变红，现代化学利用此性能将其作为酸碱指示剂。医学研究表明，姜黄素具有降血脂、抗肿瘤、抗炎、利胆、抗氧化等作用。

姜黄素主要用于肠类制品、罐头、酱卤制品等产品的着色，但在 2014 版《GB 2760 食品安全国家标准 食品添加剂使用标准》中未提及在肉品中的使用限量。

g. 焦糖色素：焦糖色也称酱色、焦糖或糖色，为红褐色至黑褐色的液体、固体块状或粉末状物质，可溶于水和烯醇溶液，具有焦糖香味和令人愉快的苦味，是我国传统使用的色素之一。焦糖是糖类物质（如饴糖、蔗糖、糖蜜、转化糖、乳糖、麦芽糖浆和淀粉的水解产物等）在高温下脱水、分解和聚合而成的复杂红褐色或黑褐色混合物，其中某些为胶质聚集体，可通过加热碳水化合物单独制成或者在食用的酸、碱、盐参与下合成，是应用较广泛的半天然食品着色剂。液体的焦糖是将蔗糖、葡萄糖或麦芽糖浆，在 $160 \sim 180$℃ 的高温下加热 3h，使之焦糖化，然后用碱中和得到。粉状或块状的焦糖是将液体焦糖用喷雾干燥或其他方法干燥而制成。按生产过程中使用的催化剂不同，焦糖可分为普通焦糖（不加催化剂）、氨法焦糖（加氨生产）、苛性亚硫酸盐焦糖（亚硫酸盐作为催化剂）和亚硫酸铵焦糖（亚硫酸盐和铵盐共同作为催化剂），我国允许使用普通焦糖、氨法焦糖和苛性亚硫酸盐焦糖三种。添加铵盐生产的焦糖在肉制品中使用有一定的毒性，一般在肉制品加工中不允许使用，所以我国目前用于肉制品加工中的焦糖色为普通焦糖。国家标准 GB 2760—2014 规定在调理肉制品（生肉添加调理料）中添加量为按生产需要添加。

焦糖是由富含碳水化合物（如蔗糖、淀粉糖浆等）的天然原料制成。由于大多数焦糖在制造中要适量地加入一些催化剂（如硫酸、磷酸、柠檬酸、碱和氨盐等），因此对焦糖属于天然还是化学合成色素问题有所争议。我国把焦糖列为食用天然色素类。

焦糖的颜色不会因酸碱度的变化而发生变化，并且不会因长期暴露在空气中受氧气的影响而改变颜色。焦糖在 150～200℃ 的高温下颜色稳定。但其受 pH 及在空气中暴露时间的影响，pH 在 6.0 以上暴露放置易发霉。焦糖比较容易保存，不易变质。液体的焦糖在储存中如因水分挥发而干燥时，使用前只要添加一定的水分，放在炉上稍稍加热，搅拌均匀，即可重新使用。

焦糖色在肉制品加工中也常用于酱卤、红烧等肉制品中，主要目的是增色、补充色调、改善产品外观和调味。

（3）品质改良剂

①磷酸盐：在肉制品中应用广泛，以改善肉的保水性能。用于肉制品的磷酸盐常用的有磷酸三钠（或钾、钙），以及多聚磷酸盐。多聚磷酸盐常用的有三种：焦磷酸钠、三聚磷酸钠和六偏磷酸钠。

各种磷酸盐混合使用比单独使用好，混合的比例不同，效果也不同。在肉品加工中，使用量一般为肉重的 0.1%～0.4%，用量过大会导致产品风味恶化，组织粗糙，呈色不良。在高浓度情况下（0.4%～0.5%），磷酸盐产生金属性涩味。如果使用的磷酸盐超过最大允许值（0.5%），就可能危害身体健康《GB 2760—2014 食品安全国家标准　食品添加剂使用标准》规定预制肉制品、熟肉制品、冷冻水产品、冷冻鱼糜制品中磷酸盐单独或混合使用的最大使用量以磷酸根计不得超过 5.0g/kg，预制水产品（半成品）和水产品罐头中使用量以磷酸根计不得超过 1.0g/kg。

磷酸三钠（Na_3PO_4）为无色至白色晶体、颗粒或结晶性粉末，无水物或含 1～12 分子的结晶水，无臭，易溶于水，但不溶于乙醇。熔点 75℃，相对密度 1.62，在水中分解为磷酸氢二钠和氢氧化钠，具有强碱性，1% 水溶液 pH 为 11.5～12.1。在干燥空气中易风化，易吸收空气中二氧化碳和水生成磷酸氢二钠和碳酸氢钠。磷酸三钠可保水、结着、乳化、络合金属离子、改善色泽、调整 pH 及组织结构，但过多时降低食品中钙和磷的消化吸收。故使用时，一般控制在 3.0g/kg。

六偏磷酸钠分子式（$(NaPO_3)_6$），又名格来氏盐（Sodium Polyphosphates, Glassy）、格兰汉姆盐（Graham's Salt）、六聚磷酸钠或磷酸盐玻璃，为无色或白色透明块或片状或白色粒状结晶，于 1832 年由格兰汉姆发现。其易溶于水，不溶于有机溶剂，吸湿性强，在温水、酸或碱溶液中易水解为正磷酸盐。熔点616℃，相对密度2.484，吸湿性大，在潮湿空气中会逐渐变成黏稠液体。六偏磷酸钠具分散性、解胶性，对金属离子络合作用强，可阻止钙、镁、铁离子的结晶，能够与钙、镁等金属离子生成可溶性络合物，并且具有使蛋白质凝固的作用。六偏磷酸钠可作为品质改良剂、pH调节剂和金属离子螯合剂，且为肉品加工中常用的保水剂之一，在肉制品中使用时用量不超过5.0g/kg。

三聚磷酸钠分子式$Na_5P_3O_{10}$，又称三磷酸钠，为白色结晶或结晶性粉末，易溶于水（13%，25℃），在水中可水解成钠离子、焦磷酸根离子和磷酸根离子，水解速度因温度、pH而异。水溶液呈碱性，但无腐蚀性，例如1%水溶液pH为9.5。对碱土金属或重金属离子（铁、铜、镍等）有络合能力，且具有离子交换性能。三聚磷酸钠可用于品质改良剂、稳定剂和软水剂，其允许最大使用量为5.0g/kg。在肉类罐头、熟肉制品、西式火腿等生产中常与食盐并用（三聚磷酸钠与食盐质量比为1∶3），可洒、浸、注射，使肉质变软、柔嫩，既可提高肉的黏结性，又能克服单用食盐过咸的毛病。一般洒在肉片上15min即可，而浸泡多用3%~10%水溶液在4℃泡4h，肌肉注射常用0.5%三聚磷酸盐混合盐水吊挂3~4d。

无水焦磷酸钠分子式$Na_4P_2O_7$，又称焦磷酸四钠，为白色粉末，溶于水（6.2%，20℃）和甘油，不溶于乙醇；70℃以下水溶液稳定，煮沸可水解为磷酸氢二钠。十水焦磷酸钠为白色结晶或粉末，熔点880℃，相对密度2.534；能溶于水（11%，20℃），不溶于乙醇；1%水溶液pH为10~10.2，有较强的pH缓冲性；对钙、铁、钠离子络合能力强。其保水作用好，减少肉制品出汁率，并具分散、解胶和增强油脂抗氧化作用。焦磷酸钠的主要用途为品质改良剂、乳化剂、缓冲剂和螯合剂，但有吸湿性，需保存在密闭容器内。因为焦磷酸盐溶解性相对较差，因此在配制腌液时要先将磷酸盐溶解后再加入其他腌制料。由于多聚磷酸盐对金属容器有一定的腐蚀作用，所用设备应选用不锈钢材料。此外，使用磷酸盐可能使腌制肉制品表面出现结晶，这是焦磷酸钠形成的。预防结晶的出现可以通过减少焦磷酸钠的使用量的方法。

磷酸盐复合配方（参考）：三聚磷酸钠29%、偏磷酸钠55%、焦磷酸钠3%、无水磷酸二氢钠13%。

②淀粉：最好使用变性淀粉，它们是由天然淀粉经过化学或酶处理等而使其物理性质发生改变，以适应特定需要而制成的淀粉。变性淀粉一般为白色或近白色无臭粉末。变性淀粉不仅能耐热、耐酸碱，还有良好的机械性能，是肉类工业良好的增稠剂和赋形剂。其用量一般为原料的3%~20%。《GB 2760—2014 食品安全国家标准　食品添加剂使用标准》规定醋酸酯淀粉（增稠剂）、磷酸酯双淀粉（增稠剂）、羟丙基淀粉（增稠剂、蓬松剂、乳化剂、稳定剂）、羟丙基二淀粉磷酸酯（增稠剂）、酸处理淀粉（增稠剂）、辛烯基琥珀酸淀粉钠（乳化剂）、氧化淀粉（增稠剂）、氧化羟丙基淀粉（增稠剂）、乙酰化二淀粉磷酸酯（增稠剂）、乙

酰化双淀粉己二酸酯（增稠剂）、α-环状糊精（稳定剂、增稠剂）、β-环状糊精（稳定剂、增稠剂）均为按生产需要添加，但生鲜肉、预制水产品中不允许按需添加。优质肉制品中变性淀粉用量较少，且多用玉米淀粉。淀粉用量过多，会影响肉制品的黏着性、弹性和风味，故许多国家对淀粉使用量作出规定，如日本在香肠中最高添加量不超过5%；混合压缩火腿在3%以下；美国用3.5%谷物淀粉；欧盟为2%。

③大豆分离蛋白：大豆分离蛋白是大豆蛋白经分离精制而得到的一种全价蛋白类食品添加剂，一般蛋白质含量在90%以上，氨基酸种类有近20种，并含有人体必需氨基酸，营养丰富，不含胆固醇，是植物蛋白中为数不多的可替代动物蛋白的品种之一。大豆分离蛋白有良好的保水性，大豆分离蛋白沿着它的肽链骨架，含有很多极性基，所以具有吸水性、保水性和膨胀性，分离蛋白的吸水力比浓缩蛋白要强许多，而且几乎不受温度的影响，分离蛋白在加工时还有保持水分的能力，最高水分保持能力为每1g蛋白质保持14g水。大豆分离蛋白具有乳化性和吸油性，加入肉制品后，能形成乳状液和凝胶基质防止脂肪向表面移动，因而起着促进脂肪吸收或脂肪结合的作用，可以减少肉制品加工过程中脂肪和汁液的损失，有助于维持外形的稳定，分离蛋白的吸油率为154%。大豆分离蛋白有很强的凝胶形成能力，具有较高的黏度、可塑性和弹性，既可做水的载体，也可做风味剂、糖及其它配合物的载体，这对食品加工极为有利。大豆分离蛋白还有很强结膜能力，当肉切碎后，用分离蛋白与鸡蛋清的混合物涂在其纤维表面，可形成薄膜，且易干燥，可以防止气味散失，有利于再水化过程，并对再水化产品提供合理的结构。

此外，人们发现当大豆分离蛋白浓度为12%时，加热的温度超过60℃，黏度就急剧上升，加热至80~90℃时静置、冷却，就会形成光滑的沙状胶质。这种特性，使大豆分离蛋白加入肉组织时，能改善肉的质地，使肉制品内部组织细腻，结合性好，富有弹力，切片性好。在档次较高的肉制品中加入大豆分离蛋白，不但改善肉制品的质构和增加风味，而且提高了蛋白含量，强化了维生素。由于其功能性较强，用量在2%~5%之间就可以起到保水、保脂、防止肉汁离析、提高品质、改善口感的作用。将大豆分离蛋白注射液注入到火腿那样的肉块中，再将肉块进行处理，火腿得率可提高20%；在火锅料产品贡丸、撒尿牛丸、鸡脯丸、闽南香肉、甜不辣、天妇罗、开花肠、亲亲肠、台湾烤肠、热狗肠、肉串、川香鸡柳、骨肉相连、上校鸡块、麦乐鸡、奥尔良烤鸭胚、调理翅根、腌制琵琶腿、午餐肉、三文治等肉制品加工过程中，添加大豆分离蛋白可以使产品的结构更加完美。

④卡拉胶：因为卡拉胶是从麒麟菜、石花菜、鹿角菜等红藻类海草中提炼出来的亲水性胶体，又称为麒麟菜胶、石花菜胶、鹿角菜胶、角叉菜胶。卡拉胶主要成分为易形成多糖凝胶的半乳糖、脱水半乳糖，多以Ca^{2+}、Na^+、NH_4^+等盐的

形式存在，可保持自身质量 10~20 倍的水分。在肉馅中添加 0.6% 时，即可使肉馅保水率从 80% 提高到 88% 以上。

卡拉胶是天然胶质中惟一具有蛋白质反应性的胶质。它能与蛋白质形成均一的凝胶。由于卡拉胶能与蛋白质结合，形成巨大的网络结构，可保持制品中的大量水分，减少肉汁的流失，并且具有良好的弹性、韧性。卡拉胶还具有很好的乳化效果，稳定脂肪，表现出很低的离油值，从而提高制品的出品率。另外，卡拉胶能防止盐溶性蛋白及肌动蛋白的损失，抑制鲜味成分的溶出。

若在肉制品中使用卡拉胶，可以简单地将卡拉胶溶入盐水中，借助盐水注射器和滚揉按摩操作，使它与盐水溶液共同进入肉组织中。使用量一般为产品质量的 0.1%~0.6%，合适的使用量取决于使用的磷酸盐的量和种类、肉的质量、期望的增重值等因素。卡拉胶既能大大降低蒸煮损失，提高产品出品率，改善肉制品的韧度、成型性和切片性，同时并不影响肉制品的色、香、味。另一种采用斩拌机直接斩拌的方法，不进行盐水注射和滚揉按摩，由于此法提取蛋白质时，靠刀片转动时的机械力将肉强行破碎，因此只要将卡拉胶与磷酸盐、食盐、亚硝酸盐等直接混合加入，在斩拌过程中就能使卡拉胶渗透到肉组织中，在卡拉胶悬浮粒子渗透到肉组织中再经加热杀菌时，肉中的卡拉胶粒子吸水溶胀，并与肉蛋白质结合，随着加热处理后的最终冷却，卡拉胶在肉中凝结而形成凝胶网络。

⑤酪蛋白：酪蛋白具有明显的酸性，等电点为 4.8。酪蛋白是用于食品的很重要的蛋白质来源，也是肉品加工常用的优质增稠剂。酪蛋白具有很强的增稠作用，能与肉中的蛋白质结合形成凝胶，从而提高肉的保水性，防止脱水收缩。在肉馅中添加 2% 时，可提高保水率 10%；添加 4% 时，可提高 16%。如与卵蛋白、血浆等并用效果更好。酪蛋白在形成稳定的凝胶时，可吸收自身质量 5~10 倍水分。用于肉制品时，可增加制品的黏着性和保水性，改进产品质量，提高出品率。

此外，也常用酪蛋白酸钠，一般呈白色至淡黄色粒状、粉状或片状，无臭、无味或稍有特异香气和味道，其易溶解或分散在水中，水溶液 pH 为 6.0~7.5。其水溶液遇酸会产生酪蛋白沉淀。在 94℃ 下加热 10s 或 121℃ 下加热 5s 均不结块，有良好的耐热性能。其在不同的浓度下会产生不同的黏度，一般将低浓度酪蛋白钠作为西式火腿等肉制品，以及水产肉糜制品的稳定剂和黏着剂，可以提高产品黏结性和保水性，也有强化蛋白质营养的作用。

（4）抗氧化剂　抗氧化剂能阻止或延缓食品氧化，提高食品质量的稳定性和延长保存期。肉品加工中常用抗氧化剂有油溶性抗氧化剂和水溶性抗氧化剂两大类。

①油溶性抗氧化剂：能均匀地分布于油脂中，对油脂或含脂肪的食品可以很好地发挥其抗氧化作用。常用的有以下几种。

a. 丁基羟基茴香醚（BHA）：系白色或微黄色的蜡状固体或白色结晶粉末，带有特异的酚类臭气和刺激味，对热稳定，不溶于水，易溶于丙二醇、丙酮、乙醇、花生油、棉籽油、猪油。

　　BHA 有较强的抗氧化作用，并有相当强的抗菌力，可阻碍黄曲霉毒素的生成。BHA 尤其适用于使用动物脂肪的焙烤制品，它使用方便，但成本较高。将有螯合作用的柠檬酸或酒石酸等与本品混用，能起增效作用。BHA 具有一定的挥发性和能被水蒸气蒸馏，故在高温制品中，尤其是在煮炸制品中易损失。BHA 也可用于食品的包装材料。其为目前国际上广泛采用的抗氧化剂之一，最大使用量一般不超过产品中油脂质量的 0.02%。

　　b. 二丁基羟基甲苯（BHT）：系白色或无色结晶粉末或块状，无臭无味，对热及光稳定，不溶于水和甘油，易溶于乙醇、丙酮、乙醚、豆油、棉籽油、猪油。BHT 抗氧化作用较强、热稳定性好。没有与金属离子反应着色的缺点，也没有 BHA 的臭味，而且价格低廉；但其毒性高于 BHA。食品添加剂使用标准规定，BHT 最大使用量一般为 0.2g/kg（以产品中油脂质量计）。它是目前国际上特别是水产品加工方面广泛应用的廉价抗氧化剂，也可用于纸质或塑料包装材料中。

　　c. 特丁基对苯二酚（TBHQ）：特丁基对苯二酚系白色至淡灰色结晶或结晶性粉末，有极轻微特殊气味，无异臭，溶于乙醇、乙酸乙酯、异丙醇、乙醚及油脂等，几乎不溶于水（约为5‰），沸点295℃，熔点126.5~128.5℃，是抗氧化效果较好的合成抗氧化剂，尤其适用于植物油抗氧化，可使食用油脂的抗氧化稳定性提高3~5倍。在植物油内添加 0.01%~0.03%，其效果比 BHA、BHT、PG（没食子酸丙脂）都好，可独用或与 BHA、BHT 混合使用。TBHQ 对大多数油脂均有防腐止败作用，遇铁、铜不变色，但如有碱存在可转为粉红色。抗氧化性能优越，比 BHT、BHA、PG 和 VE 具有更强的抗氧化能力；还兼有一定抑菌作用，可有效抑制枯草芽孢杆菌，金黄色葡萄球菌，大肠杆菌，产气短杆菌等细菌以及黑曲菌、杂色曲霉、黄曲霉等微生物生长。使用时一般占油脂或含油脂食品中脂肪质量的 0.02% 以下，常用于腌腊肉制品（咸肉、腊肉、板鸭、中式火腿、腊肠）及干制水产品（风干、烘干、压干等）。

　　d. 没食子酸丙酯（PG）：为白色或淡黄褐色晶状粉末，无臭、微苦，水溶液无味。易溶于乙醇、丙酮、乙醚，微溶于氯仿、脂肪与水，对热稳定，但易与铜、铁离子反应呈紫色或暗绿色。没食子酸丙酯对脂肪、奶油的抗氧化作用较 BHA 或 BHT 强，三者混合使用时效果更佳；若同时添加柠檬酸 0.01%，既可作增效剂，又可避免金属着色。在肉制品、水产品中加入量不超过 0.1g/kg（以油脂总重计）。在食品中普遍使用的油溶性抗氧化剂有丁基羟基茴香醚（BHA）、二丁基羟基甲苯（BHT）、特丁基对苯二酚（TBHQ）、没食子酸丙酯（PG）等。但是，BHT 有臭味，对实验动物有致癌作用，已有一些国家禁用；BHA 合成成本高，毒性较大，其可能有致癌作用；TBHQ 在较高温度下易挥发并且过量食用可能对动物机体产生毒害作用。相比之下 PG 不仅低毒，使用安全性高，而且抗氧化性优于 BHT 及 BHA，因而广泛使用，由于其易与金属反应呈色，应避免使用铁、铜容器。

e. 维生素 E：即生育酚，为黄色至褐色几乎无臭的澄清粘稠液体，溶于乙醇而几乎不溶于水，可和丙酮、乙醚、氯仿、植物油任意混合，且对热稳定。天然维生素 E 有 α、β、γ、δ 等七种异构体。α - 生育酚由食用植物油（如小麦胚芽油、米糠油、大豆油等）制得，是目前国际上唯一大量生产的天然抗氧化剂，在奶油、猪油中加入 0.02%～0.03% 维生素 E，抗氧化效果十分显著。其抗氧化作用比 BHA、BHT 的抗氧化力弱，但毒性低得多，且耐热，也是食品营养强化剂。生育酚使用时需要避光，与过氧化物和金属离子，尤其是铁、铜和银离子有配伍禁忌，生育酚可被塑料吸收。此外，生育酚在使用时还需要注意一些药物禁忌，易造成药物失效或产生不良副作用。

②水溶性抗氧化剂：多用于对食品的护色（助色剂），防止氧化以及防止因氧化而降低食品的风味和质量等。常用种类如下所述。

a. L - 抗坏血酸、L - 抗坏血酸钠：抗坏血酸具有很强的还原作用，但是对热和光极不稳定，在碱性及重金属作用下更易被破坏。因此，一般使用其钠盐，抗坏血酸可作为 α - 生育酚的增效剂，用于防止猪油氧化，同时抗坏血酸及其钠盐也可作发色助剂和食品营养强化剂使用。肉制品中的使用量一般为 0.02%～0.05%。

L - 抗坏血酸及其钠盐均有极强的还原性，都是良好的还原剂与抗氧化剂。L - 抗坏血酸钠应用于肉制品中有抗氧化作用，防止肉制品中不饱和脂肪的氧化产生的酸败现象。另外，肉制品加工中，有许多腌制工序，需要添加硝酸盐和亚硝酸盐，但是硝酸盐和亚硝酸盐转化成一氧化氮起到护色作用的同时，还可能产生硝酸，会氧化色素使肉品褪色，导致护色失效。加入 L - 抗坏血酸及其钠盐可以有效阻止硝酸的形成，防止护色失效现象发生，保持了颜色的稳定，使肉制品在存放过程中保持了色、香、味的统一。肉制品中使用的硝酸盐和亚硝酸盐转化产生的硝酸进入人体还会将血红蛋白氧化成高铁血红蛋白，从而使血红蛋白失去携氧能力，导致贫血，甚至缺氧窒息等现象。应用 L - 抗坏血酸及其钠盐可以阻止对人体的这种危害。此外，L - 抗坏血酸及其钠盐还具有增加制品的弹性、在肉制品中阻止亚硝胺产生的作用，这对防止亚硝酸盐在肉制品中产生致癌物质二甲基亚硝胺，具有很大意义，故有利于人们的身体健康。

b. 异抗坏血酸、异抗坏血酸钠：异抗坏血酸及其钠盐是抗坏血酸及其钠盐的异构体，极易溶于水，没有抗坏血病作用，但具有抗氧化作用，其使用及使用量均类似抗坏血酸及其钠盐。对火腿等肉制品的使用量为，每 1kg 原料肉 0.4～0.8g。异抗坏血酸钠为白色至带黄白色颗粒、细粒或结晶性粉带黄白色颗粒、细粒或结晶性粉，也常用 0.5～1.0g，先溶于少量的水中，而后添加到肉制品中去。异抗坏血酸及其钠盐应在新鲜肉的制作过程中使用，在已经氧化的过程中使用则无效，因为已经产生了相当量的过氧化物，与异抗坏血酸及其钠盐相结合而使之失效。

c. 烟酰胺：烟酰胺又称尼克酰胺，属于 B 族维生素，为白色结晶或结晶性粉末,无臭或几乎无臭,味苦,也是一种食品强化剂。与抗坏血酸钠并用有促进发色和防止褐色的效果。肉制品加工时的使用量一般为0.03%~0.05%。注意,妊娠初期过量摄入有婴儿致畸的可能。

此外,抗氧化剂还有愈疮树脂、茶多酚(不超过0.3g/kg,以儿茶素计)、卵磷脂和一些香辛料,如迷迭香、丁香、茴香、花椒、桂皮、甘草和姜等。

(5) 防腐剂 防腐保鲜剂分化学防腐剂和天然保鲜剂,防腐保鲜剂经常与其他保鲜技术结合使用。

①化学防腐剂:化学防腐剂主要是各种有机酸及其盐类。肉类保鲜中使用的有机酸包括乙酸、甲酸、柠檬酸、乳酸及其钠盐、抗坏血酸、山梨酸及其钾盐、磷酸盐等。许多试验已经证明,这些酸单独或配合使用,对延长肉类货架期均有一定效果。其中使用最多的是乙酸、山梨酸及其盐,乳酸钠和磷酸盐。常用种类如下所述。

a. 乙酸:1.5%的乙酸就有明显的抑菌效果。在3%范围以内,因乙酸的抑菌作用,减缓了微生物的生长,避免了霉斑引起的肉色变黑变绿。当浓度超过3%时,对肉色有不良作用,这是由酸本身造成的。如采用3%乙酸+3%抗坏血酸处理时,由于抗坏血酸的护色作用,肉色可保持很好。乙酸一般按生产需要添加。

b. 乳酸钠:乳酸钠是无色或几乎无色的透明液体,能与水、乙醇、甘油溶合,应用于食品的保鲜、保湿、增香、稳定、增稠、抗氧化等方面。其可作为防腐剂使用。乳酸钠的添加可减低产品的水分活性;乳酸根离子对一些食源致病菌有抑制作用,部分替代苯甲酸钠作防腐剂应用于食品行业。乳酸钠较苯甲酸钠、柠檬酸钠、山梨酸钠等有不可比拟的优势。特别在肉制品中有如下显著效果:可延长货架期30%至100%,甚至更长;抑制食品中致病菌如,大肠杆菌、单核增生李斯特菌、肉毒梭状芽孢杆菌等的生长,从而增加食品安全性;增强与保持肉的风味;作为一种盐不仅可减少氯化钠用量,同时乳酸钠对低盐性心脏病人、高血压病人、肾脏病人来说更具安全性。

c. 山梨酸钾:山梨酸又称花楸酸、清凉茶酸、2,4-己二烯酸,山梨酸钾又称花楸酸钾、清凉茶酸钾、2,4-己二烯酸钾。山梨酸为无色针状结晶或白色结晶粉末,其钾盐为白色或淡黄色鳞片状结晶。山梨酸微溶于水,但其钾盐易溶于水,所以通常应用其钾盐。山梨酸钾在肉制品中的应用很广,属酸型防腐剂,适宜在pH为5~6以下的范围内使用。抑菌谱较宽,在pH为5以下时对霉菌,酵母和好氧细菌均有较好抑制效果,对厌氧菌几乎无效。它能与微生物酶系统中的硫基结合,破坏许多重要酶系,达到抑制微生物增殖的目的。山梨酸人体每日允许摄入量(ADI)为0~25mg/kg体重(以山梨酸计)。山梨酸可在体内代谢产生二氧化碳和水,故对人体无害。可应用于肉制品中,使用量以山梨酸计在熟肉制品和预制水产品(半成品)中不超过0.075g/kg,在胶原蛋白肠衣中使用应不超过0.5g/kg,在干制水产品(风干、烘干、压干等)、可直接食用的熟制水产品、其他水产品及制品中不超过 1.0g/kg，在肉灌肠类产品中不超过 1.5g/kg（GB 2760—2014）。

山梨酸 1g 相当于山梨酸钾 1.33g，山梨酸钾 1g 相当于山梨酸 0.746g。1% 的山梨酸钾水溶液 pH 为 7~8，有使食品的 pH 升高的倾向，实际使用时须注意。山梨酸钾对延缓肉制品中肉毒素的产生有一定作用，在加工香肠中，10% 山梨酸钾可使熟香肠（不含亚硝酸盐）中毒素生成期延迟到 10d。另外，山梨酸盐甚至可抑制一些亚硝胺的形成，在加工烟熏肉时，为了减少亚硝胺生成，在配方中可减少亚硝酸钠用量（40~80mg/kg），并添加山梨酸钾（0.26%），其抑制肉毒杆菌生长和毒素生成的效果与单用高浓度亚硝酸钠（120mg/kg）相似。亚硝酸盐使用量的降低对于减少亚硝胺及其他致癌剂的潜在毒性具有重要意义。

d. 磷酸盐：作为品质改良剂发挥其防腐保鲜作用。磷酸盐可明显提高肉制品的保水性和黏着性，利用其螯合作用延缓制品的氧化酸败，增强防腐剂的抗菌效果。

②天然保鲜剂：天然保鲜剂一方面安全上有保证，另一方面更符合消费者的需要。目前国内外在这方面的研究十分活跃，天然防腐剂是今后防腐剂发展的趋势。一些常见种类如下所述。

a. 茶多酚：又名维多酚，主要成分是儿茶素及其衍生物，它们具有抑制氧化变质的性能。茶多酚对肉品防腐保鲜以三条途径发挥作用：抗脂质氧化、抑菌、除臭味物质。在腌腊肉制品（咸肉、腊肉、板鸭、中式火腿、腊肠）中使用量不超过 0.4g/kg，在其它产品，如酱卤肉制品、熏烧烤肉类、油炸肉类、西式火腿（熏烤、烟熏、蒸煮火腿）、肉灌肠、发酵肉制品、预制水产品（半成品）、熟制水产品（可直接食用）、水产品罐头中使用量不超过 0.3g/kg（以油脂中儿茶素计，GB 2760—2014）。

b. 香辛料提取物：许多香辛料中如大蒜中的蒜辣素和蒜氨酸，肉豆蔻所含的肉豆蔻挥发油，肉桂中的挥发油以及丁香中的丁香油等，均具有良好的杀菌、抗菌作用。

c. 细菌素：细菌素是由细菌或古细菌基因编码，核糖体合成的一类杀菌蛋白或多肽，如乳酸链球菌素（Nisin）等。其对肉类保鲜是一种新型的技术。Nisin 是由乳酸链球菌合成的一种多肽抗菌素。它只能杀死革兰阳性菌，对酵母、霉菌和革兰阴性菌无作用，Nisin 可有效阻止肉毒杆菌的芽孢萌发。它在保鲜中的重要价值在于它针对的细菌是食品腐败的主要微生物；另外，Nisin 可有效阻止芽孢菌的生长，对阻止肉毒梭状芽孢杆菌产生的肉毒毒素对人体的危害有重要意义。有研究认为其作用机理为 Nisin 能够抑制细胞壁中肽聚糖等物质的合成，使细胞壁受损，导致细胞裂解，细胞内容物外泄。也有人认为 Nisin 对微生物的作用机理是对细胞膜的吸附，然后在细胞膜上形成孔洞，导致细胞质的外泄，而引起微生物死亡。由于乳酸链球菌素水溶性较差，使用时应先用一定浓度稀盐酸溶液溶解，然后再加到食品中。乳酸链球菌素在 pH<5 的环境中起抑菌作用，在 pH 为 3 的时候

抑菌效果最好。Nisin 在预制肉制品、熟肉制品、熟制水产品（可直接食用）中的最大使用量为 0.5g/kg。Nisin 可被消化道内的蛋白酶降解，对人体安全。

d. 纳他霉素：由纳他链霉菌受控发酵而得的一种白色至乳白色的无臭无味的结晶粉末。常在酱卤肉制品、熏烧烤肉类、油炸肉类、西式火腿、肉灌肠肠类、发酵肉制品类中表面喷涂或浸泡，最大使用量 0.3g/kg，残留量应低于 10mg/kg。

任务二　辅料的选择

辅料的选择需根据肉制品的要求执行。但肉制品的分类方法较多，《GB/T 19480—2009 肉与肉制品术语》将肉制品分为中式肉制品与西式肉制品，中式肉制品包括腊肉、咸肉、中国火腿、肉松、肉干、糟肉制品、酱卤肉制品、中式香肠、肉糕、熏烤肉制品、腌制肉等；西式肉制品分为火腿、培根、熏煮火腿、熏煮香肠、发酵香肠等。《GB/T 26604—2011 肉制品分类》根据市场上常见肉制品及其工艺经肉制品分为：腌腊肉制品、酱卤肉制品、熏烧焙烤肉制品、干肉制品、油炸肉制品、肠类肉制品、火腿肉制品、调制肉制品、其他类肉制品。

《NY/T 843—2015 绿色食品　畜禽肉制品》将肉制品分为调制肉制品、腌腊肉制品、酱卤肉制品、熏烧焙烤肉制品、肉干制品、肉类罐头制品。其中调制肉制品包括冷藏调制肉类（鱼香肉丝等菜肴式肉制品）、冷冻调制肉类（肉丸、肉卷、肉糕、肉排、肉串等）；腌腊肉制品包括咸肉类（腌咸肉、板鸭、酱封肉等）、腊肉类（腊猪肉、腊乳猪、腊牛肉、腊羊肉、腊鸭、腊鸡、腊兔等）、腊肠类（腊肠、风干肠、枣肠、南肠、香肚、发酵香肠等）、风干肉类（风干牛肉、风干羊肉、风干鸡等）；酱卤肉制品包括卤肉类（盐水鸭、嫩卤鸡、白煮羊头、肴肉等）、酱肉类（酱肘子、酱牛肉、酱鸭、扒鸡等）；熏烧焙烤肉制品包括熏烤肉类（熏肉、熏鸭、熏鸡等）、烧烤肉类（盐焗鸡、烤乳猪、叉烧肉等）、熟培根类（五花培根、通脊培根等）；肉干制品包括肉干（牛肉干、猪肉干、灯影牛肉等）、肉松（猪肉松、牛肉松、鸡肉松等）、肉脯（猪肉脯、牛肉脯、肉糜脯等）；肉类罐头制品为不含内脏的所有肉罐头。

本书选取了几种典型肉制品，主要包括原料肉（分割肉）、调理肉制品、腌腊制品（板鸭、咸猪肉）、火腿制品（金华火腿、盐水火腿）、肠类制品（腊肠、熟熏肠）、酱卤制品（烧鸡、肴肉）、熏烧焙烤制品（培根、烤鸭）、干肉制品（肉干、肉松）。

不同的肉制品使用的辅料中诸如食盐、酿造酱油、小苏打、醋等均为按需要添加，但辅料的使用需要慎重，例如生鲜肉、鲜水产品、预制水产品（半成品）等均不得随意使用添加剂，即使是按生产需要量添加的辅料，也要注意用量（GB 2760—2014）。除了食品添加剂使用标准中要求按需添加的辅料之外，任何添加剂均需依照标准用量添加。

【材料与仪器】

辅料若干种、剪刀、托盘、一次性纸杯、吸水纸等。

【实践操作】

将辅料置于一次性纸杯或搪瓷托盘中观察并品评。

1. 调理肉制品辅料选用

调理肉制品辅料主要用盐、食用油、醋、酱油、蛋清、面粉等,不同的产品选用特定的香辛料及护色剂、着色剂、抗氧化剂、防腐剂等添加剂。盐、油脂、醋、酱油、蛋清、面粉、各种香辛料等一般按生产需要添加。护色剂、着色剂、抗氧化剂、防腐剂等添加剂,如表2-1所示。

表2-1　　　　　　　　调理肉制品中可能使用的添加剂

（GB 2760—2014）

添加剂名称	功能	最大使用量/(g/kg)	备注
茶多酚	抗氧化剂	0.3	以油脂中儿茶素计
丁基羟基茴香醚	抗氧化剂	0.2	
二丁基羟基甲苯	抗氧化剂	0.2	
特丁基对苯二酚	抗氧化剂	0.2	
没食子酸丙酯	抗氧化剂	0.1	
焦糖色	着色剂	按生产需要适量添加	
辣椒红	着色剂	按生产需要适量添加	
硝酸钠、硝酸钾	护色剂、防腐剂	0.5	以亚硝酸钠计残留量≤30mg/kg
亚硝酸钠、亚硝酸钾	护色剂、防腐剂	0.15	以亚硝酸钠计残留量≤30mg/kg

2. 腌腊肉制品辅料选用

腌腊肉制品辅料主要用盐,不同的产品选用特定的香辛料及发色剂、抗氧化剂等添加剂,如表2-2所示。

表2-2　　　　　　　　腌腊肉制品中允许使用的添加剂

（GB 2760—2014）

添加剂名称	功能	最大使用量/(g/kg)	备注
茶多酚	抗氧化剂	0.4	以油脂中儿茶素计
甘草抗氧化物	抗氧化剂	0.2	以甘草酸计
竹叶抗氧化物	抗氧化剂	0.5	
植酸钠、植酸	抗氧化剂	0.2	

续表

添加剂名称	功能	最大使用量/(g/kg)	备注
二丁基羟基甲苯	抗氧化剂	0.2	
丁基羟基茴香醚	抗氧化剂	0.2	
没食子酸丙酯	抗氧化剂	0.1	
特丁基对苯二酚	抗氧化剂	0.2	
红曲米、红曲红	着色剂	按生产需要适量添加	
硝酸钠、硝酸钾	护色剂、防腐剂	0.5	以亚硝酸钠计残留量≤30mg/kg
亚硝酸钠、亚硝酸钾	护色剂、防腐剂	0.15	以亚硝酸钠计残留量≤30mg/kg

注：适用于咸肉、腊肉、板鸭、中式火腿、腊肠等。

（1）板鸭　常用的辅料有食盐、八角、葱、生姜。
（2）咸猪肉　常用食盐、硝酸盐。

3. 火腿制品辅料选用

火腿的主要辅料也为食盐，中式火腿其他常用辅料，如表 2-2 所示，西式火腿（熏烤、烟熏、蒸煮火腿）中常用辅料，如表 2-3 所示。

表 2-3　　　　　西式火腿制品中允许使用的添加剂

（GB 2760—2014）

添加剂名称	功能	最大使用量/(g/kg)	备注
茶多酚	抗氧化剂	0.3	以油脂中儿茶素计
甘草抗氧化物	抗氧化剂	0.2	以甘草酸计
迷迭香提取物	抗氧化剂	0.3	
竹叶抗氧化物	抗氧化剂	0.5	
植酸钠、植酸	抗氧化剂	0.2	
纳他霉素	防腐剂	0.3	表面使用，混悬液喷雾或浸泡，残留量≤10mg/kg
硝酸钠、硝酸钾	护色剂、防腐剂	0.5	以亚硝酸钠计残留量≤30mg/kg
亚硝酸钠、亚硝酸钾	护色剂、防腐剂	0.15	以亚硝酸钠计残留量≤70mg/kg
脱乙酰甲壳素（壳聚糖）	增稠剂、被膜剂	6.0	
沙蒿胶	增稠剂	0.5	
亚麻籽胶（富兰克胶）	增稠剂	3.0	
胭脂虫红	着色剂	0.025	以胭脂红酸计
胭脂树橙（红木素、降红木素）	着色剂	0.025	
诱惑红及其铝色淀	着色剂	0.025	以诱惑红计

(1) 金华火腿　常用的辅料有食盐、硝酸盐或亚硝酸盐。

(2) 盐水火腿　常用食盐、硝石（硝酸盐或亚硝酸盐）、胡椒粉、复合磷酸盐、生姜粉、肉豆蔻粉等。

4. 肠类制品辅料选用

肠类制品常用的辅料有，食盐、硝酸盐、复合磷酸盐、异抗坏血酸钠、香辛料（豆蔻、肉豆蔻、姜、葱、辣椒、胡椒、芥末籽、月桂、花椒等）等。肉灌肠中常用添加剂，如表2-4所示，腊肠常用添加剂，如表2-2所示。

表2-4　　　　肉灌肠类制品中允许使用的添加剂

（GB 2760—2014）

添加剂名称	功能	最大使用量/(g/kg)	备注
磷酸盐、复合磷酸盐	水分保持剂、酸度调节剂	5.0	单独或混合使用，以磷酸根离子计
硝酸钠、硝酸钾	护色剂、防腐剂	0.5	以亚硝酸钠计残留量≤30mg/kg
亚硝酸钠、亚硝酸钾	护色剂、防腐剂	0.15	以亚硝酸钠计残留量≤30mg/kg
山梨酸及其钾盐	防腐剂、抗氧化剂、稳定剂	1.5	以山梨酸计
纳他霉素	防腐剂	0.3	表面使用，混悬液喷雾或浸泡，残留量≤10mg/kg
茶多酚	抗氧化剂	0.3	以油脂中儿茶素计
单辛酸甘油酯	防腐剂	0.5	
甘草抗氧化物	抗氧化剂	0.2	以甘草酸计
迷迭香提取物	抗氧化剂	0.3	
竹叶抗氧化物	抗氧化剂	0.5	
植酸钠、植酸	抗氧化剂	0.2	
沙蒿胶	增稠剂	0.5	
亚麻籽胶（富兰克胶）	增稠剂	3.0	
脱乙酰甲壳素（壳聚糖）	增稠剂、被膜剂	6.0	
诱惑红及其铝色淀	着色剂	0.015	以诱惑红计
花生衣红	着色剂	0.4	
胭脂虫红	着色剂	0.025	以胭脂红酸计
胭脂树橙（红木素、降红木素）	着色剂	0.025	
硬脂酰乳酸钠（钙）	乳化剂、稳定剂	2.0	

(1) 腊肠　常用的辅料有食盐、白糖、酱油、白酒、硝酸钠、花椒、八角、小茴香、山奈、桂皮、甘草、荜拨、白芷、丁香、苏砂等，按产地而稍有不同。

（2）熟熏肠　常用的辅料有食盐、亚硝酸钠、异抗坏血酸钠、白胡椒、肉蔻、姜粉等。

5. 酱卤肉制品辅料选用

酱卤肉制品常用辅料主要有食盐、糖、白酒、酿造酱油、红曲、香辛料（八角、桂皮、姜、葱、砂仁、白芷、陈皮、丁香、肉蔻、辛夷、草果、花椒）等。如表 2-5 所示。

表 2-5　　　　　　　　酱卤肉制品中允许使用的添加剂

（GB 2760—2014）

添加剂名称	功能	最大使用量/(g/kg)	备注
茶多酚	抗氧化剂	0.3	以油脂中儿茶素计
甘草抗氧化物	抗氧化剂	0.2	以甘草酸计
迷迭香提取物	抗氧化剂	0.3	
竹叶抗氧化物	抗氧化剂	0.5	
植酸钠、植酸	抗氧化剂	0.2	
纳他霉素	防腐剂	0.3	表面使用，混悬液喷雾或浸泡，残留量≤10mg/kg
硝酸钠、硝酸钾	护色剂、防腐剂	0.5	以亚硝酸钠计残留量≤30mg/kg
亚硝酸钠、亚硝酸钾	护色剂、防腐剂	0.15	以亚硝酸钠计残留量≤30mg/kg

（1）烧鸡　常用的辅料有小茴、桂皮、砂仁、白芷、陈皮、八角、丁香、山奈、肉蔻、辛夷、草果、花椒、糖、酱油、食盐等。

（2）肴肉　常用的辅料有绍酒、食盐、葱、姜、花椒、八角、硝酸钠等。

6. 熏烧焙烤肉制品辅料选用

熏制品经常选择的辅料有食盐、亚硝酸钠、异抗坏血酸钠、玉米糖浆、糊精、烟熏剂等；烤制品常选择食盐、酱、酱油、白糖、饴糖、蒜、酒、芹菜、香叶、胡椒、五香粉等。熏烧焙烤肉制品常用添加剂，如表 2-6 所示。

表 2-6　　　　　　　　熏、烧、烤肉类允许使用的添加剂

（GB 2760—2014）

添加剂名称	功能	最大使用量/(g/kg)	备注
茶多酚	抗氧化剂	0.3	以油脂中儿茶素计
甘草抗氧化物	抗氧化剂	0.2	以甘草酸计
迷迭香提取物	抗氧化剂	0.3	
竹叶抗氧化物	抗氧化剂	0.5	
植酸钠、植酸	抗氧化剂	0.2	

续表

添加剂名称	功能	最大使用量/(g/kg)	备注
纳他霉素	防腐剂	0.3	表面使用，混悬液喷雾或浸泡，残留量≤10mg/kg
硝酸钠、硝酸钾	护色剂、防腐剂	0.5	以亚硝酸钠计残留量≤30mg/kg
亚硝酸钠、亚硝酸钾	护色剂、防腐剂	0.15	以亚硝酸钠计残留量≤30mg/kg

（1）培根　常用的辅料有食盐、硝酸钠、烟熏剂等。

（2）烤鸭　常用麦芽糖、葱、姜等。

7. 干肉制品辅料选用

肉干制品常用的辅料主要有白糖、酱油、白酒、食盐、黄酒、焦糖粉、豆粉、香辛料（洋葱粉、姜粉、辣椒粉、胡椒粉、蛋清粉、咖喱粉、五香粉）等。

（1）肉干　常使用辅料有食盐、白糖、酱油、味精、姜、葱、白胡椒粉、海椒（即为辣椒）粉、花椒粉、八角、酱、葡萄糖、菜油、酒等。

（2）肉松　常用辅料有食盐、酱油、白糖、白酒、八角、生姜、葱、味精、油等。

【问题探究】

1. 辅料保存过程中应注意什么问题？

辅料种类很多，性质各异，各自均有一定的储存要求。总的来说应尽量保存于较低的温度和湿度下，防止虫蛀、受潮和腐败变质等，凡是要求密闭的一定要密闭，防止吸收杂味、潮解或污染（包括微生物污染、化学品污染）。

2. 辅料在使用过程中应特别注意什么问题？

辅料在使用时应特别注意选择种类、用量、以及添加的方式。①辅料必须通过恰当的配合使用才能产生宜人的感官特征并保持营养，同时按照中医的理论，许多辅料是药食同源的，其存在配伍的禁忌，不恰当的配合使用有可能产生有害人体健康的作用，尤其是特殊人群（儿童、孕妇、糖尿病患者、消化道疾病患者、心脑血管病患者、癌症患者、过敏体质人群、宗教及民俗限制人群等）更应该选用恰当的辅料，使用不常添加的辅料或添加量变化较大时要执行相关标准并参照中草药相关典籍中标明的使用注意事项。②辅料必须严格控制用量，不当添加造成感官品质下降，甚至产生较强的毒性。例如硝酸盐、亚硝酸盐、防腐剂、抗氧化剂、合成色素、矿物质等均要严格控制用量。③要注意添加的方式，包括添加时的温度，状态（何种溶液或是粉末等），添加次序（何种辅料先加入，何种后加入。例如抗坏血酸等还原剂不能和亚硝酸钠或硝酸钠同时加入或直接接触）等要素。

3. 香辛料如何分类?

根据香辛料所利用部位不同,可分为:①根或根茎类,如姜、葱、蒜、葱头等;②皮类,桂皮等;③花或花蕾类,如丁香等;④果实类,如辣椒、胡椒、八角、茴香、花椒等;⑤叶类,如鼠尾草、藿香草、月桂叶等。

根据气味不同将其分为辛辣型香辛料(如胡椒、辣椒、花椒、芥子、蒜、姜、葱、韭葱等),浓香性香辛料(如丁香、肉豆蔻、小茴香、大茴香、肉桂等),淡香型香辛料(如月桂叶、豆蔻、香椿、甘草、姜黄、迷迭香等)。

根据风味成分的化学性质,可分为以下三类。

①酰胺类香辛料:酰胺类化合物不易挥发,含此类化合物的香辛料食用时使人感到强烈的辛味,刺激部位是口腔内的黏膜,如胡椒、辣椒等。

②含硫类香辛料:辛味成分是硫氢酸酯或硫醇,具有挥发性,含此类化合物的香辛料食用时不仅刺激口腔,也刺激鼻腔,如葱、蒜等。

③无氮芳香族化合物香辛料:辛味成分是不含氮的芳香族化合物,和香味同时存在于芳香物质中,一般辛味较弱。香味成分主要来源于萜烯类化合物或芳香族化合物,此类香辛料是丁香、麝香草等。

4. 香辛料如何使用?

香辛料的辛味和香气是由其所含的特殊化学成分构成的,但任何一种化合物均没有像香辛料一样的微妙风味,所以传统的香辛料多以植物体原来的新鲜、干燥或粉碎状态使用,即天然香辛料。有些香辛料直接使用原材料,如花椒粒、月桂叶等。而使用最多的还是加工成粉末状的香辛料。但近来的研究发现,香辛料在储存过程中易受虫害和微生物的污染,进而对肉制品的质量造成不良影响,特别是香辛料中的细菌芽孢是造成肉制品腐败的一个非常重要的原因,大大缩短了肉制品的货架期。现在,常将天然的香辛料经辐照杀菌后再用于肉制品的加工,这可以延长产品的保质期,且几乎不损失香辛料的香气。现在人们也常采用蒸馏、溶剂萃取等方法将香辛料原料中的有效芳香成分提取出来,制成液体香料,使用更加方便。由于液体香料多不易溶于水,难与食品均匀混合,因而又把液体香辛料制成水包油型乳化香辛料,将乳化香辛料喷雾干燥后经被膜包埋成固态包埋香辛料使用。

大多数香辛料有抗菌防腐作用。香辛料的有效抗菌成分,大多存在于挥发性芳香油中。现已发现,大蒜的抗菌成分为 ε-酰基赖氨酸。芥菜的抗菌性是由黑芥子的黑芥子苷和白芥子的芥子苷共同构成,并由其相对应的异硫氰酸酯类显示活性。山萮菜也由它的酰基异硫氰酸酯显示活性。就其他抗菌物质来说,丁香的抗菌物质为丁子香酚和异丁子香酚,肉桂为肉桂醛,鼠尾草为桉树脑,百里香为麝香草酚,紫苏为紫苏醛。此外,非挥发性物质中,辣椒的辣椒素也有抗菌性。另外,很多香辛料还有抗氧化性。香辛料含有相当数量的防止氧化的物质,可以起到抗氧化作用。

香辛料的成分很复杂，应用时必须依据食品种类，所达到的目的不同，以及食用者的身体状况而科学配用。应用时还需注意相互效果，相乘则作用提高，相抵则效果减弱。天然香辛料用量通常为 0.3%~1.0%，也可根据肉的种类和人们的嗜好稍有增减。

使用时还有一些特别需要注意的方面。

（1）香味独特的不能滥用　胡椒、葱类、大蒜、生姜等都可起到消除肉类异味、增加风味的作用，可作为一般香辛料使用。但大蒜的香味独特，应根据消费者的习惯来确定是否添加及添加量。

（2）肉制品加工中所使用的香辛料　有的以味道为主，有的香、味兼备，有的以香为主，通常将这三类香辛料按 6∶3∶1 的比例混合使用。

（3）香辛料使用不能过量　肉豆蔻、多香果是使用范围很广的香辛料，使用量过大会产生涩味和苦味；月桂叶、桂皮等也会产生苦味；少量用芥菜、麝香草、月桂叶、洋苏叶、莳萝子等效果较好，但用量过大会产生药味。

（4）香辛料往往是两种以上混合使用　香料之间会产生复合或抵消效应。一般不将洋苏叶同其他多种香料并用。有的香辛料不适合某些特定肉类，如鼠尾草用于羊肉制品上不能除去膻味。

5. 食盐与其他调味料之间的关系是什么？

咸味食品中加入适量酸味调味料，可以使咸味增加；而加入较多酸味调味料时，可以使咸味减弱。如在 1.2% 食盐溶液中加入 0.01% 食醋，可以明显感觉出咸味感增强；但当咸味的食盐溶液中加入的食醋一旦过量以后，则可使咸味感有所减弱。例如，在 1%~2% 食盐溶液中加入的食醋量在 0.05% 以上，或在 10%~20% 食盐溶液中加入的食醋量在 0.32% 以上时，均可使食盐溶液的咸味有所下降，并且加入食醋的量越大其咸味下降得越多。同样，食醋溶液中加入少量食盐，酸味增强，加入过量食盐则酸味减弱。

咸味调味料与味精之间的关系：咸味调味料加入味精，咸味缓和；味精中加入微量的食盐，可增强鲜味；而加入大量食盐会削弱鲜味。

咸味调味料与甜味调味料之间的关系：咸味食品中加入糖可减弱咸味；而甜味食品中加入微量的食盐，可增加甜味。

【知识拓展】

1. 肉制品发色的原理

肉制品的颜色除了与着色剂有关外，主要是与肉中的色素物质——肌红蛋白和血红蛋白有关。因为肉中血红蛋白较少，所以色泽更主要的是由肌红蛋白在加工后所呈现的特殊结构决定的。

肌红蛋白（Myoglobin，简写为 Mb）是一种复合蛋白质，相对分子质量 17000 左右，由一条多肽链构成的珠蛋白和一个血红素组成，血红素是由四个吡咯环形成的环上加上铁离子所组成的铁卟啉,其中铁离子可处于正二价(还原态)或处于正三价(氧化态)。还原态的铁离子能与氧气结合,氧化后失去氧气分子,氧化和还原为可逆反应。肌红蛋白在肌肉中主要起载氧功能。

不同种动物的肌红蛋白含量差异很大,一般肉用动物中,牛 > 羊 > 猪 > 兔,同时肉色深浅也呈相似变化。同种动物不同部位肌肉肌红蛋白含量差异也很大,有的部位的肌肉中红肌纤维(富含肌红蛋白)较多,则颜色较红一些;有的部位的肌肉中白肌纤维(肌红蛋白含量低)多一些,则色泽更白一些。经常运动的肌肉因为运动耗氧的缘故肌红蛋白含量更高,颜色也就更红。

肌红蛋白本身为紫红色,与氧结合可生成氧合肌红蛋白,为鲜红色,是新鲜肉的象征;肌红蛋白与氧合肌红蛋白均可被氧化生成高铁肌红蛋白,为褐色,使肉色变暗;当有硫化物存在时肌红蛋白还可被氧化生成硫代肌红蛋白,为绿色,造成肉产生异色;肌红蛋白在加热后变性形成球蛋白氯化血色原,呈灰褐色,即熟肉色;当向肉中加入硝酸盐时,硝酸盐在肉中亚硝酸盐菌或还原物质作用下,还原成亚硝酸盐,其再与肉中的乳酸反应生成亚硝酸,亚硝酸再分解生成一氧化氮,一氧化氮与肌红蛋白结合生成亚硝基肌红蛋白,使肉呈现鲜艳的肉红色,同样直接加入亚硝酸盐比添加硝酸盐有着更直接的效果;烟酰胺与抗坏血酸钠同时使用能和肌红蛋白结合形成稳定红色的烟酰胺肌红蛋白。

但亚硝酸盐的毒性必须高度重视,不仅有急性毒性,而且亚硝酸盐能与各种氨基化合物反应,产生致癌的 N - 亚硝基化合物。

2. 磷酸盐在肉制品中的作用

磷酸盐广泛应用于肉制品加工,以改善肉的保水性能。但实际上磷酸盐对提高结合力、弹性和赋形性等均有作用。从实际应用看,磷酸盐在肉类加工中影响肉的持水性,并且能够改善肉品质量,抗氧化并延长货架期,对脂肪还有很强的乳化性。持水性直接意味着出品率、肉的嫩度等;而肉品质量直接影响肉制品风味和消费者对产品品质的感觉和接受度。然而磷酸盐提高肉保水性,改善肉制品质构的能力取决于所用磷酸盐的类型、磷酸盐体系的条件和磷酸盐的添加量。磷酸盐的具体作用如下所述。

(1)增加保水性 肉在冻结、冷藏、解冻、加热等加工过程中易失去一定的水分,同时还会失去一些可溶性蛋白质等营养成分,降低肉原料的品质,因而加工后的肉制品质量降低。当在肉中加入磷酸盐时,则能提高肉的持水能力,使肉在加工过程中仍能保持水分,使肉制品有较好的风味、口感和较高的产品率,营养成分损失较少,也保持了肉的柔嫩性等。

肉保水性是指肉类在加工过程中,对本身的水分及添加到肉中水分的保持能力,它的保水性是通过蛋白质凝胶状结构和静电作用实现。形成机理主要包括4个方面如下所述。

①增加肉的离子强度,提高蛋白的溶解性:肉的保水性首先取决于肌原纤维

蛋白（肌动蛋白、肌球蛋白、肌动球蛋白），其中肌球蛋白溶解于离子强度为0.2以上的盐溶液中；肌动球蛋白则需在离子强度为0.4以上的盐溶液中才能溶解。在一定的离子强度范围内，蛋白质的溶解度和萃取量随离子强度增加而增加，磷酸盐具有多价阴离子，在较低的浓度下，有较高的离子强度。因此，磷酸盐有利于使处于凝胶状态的肌原纤维蛋白的溶解度显著增加，提高肉的保水性。

②改变肉的pH：肉中的肌动蛋白等电点为4.7，肌球蛋白等电点为5.4，成熟肉的pH一般在5.7左右。当pH接近肉中蛋白质的等电点时，肉的保水性极差。磷酸盐是一种具有缓冲作用的碱性物质，1%磷酸三钠水溶液的pH为11.5~12.1，1%的焦磷酸钠水溶液pH为10.0~10.2，1%的三聚磷酸钠水溶液pH为9.5~9.8，1%六偏磷酸钠水溶液pH为6.4~6.6，加到肉中后，能使肉中的pH向碱性方向偏移至6.5~7.6。因为原料肉pH偏离了等电点，使电荷之间互相排斥，在蛋白质中和蛋白质之间产生更大空间，形成蛋白质"膨润"现象。"膨润"的肉组织可保持更多水分，从而提高肉的持水性。另外，pH增加，蛋白质上的电荷也会发生变化，使蛋白质主链也能结合更多的水分。一般磷酸盐pH越高，功效越大。

③螯合肉中金属离子：多聚磷酸盐具有螯合金属离子的性质，螯合金属离子也有助于提高肉的持水性，因为金属离子比水更容易与蛋白质结合，当有金属离子存在情况下蛋白质羧基与金属离子结合，使蛋白质围绕金属离子聚集，从而使结构致密，持水能力变差。在将磷酸盐加入肉中后，原来与肌肉中蛋白质结合的Ca^{2+}、Mg^{2+}等金属离子被多聚磷酸盐结合，使蛋白质在失去Ca^{2+}、Mg^{2+}后释放出羧基，由于蛋白质羧基带有同种电荷，在静电斥力作用下，肌肉蛋白质结构变松弛，更利于吸水，也增加了与水结合能力，从而提高了肉制品的持水能力。在螯合金属离子方面最有效的是长链的六偏磷酸钠，而酸性焦磷酸钠是最差的。

④解离肌动球蛋白：动物活体能合成使肌动球蛋白解离的ATP（腺苷三磷酸），但在被宰杀后，生物化学反应就会耗尽腺苷三磷酸，由于腺苷三磷酸水平降低，不能使肌动球蛋白再解离成肌动蛋白和肌球蛋白，肉的持水性会下降。然而，低聚合度的磷酸盐（焦磷酸盐、三聚磷酸盐）具有腺苷三磷酸类似的作用。理论上认为，由于磷酸盐在肉体系中与水接触快速水解，能使肌动球蛋白解离成肌动蛋白和肌球蛋白，使更多的蛋白质"膨润"，同时盐溶性蛋白质肌球蛋白的持水能力非常强，因而增加了肉的持水性，同时还改善了肉的嫩度。在这方面短链的酸性焦磷酸钠（焦磷酸二氢钠）作用最大，而长链的磷酸盐作用最小。

(2) 改善肉品质量　磷酸盐具有改善肉品质量的作用，通过促进钙激活酶对肉的嫩化作用，使肌肉嫩度和弹性增强。肉在成熟或嫩化过程中，胶原蛋白的热稳定性会降低，溶解度会提高，胶原蛋白的性质和结构都会发生变化。焦磷酸盐和三聚磷酸盐对提高胶原蛋白溶解度有重要作用，这也是改善嫩度的原因之一。

磷酸盐同时可以改善西式蒸煮火腿、肉丸的质构特性（硬度、脆性、咀嚼性等），减少蒸煮损失。同时磷酸盐的螯合作用使蛋白质负电荷增加，可使蛋白质在混合物中分散度提高，脂肪颗粒因而能够更好地在乳化物中分布，这种作用阻止了过度斩拌过程中脂肪颗粒的聚集，避免了最终产生的出油现象。

（3）抗氧化　肉制品在储藏期内会出现新鲜度降低、肉中油脂酸败、呈色物质肌红蛋白被氧化褪色和肉风味损失等现象。金属离子是脂肪氧化酸败和呈色物质肌红蛋白被氧化褪色的催化剂，磷酸盐对肉氧化作用的抑制是由于它作为螯合剂与肉中的金属离子发生螯合作用，而使自由金属离子的含量减少，从而延缓脂肪和色素的氧化，使肉制品的色泽及风味改进。研究发现，添加 0.5% 的磷酸盐和 0.1% 的抗坏血酸协同作用可防止硫代巴比妥酸值（thiobarbituric acid，TBA）的增加，并且在牛肉样品中添加 0.5% 的三聚磷酸钠可有效地减少脂类过氧化降解产物的浓度。

3. 磷酸盐的应用方法

多聚磷酸盐能改变肌肉蛋白质的某些物理和化学性质，使肌肉蛋白质持水性增强，但由于盐溶性蛋白质（肌球蛋白）只能溶解在中性盐溶液中，要使肌肉蛋白质持水膨胀，还必须要有氯化钠的协同作用，因此多聚磷酸盐常与氯化钠共同使用。多聚磷酸盐与氯化钠的最佳配比可根据加工条件摸索，通常多聚磷酸盐的浓度多为 0.125%~0.375%，氯化钠的浓度多为 2.25%~3%。各种多聚磷酸盐作用也不完全一样，试验发现焦磷酸盐比三聚磷酸盐好，三聚磷酸盐又比其他磷酸盐好。

磷酸盐是肉制品一种有效的保水剂，特别是在经绞碎的肉糜制品中可提高乳胶体的稳定性、持水能力及提高肉制品坚实度。加入磷酸三钠、焦磷酸钠或三聚磷酸钠均可使肉的 pH 提高，从而提高其保水性和成品率。磷酸盐提高肉的保水性，改善肉制品质构的能力取决于所应用的磷酸盐的类型、应用磷酸盐体系的条件和磷酸盐的添加量。不同的磷酸盐对肉制品的持水力的影响差别很大，其中焦磷酸盐作用最大，而六偏磷酸盐影响极小。但焦磷酸钠处理对牛肉持水力没有影响，这可能与添加量或产品中其他物质的影响有关。此外焦磷酸盐和三聚磷酸盐对提高胶原蛋白溶解度有重要的作用，这也是改善嫩度的原因之一。

在肉品加工中，磷酸盐使用量一般为肉重的 0.1%~0.4%（为防止食用后影响人体对钙和磷的吸收，实际不超过 0.3%），用量过大会导致产品风味恶化，组织粗糙，呈色不良。磷酸盐在高使用浓度下（0.4%~0.5%）产生金属性涩味。如果使用的磷酸盐超过最大允许值（0.5%），就可能危害身体健康（短时期腹痛与腹泻，长时期骨骼钙化增大）。我国允许使用的 4 种磷酸盐中应用最广泛的是 pH 在 10.0 左右的三聚磷酸钠。但使用三聚磷酸钠也有消极影响，其高 pH 环境不利于腌肉色的形成，而具有较低 pH 的酸性焦磷酸钠（焦磷酸二氢钠）会提高发色反应的速度。实践证明，多种磷酸盐的混合使用比单一使用效果好，且混合的比例不同，效果也不同。所以实际生产中通常将几种磷酸盐结合起来调整配比使用，以增加效果。

复合磷酸盐的最佳配比在大部分肉制品（如猪肉火腿、牛肉、兔肉、鱼糜）中为2∶2∶1（三聚磷酸钠∶焦磷酸钠∶六偏磷酸钠），但是最佳使用量对不同的产品来说差别很大，对火腿来说最佳使用量为0.4%，但对鱼肉，最佳使用量为0.5%；复合磷酸盐对鱼糜制品的保水作用优于单一磷酸盐，同时制品的色泽、滋味、气味和质地均较好；但在鸡肉制品中，获得最大出品率时的最优磷酸盐配比为六偏磷酸钠32.6%，三聚磷酸钠45.6%，焦磷酸钠21.8%。复合磷酸盐的添加量越大，成品率越高，也就是对制品保水性的正面作用越大，但用量对鸡肉来说大于0.4%，对鱼肉来说大于0.5%时，制品成品率的上升趋势趋缓。多种多聚磷酸盐共用，当比例调整适当时，可以获得比较理想的嫩化效果，若在配制多聚磷酸盐腌制液时，再辅以乳化剂和发色剂，如葡萄糖酸-δ-内酯、维生素C及一定量的大豆分离蛋白粉，其嫩化效果、口味及色泽将更加理想。总之，在使用磷酸盐时应考虑各种磷酸盐的特性和肉制品的结构特点，不同的产品可能需要不同的磷酸盐或不同配比的磷酸盐来共同发挥作用。

项目2-2
调理肉制品的加工

调理制品的内容物一般预先经过了程度和方式不同的调理，食用更方便。由于调理程度不同，为满足不同消费者的喜好，各种调理制品形成了各自的特点。其中可以购买后即食的调理制品又称快餐，如三明治、汉堡包等；食用前仅需短时简单处理的速冻调理制品，如速冻肉制品、速冻点心、速冻配菜等；经过了原料处理和部分调理，直接加热烹制后就可食用的产品，如各种调味料腌渍、浸渍或卤制的免洗、免切调理肉等。有专家将速冻调理制品分为三种：未经加热熟制调理的制品；部分加热熟制调理的制品；完全经过加热熟制的速冻调理制品。《NY/T 2073—2011 调理肉制品加工技术规范》将调理肉制品定义为以畜禽肉为主要原料，绞制或切制后添加调味料、蔬菜等辅料，将滚揉、搅拌、调味或预加热等工艺加工而成，需在冷藏或冻藏条件下储藏、运输及销售，食用前需经二次加工的非即食类肉制品，在《GB/T 26604—2011 肉制品分类》中也称为调制肉制品。调理肉制品中相当一部分可以看作是常见肉制品的半成品，蕴含着肉品切分、调配、成型等基本操作，本项目旨在通过对典型调理肉制品的制作来训练肉制品的预处理操作。

知识目标

能准确说出调理制品的概念和分类。

技能目标

能正确进行调理肉制品的加工。

学习型工作任务

任务一　速冻涮羊肉片的加工

涮羊肉是涮制菜肴的典型代表。一般在食用火锅时把切成薄片的羊肉在滚烫的汤汁中涮熟，然后再蘸取调料（醋、酱汁等）食用。

【岗前准备】

羊后腿肉；

芝麻酱、酱油、料酒、米醋、虾油、辣油、麻油、香菜、大葱、雪里蕻、糖、蒜等；

切片机、封口机、刀、砧板、托盘、夹子、聚丙烯塑料包装、纸盒包装。

【岗位操作】

1. 岗位操作流程

原料肉的选择→预处理→速冻切片→调料配制→包装冻藏。

2. 岗位操作细节

（1）原料肉的选择　一般选用阉割过的公绵羊的后腿肉作原料。

（2）预处理　取绵公羊肉约5kg。根据客户口味取芝麻酱、酱油、料酒、米醋、虾油、辣油、麻油、香菜、大葱、雪里蕻、糖、蒜等适量进行调配。将羊肉预切成特定大小的长方块，置于洁净袋子或容器中。

（3）速冻切片　在-30℃下速冻20~35min后取出（需冻结），用切片机切成指定厚度薄片。

（4）调料配制　将调料按客户要求配置好，并装袋封口。

（5）包装冻藏　将羊肉片和调料袋一起装入包装盒中，封口，在低于-18℃的温度下冻藏，避免温度波动（一般控制在±1℃以内）。

【问题探究】

1. 调制食品包装的方法及形式主要有哪些？

（1）真空袋包装　包材主体大多用成型好且无伸展性的尼龙/聚乙烯（PA/PE）复合材料，外部薄膜采用对光电标志灵敏、适合印刷的聚酯/聚乙烯（PET/PE）复合材料。

（2）纸盒包装　冷冻制品纸盒包装可分为二部装载和内部装载两种方式，前者采用由 PE 或聚丙烯（PP）塑料薄膜与纸板压合在一起的材料，经小型包装机冲压裁剪、制盒机制盒、内容物从上部充填后，机械自动封盖，后者采用盒盖与盒身连成一体的片形体，机械将其上、下分开时，内容物从侧面进入，再自动封口。

（3）铝箔包装　耐热、耐寒、阻隔性好，热传导性好，可进行解冻后再加热。

（4）微波炉用包装　主要采用可加热的塑料盒，可在微波炉和烤箱中使用。美国用长纤维的原纸和聚酯挤压成型的产品能耐受 200～300℃ 高温。日本常用聚酯/纸、聚丙烯和耐热的聚酯等。

2. 速冻调制食品按属性与加工方式如何分类？

SB/T 10379—2012 将速冻调制食品按属性与加工方式分为七大类：花色面米制品、裹面制品、调味水产制品、肉糜类制品、菜肴制品、汤料制品、其他。

3. 冷藏调制食品如何分类？

SB/T 10648—2012 冷藏调制食品按产品成熟度一般分为生制品和熟制品，按生产工艺常可分为面米制品、裹面制品、蛋酱制品、菜肴制品、烧烤或烟熏制品、汤羹制品。

任务二　速冻鸡肉圆的加工

鸡肉圆或称鸡肉丸，是一种口感嫩滑、爽口，富有弹性的产品。

【岗前准备】

鸡肉；

淀粉、糖、猪油、蛋清、水、料酒、味精、盐、葱、姜、复合磷酸盐；

锅或煮制锅、加热设备、可热封食品包装袋。

【岗位操作】

1. 岗位操作流程

原辅料的选择→配料→预处理→水烫成型→速冻。

2. 岗位操作细节

（1）原辅料的选择　一般选用健康鸡肉（肉块或碎肉）为原料（或加工过程

中得到的机械分离鸡肉);辅料要求处于保质期内,且无受潮、无虫蛀、无霉变、无结块、无变色等。

(2) 配料 取鸡肉约500g、淀粉15g、糖23g、猪油7.5g、蛋清1个、水200g、料酒、味精、盐、葱、姜、复合磷酸盐适量。

(3) 预处理 剁碎鸡肉,并加水打糜。为了防止冻结变形,除了加蔗糖外,还应添加一些食用复合磷酸盐。

(4) 水烫成型 待水温达60℃时,用成丸机把鸡肉糜挤入锅内,再加热至水温90℃,捞出后冷却。

(5) 速冻 将鸡肉圆在-30℃下速冻20~35min后取出装袋封口,在-18℃下冻藏。

【问题探究】

1. 速冻鸡肉圆其他配方探讨

参考配方1 腌制食盐用量2.0%~2.5%、马铃薯淀粉15%、磷酸盐用量0.4%~0.5%、大豆分离蛋白2%、卡拉胶0.6%、碳酸氢钠0.5%、水40%、其余为鸡肉。

鸡肉原料→水温4~10℃漂洗3次,漂洗水量为4倍鸡肉质量→粗斩→加入食盐腌制12h→配料→10℃以下擂溃12min→静置乳化30min→制丸→90℃水中煮制10min→成品→-18℃冷藏。

参考配方2 鸡肉16kg、猪肥膘2kg、鸡皮2kg、食盐1.35kg、白砂糖0.3kg、丸子胶(塑形增稠剂)200g、丸子改良剂(复合磷酸盐)240g、生姜600g、大葱1.8kg、味精200g、白胡椒粉75g、冰鸡蛋液3kg、玉米淀粉5kg、冰水18~20kg。

原料、辅料的处理→制馅(打浆)→成型→熟制(油炸或水煮)→预冷(冷却)→速冻→品检和包装→卫检冷藏。

2. 怎样保证肉丸有较高的优良成型率?

成型方法有手工或用肉丸成型机。如果使用肉丸成型机成型,应该调节好肉丸成型机的速度,使丸子饱满溜圆,将成型机出来的鸡肉丸立即放入80~85℃的热水槽中浸煮3~5min成型。或者成型机出来的鸡肉丸随即放入滚热的油锅里油炸,炸至外壳呈漂亮的浅棕色或黄褐色为度。肉丸从油锅里捞出,适当冷却后入沸水锅中煮熟。

3. 熟制程序该如何控制?

成型后在90~95℃的热水中煮5~10min即可(亦可适当降低水温,如80℃等,但需要适当延长时间)。为保证煮熟并达到杀菌的效果,要使鸡肉丸中心温度达72℃,并维持1min以上。煮熟时间与温度和肉丸直径有关,时间不宜过长,否则会导致肉丸出油而影响风味和口感。

【知识拓展】

鸡肉丸经常采用的机械分离鸡肉是什么原料？

机械分离鸡肉是鸡肉加工副产品，常被用于重组型和乳化型肉制品（热狗、夏季香肠、大腊肠、罐装肉类、炸鸡块等快餐食品及肉馅饼料）。机械分离鸡肉是一种类似膏状和糊状的产品，通过筛子或者类似的装置把可食组织与骨头用高压分离开，主要分离的是骨头上残留的肉。因为生产过程对产品安全性不会产生不良影响，所以机械分离鸡肉的使用一般没有限制，但是在使用后必须在产品成分标签上标明"机械分离鸡肉"。需要注意的是，由于使用了骨肉分离机，会因为挤压而产生高压，原料在通过狭窄的过滤槽时被挤压还会产生巨大剪切力，使大部分细胞被破坏，骨头也会碎片化，从而使骨髓释放到机械分离鸡肉中。骨髓中有大量血红蛋白，使得机械分离鸡肉在未熟制状态下呈现微红色，熟制后变成褐色、灰色或绿色（血红素暴露在空气中加速氧化所致），有时也会产生质量问题。并且含有血液或骨髓的制品可能受到一些民俗或宗教的限制，在使用时要高度重视。

任务三　五香肉串的加工

五香肉串是选用猪肉为原料，经切丁、腌制后用竹签穿串，并经油炸制成的肉制品。

【岗前准备】

猪四号肉；

食盐、色素、亚硝、复合磷酸盐、卡拉胶、味精（或复合鲜味剂）、葱、姜、白胡椒粉、辣椒粉、竹签；

切片机、打料器、过滤筛、去皮刀、刀、夹层锅、滚揉机、穿串机、油炸机、冷却室。

【岗位操作】

1. 岗位操作流程

原辅料的选择→解冻→切丁→搅拌→过滤→滚揉→穿串→油炸→冷却→刷油→入库。

2. 岗位操作细节

（1）原辅料的选择　选择符合原料检验标准的冷冻的猪四号肉，且要求药残化验合格。

（2）解冻　将冻肉自然解冻，轻微解冻至中心温度 $-6 \sim -3$℃使用，以表面不融化为宜。

（3）切丁　用切片机切片，先切成约 1.5~2cm 厚度的大片，再切成 1.5~2cm 宽的长条，最后切成 3~4cm 长度的大块肉丁，切好的肉丁尽快进入滚揉工序，以肉丁不渗血水为宜。

（4）搅拌　称取规定质量的冰水，温度保持在 -2~0℃，亚硝酸盐用少量冰水溶解后加入冰水中；色素与食盐混匀后加入冰水中，启动打料器，慢慢加入辅料（快速加入易结块），食盐、磷酸盐须打料至彻底溶解；再依次加入味精、卡拉胶等辅料，打料至彻底溶解和分散（腌制液要求无固体颗粒、无白色悬浮颗粒、无冰晶颗粒）。

（5）过滤　用 1mm 的过滤筛过滤出未溶解的块及异物，料水温度 6℃ 以下；料水现配现用，料水存放时间不超过 4h。

（6）滚揉　肉丁、料水加入滚揉罐中，抽真空至 -0.08MPa，以 6r/min 连续滚揉 4h，控制出罐品温 8℃ 以下。

（7）腌制　在 0~4℃ 冷藏间静止放置，使肌肉充分吸收盐水，总腌制时间为 12h。

（8）穿串　竹签直径 2.5mm，长度 13.5cm，竹签要求干燥、无霉斑、无分叉、无断裂、无竹刺等异物。将滚好的肉丁逐块摆入模具内，竹签放入竹签卡槽内（设备指定的竹签数量），气缸收缩自动穿串，漏穿的肉丁重新穿串，合格的肉串整齐摆放在货盘内。

（9）油炸　连续油炸机油温控制在 155~175℃，设定网速 16~16.5mm/s，单串放入油中炸制，注意肉串间不粘连，炸制时间约 140s。

（10）冷却　产品在 0~4℃ 冷却室冷却至温度 15℃ 以下。

（11）刷油　入库前 30min 倒入少许葱姜油拌匀，控净多余的油。

（12）入库储藏　库温要求 0~4℃，品温低于 10℃，冷藏保存。

【问题探究】

为保证肉块块形应注意哪些问题？

（1）穿串前，应将竹签放置 82℃ 热水中浸泡 10min，并剔除带毛刺、霉变、变形的竹签；（2）穿肉时，按切块的对角线穿串，穿串的方向与肉的肌纤维方向成 45°，此穿法肉块不易掉；（3）炸制时油温控制不可过高，单串放入锅内网中，肉串中保证不粘连，时间在 140s；（4）冷却至 15℃，入库前 30min 倒入少许葱姜油拌匀，防止储藏时粘连，保持块形，保持肉块的水分和嫩度。

任务四　川香鸡柳的加工

川香鸡柳是一种经过腌制的调理制品，一般食用前还需经过油炸或煎制。熟化后的川香鸡柳风味香浓醇厚，以咸味为主，甜味为辅；通过腌制和切片穿串有效地改善了鸡胸肉的干柴口感，既使肉丝感分明，又嫩而多汁，有良好的弹性；此外，独特的配方还使成品具有浓郁的辣椒香味、酱香味和肉香味。

【岗前准备】

原料：去皮冷冻鸡小胸肉，无异味无杂质，外形完整无破碎；

辅料：蚝油、黄酒、色拉油、老抽、五香粉、淀粉、食盐、白砂糖、复合磷酸盐、辣椒粉、味精（或复合鲜味剂）、香精；

打料器、滚揉机、封口机、速冻机、包装机、金属探测器。

【岗位操作】

1. 岗位操作流程

原料的前处理→滚揉料水的制作→滚揉→腌制→片开→穿串→摆盘→速冻→包装→装箱→冷藏。

2. 岗位操作细节

（1）原料的前处理　原料采用去皮冷冻鸡小胸肉，应无异味和杂质，外形完整无损。水解冻或自然解冻至0℃左右无硬心即可。

（2）滚料水的制作　按32kg冰水/100kg原料肉的比例称取，用打料器搅拌，同时缓慢加入辅料，待辅料完全溶解后（要求各种辅料溶解完全，无结块；色拉油用量为4kg/批），最后加入淀粉搅拌溶解。溶解结束时，料水温度应保持在6℃以下。

（3）滚揉　把料水和鸡小胸抽入滚揉罐中，抽真空滚揉，真空度为-0.08MPa，工业化大生产一般采用1500L罐，连续滚揉5min，停5min后，再滚揉5min，若滚揉效果不合格可增加滚揉时间。肉温控制在8℃以下。

（4）腌制　0~6℃腌制8~12h，视效果可适当缩短腌制时间，一般不超过12h。注意腌制间温度控制，避免腌制时因温度过低造成肉块结冰而影响腌制效果。

（5）片开　根据规格要求修掉边缘肉块，可以抹料液（包括碎肉）。涂抹料液要均匀分布在鸡柳上表面，不能超过1%。40g规格控制在40~41.5g，45g控制在45~46.5g，50g规格控制在50~52g。

（6）穿串　竹签一般长16.5cm，用清水浸泡7~8h后冲净，晾干后备用。穿串用竹签须先用沸水煮制5min后方可进行穿串。穿串时竹签从大头穿入鸡胸肉的中心位置，将鸡小胸尽量拉长，覆盖尽可能多的竹签。鸡胸肉串前端不露签尖，尾部露签应短于1cm，不可穿偏。

（7）摆盘　先在冻结盘中铺上塑料纸，将串好的川香鸡柳分层放置于盘中。摆盘前用手理顺串形，使成修长的柳叶状，在保证串形美观的基础上拼接，尽量保持原料本身的形状特点，每盘不得超过2层，每层之间以塑料布隔开。同一层内川香鸡柳串要求统一方向进行放置，单支摆入冻结盘中，鸡柳之间保持一定的间距防止冷冻后粘连在一起，最后在盘顶覆盖塑料纸，防止异物混入。

（8）速冻　穿好的鸡柳及时入速冻库或者速冻机（-35℃）冷冻约 30min，以达到中心温度 -18℃以下。包装速冻库温度在 -20℃以下。

（9）包装　装袋时要修去鸡柳边缘的大块冰屑，包装时无解冻粘连现象，包装间内积压时间不得超过 0.5h，不能及时包装完毕的产品务必放回速冻库以保持温度。包装间要求环境温度低于 18℃。

常用包装规格为 25cm×22cm 彩袋（480g/袋），32cm×28cm 彩袋（1kg/袋）和 64cm×56cm 包装袋（2.5kg/袋）。1kg 包装袋中成品粒重为 40g/支，5 袋/箱；2.5kg 包装袋中成品粒重为 50g/支，2 袋/箱。

（10）金属和异物探测　包装后一般要进行金属或异物探测，以确保食品安全。

（11）装箱　480g/袋规格的每箱 10 袋，1kg/袋规格的每箱 5 袋，2.5kg/袋规格的每箱 2 袋。箱子须平整无破损，无塌陷。箱子和袋子上日期均为当日包装日期。

（12）冷藏　入 -18℃以下的冷藏库冷藏。

【问题探究】

1. 鸡柳包装胀袋的原因？

造成鸡柳包装袋胀袋的根本原因是微生物的繁殖。微生物会在养分、水分及氧气充足的环境中生长、繁殖，而食品自身含有的脂肪、蛋白质等成分为微生物的繁殖提供良好的营养条件。当处于氧气和水分适宜的环境中时，微生物就会在食品中大量繁殖，释放出二氧化碳气体，从而导致鸡柳包装袋胀袋现象。

2. 鸡柳包装胀袋的解决办法？

（1）鸡柳包装袋的阻隔性　如氧气透过率、水蒸气透过率测试，用于判断所用包装材料的阻隔性是否可以满足所包装食品的需要。

（2）鸡柳包装袋的密封性　如密封与泄露、破压力测试，可以及时发现成品包装是否有泄露问题，确定发生泄露的位置和机械强度薄弱的部位。如热封强度测试可判断热封强度是否满足食品内容物的要求，并确定热封不良的部位。

（3）鸡柳包装袋的物理机械性能　如拉断力与断裂伸长率、抗穿刺强度、抗摆锤冲击性能、剥离强度等测试，可综合判断包装袋的韧性、耐穿刺性及耐揉搓性等物理机械性能是否符合包装与运输过程的需求。

通过以上针对包装材料的性能检测，基本可以做到对于食品包材质量的控制，杜绝因包装材料不合格而导致的鸡柳包装袋胀袋的问题。

3. 装袋时的要求和检验的内容是什么？

装袋时要修去鸡柳边缘的大块冰屑，包装时无解冻粘连现象。竹签穿在鸡柳中心位置，前端不露签尖，形似柳叶，色泽红润表面无碎屑。包装袋日期清晰，封口整齐无破损，袋子表面洁净无污染。

粘连及落地产品须捡出，未冷冻好的产品禁止装袋。注意检查异物。单支质量浮动规格要求为±1g，封口处保持洁净可用干净抹布擦去油污。

任务五　骨肉相连的加工

骨肉相连是将新鲜的鸡胸肉加上鸡胸部的软骨以特殊香辣调料腌制，一串上有多块软骨、多块鸡肉，滚揉后穿上竹签，再用烘烤箱烤制而成。

【岗前准备】

去皮鸡胸碎肉、鸡胸软骨。
蚝油、黄酒、色拉油、老抽、淀粉、白砂糖、食盐、味精、香辛料、辣椒红。
分割刀、案板、打料器、滚揉机、封口机、速冻机。

【岗位操作】

1. 岗位操作流程

去皮鸡胸碎肉→切丁→鸡胸软骨→切块→肉丁和软骨分别滚揉→腌制→穿串→摆盘→速冻→包装→金属探测→装箱→冷藏。

2. 岗位操作细节

（1）原辅料的选择　去皮鸡胸碎肉（为残胸，或A级胸碎）应新鲜无异味、无杂质，肉温0~7℃；鸡胸软骨应新鲜，无异味、异物，不带鸡肉，洁净嫩白。

（2）切丁、切块　在低于12℃车间环境中，用分割刀把原料（残胸/A级胸碎）切丁，粒重约为4~6g，保证粒重大小均匀。同时，把软骨切成小块。

（3）滚揉　向滚揉罐内加入肉丁、料水，抽真空滚揉。一般情况下，1500L罐需连续滚揉70min，转速8r/min，保持真空度为-0.08MPa。滚揉后，于8℃下保持真空，静置30min。

（4）腌制　再于0~6℃腌制18~22h，腌制期间需搅拌2次以上，利于料液的完全吸收。需要注意腌制间温度控制，避免腌制料结冰影响腌制效果。

（5）穿串　竹签长度20cm，穿串时要求竹签穿入肉丁的中心位置，不可穿偏，前端不露签尖。先穿入一粒肉丁再穿入一粒软骨，如此类推一共穿上4粒肉丁和3粒软骨，最顶端的肉丁要求形状相对美观。穿好后肉粒和软骨疏密有致均匀排列，不可过紧密或有间距。穿软骨时，软骨较平的一面向上。手柄处留1.5~2cm的空隙。单根质量41~42g。

（6）摆盘　冻结盘中铺上塑料纸，把穿好的骨肉相连串逐个摆入冻结盘中，且保持一定的间距防止冷冻后粘连在一起。最后，包裹塑料纸，以降低冷耗和防止异物污染。

（7）速冻　穿好的肉串及时入速冻库冷冻至中心温度-18℃以下可以包装，

速冻库温度控制在 -20℃以下。

(8) 包装　包装袋在工业生产时常采用 25cm×25cm 彩袋，容量为 1kg/袋，用封口机封口。不抽真空时的成品要求为每袋质量为 499g（净重 480g，签重 12g，袋子 7g），内容物无解冻粘连现象，前端不露签尖，每串含 4 块肉丁 3 块软骨，且要求串型饱满，肉丁和软骨疏密有致，均匀排列。单串质量要求不低于 40g，每袋装入 25 串。包装袋必须完好无破损，封口合格，日期清晰，洁净无污染。粘连及落地产品必须捡出，未冷冻好的产品禁止装袋。

(9) 金属探测　安排专人负责金属探测器的操作，抽出并记录可疑产品。

(10) 装箱　10 袋/箱。

(11) 冷藏　入 -18℃的冷藏库冷冻。

【问题探究】

1. 鸡胸软骨生产过程中都有哪些要求？

(1) 鸡胸软骨的原料必须新鲜，无异味、异物，不带鸡肉，洁净嫩白，不带硬质胸骨、完整无破损、不带红骨根，末端带血及硬骨部分应修割掉。

(2) 大的软骨需要用分割刀切成 4 块，小的软骨切成 3 块。

(3) 穿串时先穿入一粒肉丁再穿入一粒软骨，如此类推一共穿上 4 粒肉丁和 3 粒软骨，穿软骨时软骨较平的一面向上，带尖软骨选出来穿在一支签上。

2. 对鸡胸肉生产过程中的要求是什么？

(1) 作为原料的鸡胸碎肉要求是 A 级胸碎，新鲜无异味、无杂质，无大块脂肪、无淤血，表面不带大块鸡皮。

(2) 成品中每串骨肉相连的鸡肉含量 ≥56%。

课程思政

本情境学习后，我们应该明确肉制品常用辅料的调香增味、防腐和品质改良等作用，以及不正确使用辅料可能产生的毒副作用，做到科学地选择和规范地使用辅料。学习者应该了解肉制品辅料与传统中药间的联系，初步知悉某些辅料具备的生理功能特性以及辅料配伍的相关禁忌，树立肉制品在调制等加工阶段的安全意识和责任意识。

情境三

腌腊制品加工与检测技术

日常生活中常见的咸肉、腊肉、风干肉类等均属于腌腊肉制品,其一般以鲜(冻)畜、禽肉或其可食副产品为原料,通过添加或不添加辅料,经腌制,烘干(或晒干、风干)等工艺加工,最终形成独特腌腊风味的非即食肉制品。中国传统腌腊肉制品以风味浓郁而著称于世,讲究色、香、味、形俱佳。在腌腊制品加工过程中,理化及微生物的共同作用直接影响着产品的色泽、风味和组织状态,各种添加剂也发挥不同的功能特性。腌腊制品的关键加工环节是腌制和干燥(风干或烘烤),它们直接关系着腌腊制品的产品特性和品质;腌腊制品加工需要将腌制和干制技术有机地结合在一起,从而提高肉的成品率,改善肉的色泽和风味,提高肉制品的储藏稳定性,在加工过程中特别需要注重产品品质和安全性的监测与控制。腌腊制品风味独特,其中许多品种为中国传统美食,本情境我们以中国传统制品南京板鸭和咸猪肉两种典型产品为载体,来训练腌腊制品独特的加工与检测操作。

项目3-1

板鸭的加工

知识目标

1. 能准确说出腌腊制品的概念、分类与特点。
2. 能说出腌制的基本原理及方法。

技能目标

1. 能正确设计板鸭配方并配料。
2. 能按规定进行板鸭加工的各项操作，生产出合格的板鸭产品。
3. 能正确进行板鸭产品的感官检验。

学习型工作任务

任务一　板鸭的加工

板鸭又称贡鸭，是咸鸭的一种，其加工始于古代，明清时逐渐繁盛，是中国南方地区名菜，亦是江苏、福建、江西、湖南、四川、安徽等省的特产。板鸭加工工艺经过民间长期实践，不断改进，积累了丰富的经验，质量逐渐提高，产品具备特殊鲜美风味，产生了众多地方特色品牌。经中国农业部认定，全国四大品牌板鸭分别是江苏南京板鸭、江西南安板鸭、福建建瓯板鸭、四川建昌板鸭。其中，南京板鸭最负盛名，其外形方正、宽阔、体肥、皮白、肉红、肉质细嫩、紧密、味香、回味甜，根据加工季节不同，常分为腊板鸭和春板鸭。板鸭用盐考究，是传统中式腌腊制品的典型代表。

【岗前准备】

活鸭或光鸭（传统制法为右翅下开口，现在腹中线开口的商品光鸭更多见）；
宰杀刀、接血盆、烫毛缸、脱毛机、净小毛镊子；
开水、食盐、生姜、八角、葱、曲酒、盐卤缸、电子秤、挂钩、挂架等。

【岗位操作】

1. 岗位操作流程

选鸭→屠宰→整理→配料、腌制→出缸、叠坯→排坯→晾挂→成品→储藏。

2. 岗位操作细节

（1）选鸭　腌制南京板鸭，要挑选体长、身宽、胸腿肉发达，两腋有核桃肉，健康、无损伤、体重在1.75kg以上的活鸭为原料。宰杀前应以稻谷（或糠）催肥，使鸭体膘肥、肉嫩、皮肤洁白。

（2）屠宰　按一般家禽屠宰方式宰杀，采用颈下"切断三管（气管、血管、食管）"宰杀，充分放血后烫毛，水温65～68℃，鸭尸在水内搅烫均匀，至大毛易拔去为宜。脱大毛程序为，先拔翅羽毛，次拔背毛，再拔腹毛、尾毛、颈毛。大毛煺去后，投入冷水中浸洗，并用镊子拔净小毛和绒毛。

(3) 整理 宰后鸭胴体用水洗去体内残留的内脏薄膜和血污,再放在水中浸泡2h左右,除去体内剩余血污,使肌肉洁白,符合卫生和质量要求。然后,将鸭子取出,挂起,沥干水分。当沥下来的水点逐渐稀少,而且不带有轻微血色时,将鸭子背向上,腹朝下,头向里,尾朝外放在案板上,用两只手掌放在鸭的胸骨部使劲向下压,将胸部前面的三叉骨压扁,使鸭体呈扁长方形。经过这样处理后的光鸭,体内外全部漂亮干净,既不影响肉的鲜美品质,又不易腐败变质,对板鸭能长期保存有很大关系。

(4) 配料及腌制 腌制包括初腌、抠卤、复卤三个过程。

①初腌:又称干腌。将颗粒较大的粗盐放入锅内,按50kg盐,配300g八角的比例,用火炒干,加工碾细。炒盐用量一般为16:1。一只2kg重的光鸭用盐125g。腌制时,先用95g盐(即3/4)从右翅下开口处装入腔内,将鸭放在桌上,反复翻动,使盐均匀布满腔体。其余的盐则用于体外,其中两条大腿、胸部两旁肌肉、颈部刀口和口腔内部要用盐擦透。在大腿擦盐时,要将腿肌由下向上推,使肌肉受压,与盐容易接触。把擦好盐的鸭子逐只叠放入缸内。

②抠卤:鸭经过12h左右的腌制后,一手提起鸭子的右翅,另一手食指或中指插入肛门内,把腹内血卤放出来。

③复卤:经过抠卤除去血卤的鸭子要进行复卤,也就是用卤水再腌制一次。复卤用的卤水有新卤和老卤两种。

新卤就是用去除内脏后浸洗鸭体变成淡红色带血的水加盐配制而成。每50kg血水加盐3.5~3.75kg、八角15g、葱姜各40g,放在锅内煮沸,使盐溶化成饱和溶液,冷却后使用。

老卤是腌过鸭的新卤煮过2~3次以上的卤水。老卤煮的次数越多越好。因鸭体经卤水浸泡后,一部分营养物质溶于卤中,再煮一次浓度有所增加。盐卤要保持清洁,每腌一次后,要澄清,并保证咸度(22~25°Bé)。腌鸭5~6次后,必须煮一次卤,煮沸时可适量加盐,并撇去浮沫血污。

复卤的方法是将卤水从右翅下开口处倒入,将腔内灌满。然后,将鸭依次浸入卤缸中,浸入数量不宜太多,以防不宜腌透腌匀。可装200kg卤的缸,复卤70只鸭左右。复卤时间的长短应当根据复卤季节、鸭子大小以及消费者的口味来综合确定。通常复卤的时间如表3-1所示。

表3-1 光鸭复卤时间

光鸭规格	复卤时间/h		
	小雪	大雪至立冬	立春至清明
大鸭(2.5kg以上)	20	18	20
中鸭(1.5~2.5kg之间)	18	16	18
小鸭(1.5kg)	16	14	16

盐卤不得低于22°Bé，如果不到22°Bé，复卤后的鸭子味不正常，内有血腥味，成品容易变质。

（5）出缸、叠坯　将腌制好的鸭体从卤缸中取出，倒尽卤水，然后将鸭子放在案板上，用手将鸭体压扁，并依次叠入缸中。盘叠2～4d，即可排坯。

（6）排坯　把叠在缸中的鸭子取出，用清水洗净鸭身，挂在木档钉上，用手把颈部排开，胸部绷开排平，双腿理开，肛门处排成球形，再用清水冲去表面杂质。然后挂在阴凉通风处晾干。

鸭子晾干后要再复排一次，并加盖印章，转到再制品仓库保管。排坯的目的是使鸭体肥大好看，同时使鸭子内部通气。

（7）晾挂　将经排坯、盖印的鸭子晾在仓库内。仓库四周要通风，不受日晒雨淋。架子中间安装木档，木档之间距离保持50cm，木档两边钉钉，两钉距离15cm。将盖印后的鸭子挂在钉上，每只钉可挂鸭坯2只，在鸭坯中间加上芦柴1根（约有中指粗细），从腰部隔开，吊挂时必须选择长短一致的鸭子挂在一起。这样经过2～3周后即为成品，如遇阴雨天回潮时，则延长一段时间。

（8）成品　成品要求表皮光白，肉红，有香味，全身无毛，无皱纹，人字骨扁平，两腿直立，腿肌发硬，胸骨凸起，禽体呈扁圆形。

（9）储藏　板鸭要挂在阴凉通风的地方。小雪后、大雪前加工的板鸭，能保存1～2个月；大雪后加工的腊板鸭，可保存3个月；立春后、清明节前加工的春板鸭，只能保存1个月。通常品质好的板鸭能保存到4月底以后，存放在0℃左右的冷库内，可保存到6月底或更长时间。

【问题探究】

1. 板鸭加工容易出现哪些质量安全问题？

（1）板鸭不"板"，表面不洁白，表皮有破损、皱褶，附有杂质、污垢及小毛。

（2）板鸭滋味太咸，腊香味不足。

（3）有酸臭味或脂肪氧化味。

（4）腹腔湿润，有霉点，且有霉味。

2. 板鸭加工中避免出现上述质量问题该采取什么措施？

（1）活鸭屠宰时注意拔净小毛；整理时务必将胸部前面的三叉骨压扁，使鸭体呈扁长方形；腌制完后，一定要用清水将鸭胚洗净；活鸭放血及右翅下开口时，尽可能缩小刀口，使鸭体表皮尽可能保持完整；叠胚、排胚时，使鸭胸部表皮绷开排平；晾挂前用清水冲去表面杂质及污垢，然后挂在风沙灰尘较少的阴凉通风处晾干。

（2）干腌时要严格按照规定的食盐、八角等配料的添加量添加，炒盐时一定要用小火，否则易使香味损失；湿腌时要控制好盐的浓度（22°Bé），添加的香辛料一定要经熬制；控制好干腌及湿腌的时间在规定的时间内；风干是一定要达到规定天数。

（3）干腌时，要控制好盐的用量，擦盐时一定要涂擦均匀；湿腌时一定要使鸭胚的腹腔内灌满卤水；控制腌制的环境温度不超过20℃；风干时间控制在2~3周；最终成品最好经适当包装（如真空包装），以延缓脂肪氧化。

（4）风干时注意控制好环境的温度（≤20℃）和湿度（≤50% RH），同时在腹腔内撑一短木棒，以促进内部水分挥发。

3. 为什么传统板鸭加工的原料鸭需要进行催肥？

传统制作工艺中，原料鸭在宰杀前需要进行一段时间的催肥，常采用稻谷或糠。催肥后鸭脂肪的熔点高，在温度高的情况下也不容易滴油、发哈。经过稻谷催肥腌制的板鸭，被称为白油板鸭，是板鸭中的上品。

4. 腌肉制品的风味是如何产生的？

衡量腌肉制品品质的一个重要指标就是风味。腌肉制品在生产加工过程中，会发生蛋白质降解反应、美拉德反应、脂肪分解和脂质氧化反应，对腌肉制品风味的产生有着极其重要的影响，从而形成腌肉制品的独特风味。腌肉中形成的风味物质主要为羰基化合物、挥发性脂肪酸、游离氨基酸、含硫化合物等物质，当腌肉加热时就会释放出来，形成特有风味。

腌肉制品风味的产生也是腌肉的成熟过程，从而使腌制品形成特有的色泽、风味和质地。在一定时间内，腌制品经历的成熟时间越长，质量越佳。例如，金华火腿就要经过一定时间发酵成熟后才会出现浓郁的芳香味。腌肉制品的成熟过程不仅是蛋白质和脂肪分解形成特有的风味的过程，而且在成熟过程中仍然在肉内进一步进行着腌制剂如食盐、硝酸盐、亚硝酸盐、抗坏血酸盐及糖分等的均匀扩散过程，并进一步和肉内成分进行反应。

成熟过程中化学和生物化学的变化，主要是由微生物和肌肉组织内源酶的活动所引起的。腌制过程中肌肉内一些可溶性物质外渗到盐水组织中，如肌球蛋白、肌动球蛋白、肌浆蛋白等都会外渗到盐水中去，它们的分解产物就会成为腌制品风味的来源。例如，南京板鸭用老卤腌制就是因为这个原因。

硝酸盐和亚硝酸盐对腌肉风味有极大的影响，如果没有它们，那么腌制品仅带咸味而已。它们的还原性还有助于肉处于还原状态，并导致相应的化学和生物化学变化，防止脂肪氧化。长期腌制过程中形成的挥发性醛类也是腌肉风味来源之一。而腌肉的特殊风味是含有组氨酸、谷氨酸、丙氨酸、丝氨酸、甲硫氨酸等氨基酸的浸出液，脂肪、糖和其他挥发性羰基化合物等少量挥发性物质，以及在微生物作用下糖类的分解物等的协同作用。腌制品的成熟过程和温度、盐分及腌制品成分有很大关系，温度越高，腌制品成熟得也越快。此外，脂肪含量对成熟腌制品的风味也有很大的影响，多脂肪鱼腌制后的风味胜过少脂肪鱼。

【知识拓展】

腌腊肉制品加工的特点、原理及方法

腌腊肉制品是鲜（冻）畜禽肉或其可食副产品为原料，添加或不添加辅料，经腌制、烘干（或晒干、风干）等工艺加工而成的非即食肉制品，食用前一般需经熟化加工。根据腌腊制品的加工工艺及产品特点将其分为咸肉类、腊肉类、酱肉类、风干肉类和腊肠类。

（1）腌腊肉制品特点

①咸肉类：肉经腌制加工而成的生肉类制品，食用前需经熟制加工。咸肉又称腌肉，其主要特点是成品肥肉呈白色，瘦肉呈玫瑰红色或红色，具有独特的腌制风味，味稍咸。常见咸肉类有咸猪肉、咸羊肉、盐水鸭、咸牛肉和咸鸡等。

②腊肉类：肉经食盐、硝酸盐、亚硝酸盐、糖和调味香料等腌制后，再经晾晒或烘烤或烟熏处理等工艺加工而成的生肉类制品，食用前需经熟化加工。腊肉类的主要特点是成品呈金黄色或红棕色，产品整齐美观，不带碎骨，具有腊香风味。腊肉类主要代表有中式火腿、腊猪肉、腊羊肉、腊牛肉、腊兔、腊鸡、板鸭、板鹅等。

③酱肉类：肉经食盐、酱料（甜酱或酱油）腌制、酱渍后，再经脱水（风干、晒干、烘干或熏干等）而加工制成的生肉类制品，食用前需经煮熟或蒸熟加工。酱肉类具有独特的酱香味，肉色棕红。酱肉类常见有清酱肉（北京清酱肉）、酱封肉（广东酱封肉）和酱鸭（成都酱鸭）等。

④风干肉类：肉经腌制、洗晒（某些产品无此工序）、晾挂、干燥等工艺加工而成的生肉类制品，食用前需经熟化加工。风干肉类干而耐咀嚼，回味绵长。常见风干肉类有风干猪肉、风干牛肉、风干羊肉、风干兔和风干鸡等。

⑤腊肠类：传统中式腊肠俗称香肠，是指以猪肉为主要原料，经切、绞成丁，配以辅料，灌入动物肠衣再晾晒或烘焙而成的肉制品，是中国著名的传统风味肉制品。

（2）腌制原理及作用 腌制是借助盐或糖扩散渗透到组织内部，降低肉组织内部的水分活度，提高渗透压，有选择地控制有害微生物或腐败菌的活动并伴随着发色、成熟的过程。它不仅可以改变细菌菌属状况，抑制微生物的生长繁殖，提高防腐性，增强肉的保水性、粘结性，促进加热凝胶的形成，稳定肉的颜色，还可以形成并保持具有独特的盐腌风味，从而改善和提高肉制品的风味。

①抑菌防腐：肉的腌制就是利用加入一定量的盐类（如食盐）起到抑菌防腐和延长储藏期的作用，盐类抑菌防腐主要表现在以下几个方面。

a. 脱水作用：食盐可以提高肉制品的渗透压，从而抑制微生物的生长。当食盐含量超过10%时，微生物细胞脱水，造成质壁分离，大部分微生物的生长活动就会受到暂时的控制。当食盐含量达到15%~20%，则大多数微生物停止生长。

b. 降低水分活度：一般微生物的生长都有其适当的 A_w 范围，低于这一范围，该微生物将不能生长。盐加入后由于离子周围限制了大量的水分子，大大降低了 A_w，从而抑制了微生物的生长。A_w – 微生物 – 肉制品的关系如表 3 – 2 所示。

表 3 – 2 A_w – 微生物 – 肉制品关系

A_w	在 A_w 以下为被抑制增殖的微生物
0.95	革兰阴性杆菌，芽孢细菌的一部分，某种酵母
0.91	大部分的球菌、乳酸菌、某种霉菌
0.87	大部分的酵母
0.80	大部分的霉菌，金黄色葡萄球菌
0.75	好盐细菌
0.65	耐干性霉菌
0.60	好渗透压酵母
0.50	微生物不繁殖
A_w	常见肉制品的 A_w 范围
0.99~0.98	生鲜肉及腌制肉
0.98~0.96	蒸煮火腿、香肠
0.93	培根
0.80	干香肠

c. 毒性作用：一般来说，微生物对钠很敏感。在 Na^+ 含量较低时，对微生物的生长有促进作用（如生理盐水），但当超过一定的含量时就会抑制微生物的生长。Na^+ 能和细胞原生质中的阴离子结合，因而对微生物产生毒害作用。同样，Cl^- 会和细胞原生质中阳离子结合，从而使微生物生命活动受到抑制。

d. 影响酶活性：微生物分泌出来的酶很容易遭到盐液的破坏，这可能是盐液中的离子破坏了酶蛋白质分子中的氢键或与肽键结合，从而影响了酶的活性。

e. 去氧作用：由于盐的存在大大降低了盐液中氧的溶解度，从而形成了缺氧环境，不利于好氧菌的生长。同时也减少了脂肪被氧化的机会。

②呈色：在腌制过程中，硝酸盐类与肌红蛋白发生一系列作用，而使肉制品呈现诱人的色泽。目前普遍接受的观点是 NO – Mb 是构成腌肉颜色的主要成分。NO – Mb 生成量的多少受很多因素的影响。

a. 亚硝酸盐的使用量：肉制品的色泽与亚硝酸盐的使用量有关，用量不足时，颜色淡而不均，在空气中氧气的作用下会迅速变色，造成储藏后色泽的恶劣变化。为了保证肉呈红色，亚硝酸钠的最低用量为 0.05g/kg；为了确保安全，最大使用量为 0.15g/kg，在这个范围内根据肉类原料的色素蛋白的数量及气温情况变动。

b. 肉的 pH：亚硝酸钠只有在酸性介质中才能还原成 NO，一般发色的最适宜的 pH 范围为 5.6~6.0。有时为了提高肉制品的持水性，常加入碱性磷酸盐，造成 pH 向中性偏移，往往使呈色效果不好，pH 接近 7.0 时肉色就淡，所以必须注意其用量。但过低的 pH 环境中，亚硝酸盐的消耗量增大，如使用亚硝酸盐过量，又容易引起绿变。

c. 温度：生肉呈色的进行过程比较缓慢，经过烘烤、加热后，则反应速度加快。如果配好料后不及时处理，生肉就会因氧化作用而褪色，这就要求迅速操作，及时加热。

d. 添加剂：添加抗坏血酸，当其用量高于亚硝酸盐时，在腌制时可起助呈色作用，在储藏时可起护色作用；蔗糖和葡萄糖可影响肉色强度和稳定性；加烟酸、烟酰胺也可形成比较稳定的红色。但这些物质没有防腐作用，所以暂时还不能代替亚硝酸钠。另一方面有些香辛料如丁香对亚硝酸盐还有消色作用。

e. 其他因素：微生物和光线等影响腌肉色泽的稳定性。正常腌制的肉，切开置于空气中后切面会褪色发黄，这是因为 NO–Mb 在微生物的作用下引起卟啉环的变化。NO–Mb 在光的作用下失去 NO，再氧化成高铁血色原，高铁血色原在微生物等的作用下，使得血色素中的卟啉环发生变化，生成绿色、黄色、无色的衍生物。这种褪、变色现象在脂肪酸败及有过氧化物存在时可加速发生。

综上所述，为了使肉制品获得鲜艳的颜色，除了要有新鲜的原料外，必须根据腌制时间长短，选择合适的发色剂，掌握适当的用量，在适宜的 pH 条件下严格操作。此外，要注意低温、避光，并采用添加抗氧化剂、真空或充氮包装、添加去氧剂等方法避免氧的影响，保持腌肉制品的色泽。

③风味形成：腌肉中形成的风味物质主要为羰基化合物、挥发性脂肪酸、游离氨基酸、含硫化合物等物质，当腌肉加热时就会释放出来，形成特有风味。风味的产生大约在需腌制 10~14d 后出现，40~50d 达到最大程度。

腌肉制品的成熟过程不仅是蛋白质和脂肪分解形成特有风味的过程，而且是肉内进一步进行着腌制剂如食盐、硝酸盐、亚硝酸盐、异抗坏血酸盐以及糖分等均匀扩散，并和肉内成分进一步进行反应的过程。腌肉成熟过程中的化学和生物化学变化，主要由微生物和肉组织内本身酶活动所引起。腌制成熟后的肉会出现鲜味或软嫩感。这可能是由于蛋白质被分解为多肽、寡肽、氨基酸等小分子所致。

亚硝酸盐是腌肉的主要特色成分，它除了具有发色作用外，对腌肉的风味有着重要影响。大量研究发现腌肉的芳香物质色谱要比其他肉要简单得多，其中腌肉中少去的大都是脂肪氧化产物，因此推断亚硝酸盐（抗氧化剂）抑制了脂肪的氧化，所以腌肉体现了肉的基本滋味和香味，减少了脂肪氧化所产生的具有种类特色的风味以及过度蒸煮味，后者也是脂肪氧化产物所致。

④保水：腌制可提高肉持水性这种作用主要是盐使肉中的蛋白质成分发生一些质构上的变化，从而提高持水能力。在肉腌制中常用磷酸盐，其提高肉的持水性作用机制可能为下列四个方面。

a. pH 上升：磷酸盐溶液呈碱性，可以使肉的 pH 向碱性方向偏移。一般来说，持水性在 pH5.5 左右最低，当其向碱性偏移后，则持水性提高。

b. 螯合作用：聚磷酸盐有与多价金属离子结合的性质，聚磷酸盐的加入，可以结合原来与结构蛋白结合的钙、镁离子，使结构蛋白质的羧基被释放出来。由于羧基之间静电力的作用，使蛋白质结构松弛，可以使更多的水被吸收。

c. 增加离子强度：聚磷酸盐是具有多价阴离子的化合物，因而在较低的浓度下可以具有较高的离子强度，这有利于肌球蛋白转变为溶胶状态，提高持水性。

d. 肌球蛋白与低聚合度磷酸盐的特异作用：肌球蛋白与低聚合度的磷酸盐可以发生类似于肌球蛋白与 ATP 所发生的作用。肌球蛋白的增加，有利于持水性的提高。

肉制品加工过程中除了通过腌制提高持水性外，通常还配合使用滚揉法或添加大豆蛋白等方法提高肉制品的保水性能。

（3）腌制方法　肉的腌制方法很多，大致可分为干腌法、湿腌法、混合腌制法、注射腌制法等。随着技术的进步，近年又发展了一系列加速腌制的方法，为腌制加工工业化生产提供了方便。

①干腌法：干腌法是利用干盐（结晶盐）或混合盐，先在肉品表面擦透，即有汁液外渗现象，而后层堆在腌制架上或层装在腌制容器里，各层间还应均匀地撒上食盐，各层依次压实，在外加压或不加压的条件下，依靠外渗汁液形成盐液进行腌制的方法。

在腌制过程中常需要定期将上、下层肉品依次翻装，又称翻缸。翻缸同时要加盐复腌，每次复腌的用盐量为开始腌制时用盐量的一部分，一般需复腌 2~4 次，视产品种类而定。

干腌的优点是操作简便，制品较干，易于保藏，无需特别当心，营养成分流失少，风味较好。其缺点是盐分向肉品内部渗透较慢，腌制时间较长，内部易变质；腌制不均匀，失重大，味太咸，色泽较差。

②湿腌法：湿腌法即盐水腌制法。就是在容器内将肉品浸没在预先配制好的食盐溶液内，并通过扩散和水分转移，让腌制剂渗入肉品内部，并获得比较均匀的分布，直至它的浓度最后和盐液浓度相同的腌制方法。

此方法常用于分割肉、肋部肉的腌制。配制腌制液时，一般是用沸水将各种腌制材料溶解，冷却后使用。腌制温度 3~5℃，时间 4~5d。

腌制过程由于肉中水分外移，从而导致盐液含量下降，且容易局部含量不均。因此，腌制过程应适当地增添盐以及经常翻缸，以保证维持均匀的一定含量。湿腌时一般盐液含量较高，通常不低于 25%，而硝石（硝酸钾或硝酸钠）不低于 1%。

湿腌的缺点是其制品的色泽和风味不及干腌制品，腌制时间比较长，肉质柔软，蛋白质流失较多。还因含水分多不易保藏。

③混合腌制法：混合腌制法是可先行干腌而后湿腌，是干腌和湿腌互补的一种腌制方法。干腌和湿腌相结合可以避免湿腌液因食品水分外渗而降低浓度，因干腌及时溶解外渗水分；同时腌制时不像干腌那样促进食品表面发生脱水现象；另外，内部发酵或腐败也能被有效阻止。

混合腌制法防止了肉的过分脱水和蛋白质的损失，增加了制品储藏时的稳定性且营养成分流失少，同时具有色泽好，咸度适中的优点。

④注射腌制法：传统的干腌和湿腌法，腌制剂的渗透和扩散受盐水浓度和温度的影响，腌制时间长，条件不易控制，且腌制不均匀。注射腌制法是进一步改善湿腌法的一种措施，为了加速腌制时的扩散过程，缩短腌制时间，最先出现了动脉注射腌制法，其后又发展了肌肉注射腌制法。

a. 动脉注射腌制法：此法是用泵将盐水或腌制液经动脉系统压送入分割肉或腿肉内的腌制方法。为散布盐液的最好方法。

注射用的单一针头插入前后腿上的股动脉的切口内，然后将盐水或腌制液用注射泵压入腿内各部位上，使其质量增加 8% ~10%，有的增至 20% 左右。

动脉注射的优点是腌制速度快，而出货迅速；其次是得率比较高。缺点是只能用于腌制前后腿，胴体分割时还要注意保证动脉的完整性，腌制的产品容易腐败变质，故需要冷藏运输。

b. 肌肉注射腌制法：此法有单针头和多针头注射法两种。肌肉注射用的针头大多为多孔的。注射腌制法的特点是肉注射盐水后不用浸渍，腌制温度比传统方法高 3~5℃，腌制时间短、效率高，但其成品质量不及干腌制品，风味略差，煮熟时肌肉收缩的程度也比较大。

另外为进一步加快腌制速度和盐液吸收程度，注射后通常采用按摩或滚揉操作，即利用机械的作用促进盐溶性蛋白质抽提，以提高制品保水性，改善肉质。

⑤新型快速腌制

a. 预按摩法：腌制前采用 $60 \sim 100 \text{kPa/cm}^2$ 的压力预按摩，可使肌肉中肌原纤维彼此分离，并增加肌原纤维间的距离使肉变松软，加快腌制材料的吸收和扩散，缩短总滚揉时间。

b. 无针头盐水注射：不用传统的肌肉注射，采用高压液体发生器，将盐液直接注入原料肉中。

c. 高压处理：高压处理由于使组织结构撕裂和分子极性区域暴露，提高肉的持水性，改善肉的出品率和嫩度。

（4）腌制注意事项

①腌透肉块：一般说来，腌制液完全渗透到肉内为腌透标志。目前尚无仪器

能测量，全靠眼睛观察肉的色泽变化来判定。方法是用刀切开最厚肌肉，若整个断面呈玫瑰红色，指压弹性均相等，无粘手感，说明已达到腌透的要求；若中心部位颜色仍呈暗红色则表明未腌透。

②腌液浓度及温度：肉中盐的扩散速度与盐液浓度和温度密切相关。盐液与肉组织的盐浓度差距越大，扩散速度越快。温度越高，速度越快，但在温度高的情况下，细菌繁殖也越迅速，肉容易变质。腌制时最适宜的温度为 2~4℃。

③腌液处理：由于冷库温度偏高或肉质不新鲜等原因，腌制液往往酸败变质，致使肉变坏。变质的腌制液特征是水面浮有一层泡沫或小气泡上升，这在反复利用腌制液时更易出现。因此，在重复使用腌液时需先撇去浮在上面的泡沫，滤去杂质，再将滤液经80℃加热0.5h杀菌，充分冷却。

④腌制时间：影响腌制成熟所需时间的因素是多方面的，如季节、库温、湿度、盐液浓度、用硝量等。只能通过勤检查，按色泽变化情况逐步探索出本地区各个季节、各个品种的最佳腌制时间。

任务二　板鸭产品的感官检验

【岗前准备】

板鸭成品；

白托盘、刀、砧板、锅、煤气灶或电磁炉、200mL 烧杯、表面皿、1000mL 量筒、绞肉机、铁盆等。

【岗位操作】

1. 岗位操作流程

板鸭外观、组织状态检查→洗净、煮沸板鸭，并取肉样绞碎→评定煮沸后肉汤及板鸭滋、气味。

2. 岗位操作细节

（1）板鸭外观、组织状态检查　将板鸭置于白托盘中在自然光下（或相当于自然光的相同照度环境）观察板鸭的外表及腹腔内壁，并切开肌肉观察切面。合格的板鸭其体表应光洁，白色或乳白色，腹腔内壁干燥有盐霜，无黏液、无霉点、无异味、无酸败味。肌肉的切面呈玫瑰红色，切面紧密，有光泽。

（2）评定煮沸后肉汤及板鸭滋、气味　将板鸭洗净，在锅内煮沸后评定汤和鸭肉的滋、气味。合格的板鸭煮沸后鸭肉鲜嫩，肉和汤具有板鸭固有的芳香气味，无异味、无酸败味。

另称取 20g 绞碎的板鸭试样，置于 200mL 烧杯中，加 100mL 水，用表面皿盖上加热至 50~60℃，开盖检查气味，继续加热煮沸 20~30min。检查肉汤的气味、滋味和透明度,以及脂肪的气味和滋味,合格板鸭汤汁液面有大片团聚的脂肪,具有板鸭固有的芳香气味,无异味、无酸败味。

【问题探究】

1. 板鸭制品如何取样?

每次取样(或每个检测小组的取样)按《GB/T 9695.19—2008 肉与肉制品 取样方法》随机从3~5只板鸭上取若干小块混合,取足500~1500g。用不会污染样品的容器存放,并做上标签(取样人员和取样单位名称,取样地点和日期,样品的名称、等级和规格,样品特性,样品的商品代码和批号),立即送检或置适宜条件下运输、储存。采样人员同时认真填写取样报告(内容应包括样品标签要求的信息,被取样单位名称和负责人姓名,生产日期,产品数量,取样数量,取样方法,取样目的、会对样品造成影响的气温和空气湿度等包装环境和运输环境及其他相关事宜。)。

若进行肉制品生产许可证审查,应在企业的板鸭成品库内,随机抽取板鸭产品进行检验。所抽样品须为同一批次保质期内的产品,抽样基数不少于20kg,每批次抽样样品数量为4kg(不少于4个包装),分成2份,1份检验,1份备查。样品确认无误后,由抽样人员与被抽查单位在抽样单上签字、盖章,当场封存样品,并加贴封条,封条上应有抽样人员签名、抽样单位盖章及抽样日期。

2. 板鸭的次品分析

板鸭工艺复杂,加工周期长,如果不高度重视产品的质量控制,极易产生各种劣质现象。图3-1中左边为原料鸭处理不当造成的劣变,鸭体的口腔部位被损坏。所以,原料鸭加工时应注意烫毛水温的控制,去除角质层时,动作力道要恰当。右边为产品中出现霉点。这主要是干腌后未能及时入盐液湿腌,或者湿腌的时间过长,且温度偏高等原因造成。板鸭腌制过程是个缓慢的腌制液渗透过程,期间要保证盐或盐水的浓度适宜,且鸭体被盐或盐液均匀涂裹或浸渍。由于空气中、鸭体上存在着霉菌孢子,所以腌制时要确保温度适宜(0~4℃)以防止耐盐

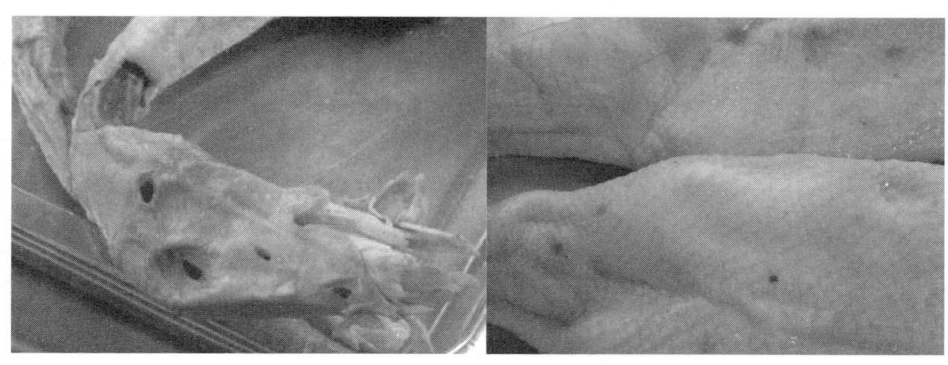

图3-1 板鸭常见次品图

细菌或真菌的萌发。加工时要严格按照各步骤的工作规程操作，才能杜绝不良现象的出现。

【知识拓展】

板鸭理化和微生物检测指标有哪些？

板鸭理化指标综合参考质检总局的《肉制品生产许可证审查细则（2010版）》和《GB 2730—2015 食品安全国家标准 腌腊肉制品》的要求，微生物指标因国家标准中暂无规定，参考农业部标准《NY/T 843—2015 绿色食品 畜禽肉制品》。如表3-3所示。

表3-3　　　　板鸭理化和微生物检测指标要求
（2010版肉制品生产许可证审查细则；
GB 2730—2015；NY/T 843—2015；GB 2762—2017）

序号	检验项目	指标	发证检验	监督检验	出厂检验	备注
1	酸价（以KOH计）/(mg/g)	≤1.6	√	√	√	NY/T 843—2015
2	过氧化值（以脂肪计）/(g/100g)	≤1.5	√	√	√	GB 2730—2015
3	铅含量/(mg/kg)	≤0.2	√	√	＊	GB 2762—2017
4	总砷含量/(mg/kg)	≤0.05	√	√	＊	GB 2762—2017
5	镉含量/(mg/kg)	≤0.1	√	√	＊	GB 2762—2017
6	总汞含量/(mg/kg)	≤0.05	√	√	＊	GB 2762—2017
7	亚硝酸盐（以$NaNO_2$计）含量/(mg/kg)	≤30	√	√	＊	最大使用量0.15g/kg（使用量以$NaNO_3$计应低于0.5g/kg）
8	食品添加剂（山梨酸、苯甲酸、胭脂红）		√	√	＊	按GB 2760执行
9	菌落总数/(CFU/g)	≤5×10⁵				NY/T 843—2015
10	大肠菌群/(MPN/g)	≤64				NY/T 843—2015
11	致病菌（沙门氏菌、志贺氏菌、金黄色葡萄球菌、溶血性链球菌）/(CFU/g)	0/25g				金黄色葡萄球菌 $n=5$，$c=1$，$m=10^2$，$M=10^3$

注：①依据GB 2730—2015、SB/T 10278—1997和GB 2760—2014等。②企业的出厂检验项目中注有"＊"标记的，企业应当每年检验2次。③净含量应符合国家质量监督检验检疫总局第75号令《定量包装商品计量监督管理办法》的规定。④产品标签应符合GB 7718—2011要求。

项目3-2
咸猪肉的加工

知识目标

1. 能说出咸肉制品的概念、分类与特点。
2. 能说出咸猪肉配方设计原理和配制方法。

技能目标

1. 能正确设计产品配方。
2. 能进行开刀门操作。
3. 能进行干腌操作。
4. 能对成品进行感官检验。

学习型工作任务

任务一 咸猪肉的加工

咸肉是以鲜（冻）畜肉为主要原料，配以其他辅料，经腌制等工艺加工而成的非即食肉制品（《GB 2730—2015 食品安全国家标准 腌腊肉制品》）。咸肉是生肉类制品，食用前需经熟制加工，它既是一种简单的肉类储藏保鲜方法，又是一种传统肉制品。因为主要采用盐腌制，咸肉又称腌肉，其主要特点是成品肥肉呈白色，瘦肉呈玫瑰红色或红色，具有独特的腌制风味，味稍咸。常见咸肉类有咸猪肉、咸羊肉、咸牛肉等。咸肉也可分为带骨和不带骨两种，加工工艺大致相同，其特点是用盐量多。值得关注的是在各类咸肉中，咸猪肉品种繁多，式样各异（浙江咸肉、如皋咸肉、四川咸肉、上海咸肉等），地域分布范围最广，因此商业部对于咸猪肉（腌猪肉）也做出了具体定义，是以鲜或冻猪肉为原料，配以食盐和（或）其他辅料，经腌制工艺，速冻（或不速冻）制成的生肉制品（《SB/T 10294—2012 腌猪肉》）。咸肉的生产一般要进行大块肉的腌制，所以是进一步练习干腌技术的适宜项目。

【岗前准备】

配方：猪肉100kg、精盐14~20kg、硝石50g、砂糖2~7kg（可不加）、花椒适量（香辛料根据当地习俗和客户需求适量添加）。

磅秤、天平（0.1g）、刀、斩切刀、圆盘锯、砧板、腌制缸、冷库等。

【岗位操作】

1. 岗位操作流程

选料→修整→配料→开刀门→腌制→成品。

2. 岗位操作细节

（1）选料　选择新鲜的猪肉或冻猪肉，此外，肋条肉、五花肉、腿肉均可，但需肉色好，放血充分，且必须经过卫生检验部门检疫合格。若为热鲜肉，必须摊开凉透；若为冷鲜肉，肉温必须 0～7℃；若是冻肉，必须解冻微软后（控制在 4℃以下）再行分割处理。辅料均为食用级，无变质。

（2）修整　斩去后腿做咸腿或火腿。剔去第一对肋骨，挖去骨髓，削去血脖部位污血，再割除血管、淋巴、碎油、碎肉及横膈膜等。根据地区习俗和客户要求可以制作成由猪的不同部位制作的咸肉，以及不同大小和规格的咸肉（详见问题探究）。

（3）配料　按生产订单要求称取原料肉，并称取食盐、硝酸钠等辅料。为提高腌制过程卫生质量，可以将食盐炒制后再称取。若采用湿腌法，需要先行配制盐水，可以准备原料肉重的 30%～40% 的食盐水，浓度控制在 22%～35%，并在盐水中加入浓度为 0.15% 的硝酸钠作为护色剂和防腐剂。

（4）开刀门　为了增大渗透面积，加速腌制，可在肉上割出刀口，俗称"开刀门"。传统方法制作咸肉时，刀口的大小深浅和多少取决于腌制时的气温和肌肉的厚薄。肉体厚，且气温在 20℃ 以上，则刀口深而密；15～20℃，刀口大而深；10～15℃，刀口浅而少；10℃以下，少开或不开刀门。

（5）腌制　有干腌、湿腌两种腌制方法。工业腌制时一般控制温度在 2～4℃（GB 19303—2003）。

干腌方案一，用盐量为肉重的 14%～20%，以盐、硝酸钠 0.05%（根据习俗，也有不加硝的做法，见方案二）混合涂抹于肉表面，肉厚处多擦些，擦好盐的肉块堆垛腌制。第一层皮面朝下，每层间再撒一层盐，依次压实，最上一层皮面向上，于表面多撒些盐，每隔 5～6d，上下互相调换一次，同时补撒食盐，经 25～30d 即成。

干腌方案二，用盐量为鲜肉质量的 15%～18%，取微量花椒，碾碎后与盐拌匀备用（也可将花椒与盐共同炒制后冷却备用）。上盐时将肉厚的部位（如前躯等）要多撒盐，颈椎、刀门、排骨上必须有盐，肉片四周也要抹上盐，共分三次进行。第一次上盐，取盐总量的 30%，将盐均匀擦抹于肉表面，腌制并排出血水；第二次上大盐，用盐量占盐总量的 50%，在第一次上盐的次日进行，先沥去咸肉表面盐液，再均匀抹上新盐；第三次复盐，用盐量为总盐量的 20%，于第二次上盐后 4～5d 进行。每次上盐后，将肉面向上，层层压紧，整齐堆叠。第二次上盐后

7天左右为半成品,称为"嫩咸肉"。之后,根据气温变化,经常检查翻堆,再补充盐。一般腌制25d即为成品。

若用湿腌法腌制时,用开水配成22%~35%的食盐液,再加0.15%的硝石,2%~7%食糖(也可不加)。将肉成排地堆放在缸或木桶内,加入煮沸冷却的澄清盐液,以浸没肉块为度。盐液重约为肉重的30%~40%,肉面加盖并施压以使原料肉浸没于腌制液中。每隔4~5d上下层翻堆一次,腌制15~20d即成。

(6)储藏　咸肉一般采用堆垛法,沥干盐水堆放在专用台面或垫架上于0~4℃储藏,为防止氧化变质,可进行真空包装后再堆垛。也可以采用浸卤法保藏,将咸肉浸在24~25°Bé的盐水中保存,此法具有肉色红润,无质量损失的优点。若冻藏,应低于-15℃并避免波温(SB/T 10294—2012)。

【问题探究】

1. 咸猪肉(腌猪肉)按照其规格和加工部位可以分为哪些种类?

腌猪肉加工方式的种类有连片、段头、小块咸肉和咸腿。连片指用整个半片猪胴体,去头尾、带脚爪骨皮而加工的产品。段头是用去后腿及猪头、带骨皮前爪的猪肉体加工的产品。小块咸肉是用带骨和皮的分割肉加工的产品。咸腿也称香腿,是用带骨、带皮的猪后腿加工的产品。各地区的咸猪肉产品选料部位各异,比如浙江、如皋、上海等地的咸肉常采用大片猪肉;四川咸肉则以小块肉为原料。

2. 腌猪肉腌制时为什么要"开刀门"?

为了提高盐分的扩散速度,快速在肉组织内部建立起抑制微生物生长繁殖的渗透压,故在原料肉上割出刀口,以增大盐液渗透面积。刀口的大小和多少取决于腌制时肉的温度和厚度。

3. 腌猪肉的腌制温度为什么最好控制在2~4℃?

温度高腌制速度快,但易发生腐败。温度低至肉冻结时,腌制过程停止,并且冻结后还将产生汁液流失,故相关标准规定,腌制车间室温控制在2~4℃。

4. 咸肉制品为什么需要进行包装?

习惯上,咸肉不进行包装。但是,当前市场上,包装对于咸肉品质影响的重要性已经得到普遍认可。包装不仅能保护产品的色泽,还能够防止脂肪的过氧化而产生异味。腌制时形成的亚硝基肌红蛋白远比肌红蛋白易受光的损害,光能促进氧化反应,因而腌肉在强光下会迅速褪色。当前大量产品在超市货架销售,货架上一般用冷光源照明,同时加紫外线照射。在一般货柜的光照强度下,仅需1h,就能产生可见的褪色现象,在紫外光线照射下更易褪色。经过包装可消除或降低光线的影响。另外,光线只有在有氧存在的条件下才会加速氧化变化。因此,包装时经过抽真空或充氮也能够消除光线的影响。如果加抗氧剂,则能消耗掉氧气延缓咸肉褪色。

任务二 咸猪肉产品的感官检验

【岗前准备】

咸猪肉（腌猪肉）成品；

白瓷托盘、刀、砧板、竹签、锅、煤气灶或电磁炉、铁盆等。

【岗位操作】

1. 岗位操作流程

取咸猪肉产品适量置于洁净白瓷托盘中→以目测、鼻嗅、触摸的方法观察色泽、气味和组织状态→熟化后，评定滋味→记录评定结果。

2. 岗位操作细节

（1）咸猪肉外观、组织状态检查　将咸猪肉置于白瓷托盘中在自然光线明亮处观察产品的外表，切开肌肉观察切面，并手触检测组织形态。合格的咸猪肉其外观整洁无黏性、无霉点；瘦肉切面呈红色或深红色，脂肪切面呈白色或微红色，有光泽；质地紧密或稍软，略有弹性或无弹性（SB/T 10294—2012，Q/YNJ 0002 S—2015）。

（2）评定咸猪肉气味及滋味　嗅闻咸肉的表面，并用洁净竹签插入肉块中心，拔出后嗅闻评定内部气味。合格的产品应具有咸猪肉固有的气味，无酸味，无苦味，无异味。产品加热熟化后可切片评定其滋味，合格产品应具有咸猪肉固有滋味，无其他不良味道。

【问题探究】

咸猪肉（腌猪肉）产品如何取样？

每次取样按《GB/T 9695.19—2008 肉与肉制品　取样方法》和《SB/T 10294—2012 腌猪肉》规定，同一班次，同一品种的咸肉产品作为一个批次，随机从产品贮存库抽取不少于2kg的咸猪肉样品（大于或等于4个独立包装）。用不会污染样品的容器存放，并做上标签（取样人员和取样单位名称；取样地点和日期；样品的名称、等级和规格；样品特性；样品的商品代码和批号），立即送检或置适宜条件下（0~4℃）运输、储存。采样人员同时认真填写取样报告（内容应包括样品标签要求的信息；被取样单位名称和负责人姓名；生产日期；产品数量；取样数量；取样方法；取样目的、会对样品造成影响的气温和空气湿度等包装环境和运输环境，及其他相关事宜）。

若进行肉制品生产许可证审查，应在企业的咸猪肉成品库内，随机抽取咸猪肉产品进行检验。所抽样品须为同一批次保质期内的产品，抽样基数不少于

20kg，每批次抽样样品数量为4kg（不少于4个独立包装），分成2份，1份检验，1份留样备查。样品确认无误后，由抽样人员与被抽查单位在抽样单上签字、盖章，当场封存样品，并加贴封条，封条上应有抽样人员签名、抽样单位盖章及抽样日期。

【知识拓展】

1. 咸猪肉（腌猪肉）产品出厂检验项目是什么？

每批产品出厂前须经公司质量检验部门检验合格并签发合格证后方可出厂。出厂检验项目有：感官、挥发性盐基氮、过氧化值、水分、食盐。

2. 咸猪肉产品的型式检验如何进行？

咸猪肉产品的型式检验（《SB/T 10294—2012 腌猪肉》）的项目有过氧化值、酸价、铅、镉、总汞、无机砷、水分含量、盐含量、净含量。产品每半年进行一次型式检验，当遇到如下情形应进行型式检验：新产品投产；停产半年以上，恢复生产时；原料、设备、工艺有较大变化，可能影响产品质量时；出厂检验结果与上次型式检验有较大差异时；国家质量监督检验机构提出要求时。

型式检验项目全部符合标准规定的，判定为合格；型式检验项目不超过3项（含3项）不符合标准规定的，可以加倍抽样复检，复检后仍有1项不符合标准规定，则判定该批产品为不合格品。型式检验超过3项不符合标准规定的，不应复检，直接判定该批产品不合格。

3. 咸猪肉理化和微生物检测指标有哪些？

咸猪肉（腌猪肉）理化指标综合参考质检总局的《肉制品生产许可证审查细则（2010版）》、《GB 2730—2015 食品安全国家标准 腌腊肉制品》、《SB/T 10294—2012 腌猪肉》的要求，微生物指标因国家标准中暂无规定，参考农业部标准《NY/T 843—2015 绿色食品 畜禽肉制品》，如表3-4所示。

表3-4　　　　　　咸猪肉理化和微生物检测指标要求

（2010版肉制品生产许可证审查细则；GB 2730—2015；
SB/T 10294—2012；NY/T 843—2015；GB 2762—2017）

序号	检验项目	指标	发证检验	监督检验	出厂检验	备注
1	酸价（以KOH计）/(mg/g)	≤4.0	√	√	*	Q/YNJ 0002 S—2015
2	过氧化值（以脂肪计）/(g/100g)	≤0.5	√	√	√	GB 2730—2015
3	挥发性盐基氮含量/(mg/100g)	≤45	√	√	√	SB/T 10294—2012
4	铅含量/(mg/kg)	≤0.5	√	√	*	GB 2762—2017
5	总砷含量/(mg/kg)	≤0.05	√	√	*	SB/T 10294—2012

续表

序号	检验项目	指标	发证检验	监督检验	出厂检验	备注
6	镉含量/(mg/kg)	≤0.1	√	√	*	GB 2762—2017
7	总汞含量/(mg/kg)	≤0.05	√	√	*	GB 2762—2017
8	亚硝酸盐（以 $NaNO_2$ 计）含量/(mg/kg)	≤30	√	√	*	最大使用量 0.15g/kg（使用量以 $NaNO_3$ 计应低于 0.5g/kg）
9	食品添加剂（山梨酸、苯甲酸）		√	√	*	按 GB 2760 执行
10	NaCl 含量/%	8～18	√	√	√	SB/T 10294—2012
11	菌落总数/(CFU/g)	≤5×10^5				NY/T 843—2015
12	大肠菌群/(MPN/g)	≤64				NY/T 843—2015
13	致病菌（沙门氏菌、志贺氏菌、金黄色葡萄球菌、溶血性链球菌）/(CFU/g)	0/25g				金黄色葡萄球菌 $n=5$，$c=1$，$m=10^2$，$M=10^3$

注：①依据 GB 2730—2015、GB 2762—2017、SB/T 10003—1992、SB/T 10278—1997 和 GB 2760—2014 等。②企业的出厂检验项目中注有"＊"标记的，企业应当每年检验 2 次。③净含量应符合国家质量监督检验检疫总局第 75 号令《定量包装商品计量监督管理办法》的规定。④产品标签应符合 GB 7718—2011 要求。

课程思政

本情境学习后，我们应该明确肉制品加工时的基本工序——"腌制"的作用，及其操作规范。注意食盐的使用方法，以及食盐和其它辅料配合使用的要求。做到对有毒辅料的规范保管和使用，形成在腌制盐使用过程的安全意识和风险意识；长期腌制过程中，操作人员应持续进行产品的加工处理和品控，培养自己勤勉认真的品格。学生还应该关注南京板鸭的造型技术，学习中国古代工人精益求精的精神。

情境四 火腿制品加工与检测技术

火腿狭义地讲指用鲜（冻）猪后腿为主要原料，配以其他辅料，经修整、腌制、洗刷脱盐、风干发酵等工艺加工而成的非即食肉制品，隶属于腌腊肉制品（《GB 2730—2015 食品安全国家标准 腌腊肉制品》）。广义地讲，火腿也包括肉块经腌制、滚揉、压模、煮制等工序加工而成的熟肉制品。火腿制品有不同的分类方法，传统上分为中式火腿和西式火腿两大类。

项目4-1 金华火腿的加工

知识目标

1. 能准确说出中式火腿制品的概念、分类与特点。
2. 能说出腌制的基本原理及方法。

技能目标

1. 能正确设计金华火腿配方并配料。
2. 能按规定进行金华火腿加工的各项操作，生产出合格的火腿产品。
3. 能正确进行金华火腿产品的感官检验。

学习型工作任务

任务一 金华火腿的加工

金华火腿始于唐盛于宋,至今已有1200多年历史,它是一种具有独特风味的传统肉制品。产品脂肪洁白,皮色黄亮,肉色似火(玫瑰红色),红艳夺目,咸度适中,组织致密,鲜香扑鼻。其以色、香、味、形"四绝"为消费者称誉。

传统金华火腿按开始腌制的时间进行分类,冬至前腌制的火腿称为早冬腿;冬至至立春腌制的产品为正冬腿;立春以后腌制的为早春腿。传统制法的金华火腿中正冬腿品质最优,早冬腿次之,早春腿品质稍差,其他季节因温度太高,均不能采用传统方法制作。传统金华火腿按原料又可以分为火腿(猪后腿为原料)、风腿(猪前腿为原料)、戌腿(狗后腿为原料)和野猪腿。此外,不带商标的火腿称白板腿,经竹叶烟熏的火腿称为竹叶熏腿。

传统金华火腿主要产自金华、东阳、浦江、永康、兰溪、义乌六市,以东阳市上蒋村蒋雪舫火腿最有名,而竹叶熏腿仅产自浦江市。金华火腿滋味纯正,咸甜适中,鲜嫩多汁,食后回甜,生食风味更佳;熟制的金华火腿香气四溢,滋味浓厚,高级烹饪中用于除腥提味;金华火腿脚爪向内弯曲45°,腿杆细直,与腿头成一条直线,皮面平整,并且长宽有具体要求,整体形似竹叶,极具艺术感。传统金华火腿经久耐藏,自然条件下至少保存5年,有保藏10年不变质的记录,但一般保存2~3年风味最佳。

金华火腿采用传统干腌方法,有着长期的发酵成熟阶段,本项目注重练习干腌技术,及自然发酵过程的控制。

【岗前准备】

金华两头乌或其杂交后代的新鲜后腿;

食盐、电子秤、削骨刀、割皮刀、竹条、腿床、竹刷、洗腿池、挂钩、晒架、发酵架、发酵室等。

【岗位操作】

1. 岗位操作流程

选料→修坯(削骨、开面、修腿边、挤淤血)→摊凉→配料、腌制(出水盐、上大盐、覆三盐、覆四盐、覆五盐)→洗腿(浸腿、洗腿、漂洗)→晒腿→发酵成熟→堆叠后熟→成品。

2. 岗位操作细节

(1)选料 选择金华两头乌猪及其杂交后代的后腿做原料,不能采用病猪、死猪、黄膘猪的后腿,且屠宰时不能弄伤后腿,不能打气。原料腿一般为宰后24h的鲜腿(GB/T 19088—2008规定腿重在5~13kg),爪小,皮薄(不超过3.5mm)、骨细，无伤无破、无断骨无脱臼；腿心饱满，肌肉鲜红完整，肥膘较薄而洁白（不超过3.5cm）。

（2）修坯 取鲜腿，去毛，洗净血污，剔除残留的小脚壳。先削骨，将猪腿肉面朝上置于案台上，用削骨刀将突出肉面的耻骨和髂骨部分削去，使其与肉面平行，然后从尾骨和荐椎结合处劈开，割去尾骨，斩去突出肉面的腰椎和荐椎部分，使肉面平整。接着开面，用割皮刀于胫骨上方肉皮与肉面结合处将肉皮切开成月牙形，割去皮层、肉面脂肪和筋膜，但不能割破肌肉。然后修腿边，用割皮刀刀锋向外在腿两边沿弧形各划一刀，割去多余肥膘和皮层。最后挤出血管中的淤血。如图4-1所示。

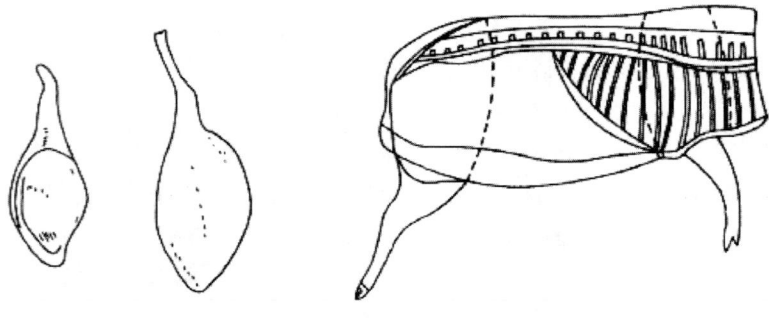

图4-1 鲜腿及其切割线
（孔保华.2014.肉制品深加工技术）

（3）摊凉 冷却可在修坯前或修坯后进行，在6~10℃的通风良好的条件下摊开或悬挂自然冷却至少18h。

（4）配料、腌制 一般只用盐，占腿坯重的6.5%~8.0%（若气温高，适当增加盐量）。

腌制时控制温度在6~10℃，相对湿度在75%~85%，时间一般30d左右，5kg以下的腿可腌制25d，8kg以上的腿需腌制35~40d。腌制期间上盐5~7次，每次上盐数量和部位各不相同：头盐上滚盐，大盐雪花飞，三盐四盐扣骨头，五盐六盐保签头。

第一次上盐（出水盐）：将腿肉面敷一薄层盐，胫骨上方皮面距肉面6~8cm的区域也要撒到食盐，撒不到盐的肉面要单独涂擦。肉面中央为骨骼和大血管所在部位，食盐渗透慢，用盐时需要适当加厚。第一次用盐量为总盐量的25%。然后以肉面朝上重复依次堆叠，并在每层之间隔以竹条3~4根，如图4-2所示。在一般气温下可堆叠12~14层，气温高时少堆叠几层或经12h再敷盐一次。这次用盐宜少而均匀合理，因为这时腿肉含水分较多，盐撒多了，难停留，会被水分冲流而落盐，起不到深入渗透的作用。之后，每次用盐都要翻堆。

第二次上盐（上大盐）：第一次上盐后经24h进行第二次上盐，加盐量最多，约占总用盐量的40%左右,而且腿面的不同部位敷盐层的厚度不同。先使整个肉面覆盖一层较厚的食盐,边缘不易撒上盐的部位要涂擦食盐,在三签处,如图4-3所示,用盐量比其他部位多1倍,因为这三个部位不仅肌肉厚而且在肌肉内部包藏有大腿骨、耻骨,必须多加盐量以加速食盐的渗透。胫骨上方皮面用盐范围缩小为4~5cm,其他部位不上盐。第二次敷盐后堆叠方式与第一次敷盐后堆法相同,需要翻堆。

这次上盐后肌肉变化比较明显,肌肉组织呈暗红色,特别是经过两天腌制后更为明显。其次肌肉脱水收缩变得坚实,腿呈扁平状,中间肌肉处凹陷,四周因多脂肪而显得突起而丰满。第二次上盐一定要在出血水盐的次日,因为鲜肉经过出血水盐后,已开盐路,这时盐分渗透最快,若误期就易导致变质。

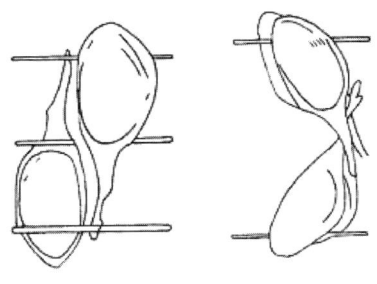

图4-2 腌腿堆叠方法

(孔保华.2014.肉制品深加工技术)

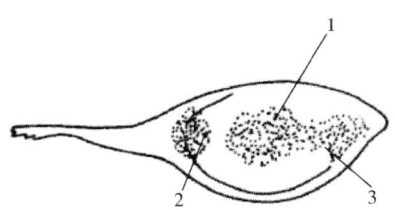

图4-3 三签部位

1—髋骨和股骨交接处(髋关节) 2—股骨、胫骨和膝盖骨交接处(膝关节) 3—肌肉厚处(荐关节内侧)

(孔保华.2014.肉制品深加工技术)

第三次上盐(覆三盐):在上大盐后4~5d进行,这次用盐量为总盐量的20%左右,要根据火腿的大小不同,控制腿面盐层的厚度。若火腿较大,而脂肪层又较厚,则应多加盐量,对小型火腿则只是修补而已,重点保证三签部位有充足的盐分,骨头所在部位用盐量适当增多,其他部位视盐分吸收情况适当补充,使整个肉面均匀分布一薄层食盐即可,同时胫骨上方皮面用盐范围缩小至2~4cm,其他部位不上盐。然后重新倒堆,将原来的上层换到底层。

第四次上盐(覆四盐):第三次上盐后经5~6d后进行第四次上盐,用盐量更少,一般只占总用盐量的12%左右,主要看不同部位腌透程度,这时火腿有的部位已经腌好,仅是三签区域尚未腌透,重点将食盐适当收拢到三签处和骨头所在部位继续腌制,其他部位适当补充,皮面不能用盐,胫骨上方皮面余盐也要除去。

鉴别火腿是否腌好或不同部分是否腌透,以手指按压肉面,若按压时有充实坚硬的感觉,说明已腌透,否则虽表面发硬但内部空虚发软,则属于尚未腌透,肉面应保存盐层。第四次上盐后堆叠的层数应视猪腿变化和气温而可适当增加(可增至14~16层),加以大压力增加食盐的渗透,同时需要翻堆。

第五次上盐（覆五盐）：于覆四盐后第 5d 进行，一般在三签部位补盐，其他部位不再用盐，用盐量为总用盐的 3% 左右。通常，覆五盐后不再用盐，但还要继续堆放，使食盐有充分时间渗透均匀。

第六、第七次上盐（覆六盐、覆七盐）：覆五盐后第 5d 和第 10d 分别覆六盐和覆七盐，主要视三签部位是否缺盐适当补充（特别要检查脊椎骨下部的肌肉是否尚未完全腌透，是否仍然很松软），确保整个腌制期不缺盐。

（5）洗腿　先洗净浸腿池，放入半池水，控制水温 5~10℃。将火腿上多余的盐分先除去，然后开始浸腿，肉面向下浸没于水中（最底层的肉面向上），泡 4~6h（水温高于 10℃ 时适当缩短浸腿时间）。接下来洗腿，用竹刷（或竹帚）逐个刷洗，各个部位均要洗到，先腿爪，再皮面，最后刷肉面。注意洗刷肉面时须顺着肌纤维方向进行。第一次洗腿后，将火腿重新放入清洁水中浸泡 16~18h，再行第二次洗腿，洗刷后即可捞出晾晒。

（6）晒腿、整形　洗腿完毕，每两只大小相似的火腿用绳结在一起，一上一下均匀挂在晾腿架上晾晒，挂腿间距 30~40cm，以便通风。约经 1~2h 即可除去悬蹄壳，刮去皮面水迹和油污，待肉面无水微干后，进行打印商标，再经 1~2h，待印章稍干但肉面尚软，即可开始整形。晾晒期间若遇连续阴雨天需要加盖防淋，腿表面若出现黄色黏稠物，天晴后要沾水洗去。

整形，就是在晾晒过程中将火腿逐渐校成一定形状。将小腿骨校直，使脚爪弯曲 45°，皮面压平，腿心丰满，火腿外形美观，而且使肌肉经排压后更加紧缩，有利于储藏时发酵。

整形分三步：在腿身，用两手从腿的两侧向腿心挤压，使腿心饱满，成橄榄形；在小腿部，先用木槌敲打膝部，再将小腿插入校骨机圆孔中，轻轻攀折，使小腿正直，至膝踝部无皱纹为止；在腿爪部，将脚爪加工成镰刀形，向内弯曲 45°。整形后继续曝晒，在腿没变硬前接连整形 2 或 3 次（每天 1 次）。腿形固定后（一般需要 7d 左右日晒），失重为腌后腿重的 10% 左右，腿皮呈黄色或淡黄色，皮下脂肪洁白，肌肉呈紫红色，腿面各处平整，内外坚实，表面油润，可停止曝晒。进行火焰燎毛后移入发酵室发酵。

（7）发酵成熟　发酵室设在楼的上层，内设发酵架（"蜈蚣架"），将火腿成对固定在发酵架上进行自然发酵，肉面对窗，间距 5cm，不得互相接触。发酵时间与温度有很大关系，一般温度越高则所需时间越短。在发酵过程中（火腿上楼 20~30d 后），火腿表面会逐渐长出并布满霉菌，经过发酵使蛋白质、脂肪发酵分解逐渐形成特殊的芳香味。霉菌的生长情况可以反映火腿的发酵状况。当肉面霉菌以绿霉为主，黄绿相间，俗称"油花"，表明发酵正常，盐含量、温湿度、水分活度适宜；如果以白色霉菌为主，俗称"水花"，表明水分过高或盐分不足；若肉面无霉菌生长，俗称"盐花"，表明腿中食盐含量过高。火腿在发酵过程中还要注意进一步整形，这称为"修干刀"。修干刀一般在清明前后，是火腿上架发酵到一定程度，水分已大量蒸发，肌肉不再有大的收缩，即形状基本稳定后进行，要将突出肉面的骨头斩平，割除多余脂肪和肉皮，并修割肉面，使其平整，肉面两侧呈弧形，达到金华火腿成品外形标准。

发酵过程需要严格控制温湿度（"控温湿"）。首先通风要良好，温度前期低后期高，前期在 15~25℃，后期温度在 30~37℃，相对湿度在 55%~77%（以 60%~70% 为最佳）。自然发酵室通过开关门窗来控制温湿度，晴天开窗通风，雨天关窗防潮，高温天气则昼关夜开，以确保室内温湿度稳定。

发酵期间要加强管理，防止虫害和鼠害（"防虫鼠"）。

发酵至 8 月中旬，气温开始下降时结束。

（8）堆叠后熟　火腿经过 5 个月左右的发酵期，肌肉干硬已经达到储藏后熟的要求，就可以从火腿架上取下来，进行堆叠。但堆叠前需要将火腿落架并刷拭干净，除去表面霉菌孢子和灰尘，涂上一层植物油以使肌肉回软，并阻止脂肪继续氧化，然后运往成品库堆叠后熟。堆高不超过 15 层，一般 8~10 层，采用底层肉面向上、皮面向下，其余皮面向上的方式逐层堆放，并根据气温不同进行倒堆（翻堆）。堆叠开始阶段每 5d 翻堆一次，15d 后每周翻堆一次，1 个月后半月翻一次，2 个月后每月翻一次堆。在每次倒堆的同时将流出的油脂涂抹在肉面上，这样不仅可防止火腿的过分干燥，而且经常保持肉面油润有光泽。堆叠后熟 1~2 个月即为成品，此时要用竹签检查三签部位香气，将火腿分成不同等级，分别存放。成品存放 1 年以上香气更浓，在出厂前一般经过简单包装，出品率在 60% 左右。不能及时出售者仍要堆叠存放，每月翻堆 1 次。

【问题探究】

1. 火腿腌制前为何要充分冷却？

选用的猪腿必须待冷却后方能进行加工整理。冷却后的肌肉进行着成熟作用，肉的 pH 下降，有利于食盐的渗透，从而加速腌制过程并防止腐败。

2. 什么叫做三签部位？

火腿腌制时，常需要用竹签检查成熟程度和有无不良气味。着重检查关节交接处和肌肉最厚处，这总共三个部位，分别是股骨、胫骨和膝盖骨交接处（上签）、髋骨和股骨交接处（中签），荐关节内侧（下签），这三处也被称为三签头区域。

3. 为什么腌制的气温影响用盐量？

当气温升高时用盐量增加，若腌房的平均温度在 15~18℃ 时，用盐量可增加到 12% 以上。因为随着温度的升高，敷在鲜腿表面上的食盐溶化速度加快，流失增多，所以应适当增加盐量，反之温度降低，食盐溶化慢，流失少，溶化后的食盐几乎全部渗透到肌肉内部。此外，腌制时的气温不仅决定加盐量，而且也影响腌制时间，即当温度高时堆叠腌制的时间应适当缩短，否则因食盐渗透过快，加工后的产品含盐量高。腌制时间还受腿的大小、脂肪层的厚薄等影响。如 6~10kg

的鲜腿，腌制时间 40d 左右。

4. 腌制完成后为什么要洗腿？

鲜腿经腌制后，表层食盐过多，并且留有盐溶性蛋白和黏腻油污物质，通过清洗可除去污物和多余食盐，便于整形和打皮印，也能使肉中盐分散失一部分，使咸淡适度，有利于酶在正常情况下发生作用，促进火腿成熟。

5. 发酵成熟及堆叠后熟的作用是什么？

发酵成熟是火腿风味形成的关键时期。在此期间，发酵室内气温逐渐上升，而相对湿度逐渐下降，肌肉蛋白和脂肪在内源酶的作用下，发生降解和氧化反应产生低级产物，如多肽、游离氨基酸、游离脂肪酸等，这些物质继续降解或相互作用，形成火腿特有的香气物质。肌肉内源酶的活性受气温、肉中水分活度、食盐含量等因素影响，需要通过调节发酵室温度、湿度、通气状况等条件来控制。

堆叠期间水分还会继续散失，同时内源酶将继续作用，香味物质继续产生，一般存放一年以上的金华火腿香气最浓。所以通过堆叠便于产品的储藏和进一步的成熟生香。

【知识拓展】

1. 传统金华火腿加工中所存在的问题有哪些？

金华火腿及其同类制品在加工制作过程中也存在很严重的问题，加工时间、加工地域都有严格的限制，因此不适合大型工业化生产，需要对传统工艺进行改进。

（1）加工地区和时间受限制　由于传统金华火腿的制作过程需要有较高的湿度环境和特殊的微生物，这样就有一定的地域性。同时，为了保证火腿在腌制期不至于腐败，加工只能在冬季或早春气温较低的时候进行。

（2）含水量偏低，增加了生产成本　含水量的高低不仅决定口感的好坏，而且决定产品的出品率。金华火腿的含水量偏低，使生产成本大大提高，而且口感也受到一定影响。

（3）工艺复杂且耗时　金华火腿的加工时间大约为 10 个月，而且整个过程有繁杂的腌制、漂洗、整形等加工工序，耗时费力。

2. 金华火腿加工工艺的改进技术。

国外著名的西班牙伊比利亚（Iberian）火腿、索拉娜（Serrano）火腿和意大利帕尔玛（Parma）火腿均采用了现代化加工技术和加工工艺，通过温湿度控制及生产线的自动化操作可以大大缩短工期，提高质量，所以金华火腿工艺借鉴国外成功经验进行了现代化改进。

（1）按摩　采用按摩机进行按摩，一方面可以使猪后腿肉的肌肉得以松弛，便于腌制时盐分的渗透；另一方面可以挤压血管，挤出血管中的血水，防止微生物的繁殖。

（2）第一次上盐腌制　在温度0~4℃、相对湿度60%~80%的冷库中，通过上盐机，用盐量控制3%进行腌制。腌制的温度和湿度是重要的生产工艺参数，也是火腿产品质量的重要影响因素。在腌制开始时，食盐向肌肉中渗透需要一定的时间过程，食盐的防腐作用还没有充分表现出来，此时需要低温2~4℃来抑制微生物的生长繁殖，降低酶活性，避免肌肉腐败现象的发生。等腿胚的含盐量上升达到相应的程度，可以充分起到防腐作用时，可以升高温度。控制相对湿度，可以防止火腿表面水分蒸发形成干燥现象、影响食盐的溶解渗透。控制相对湿度为60%~80%，可以促进腿胚排水，促进盐的渗透作用，降低水分活度。

（3）第一次摊腌　在温度0~4℃、相对湿度60%~80%的控温控湿库中逐只摊开，放置5d。

（4）第二次上盐腌制　在温度0~4℃、相对湿度60%~80%的冷库中，通过上盐机，用盐量控制4%进行腌制。

（5）第二次摊腌　在温度0~4℃、相对湿度60%~80%的控温控湿库中逐只摊开，放置15d。

（6）洗腿晾挂　把腿胚挂架，放置在洗腿机中间，以45℃温水，用高压水枪进行冲洗。清洗后从挂架上拿下腿胚进行修整和整形，然后重新挂到架上，用22℃热风吹干，放入温度为10~15℃、相对湿度50%~70%的控温控湿库中晾挂60d。晾挂期间腿胚中的盐分继续由边上往中间进行平衡渗透，同时含水量进一步蒸发降低，一部分的发酵也开始进行。晾挂期间要进行充分的换气。此工艺步骤结束，腿胚挂架移入发酵间。

（7）发酵　发酵阶段的发酵室的温度、湿度控制是影响火腿风味物质形成的关键。控制温度、湿度及变化幅度的原理是模仿金华地区气候特征，发酵期间要进行充分的换气。发酵分三个阶段进行。

第一阶段，提高发酵室温度到22~24℃、相对湿度50%~70%发酵60d；第二阶段，提高发酵室的温度到28~32℃、相对湿度50%~70%发酵30d；第三阶段，控制发酵室的温度到22~26℃、相对湿度50%~70%发酵30d。

（8）下架堆叠　产品经过发酵，在常温下下架堆叠。由于本工艺生产的火腿含水量比传统金华火腿高，所以堆叠的层数不宜太高，堆叠一般以6~8层为宜，每隔7d进行翻堆一次。翻堆时要用食用油擦涂腿胚的表面，产品堆叠45d。

任务二　金华火腿产品的感官检验

【岗前准备】

金华火腿产品；

洁净刀、洁净剪刀、无菌手套、无菌容器、冰箱等、锅、电磁炉等。

【岗位操作】

1. 岗位操作流程

取样→样品封存→外观检查→香气检验→色泽、组织状态、爪弯→滋味评定→评定报告。

2. 岗位操作细节

（1）取样　每次取样按《GB/T 9695.19—2008　肉与肉制品　取样方法》随机从3~5只火腿上取若干小块混合，取足500~1500g。置灭菌容器中（例如灭菌不锈钢饭盒，无菌塑料袋等）立即送检，如不能及时检测需冷藏（微生物检测，最好不超过3h）。

若要做食品生产许可（SC）审查等项目检测，要按相应的取样要求。例如SC审查，应在企业的火腿成品库内，随机抽取火腿产品进行检测。所抽样品须为同一批次保质期内的产品，抽样基数不少于20kg，每批次抽样样品数量为4kg（不少于4只腿），分成2份，1份检测，1份备查。

GB/T19088—2008规定金华火腿应每年进行一次型式检验，抽样时须随机抽样，5000只以下时抽1只，5000~10000只抽2只，10000只以上至20000只抽3只，20000只以上抽4只。

（2）样品封存　同其他项目。注意样品需要采用完整的火腿，使用较大的容器盛放并防潮。

（3）外观检查　样品先进行外观检查，观察腿心饱满程度，皮肤厚度，脚爪大小，有无残毛，损伤状况，皮面整洁度，刀工光洁度和印鉴清晰度。

（4）香气检验　用香气专业竹签（三签法）检验火腿香气，竹签插入火腿的三个规定部位，如图4-4所示，垂直插入火腿厚度的1/3至1/2。第一签（上签）在膝关节，股骨与胫骨缝附近；第二签（中签）在髋关节，股骨与髋骨之间偏腿背侧处（中签）；第三签（下签）在荐椎骨与髋骨之间，近髋骨的凹弯处。

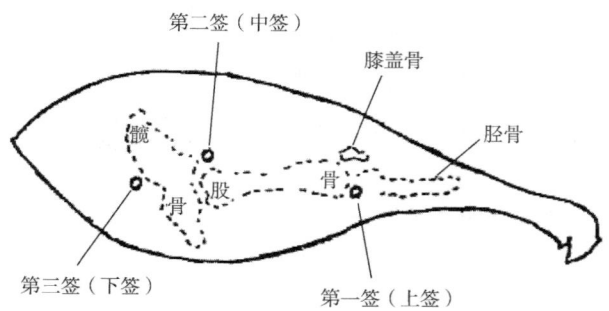

图4-4　香气检验竹签插入部位
（GB/T 19088—2008）

（5）色泽、组织状态、爪弯的检验　观察皮色、肉的表面和切面颜色，脂肪表面和切面的颜色。

组织状态观察腿心部位切开后的皮肉连接状况，肌肉干燥和致密程度，肌肉质地，肌肉切面的平整度和光泽度。

观察蹄壳表面与脚骨直线的延长线所呈的角度。

（6）滋味评定　将腿心部位切片，待水沸腾后放入蒸锅蒸 20min，再入口品尝。

（7）感官评定报告　感官检验的现象需要详细记录，并判定火腿的等级，如表 4-1 所示。

表 4-1　　　　　　　　　　金华火腿感官指标
（GB/T 19088—2008）

项目	要求		
	特级	一级	二级
香气	三签香	三签香	二签香，一签无异味
外观	腿心饱满，皮薄脚小，白蹄无毛，无红斑，无损伤，无虫蛀、鼠伤、无裂缝，小蹄至髋关节长度 40cm 以上，刀工光洁，皮面平整，印鉴标记明晰	腿心较饱满，皮薄脚小，无毛，无虫蛀、鼠伤，轻微红斑，轻微损伤，轻微裂缝，刀工光洁，皮面平整，印鉴标记明晰	腿心稍薄，但不露股骨头，腿脚稍粗，无毛，无虫蛀、鼠伤，刀工光洁，稍有红斑，稍有损伤，稍有裂缝，印鉴标记明晰
色泽	皮色黄亮，肉面光滑油润，肌肉切面呈深玫瑰色，脂肪切面白色或微红色，有光泽，蹄壳灰白色		
组织状态	皮肉不脱离，肌肉干燥致密，肉质细嫩，切面平整，有光泽		
滋味	咸淡适中，口感鲜美，回味悠长		
爪弯	蹄壳表面与脚骨直线的延长线呈直角或锐角		呈直角或略大于直角

【问题探究】

金华火腿什么情况下进行型式检验，判定规则是什么？

金华火腿正常情况下每年进行一次型式检验，采用如"岗位操作"中对应方法取样。当主要原料或工艺有重大改变；停产一年后恢复生产，质量出现不稳定；国家质量监督检验检疫行政主管部门提出型式检验要求时需要进行型式检验。型式检验项目为感官检验、安全指标（三甲胺氮、过氧化值、亚硝酸盐、铅、总砷、镉、总汞）、理化指标（食盐含量、水分含量、瘦肉比率、火腿重）。判定时感官指标、理化指标、安全指标如有一项不合格时，可加倍抽样检测，如仍有不合格项，则判该批产品不合格。

【知识拓展】

中式火腿理化和微生物指标

中式火腿理化指标和微生物指标综合参考质检总局的肉制品生产许可证审查细则（2010 版）和《GB 2730—2015 食品安全国家标准 腌腊肉制品》、《GB/T 19088—2008 地理标志产品 金华火腿》、《NY/T 843—2015 绿色食品 畜禽肉制品》的要求。注意，金华火腿要求特级和一级火腿的瘦肉比率大于等于65%，二级火腿的瘦肉比率大于等于60%；单只特级火腿的质量在3.0~6.0kg，一级火腿在3.0~7.0kg，二级火腿在3.0~8.0kg。如表4-2所示。

表4-2 中式火腿理化与微生物指标
（2010版肉制品生产许可证审查细则；GB 2730—2015；
GB/T 19088—2008；NY/T 843—2015；GB 2762—2017）

序号	检验项目	指标	发证检验	监督检验	出厂检验	备注
1	三甲胺氮含量/（mg/100g）	≤2.5	√	√	√	GB 2730—2015
2	过氧化值（以脂肪计）含量/（g/100g）	≤0.5	√	√	√	GB 2730—2015
3	铅含量/（mg/kg）	≤0.5	√	√	*	GB 2762—2017
4	总砷含量/（mg/kg）	≤0.05	√	√	*	SB/T 10294—2012
5	镉含量/（mg/kg）	≤0.1	√	√	*	GB 2762—2017
6	总汞含量/（mg/kg）	≤0.05	√	√	*	GB 2762—2017
7	亚硝酸盐（以 $NaNO_2$ 计）含量/（mg/kg）	≤30	√	√	√	最大使用量0.15g/kg（使用量以 $NaNO_3$ 计应低于0.5g/kg）
8	食品添加剂（山梨酸、苯甲酸）		√	√	*	按 GB 2760 执行
9	NaCl（以瘦肉中 NaCl 计）含量/%	≤11	√	√	√	GB/T 19088—2008 金华火腿和宣威火腿检测
10	水分（以瘦肉计）含量/%	≤42	√	√	√	
11	瘦肉比率/%					
12	质量/（kg/只）					金华火腿必检
13	菌落总数/（CFU/g）	$\leq 5 \times 10^5$				NY/T 843—2015
14	大肠菌群/（MPN/g）	≤64				NY/T 843—2015

续表

序号	检验项目	指标	发证检验	监督检验	出厂检验	备注
15	致病菌（沙门氏菌、志贺氏菌、金黄色葡萄球菌、溶血性链球菌）/（CFU/g）	0/25g				金黄色葡萄球菌 $n=5$，$c=1$，$m=10^2$，$M=10^3$

注：①依据 GB 2730—2015、GB 2762—2016、GB/T 19088—2008、NY/T 843—2015 和 GB 2760—2014 等。②企业的出厂检验项目中注有"＊"标记的，企业应当每年检验 2 次。③净含量应符合国家质量监督检验检疫总局第 75 号令《定量包装商品计量监督管理办法》的规定。④产品标签应符合 GB 7718—2011 要求。

项目4-2
盐水火腿的加工

知识目标

1. 能说出火腿制品的概念、分类与特点。
2. 能说出西式火腿加工的基本原理及方法。
3. 能准确说出盐水火腿配方设计原理和配制方法。
4. 能准确说出滚揉概念、目的、方法。

技能目标

1. 能正确设计产品配方。
2. 能操作滚揉机进行滚揉。
3. 能解读盐水火腿产品的相关标准，并按要求进行加工操作。
4. 会在熟制过程中测量水温（或炉温）和制品的中心温度。
5. 能按标准对成品进行感官检验。

学习型工作任务

任务一 盐水火腿的加工

西式火腿大都是用大块肉经整形修割（剔去骨、皮、脂肪和结缔组织）盐水注射腌制、嫩化（或不嫩化）、滚揉、充填，再经熟制、烟熏（或不烟熏）、冷却等工艺制成的包装熟肉制品。西式火腿虽加工工艺各有不同，但其腌制都是以食盐为主要辅料，且加工中其他调味料用量甚少，故又称之为盐水火腿。由于其选料精良，加工工艺科学合理，采用低温巴氏杀菌，故可以保持原料肉的鲜香味，产品组织柔嫩，色泽均匀鲜艳，持水率高、口感好且出品率高。本任务以盐水火腿为载体，重点掌握通过滚揉提高腌制效果的方法。

【岗前准备】

常用配方：肩肉 10kg、精盐 500g、水 5kg、硝石 10g、味精 50g、砂糖 300g、白胡椒粉 10g、复合磷酸盐 30g、生姜粉 5g、苏打 3g、肉蔻粉 5g。经溶解、拌匀过滤，冷却到 2~3℃备用。

德式配方：10kg 冷却腿肉，1.413L（kg）冰水混合物（-5℃），pH 为 10 的复合磷酸盐 60g，混合调味料（包含 60g 蔗糖、60g 葡萄糖、12g 味精、12g 抗坏血酸钠、混合均匀），大豆分离蛋白 120g，腌制盐（251.8g 食盐、1.44g 亚硝酸钠，混合均匀）。

天平（0.1g）、天平（0.0001g）、刀、砧板、绞肉机、滚揉机、煮制锅、大直径肠衣（或蒸煮袋）、灌肠机、模具、冰箱等。

【岗位操作】

1. 岗位操作流程

选料→修整→配料→腌制→肉的嫩化（或不嫩化）→滚揉→灌装（或成型）→熏烤（或不熏烤）→蒸煮→冷却→包装。

2. 岗位操作细节

（1）选料　选择新鲜，脂肪少，瘦肉多的冷鲜猪肩肉或腿肉，剔除筋膜、腱、骨。辅料为食用级。

（2）修整　肉洗净沥干后（不脏可以不洗）切成条状或搅成块状（用两块肾形盘夹住刀片，将肉搅成约 4cm 边长的方块，操作时视模具尺寸调整块型大小），冷却待用。若采用盐水注射并嫩化的工艺，则块型不能过小，一般修割后顺肌纤维方向切成大于 300g 的大肉块，以便于注射盐水。环境温度应低于 15℃，修整过的肉块应在 2~5℃冷藏备用。

（3）配料　要使用碱性磷酸盐帮助形成交联，使用亚硝酸盐发色和防腐，二者均要注意用量。配制盐水时，一般将磷酸盐和香辛料混合粉在 6℃水中搅拌至完全溶解，再加入腌制盐（含亚硝）搅拌至彻底溶解，然后加入调味料（包括糖、维生素 C 等）溶解完全。若要添加蛋白质（如，大豆分离蛋白等），则必须在注射或腌制前 1h 内加入并溶解好。盐水配好后需要在 7℃以下放置，如用于注射腌制则提前 15min 倒入注射机储液罐以去除盐水中空气。若参照德式配方可以先将复合磷酸盐倒入 -5℃的冰水混合物中搅拌，使彻底溶解；再加入混合调味料，也使之彻底溶解；接下来加入大豆分离蛋白，溶解至呈胶态，无颗粒物残留为止；接着加入混合腌制盐，溶解。盐水配制应在腌制前24h内进行。

（4）腌制　有干腌、湿腌、盐水注射法。其目的是改善风味颜色，提高产品的保存性，为了加快腌制速度，可以采用盐水注射法，注射量为20%～25%，腌制时间为16～24h，温度为5～10℃。

（5）肉的嫩化　其原理就是用机械的方法对肉进行穿刺或切断，来破坏筋和结缔组织，以便制成质地均匀的火腿，通常所用的软化机有滚刀型和多针型。在切割或穿刺后虽然增大了肉的表面积，但是会造成盐水损失，可将这些渗出的盐水倒入滚揉桶内备用。

（6）滚揉　是盐水火腿生产中最重要的一道工序，是一种机械处理，滚揉过程属于腌制过程，能提高肉之间黏合强度和内聚力。滚揉次数为20000～60000次（200～1000次/min，一般推荐低速），环境温度4～6℃，此外，采用真空滚揉还能防止氧化，消除成品中的气泡，从而提高产品质量。上诉德式配方不需盐水注射和嫩化，只需将肉和腌制液放入滚揉机，低速真空滚揉约30min，休息1h，再真空滚揉约10min。注意随时观察，若发现无液体，则停止搅动，若仍有液体，则需要进一步滚揉。直至液体全部吸收后取出肉糜，置于冷却温度下（4～7℃）静置16～24h，让其充分腌制。取出后观察其投掷于桶壁的黏附力，若黏度不够，可再次低速真空滚揉约10min左右。直至黏附力变大后，再灌制。

（7）灌装　工业大生产时采用真空灌装机定量灌制，实训室常采用手工装模，灌制后需要适当排除空气。火腿包装形式通常有三种，即金属罐头、模制型料包装、人造肠衣，其中模制型料包装是用铝或不锈钢材料制成，模盖上弹簧对内施加压力，使其质地紧实。上述德式配方，要求真空灌入肠衣，装模后平躺约2h，以便吸收水分。

（8）蒸煮　连同火腿模具一同置于热水槽中加热，水温75℃，使火腿中心温度达68～72℃（德式配方要求中心达70℃ 3min），加热时间一般依赖蒸煮温度和产品单重。一般蒸煮1h/kg（德式配方加热时间计算见问题探究）。火腿中心温度以不超过80℃为宜。

（9）冷却　分两阶段，先采用冷水冷却，当温度降到38～40℃时就送入0℃冷库中，保持12～15h，使中心冷到4～7℃就可脱模包装。注意冷链储运，防止波温（较大的波温易致脂肪聚集）。

【问题探究】

1. 火腿制品的概念、分类与特点各是什么？

火腿是用大块肉为原料加工而成的肉制品，根据其加工工艺及产品特点可将其分为干腌火腿、熏煮火腿和压缩火腿等。干腌火腿类是生火腿，在我国和欧洲都有分布；熏煮火腿是用大块肉经整形修割、腌制、嫩化、滚揉、捆扎、蒸煮、烟熏（或不烟熏）、冷却等工艺制成的熟肉制品；压缩火腿是用猪肉及其他畜禽肉（牛、羊、马）的小块肉为原料，并加入兔肉、鱼肉等荧肉，经腌制、充填入肠衣或模具，再蒸煮、烟熏（或不烟熏）、冷却等工艺制成的熟肉制品。《GB/T 26604—2011 肉制品分类》将火腿肉制品分为中式火腿类（金华火腿、宣威火腿、如皋火腿、意大利火腿等生火腿）和熏煮火腿类（盐水火腿、熏制火腿等）。目前，我国市场上的火腿制品常按起源地分为中式火腿和西式火腿两大类。

（1）中式火腿类　指用整条带皮猪腿为原料经腌制，水洗和干燥，长时间发酵制成的肉制品。其加工期半年左右，成品水分低，肉深玫瑰色，有特殊的腌腊香味，食前需熟制。产品特点为，皮薄爪细，红白分明，外形美观，滋味鲜美，香气浓郁，肥瘦适宜，食而不腻，风味独特，营养丰富，易于保藏。中式火腿最著名的有三种：南腿，以金华火腿为代表；北腿，以如皋火腿为代表；云腿，以云南宣威火腿为代表。南北腿的划分以长江为界。

（2）西式火腿类　多数种类是以瘦肉、无皮、无骨和无结缔组织的肉腌后充填到模型或肠衣中进行煮制和烟熏形成的即食火腿（也有和中式火腿相似的产品）。加工过程只需 2d，成品水分含量高，嫩度好，它们一般由猪肉加工而成，因与我国传统火腿（如金华火腿）的形状，加工工艺、风味等有很大的不同，习惯上称其为西式火腿，包括带骨火腿、去骨火腿、盐水火腿和肉糜火腿等。西式火腿中除带骨火腿为半成品，在食前需熟制外，其他种类的火腿均为可直接食用的熟制品。产品特点为，色泽鲜艳，肉质细嫩，口味鲜美，出品率高，且适于大规模机械化生产，产品标准化程度高。

2. 西式火腿加工的基本原理及方法是什么？

（1）带骨火腿　带骨火腿是将猪前后腿肉经盐腌后加以烟熏以增加其保藏性，同时赋以香味而制成的半成品，与中式火腿类似。带骨火腿有长形火腿和短形火腿两种，生产周期较长，成品较大，且为半成品，不易机械化生产，因此生产量相对较少，但在欧洲因其风味佳，切片销售、卫生，可即食，受到大众欢迎。

带骨火腿一般工艺为：原料选择→整形→去血→腌制→浸水→干燥→烟熏→冷却、包装。

（2）去骨火腿　去骨火腿是用猪后大腿经整形、腌制、去骨、包扎成型后，再经烟熏、水煮而成。因此去骨火腿是熟制品，具有肉质鲜嫩的特点，其保藏期较短。近来加工去骨火腿较多。在加工时，去骨一般是在浸水后进行。去骨后，以前常连皮制成圆筒形，而现在多除去皮及较厚的脂肪，卷成圆柱状，故又称为去骨成卷火腿。亦有置于方形容器中整形者。因一般都经水煮，故又称其为去骨熟火腿。

去骨火腿一般工艺为：选料→整形→去血→腌制→浸水→去骨、整形→卷紧→干燥、烟熏→水煮→冷却、包装、储藏。

（3）盐水火腿　详见操作方法。

3. 盐水注射的注意点有哪些?

腌制时若肉块较大,就需要进行盐水注射。所用的注射液,即为腌制液,主要成分为水、食盐、硝酸盐、亚硝酸盐、磷酸盐、抗坏血酸、大豆分离蛋白、淀粉等。其中盐与糖在腌制液中的含量取决于消费者的口味,而硝酸盐及亚硝酸盐、磷酸盐、抗坏血酸等添加剂的量按照添加剂的使用标准设定。盐水的注射量为20%~60%(一般20%~45%),一般情况下,使最终产品中的含量在如下范围内变化:盐 2.0%~2.5%,糖 1.0%~2.0%,磷酸盐 ≤0.5%(以 P_2O_5 计)。当注射量较低时(≤25%),一般无需加可溶性蛋白质,否则,很易因为使用不当造成产品质量下降,或者注射针头堵塞等机器故障。

此外,盐水在配料溶解时,应按照一定次序投放物料,防止造成不溶现象或化学反应引起盐水失效。具体而言,亚硝酸钠或硝酸钠应与食盐混合均匀后再添加,防止亚硝酸盐不能充分分散;磷酸盐如果与腌制盐结合就不能溶解了,故食盐(腌制盐)要在磷酸盐完全溶解后才加入;此外亚硝酸盐极易与维生素 C 发生反应而造成失效,应尽量避免二者的直接接触。

4. 滚揉及按摩概念、作用、方式和方法各是什么?

将经过盐水注射的肌肉放置在一个旋转的鼓状容器中,或者是放置在带有垂直搅拌桨的容器内进行处理的过程称之为滚揉或按摩。

最早将滚揉用于肉食品加工的是美国人罗素·马斯(Russell Maas)(1963.2.5,专利号:3076713)。几十年来,几乎所有种类的肉均有被滚揉和按摩处理的研究报告问世。

滚揉按摩是火腿加工中的一个非常重要的操作单元。肉在滚筒内翻滚,部分肉由叶片带至高处,然后自由下落,与底部的肉相互撞击。由于旋转是连续的,所以每块肉都有自身翻滚、互相摩擦和撞击的机会,结果使原来僵硬的肉块软化,肌肉组织松软,利于溶质的渗透和扩散,并起到拌和作用。同时在滚打和按摩处理过程中,肌肉中的盐溶性蛋白质被充分萃取,这些蛋白质作为黏结剂将肉块黏合在一起。滚揉或按摩的目的有以下几种。

①通过提高溶质的扩散速度和渗透的均匀性,加速腌制过程,并提高最终产品的均匀性。

②改善制品的色泽,并增加色泽的均匀性。

③通过肌球蛋白和 α-辅肌动蛋白的萃取,改善制品的黏结性和切片性。

④降低蒸煮损失和蒸煮时间,提高产品的出品率。

⑤通过小块肉或低品质的修整肉生产高附加值产品,并提高产品的品质。

滚揉或按摩处理的缺点有以下几点。

①设备投资比较高。

②结缔组织不能被充分的分散,而且为了获得较好的切片性和黏结性,需去除原料肉中的脂肪组织。

③过度的滚揉将降低组织的完整性,并导致温度升高和微生物生长繁殖,因此滚揉必须在 0~5℃ 的环境温度下进行。

滚揉的方式一般分为间歇滚揉和连续滚揉两种。连续滚揉多为集中滚揉二次,首先滚揉 1.5h 左右,停机腌制 16~24h,然后再滚揉 0.5h 左右。间歇滚揉一般采用每 1h 滚揉 5~20min,停机 40~55min,连续进行 16~24h 的操作。

低温真空滚揉时间的确定依赖于经验公式(例如,德式配方提供的经验公式),即滚揉机内部周长×转速×时间=移动距离。而这个移动距离应小于 6000m,一般在 4000m 左右。因为一旦达到 6000m 肉糜就会过干、持水力下降。

5. 西式火腿熟制的方式有哪些,如何进行终点判断?

(1) 带骨火腿熟制　带骨火腿一般用冷熏法,烟熏时温度保持在 30~33℃,时间为 1~2 昼夜,至表面呈淡褐色时则芳香味最好(烟熏过度则色泽变暗,品质变差。)。烟熏结束后,自烟熏室取出,冷却至室温后,转入冷库冷却至中心温度 5℃ 左右,擦净表面后,用塑料薄膜或玻璃纸等包装后即可入库。其可以切片鲜食或烹调后食用。

(2) 去骨火腿熟制　去骨火腿需在 30~35℃ 下干燥 12~24h,因水分蒸发,肉块收缩变硬,须再度卷紧后烟熏。烟熏温度在 30~50℃。时间随火腿大小而异,为 10~24h。然后进行水煮,水煮的目的是杀菌和充分熟化,赋予产品适宜的硬度和弹性,同时减弱浓烈的烟熏味。水煮以火腿中心温度达到 62~65℃ 保持 30min 为宜。若温度超过 75℃,则肉中脂肪大量融化,常导致成品质量下降。一般大型火腿煮 5~6h,小型火腿煮 2~3h。水煮后略加整形,快速冷却后除去包裹棉布,用塑料膜包装,在 0~1℃ 的低温下储藏。

(3) 盐水火腿熟制　盐水火腿的熟制方式一般有水煮和蒸汽加热两种方式。金属模具火腿多用水煮办法加热,充入肠衣内的火腿多在全自动烟熏室内完成熟制。为了保持火腿的颜色、风味、组织形态和切片性能,火腿的熟制和热杀菌过程,一般采用低温巴氏杀菌法,即火腿中心温度达到 68~72℃ 即可。若肉的卫生品质偏低时,温度可稍高,以不超过 80℃ 为宜。蒸煮后的火腿应立即进行冷却,采用水浴蒸煮法加热的产品,是将蒸煮篮重新吊起放置于冷却槽中用流动水冷却,冷却到中心温度 40℃ 以下。用全自动烟熏室进行煮制后,可用喷淋冷却水冷却,水温要求 10~12℃,冷却至产品中心温度 27℃ 左右,送入 0~7℃ 冷却间内冷却到产品中心温度至 1~7℃,再脱模进行包装即为成品。

6. 产品分析

图 4-5 的左图产品肉块松散不能切成薄片,同时可以看出肌肉明显缩水。这主要由于腌制和滚揉控制不当,同时未能控制在适宜的加热温度和时间。右边产品基本完好,但是局部存在少量的油脂聚集,这主要在于修整时未修割掉脂肪块和筋腱,并且产品冷藏时温度存在波动引起。

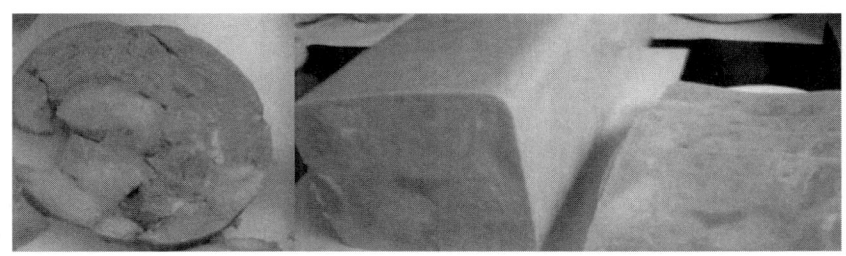

图 4-5 盐水火腿产品缺陷样图

盐水火腿产品加工时应严格控制好温度。分割修整间 8~12℃；盐水注射间 6~7℃；滚揉间 5~6℃；煮制时水温控制在 75~85℃，使火腿中心温度达 68~72℃，并保持 3min；成品库 0~4℃；成品包装间 12~15℃。

【知识拓展】

1. 滚揉的作用及滚揉程度鉴别

滚揉可以使肉类蛋白质增溶和膨胀，与单一进行绞肉相比能确保各种配料成分，尤其是腌制料的均匀分布。经过滚动和摔打等作用，可以使肉中的盐溶性蛋白质被充分提取出来，这些盐溶性蛋白质可提高持水性，增加乳化结着性与制品的赋形性，溶解的蛋白质促进脂肪球的包裹与分散，从而改善肉的色泽、嫩度、均一性、切片性、风味等。

具体而言，滚揉的作用又可以表现为下面 3 个方面。

（1）破坏肉的组织结构，使肉质可塑性增加　肉在低温条件下腌制，质地较硬。如采用传统堆压式腌制，腌期需 2 周左右，腌好后质地比鲜肉硬得多，可塑性极差，制成的火腿成品率只有 70% 左右。此外肉块间接触不完全，内部有空洞，黏结也不牢，切片松碎。通过对肌肉翻动、碰撞、滚揉和挤压等作用，使肌肉的组织结构破坏，纤维部分断裂而松弛，质地柔软，可塑性增大，制得的火腿由于肉块间互相贴紧，再加上提取出的肌原纤维蛋白的黏结作用，经煮制冷却后，结合成一体，切片就不会松碎。

（2）加速盐水渗透和发色　盐水向肉内渗透为缓慢的物理过程，且低温条件下，肉块有一定的硬度。如果靠自然渗透，夏季需 10 天左右，冬季约 2 周。滚揉工艺由于连续对肉进行挤压、放松，使肉的组织结构受到破坏，肉质松弛和纤维断裂，盐水渗透速度大为提高，吸收大量盐水，且均匀分布，这样不仅缩短了腌制期，加快生产周转，还能提高出品率和制品嫩度。在加速盐水渗透扩散的同时，肉的发色速度也得以加快，从而使肉色红润美观。

（3）加速蛋白质的溶解和提取　滚揉可以加速蛋白质溶解和提取，有效改进成品的黏着性和组织结构。肌肉中的主要蛋白质——肌原纤维蛋白能溶解在一定浓度的盐溶液中，滚揉的直接作用是加速盐溶液渗透到肌肉的各个部位。肌纤维中的盐溶蛋白，在腌料提供的一定离子强度盐溶液下，虽然可以溶解，但不会自动渗出肉体。通过滚揉可以将肉块中已经溶解了的肌原纤维蛋白从肉中挤压出来。对于同一原料来说，蛋白质的挤出量与挤压程度、腌液离子强度和滚揉时间成正比。被挤出的蛋白质与盐水和其他添加料组成溶胶状物质，包裹在肉块表面。煮制受热时，这部分蛋白质首先变性凝固，将小肉块黏结成一体。同时起封闭作用，不让内部水分流失。这样就避免了制品在煮制时内部出现空洞，外表有凹陷、残缺等缺陷，如果出现这种缺陷，则表明滚揉时间不足。

在盐水火腿切片时有时会发现，肉块与肉块连接处有一种黄色的物质，它影响了火腿的整体色泽，也使肉的黏合性、保水性变差。这种物质的形成是滚揉过度的缘故，因滚揉时间过长，被萃取的可溶性蛋白质出来太多。在肉块及肉块与滚筒壁的不断摩擦作用下，温度会逐渐上升。蛋白质发生变性，影响产品质量。

另外，滚揉程度应得到充足的重视。滚揉不足，肉块内部肌肉还没有受力，盐水还没有被充分吸收，蛋白质萃取少，以致肉的颜色不均匀，结构不一致，黏合力、保水性、切片性都差，故可适当延长按摩时间，以提高产品保水性和出品率；但滚揉时间过长，导致蛋白质变性，此时黏合性及保水性下降。滚揉不足或过度的火腿产品在放置一段时间后，都有渗水现象，因此要确定适当的滚揉时间。

肉的滚揉程度的鉴别可以参考以下几点。

（1）肉的柔软度适当　用手指按压肉块无弹性，中心部位与外表柔软度一致，捏住肉的一部分将其竖起，则上半部分即倒垂下来，毫无硬性感觉，具有可塑性。

（2）肉块表面被凝胶物质均匀包裹，但肉的块状和色泽仍清晰可辨　若将表面凝胶物质抹去，则修割时留下的刀痕和棱角全部磨去，纤维结构破坏，明显有"糊"的感觉。但糊而不烂，整个肉块仍基本完整，或大的肉块被机械拉成较小的肉块。

（3）肉块表面很黏　要求达到将黏在一起的两块肉拎起其中的一块，则黏在一起的另一块在瞬间或短时间内不会掉下，说明蛋白质的提取量、盐水的添加量、淀粉的用量及温度控制等均属适当。

（4）色泽均一　切开任何一块肉，表面色泽一致，均呈淡红色，说明按摩恰到好处，盐水渗透均匀。

2. 滚揉机

（1）概述　滚揉机是利用物理冲击的原理，让肉在滚筒内上下翻动，相互撞击、摔打，达到按摩、腌渍作用。

滚揉机可以使肉均匀的吸收腌渍，可以提高肉的结着力及产品的弹性；可以提高产品的口感及断面效果；可以增强保水性，增加出品率；可以改善产品的内部结构,节能高效。整机采用不锈钢制造,结构紧凑,滚筒两端均采用旋压式封帽结构,最大的增加滚筒内的摔打空间,使滚揉产品的效果均匀。

(2)结构 包括不锈钢滚筒,电机及传动装置,抽真空装置,密封件,控制面板,承重装置等,如图4-6所示。

图4-6 滚揉机

(http://baike.baidu.com/view/2618847.htm(滚揉机 百度百科))

(3)分类 滚揉机可分为真空滚揉机、自吸式真空滚揉机、全自动真空滚揉机、偏口式真空滚揉机、无真空滚揉机、变频真空滚揉机等类型。其中变频真空滚揉机加装变频器,增加调速功能,改变原来单一的固定转数,使滚揉转数可根据工艺任意调整。

其他相仿类型设备有:真空腌制机、腌制罐、腌制桶等设备。

(4)主要技术参数如表4-3所示。

表4-3 滚揉机参考技术参数

(http://baike.baidu.com/view/2618847.htm?wtp=tt(滚揉机 百度百科))

型号	生产能力/ (kg/罐)	功率/kW	电源电压/V	滚揉转数/ (r/min)	主机尺寸/ mm×mm×mm	质量/kg
GT-200	150~200	2.25	380	6~8	1500×1000×1500	330
GT-300	225~300	2.25	380	6~8	1700×1000×1500	390
GT-500	375~500	2.95	380	6~8	2000×1000×1500	490
GT-600	450~600	2.95	380	6~8	2100×1000×1500	520

3. 盐水注射机

(1)概述 盐水注射机是将盐水注入肉中进行腌渍的设备。注入配制的盐水溶液能使肉质嫩化,松软,提高肉制品的品质和出品率。如图4-7所示。

(2) 使用方法　不同设备功能相似。使用时均为将肉块均匀铺放在输料带上，从带有针杆的桥式注射器下通过，当针杆恒速地向下运动与肉块接触时，按规定的剂量向肉块中注射盐水。各种设备的主要差别在于针头数量和盐水的供应方式（有集中供应，分组供应，独立杆供应等方式）。

可根据不同工艺要求，调整步进速度，步进距离，压肉板间隙及注射压力，将腌渍液均匀连续地注入肉中，达到最理想的注射效果。

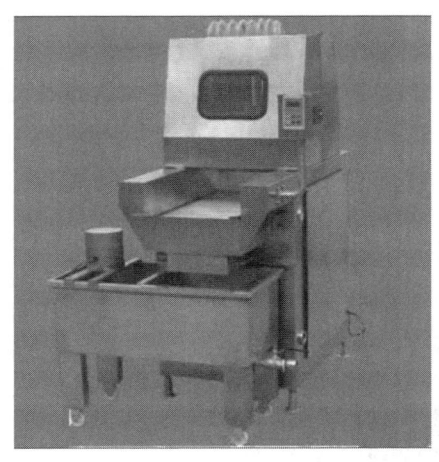

图4-7　盐水注射机
（https://baike.baidu.com（百度百科））

4. 煮制时间的估计方法

煮制时间过短则杀菌不够，蛋白质不能充分形成凝胶态；煮制时间过长，则蛋白变性过度，产品缩水严重，感官品质变劣。因此需要找到计算煮制时间的方法。德国肉制品公司里有一个利用75℃热水来使火腿中心达到70℃并保持3min的经验公式如式4-1所示。

$$加热时间 \approx 火腿窄边的宽度(cm) \times \frac{1}{4}(h/cm) \qquad 式4-1$$

任务二　盐水火腿的感官检验

【岗前准备】

自制盐水火腿；
无菌刀、无菌剪刀、无菌手套、无菌容器、冰箱等。

【岗位操作】

1. 岗位操作流程

取样→样品封存→外观检查→切片性、组织状态、滋味和气味评定。

2. 岗位操作细节

（1）取样　每次取样（或每个检测小组的取样）按《GB/T 9695.19—2008 肉与肉制品　取样方法》随机从3~5块大于500g的盐水火腿上取若干小块混合，取足500~1500g；或直接取3块至5块小于500g的火腿混合，使得总量不少于1000g。置灭菌容器中（例如灭菌不锈钢饭盒，无菌塑料袋等）立即送检，如不能及时检测需冷藏（微生物检测，最好不超过3h）。

当然若要做食品生产许可（SC）审查等项目检测，要按相应的取样要求。例如 SC 审查，应在企业的火腿成品库内，随机抽取火腿产品进行检测。所抽样品须为同一批次保质期内的产品，抽样基数不少于 20kg，每批次抽样样品数量为 4kg（不少于 4 个包装），分成 2 份，1 份检测，1 份备查。

GB/T 20711—2006 规定熏煮火腿应进行型式检验，样本数量参照表 4-4 抽取，将其中 1/3 样品进行封存，保留备查。从每个样本中随机抽取 2kg 作为检验样品。如表 4-4 所示。

表 4-4　　　　　　　　　　盐水火腿抽样表

（GB/T 20711—2006 熏煮火腿）

批量范围/箱	样本数量/箱	合格判定数 Ac	不合格判定数 Re
≤1200	5	0	1
1201~2500	8	1	2
≥2501	13	2	3

（2）样品封存　操作同前面项目。

（3）感官评定　根据产品的感官要求，用眼、鼻、口、手等感觉器官对产品的外观、色泽、组织状态和风味的质量好坏进行评定。注意实验室要符合 GB/T 13868—2009 规定，实验室用水应为双蒸水、去离子水或经过过滤处理除去异味的水。盐水火腿按 GB 2726—2005 和 GB/T 20711—2006 规定应评定产品肉色、质地和风味，特别留意有无异味、有无酸败味、有无异物。如表 4-5 所示。

表 4-5　　　　　　　　　　盐水火腿感官要求

（GB/T 20711—2006 熏煮火腿）

项目	要求
色泽	切片呈自然粉红色或玫瑰红色，有光泽
质地	组织致密，有弹性，切片完整，切面无密集气孔且没有直径大于 3mm 的气孔，无汁液渗出，无异物
风味	咸淡适中，滋味鲜美，具固有风味，无异味

注：熏煮火腿指以畜、禽肉为主要原料，经精选、切块、盐水注射（或盐水浸渍）腌制后，加入辅料，再经滚揉、充填（或不充填）、蒸煮、烟熏（或不烟熏）、冷却、包装等工艺制作的火腿类熟肉制品。

【知识拓展】

盐水火腿理化和微生物指标

盐水火腿理化指标和微生物指标综合参考质检总局的《肉制品生产许可证审

查细则（2010版）》、《GB 2726—2016 食品安全国家标准 熟肉制品》以及《GB/T 20711—2006 熏煮火腿》的要求。如表4-6所示。

表4-6 **盐水火腿理化与微生物指标**

（摘自《肉制品生产许可证审查细则（2010版）》）

序号	检验项目	指标	发证	监督	出厂	备注
1	感官		√	√	√	
2	铅含量/(mg/kg)	≤0.5	√	√	*	GB 2762—2017
3	总砷含量/(mg/kg)	≤0.05	√	√	*	GB 2762—2017
4	镉含量/(mg/kg)	≤0.1	√	√	*	GB 2762—2017
5	总汞含量/(mg/kg)	≤0.05	√	√	*	GB 2762—2017
6	菌落总数/(CFU/g)	$n=5$，$c=2$，$m=10^4$，$M=10^5$	√	√	√	GB 2726—2016
7	大肠菌群/(CFU/g)	$n=5$，$c=2$，$m=10$，$M=10^2$	√	√	√	GB 2726—2016
8	致病菌数/(CFU/g)	不得检出	√	√	*	金黄色葡萄球菌 $n=5$，$c=1$，$m=100$，$M=1000$
9	复合磷酸盐（以磷酸根计）含量/(g/kg)	≤5.0	√	√	*	GB 2760—2014
10	亚硝酸盐（以亚硝酸钠计）含量/(mg/kg)	≤70	√	√	*	若用硝酸盐，残留量以亚硝酸钠计≤30mg/kg
11	食品添加剂 山梨酸/(g/kg) 苯甲酸/(g/kg) 胭脂红/(g/kg)	≤0.075 未标明 ≤0.5	√	√	*	GB 2760—2014
12	苯并(a)芘/(μg/kg)	≤5.0	√	√	*	经熏烤的产品应检验此项目
13	蛋白质含量/%	≥18（特级） ≥15（优级） ≥12（普通级）	√	√	*	
14	脂肪含量/%	≤10	√	√	*	

续表

序号	检验项目	指标	发证	监督	出厂	备注
15	淀粉含量/%	≤2（特级） ≤4（优级） ≤6（普通级）	√	√	*	
16	水分/%	≤75	√	√	*	
17	氯化物（以 NaCl 计）含量/%	≤3.5	√	√	*	

注：①依据 GB 2726—2005、SB/T 10280—1997、GB 2760—2014 等。②企业的出厂检验项目中注有"＊"标记的，企业应当每年检验 2 次。③净含量应符合国家质量监督检验检疫总局第 75 号令《定量包装商品计量监督管理办法》的规定。④产品标签应符合 GB 7718—2011 要求，生产过程卫生要求按 GB 19303—2003。

项目4-3
盐水火腿中大肠菌群计数

■ 知识目标

能说出大肠菌群定义及检测原理。

■ 技能目标

会按标准要求处理样品，并进行大肠菌群（最近似数法）检测。

■ 学习型工作任务

盐水火腿中大肠菌群计数。

盐水火腿属于低温肉制品，并且水冷等环节极易造成微生物污染，故一般情况下，产品中仍然会存在一定数量的微生物。其中，大肠菌群指标是一项至关重要的食品安全指标，是出厂检验及型式检验的必检项目。本项目采用 GB 4789.3—2016 的第一法，即最可能数法（MPN 法）推算盐水火腿中大肠菌群浓度。

【岗前准备】

自制盐水火腿；
无菌海砂或玻璃砂、LST 培养基、BGLB 培养基；

天平（0.1g、0.01g）、灭菌锅、微生物培养箱、无菌室或超净工作台、生物显微镜、无菌刀、无菌绞肉机或可灭菌的组织捣碎机（或拍击式均质器及无菌均质袋）、冰箱、移液管、试管（具倒置的德汉氏小管）、玻璃棒、500mL锥形瓶、玻璃棒、量筒（500mL，100mL）、酒精灯、无菌手套、灭菌乳钵、无菌铁药匙等。拍击式均质器如图4-8所示。

图4-8 拍击式均质器
(http://www.hz-lnb.com/ProductView_321.html)

【岗位操作】

1. 岗位操作流程

取样→样品封存→试剂与仪器准备→样品处理→初发酵→复发酵→结果判定。

2. 岗位操作细节

（1）取样 同感官检验，根据检测需要选择恰当的取样方法。

（2）样品封存 将盐水火腿样品装入无菌容器后，贴上标签，标签上应包括：取样人员和取样单位名称；取样地点和日期；样品的名称、等级和规格；样品特性；样品的商品代码和批号。采样人员同时认真填写取样报告（内容应包括样品标签要求的信息；被取样单位名称和负责人姓名；生产日期；产品数量；取样数量；取样方法；取样目的、会对样品造成影响的气温和空气湿度等包装环境和运输环境，及其他相关事宜。）一般应立即送检，若冷藏，最好不超过3h。

（3）试剂与仪器准备 估计盐水火腿中可能的大肠菌群数量，选择所需检测的稀释度。按GB 4789.3—2016的要求配制两种液体培养基，根据稀释度的要求准备大、小试管，德汉氏小管并分装液体培养基。采用九管法，每组要准备三根双料LST肉汤管。将刀、剪刀、移液管等分别准备好（包好，刻度吸管塞上脱脂棉）灭菌备用；将海砂或玻璃砂包好高温灭菌待用；乳钵若太厚不能进行高温灭菌则用化学消毒剂溶液浸泡后，以无菌水冲净（若用医用酒精浸泡不需再冲洗），至超净工作台或无菌室紫外线消毒，组织捣碎机（均质杯）消毒方式同乳钵，拍击式均质器一般用酒精棉擦拭消毒并使用无菌一次性均质袋。准备生理盐水（或磷酸盐缓冲液），分装225mL入500mL锥形瓶，以及根据稀释度要求准备数支装有9mL生理盐水的试管。分装6支LST发酵管一起高压灭菌后，冷却待用。

（4）样品处理 按GB/T 4789.17—2003的要求，盐水火腿（各类熟肉制品均同样操作）直接切取25g，放入灭菌乳钵内用灭菌剪刀剪碎后，加灭菌海砂或玻璃砂研磨，磨碎后加入无菌生理盐水225mL，混匀，即为10^{-1}稀释液（此步骤参照GB 4789.3—2016，也常称取25g样品，放入盛有225mL磷酸盐缓冲液或生理盐水的无菌均质杯内，8000r/min~10000r/min均质1min~2min，或放入盛有225mL磷酸盐缓冲液或生理盐水的无菌均质袋中,用拍击式均质器拍打 1min～2min,制成 1∶10 的样品匀液),随后移取 1mL 此稀释液入预装有 9mL 无菌生理盐水的试管中,混匀,即为 10^{-2} 稀释液。分别取 10^{-1} 稀释液 10mL 接种 3 根双料 LST 肉汤管,分别取 10^{-1} 稀释液 1mL 接种 3 根单料 LST 肉汤管,再分别取 10^{-2} 稀释液 1mL 接种 3 根单料 LST 肉汤管。全过程控制在 15min 以内。

(5) 初发酵　接种过的 LST 肉汤管于 (36±1)℃,培养 (48±2) h,观察有无产气现象。若 (24±2) h 就发现产气的试管则立即接种 BGLB 管做验证试验;(24±2) h 不产气但是 (48±2) h 培养后产气的试管同样需要做验证试验。注意做好标记。

(6) 复发酵　产气管接种 BGLB 管做验证试验,若 (36±1)℃,(48±2) h 培养后出现气泡,则判断原 LST 肉汤管为阳性管,否则判为阴性管(详见 GB 4789.3—2016 流程图)。

(7) 结果判定　根据每个稀释度下的阳性管数查 MPN 表,推算并报告结果。

【问题探究】

1. 盐水火腿大肠菌群计数的稀释度如何确定?

一般根据经验。如果经验不足,也可以根据盐水火腿的大肠菌群指标的数值来推测产品中大肠菌群可能的浓度范围,再根据 MPN 表推算出适宜的稀释度。

2. 样品处理如何做到"零"污染?

盐水火腿等食品进行微生物检测取样时必须做到无外界污染。包装袋开口处和操作员的手臂要用棉球擦拭消毒,刀、剪刀、容器等均需提前灭菌备用,还需自带酒精灯、冰袋、样品保温盒等设备。取样时一般需要在开口附近点燃火焰,防止空气造成的污染。

样品在切碎、搅碎、称量、稀释和接种时,也要使用无菌器皿,并在酒精灯火焰附近操作。触碰样品时应穿戴无菌手套。

其他一些设备和器具要注意采用恰当的消毒方式。如,研钵较厚,不能加热。所以一般在洗净后用医用酒精浸泡,再以无菌水冲净后至紫外灯下辐照、晾干备用。通过化学消毒和辐射消毒的方式来消除微生物的污染。若采用漂白粉溶液或其他强杀菌剂溶液,应该将溶液用无菌水彻底冲洗干净,再置于紫外线下消毒备用。组织捣碎机(均质杯)消毒方式同乳钵,拍击式均质器一般用酒精棉擦拭消毒并使用无菌一次性均质袋。超净工作台或无菌室应在清洁后用紫外线消毒备用。

【知识拓展】

1. 盐水火腿出厂检验结果如何判定?

出厂检验是出厂前必须逐批进行的,检验合格后出具产品合格证书附于包装箱外方可出厂。出厂检验时感官、包装、净含量、菌落总数、大肠菌群为每批必检项目，其他项目作为不定期抽检。

出厂检验项目全部符合 GB/T 20711—2006 要求的判为合格产品；出厂检验项目中有一项（菌落总数和大肠菌群除外）不符合 GB/T 20711—2006 的，可以加倍随机抽样进行该项目的复验，复验后仍不符合 GB/T 20711—2006 的，判为不合格产品；菌落总数和大肠菌群中有一项不符合 GB/T 20711—2006 的，判为不合格产品，不应复验。

2. 盐水火腿型式检验结果如何判定？

盐水火腿型式检验应包括感官检验，理化检测（水分、食盐、蛋白质、脂肪、淀粉、亚硝酸钠、污染物），微生物检测，生产加工过程卫生控制（GB 19303—2003）。

型式检验时项目全部符合 GB/T 20711—2006 要求，判为合格品；型式检验时不超过 3 个项目（菌落总数、大肠菌群和致病菌除外）不符合 GB/T 20711—2006，可以加倍抽样复验，复验后有一项不符合 GB/T 20711—2006 的，判为不合格品，超过 3 项不符合 GB/T 20711—2006，不应复验，判为不合格；菌落总数、大肠菌群和致病菌中的一项不符合 GB/T 20711—2006 的，判为不合格品，不应复验。

课程思政

通过本情境的学习，我们进一步熟悉肉制品"腌制"的方法。注意食盐在与其它辅料配合使用时的调配要求。做好有毒辅料的规范性保管工作，形成腌制盐等辅料使用过程的安全意识；学生在产品的长期腌制过程中，进一步培养自己勤勉认真的品格。我们学习盐水火腿中滚揉技术，应懂得利用先进腌制技术来加速肉制品的腌制过程；学习西式火腿制品在生产过程的数字化控制方法，形成对传统肉制品进行现代化生产的科学思维方式。

情境五

肠类制品加工与检测技术

肠类制品是市场上经久不衰的产品，一般将畜、禽、鱼肉及其可食副产品绞切，腌制（或不腌制），斩拌，乳化成肉馅、肉丁、肉糜或其他混合物，并添加调味料、香辛料、填充料，灌入肠衣（或成型），再经烧烤、蒸煮、烟熏、发酵、干燥等工艺（或其中几个工艺）制成的产品。肠类制品中的中式传统制品以腊肠为代表，而西式制品主要为灌肠类产品。本情境主要通过腊肠和熟熏肠为载体，来训练肠类制品的加工与检测技术。

项目5-1

腊肠的加工

知识目标

能准确说出腊肠原辅料种类及特性。

技能目标

1. 能正确设计腊肠配方并配料。
2. 能正确操作腊肠加工常用设备。
3. 能解读腊肠产品的质量标准，并按操作规范生产出合格的腊肠产品。

学习型工作任务

任务一 腊肠的加工

腊肠是中国传统香肠，是指以畜禽肉类为主要原料，经绞碎或切碎成丁，配以辅料（盐、糖、曲酒等），拌匀腌制后充填入肠衣，再晾晒、烘焙或风干等工艺制成的生干肠制品。我国有名的腊肠有广东腊肠、川式腊肠、如皋腊肠、武汉香肠、哈尔滨腊肠等。由于原材料配制和产地不同，风味及命名不尽相同，但生产方法大致相同。

【岗前准备】

新鲜猪肉（包括瘦肉和肥膘）、猪小肠衣；

食盐、硝盐、生抽酱油、白砂糖、曲酒、葱姜粉、香辛料（大茴香，豆蔻，小茴香，桂皮，白芷，丁香等）；

天平、不锈钢盆、盘、筛、砧板、刀、挂架、绞肉机、灌肠机、香肠干燥机等。

【岗位操作】

1. 岗位操作流程

原料肉选择及处理→配料→拌料→腌制→灌制→排气及打结→漂洗→晾晒或烘烤→成熟→包装及储藏。

2. 岗位操作细节

（1）原料肉选择与处理　腊肠的原料肉以猪肉为主，要求新鲜，最好是不经过成熟的肉。瘦肉以臀腿肉为最好，肥膘以背部硬膘为好，腿膘次之。加工其他肉制品切割下来的碎肉亦可作原料。原料肉经过修整，去掉筋腱、骨头和皮。瘦肉用绞肉机以 0.4~1.0cm 的筛板绞碎（或切成相似大小），肥肉切成 0.6~1.0cm 大小的肉丁。肥肉丁切好后用温水清洗一次，以除去浮油及杂质，捞入筛内，沥干水分待用，肥瘦肉要分别存放。

（2）配料

①广式腊肠配方设计：广式腊肠配方（kg）：瘦肉 70、肥肉 30、精盐 2.2、砂糖 7.6、白酒（50 度）2.5、生抽酱油 5、硝酸钠 0.05、葱姜粉 0.5。

②川式腊肠配方设计：川式香肠配方（kg）：瘦肉 80、肥肉 20、精盐 3.0、白糖 1.0、生抽酱油 3.0、曲酒 1.0、硝酸钠 0.05、花椒粉 0.1、辣椒粉 0.1。

③如皋腊肠配方设计：如皋香肠配方（kg）：瘦肉 70、肥肉 30、精盐 6.4、白砂糖 5、生抽酱油 3、大曲酒 1、硝酸钠 0.05、葱姜粉 0.2。

④东莞腊肠配方设计：东莞香肠配方（kg）：瘦肉 80、肥肉 20、白砂糖 5、精盐 2、生抽酱油 5、山西汾酒 3、硝酸钠 0.04、葱姜粉 0.2。

⑤哈尔滨腊肠配方设计：哈尔滨腊肠配方（kg）：瘦肉75、肥肉25、食盐2.5、酱油1.5、白糖1.5、白酒0.5、硝石0.1、砂仁粉0.02、八角粉0.01、豆蔻粉0.02、茴香粉0.01、桂皮粉0.02、白芷粉0.02、丁香粉0.01。

⑥哈尔滨风干肠配方设计：配方a（kg）：猪精瘦肉90、猪肥肉10、酱油18～20、砂仁粉0.125、紫蔻粉0.200、桂皮粉0.150、花椒粉0.100、鲜姜0.100。

配方b（kg）：猪瘦肉85、猪肥肉15、精盐2.1、桂皮粉0.200、丁香0.060、鲜姜0.100、花椒粉0.100。

配方c（kg）：猪瘦肉80、猪肥肉20、味素0.500、白酒0.500、精盐2、砂仁0.150、小茴香0.100、豆蔻0.150、姜1、桂皮0.400。

⑦优质低硝腊肠配方设计：优质低硝腊肠配方（kg）：瘦肉90、肥肉10、白砂糖5、精盐3、味精0.2、白酒0.75、鲜葱姜汁0.15、异维生素C钠0.05、红曲粉1、硝酸钠0.02。

（3）拌料与腌制　按选择的配料比例，把肉和辅料混合均匀，搅拌时可逐渐加入5%左右的温水，以调节黏度和硬度，使肉馅更滑润、致密。在清洁室内放置1～2h。当瘦肉变为内外一致的鲜红色，用手触摸有坚实感、不绵软，肉馅中有汁液渗出，手摸有滑腻感时，即完成腌制。此时加入白酒拌匀，即可灌制。

（4）灌制　将肠衣套在灌肠机的灌嘴上，使肉馅均匀地灌入肠衣中。要掌握灌制的松紧度，不能过紧或过松。

（5）排气　用排气针扎刺湿肠，排出内部空气。

（6）打结　按品种、规格要求每隔10～20cm用细线结扎一道。具体长度依品种规格不同而异。生产枣肠时，每隔2～2.5cm用细棉绳捆扎分节，挤出多余的肉馅，使成枣形。

（7）漂洗　将湿肠用35℃左右的清水漂洗一次，除去表面污物，然后依次分别挂在挂架上，以便晾晒、烘烤。

（8）晾晒或烘烤　将悬挂好的腊肠放在日光下曝晒2～3d，如遇阴雨天，可送烘房内烘烤，以防变质。在日晒过程中，如阳光强烈，则每隔2～3h需翻转一次；阳光不强，则4～5h翻转一次。翻转是指将穿在挂架上的腊肠内外翻转，以便晒得均匀，防止形成阴阳肠。此外，有胀气处应针刺排气。晚间送入香肠干燥机内烘烤，温度保持在40～50℃。温度过高脂肪易融化，同时瘦肉也会烤熟。这不仅降低了成品率，而且色泽变暗；温度过低又难以干燥，易引起发酵变质。因此必须注意温度的控制。一般经过三昼夜的烘晒即完成。

（9）成熟　日晒或烘烤后的腊肠，放到通风良好的场所晾挂成熟。一般一根麻绳2节香肠（一对）进行剪肠，穿挂好后晾挂30d左右，此时为最佳食用时期。瘦肉呈鲜红色或枣红色，肥膘呈乳白色，肉身干爽结实，有弹性，指压无明显凹痕，咸度适中，无肉腥味，略有甜香味。

（10）包装及储藏　将成熟的腊肠修剪整齐，长短一致，剪去棉线。然后真空包装，在10℃下可保藏4个月。

【问题探究】

1. 腊肠加工容易出现的质量安全问题有哪些？

（1）腊肠表面不洁，附有杂质或污垢。

（2）肠体粗细不均，长短不一，肠衣与内容物分离。

（3）腊肠有脂肪氧化味或酸臭味。

（4）腊肠亚硝酸盐残留量超标。

2. 腊肠加工中避免出现上述质量问题应采取哪些措施？

（1）肠衣使用前要用温水（35℃）充分浸泡、漂洗干净；灌制完成后，肠体表面要再次用温水充分漂洗干净；晾晒时要放置在室外环境较好及风力较弱的地方，避免空气中的浮尘、沙粒随风吸附到肠体表面。

（2）尽量选择同一孔径的肠衣；灌制时调整好灌肠机的灌制速度，保持出肉馅的速度与用手推进肠衣的速度相吻合；灌制完后按照规定的长度打结，并及时用针板在肠体表面均匀放气。

（3）选择新鲜的原料肉；在低温（≤10℃）下进行腌制；烘烤时温度不宜过高（≤60℃）；烘烤时间不要过长（≤36h）；保持加工过程中设备、工具及环境的卫生、整洁。

（4）按照国家标准规定的添加量添加硝盐；添加硝盐时必须先溶解，然后均匀地洒到肉馅上，并搅拌均匀；腊肠尽量经后期成熟（30d左右）后再食用，以确保硝盐充分转化完全。

【知识拓展】

1. 腊肠加工常用原辅料的选择

（1）原料肉的选择　各种不同的原料肉可用于不同类型的肠类制品生产。原料不同，其中各种营养成分（如蛋白质、水分、脂肪和矿物质）的含量不同，颜色深浅不同，结缔组织含量及所具有的持水性、黏着性也不同。

最适当地选择好原料肉是生产质量均一的肠类产品的先决条件，这并不意味着所有的肠制品都要选价格较高的肉，而应与产品规定的脂肪含量，颜色指标，结着能力和其他特征相结合考虑。

不同原料肉中，它们的蛋白质和水的比率，瘦肉和脂肪的比率，肉的持水性，色素的相对含量等都不同。肉的黏着性是指肉所具有的乳化脂肪和水的能力，也指其具有使瘦肉粒黏着在一起的能力。

原料肉可以按其作为黏着剂的黏着能力进行分类，具有黏着性的肉又可以分为高黏着性、中等黏着性和低黏着性。为预测终产品的组成，了解各种原料肉的水分与蛋白质比率（M∶P）是很重要的。如表 5-1 所示。

表 5-1 肠制品加工中部分肉的水分、蛋白质含量及蛋白质与水分比率

（周光宏，2008，肉品加工学）

样品	水分/%	蛋白质含量/%	蛋白质与水分比率
猪颊肉	72	20	4
猪头肉	63	16	4
肩肉	72.0	20.0	3.6
公牛肉	74	21	4
牛胃	73	15	5
牛肉边角料	71.1	19.8	3.5
牛后腹肉	59	15	4
牛肩肉	72	20	4
牛心肉	77.0	18.0	5

有规定指出，终产品的水分含量不应超过 4 乘蛋白质含量再加 10（即水 ≤ 4 × 蛋白质 + 10）。

（2）辅料的选择

①肠衣的选择：肠衣是灌肠制品的特殊包装物，是灌肠制品中和肉馅直接接触的一次性包装材料。每一种肠衣都有它特有的性能。在选用时，根据产品的要求，必须考虑它的可食性、安全性、透过性、收缩性、黏着性、密封性、开口性、耐老化性、耐油性、耐水性、耐热性和耐寒性等必要的性能和一定的强度。

a. 天然肠衣的选择：天然肠衣是猪、牛、羊、马等动物的消化系统或泌尿系统的脏器加工而成。因加工方法不同，分干制和盐渍两类。天然肠衣弹性好，保水性强，具有较好的安全性、可食性、水汽透过性、烟熏味渗入性、热收缩性和对肉馅的黏着性，还有良好的韧性和坚实性，是传统的理想的肠衣。但天然肠衣规格和形状不整齐，数量有限，并且加工和保管不善，易遭虫蛀，出现孔洞和异味、哈喇味等。

b. 人造肠衣的选择：主要包括纤维素肠衣、胶原肠衣、塑料肠衣、玻璃纸肠衣。

纤维素肠衣是用天然纤维如棉绒、木屑、亚麻和其他植物纤维制成。此肠衣的特点是具有很好的韧性和透气性，但不可食用，不能随肉馅收缩。纤维素肠衣在快速热处理时也很稳定，在湿润情况下也能进行熏烤。

胶原肠衣是用家畜的皮、腱等为原料制成的。此肠衣可食用，但是直径较粗的肠衣就比较厚，食用就不合适。胶原肠衣不同于纤维素肠衣，在热加工时要注意加热温度，否则胶原就会变软。

塑料肠衣通常用作外包装材料，为了保证产品的质量，阻隔外部环境给产品带来的影响，塑料肠衣具有阻隔空气和水透过的性质和较强的耐冲击性。这类肠衣品种规格较多，可以印刷，使用方便，光洁美观，适合于蒸煮类产品。此肠衣不能食用。

玻璃纸肠衣是一种纤维素薄膜，纸质柔软而有伸缩性，由于它的纤维素微晶体呈纵向平行排列，故纵向强度大，横向强度小。使用不当易破裂。实践证明，使用玻璃纸肠衣，其肠衣成本比天然肠衣要低，而且在生产过程中，只要操作得当，几乎不出现破裂现象。

②其他辅料的选择：

a. 食盐：食盐的主要成分是氯化钠。精制食盐中氯化钠含量在97%以上，味咸、呈白色结晶体，无可见的外来杂质，无苦味、涩味及其他异味。在腊肠加工中食盐具有调味、防腐保鲜、提高保水性和黏着性等作用。食盐的使用量应根据消费者的习惯适当掌握，通常腊肠食盐用量为2%~3%。

b. 白糖：白糖和红糖都是蔗糖。腊肠加工中添加适量的白糖可以改善产品的滋味，缓冲咸味，并能促进胶原蛋白的膨胀和松弛，使肉质松软、色调良好。白糖添加量在4%~6%。

c. 酱油：酱油分为生抽酱油和老抽酱油。生抽颜色比较淡，呈红褐色，色泽红润，滋味鲜美协调，豉味浓郁，体态清澈透明，风味独特。老抽是加入了焦糖色，颜色很深，呈棕褐色有光泽的，吃到嘴里后有种鲜美微甜的感觉。腊肠加工中常用生抽酱油。酱油主要含有蛋白质、氨基酸等。酱油应具有正常的色泽、气味和滋味，不混浊，无沉淀，无霉花，浮膜，浓度不应低于22°Bé，食盐含量不超过18%。酱油的作用主要是增鲜增色，使呈美观的酱红色，在腊肠制品中还有促进成熟发酵的良好作用。

d. 曲酒：腊肠加工中常用的料酒为大曲白酒，其主要成分是乙醇和少量的脂类。它可以除膻味、腥味和异味，并有一定的杀菌作用，赋予制品特有的醇香味，使制品回味甘美，增加风味特色。白酒应无色透明，具有特有的酒香气味。在生产腊肠时曲酒是必不可少的调味料。

e. 葱、姜：各种葱的主要化学成分为硫醚类化合物，如烯丙基二硫化物，具有强烈的葱辣味和刺激味。作香辛料使用，可压腥去膻。姜味辛辣，其辣味及芳香成分主要是姜油酮、姜烯酚和姜辣素以及柠檬醛、姜醇等。具有去腥调味的作用。在腊肠加工中常将其榨成葱姜汁或制成葱姜粉等，加入灌肠制品中以增加风味。

f. 硝酸盐、亚硝酸盐：硝酸盐主要使用硝酸钾（硝石）（KNO_3）及硝酸钠（$NaNO_3$）为无色的结晶或白色的结晶性粉末，无臭，稍有咸味，易溶于水。将硝酸盐添加到腊肠中后，硝酸盐被肉中细菌或还原物质所还原生成亚硝酸最终生成NO，后者与肌红蛋白生成稳定的亚硝基肌红蛋白络合物，使肉呈鲜红色。

亚硝酸钠（$NaNO_2$）为白色或淡黄色的结晶性粉末，吸湿性强，长期保存必须密封在不透气容器中。亚硝酸盐的作用比硝酸盐大10倍。在盐水中含有0.06%亚硝酸钠就可以使猪肉发红；为使牛肉、羊肉发色，盐水中需含有0.1%的亚硝酸钠。因为这些肉中含有较多的肌红蛋白和血红蛋白，需要结合较多的亚硝酸盐。但是仅用亚硝酸盐的肉制品，在储藏期间褪色快，对生产过程长或需要长期存放的制品，最好使用硝酸盐腌制。现在许多国家广泛采用混合盐料。用于生产腊肠时混合盐料的组成是：食盐98%，硝酸盐0.83%，亚硝酸盐0.17%。

亚硝酸盐毒性强，用量要严格控制。因为亚硝酸盐对细菌有抑制效果，特别是对肉毒梭状芽孢杆菌的抑制效果明显，故受到食品工业的重视。

g. 抗坏血酸及其盐、异抗坏血酸及其盐：抗坏血酸即维生素C，具有很强的还原作用，但对热和重金属极不稳定，因此一般使用稳定性较高的钠盐。腊肠中最大使用量为0.1%，一般为0.025%~0.05%。在腌制时添加，也可以把原料肉浸渍在该物质的0.02%~0.1%的水溶液中。腌制剂中加谷氨酸会增加抗坏血酸的稳定性。

异抗坏血酸是抗坏血酸的异构体，其性质和作用与抗坏血酸相似。

h. 红曲色素：红曲色素具有对pH稳定，耐光耐热耐化学性强，不受金属离子影响，对蛋白质着色性好以及色泽稳定，安全无害（LD_{50}：6.96×10^{-3}）等优点。红曲色素常用作腊肠等肉类制品的着色剂。我国国家标准规定，红曲米使用量不受限制。

2. 腊肠加工常用设备

（1）多功能绞切机　如图5-1所示。

绞切机集切肉、绞肉两大功能于一身，具备切肉机和绞肉机各自的特点。

绞切机工作时主要靠旋转的螺杆交料斗中的原料肉推挤到绞刀箱中的预切孔板处，绞切机利用转动的切刀刃和孔板上孔眼刃形成的剪切作用将肉切碎，并在螺杆挤压力的作用下，将肉粒不断排出孔板眼。料斗中的肉不断通过螺杆进入绞刀箱，而肉糜不断被排出机外。

电动绞切机能将块状原料肉按工艺要求切成颗粒或肉泥。采用全封闭齿轮传动；机头及接触食品的零部件都采用高级不锈钢制造；机壳线条流畅，没有可藏污的缝隙及易伤害操作者的锐边，易于清洁。

图5-1　多功能绞切机

设备使用前，应仔细检查电源是否可靠接地，是否符合本机的电压要求。

①切肉部分的使用方法

a. 松开离合手柄上紧定螺母，将离合手柄推至"切肉"指示处，检查离合器是否到位，再锁紧螺母。

b. 接通电源之前，应检查及清除刀排内的杂物，油污。接通电源后，检查两刀排的旋转方向是否符合图示两齿轮转动方向，并在刀排间和齿轮处分别加上适量的食物油和工业用润滑剂。机器空转不应超过2min，以免发热使刀刃口烧伤。

c. 切肉前，应将鲜肉（冻肉必须先解冻）中的骨屑清除，手工把肉切成长宽少于落料口尺寸，高度适当的肉块，平放入落料口，便切成肉片，将已切的肉片旋转90°再切一次，即成肉丝，反复多次即世成肉粒，切肉时，忌用手压肉块送料，以防切手。

②绞肉部分的使用方法

a. 绞肉之前，先将与肉类接触的机件用消毒水洗净，然后按结构简图所示顺序装妥，前螺母旋到刚刚压紧出肉板即可。

b. 松开离合手柄上紧定螺母，将离合手柄推至"绞肉"指示处，检查离合器是否到位，再锁紧螺母。

c. 人工清除肉中皮，骨屑及筋腱，并将肉切成截面小于料口孔径的条状肉块，放入落料口即可。

设备使用后应认真清洁机器。

（2）搅拌机　搅拌机是车间常用设备，可实现对配料的搅拌或真空搅拌，如图5-2所示，使用时按以下步骤：

①使用前，清洗、消毒机器。

②加料：在装入物料前，必须将安装在左机架上的销杆插入桶体相应孔中，使桶体固定。装入物料后，盖好真空盖，启动搅拌和真空泵电机，进入工作状态（警告：机器运转时，不得将手或其他物品伸入搅拌桶内，以免造成人身伤害或设备事故。）。

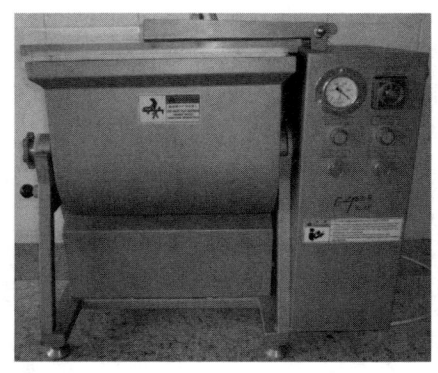

图5-2　真空搅拌机

③出料：搅拌完成后，关闭真空泵，关闭搅拌电机，待搅拌轴完全停止转动后，取下真空快换接头，插上真空放气快换接头放气，打开真空盖，拔出搅拌桶定位销杆，同时拉住桶体向前翻转，将桶内物料倒入事先准备好的容器内，将机器复位。

④清洗：工作结束后，应对设备进行清洗。清洗时，先用加入洗涤剂的温水冲洗，然后用清水漂洗。桶体内部使用高压水枪冲洗，效果更佳。注意清洗时请切断总电源，勿将清洗剂或水喷溅于电器元件上。每次工作结束后，机器后面的气水分离器都要放水，积水过多使用时会使积水吸入真空泵，减少泵的寿命，甚至损坏真空泵。机器清洗后，需要擦拭或风干，再在运转部位涂抹食用植物油，

情境五
肠类制品加工与检测技术

将机器安装复位，拔下插头待用。

（3）灌肠机　灌肠机是灌制腊肠的主要设备，如图5-3所示，使用步骤如下所述。

①清洁加料桶、肠管等部位，并进行消毒（消毒液或紫外线，并用开水烫洗干净）。

②加入肉馅，在肠管处套上肠衣。

③接通电源，打开开关，调节速度，开始灌肠，注意排空气体后再将肠衣扎紧。

④控制好速度，一边灌肠，一边结扎。

⑤肉馅全部灌完后清洁、消毒机器。

（4）香肠干燥机　将香肠挂于架子上，推入干燥机，设定温度、时间后可以对香肠进行自动烘干。注意产品悬挂整齐，不挤压，不碰撞。如图5-4所示。

图5-3　灌肠机　　　　　　　图5-4　香肠干燥机

任务二　腊肠产品的感官检验

【岗前准备】

腊肠成品；

白托盘、刀、砧板、锅、饭盒、煤气灶或电磁炉、铁盆等。

【岗位操作】

1. 岗位操作流程

腊肠外观、组织状态检查→洗净、蒸熟→评定滋、气味。

2. 岗位操作细节

（1）腊肠外观、组织状态检查　将腊肠约500g置于白托盘中在自然光下（或相当于自然光的相同照度环境）观察腊肠的外表并切片。合格的腊肠外表有光泽，外形完整，长短、粗细均匀，肠衣紧贴肉馅，表面干爽呈现收缩后的自然皱纹，无黏液，无霉点；肠体坚实或有弹性，切片性良好；瘦肉呈红色、枣红色，脂肪呈乳白色且色泽分明。

（2）评定腊肠滋味、气味　合格的产品入口咀嚼后，腊香味纯正浓郁，具有腊肠固有的风味，无异味，无酸败味；滋味鲜美，咸甜适中。

【问题探究】

1. 腊肠应具备怎样的感官指标要求？

腊肠的感官指标一般参照GB/T 23493—2009的规定。优质产品形态，如图5-5所示。

表5-2　　　　　　　　　　　腊肠感官要求
（GB/T 23493—2009 中式香肠）

项目	要求
色泽	瘦肉呈红色、枣红色，脂肪呈乳白色，色泽分明，外表有光泽
香气	腊香味纯正浓郁，具有中式香肠（腊肠）固有的风味
滋味	滋味鲜美，咸甜适中
形态	外形完整，长短、粗细均匀，表面干爽呈现收缩后的自然皱纹

2. 腊肠如何取样？

若抽取腊肠作为发证检验产品，须在企业的腊肠成品库内，随机抽取腊肠产品进行发证检验。所抽样品须为同一批次保质期内的产品，抽样基数不少于20kg，每批次抽样样品数量为4kg（不少于4个包装），分成2份，1份检验，1份备查。样品确认无误后，由抽样人员与被抽查单位在抽样单上签字、盖章，当场封存样品，并加贴封条，封条上应有抽样人

图5-5　优质腊肠形态

员签名、抽样单位盖章及抽样日期。按《GB/T 9695.19—2008 肉与肉制品　取样方法》采样人员同时认真填写取样报告（内容应包括样品标签要求的信息；

被取样单位名称和负责人姓名；生产日期；产品数量；取样数量；取样方法；取样目的、会对样品造成影响的气温和空气湿度等包装环境和运输环境，及其他相关事宜）。

GB/T 23493—2009 规定中式香肠，须以同日或同一班次、同一品种的产品为一批，当批量≤1000 箱时，应选取其中的 6 箱作为 6 个样本来进行检测，每箱（样本）随机抽足 2kg 作为检验样品，且须将 1/3 样品封存备查，当每箱（样本）均合格时，才认定合格，只要发现不合格样品即判定整批为不合格（合格判定数 Ac 为 0，不合格判定数 Re 为 1）；当批量位于 1001 箱至 3000 箱时，应选取其中 7 至 12 箱作为 7 至 12 个样本，每箱（样本）随机抽足 2kg 作为检验样品，并将 1/3 样品封存备查，当不合格箱（样本）数≤1 时，判定整批合格，当不合格箱（样本）数≥2 时，判定整批不合格（合格判定数 Ac 为 1，不合格判定数 Re 为 2）；当批量≥3001 箱时，应选取其中 13 至 21 箱作为 13 至 21 个样本，每箱（样本）随机抽足 2kg 作为检验样品，并将 1/3 样品封存备查，当不合格箱（样本）数≤2 时，判定整批合格，当不合格箱（样本）数≥3 时，判定整批不合格（合格判定数 Ac 为 2，不合格判定数 Re 为 3）。

【知识拓展】

腊肠理化及微生物指标要求

腊肠理化及微生物指标要求，如表 5 – 3 所示。

表 5 – 3　　　　　　　　　腊肠理化及微生物指标要求
（2010 版肉制品生产许可证审查细则；GB 2730—2015；
GB 2762—2017；GB/T 23493—2009；NY/T 843—2015）

序号	检验项目	指标	发证检验	监督检验	出厂检验	备注
1	感官		√	√	√	
2	水分含量/(g/100g)	25（特级） ≤30（优级） 38（普通）	√	√	√	GB/T 23493—2009
3	食盐含量/(g/100g)	≤8	√	√	*	GB/T 23493—2009
4	蛋白质含量/(g/100g)	22（特级） ≥18（优级） 14（普通）	√	√	*	GB/T 23493—2009
5	脂肪含量/(g/100g)	35（特级） ≤45（优级） 55（普通）				GB/T 23493—2009

续表

序号	检验项目	指标	发证检验	监督检验	出厂检验	备注
6	总糖（以葡萄糖计）含量/(g/100g)	≤22				GB/T 23493—2009
7	酸价（以 KOH 计）/(mg/g)	≤4.0	√	√	√	NY/T 843—2015
8	过氧化值（以脂肪计）/(g/100g)	≤0.50	√	√	√	GB 2730—2015
9	铅含量/(mg/kg)	≤0.5	√	√	*	GB 2762—2017
10	总砷含量/(mg/kg)	≤0.5	√	√	*	无机砷未标注 GB 2762—2017
11	镉含量/(mg/kg)	≤0.1	√	√	*	GB 2762—2017
12	总汞含量/(mg/kg)	≤0.05	√	√	*	GB 2762—2017
13	亚硝酸盐（以 $NaNO_2$ 计）含量/(mg/kg)	≤30（残留）	√	√	*	最大使用量 150（以 $NaNO_3$ 计为 500）
14	食品添加剂 山梨酸含量/(g/kg) 苯甲酸含量/(g/kg) 胭脂红含量/(g/kg)	≤1.5 ≤1.0 ≤0.025	√	√	*	肉灌肠 酱油 动物肠衣
15	菌落总数/(CFU/g)	$\leq 5 \times 10^5$				NY/T 843—2015
16	大肠菌群/(MPN/g)	≤64				NY/T 843—2015
17	致病菌（沙门氏菌、志贺氏菌、金黄色葡萄球菌、溶血性链球菌）/(CFU/g)	0/25g				金黄色葡萄球菌 $n=5$，$c=1$，$m=10^2$，$M=10^3$

注：①企业的出厂检验项目中注有"＊"标记的，企业应当每年检验 2 次。②净含量应符合国家质量监督检验检疫总局第 75 号令《定量包装商品计量监督管理办法》的规定。③产品标签应符合 GB 7718—2011 要求。④《GB 2730—2015 食品安全国家标准 腌腊肉制品》，《GB/T 23493—2009 中式香肠》均未列出微生物指标要求。微生物指标参照《NY/T 843—2015 绿色食品 畜禽肉制品》列出。

GB/T 23493—2009 规定腊肠出厂检验项目，感官、包装、净含量为每批必检项目，其他为不定期抽检项目。型式检验每年至少进行一次，若遇更换设备或长期停产再恢复生产时；原料出现大的波动时；出厂检验结果与上次型式检验有较大差异时；国家质量监督机构进行抽查时则必须进行型式检验。出厂检验项目全合格，判定该批产品合格，出厂检验项目有一项不符合 GB/T 23493—2009，则加倍随机抽样进行该项目的复验。型式检验项目全部符合 GB/T 23493—2009，判为合格；若型式检验项目中不超过 3 项不符合该标准的要求，可加倍抽样复验，复验后有一项不符合 GB/T 23493—2009 的要求，判为不合格品；若型式检验项目中超过 3 项不符合 GB/T 23493—2009 的要求，不予复验，直接判为不合格品。

项目5-2
熟熏肠的加工

知识目标

能准确说出肠类制品以及灌肠制品概念、分类与特点。

技能目标

1. 能正确设计熟熏肠产品配方并配料。
2. 能解读熟熏肠产品的卫生标准，并按要求进行加工。
3. 能正确使用斩拌机并按原料、辅料的添加顺序投料，准确判断肉馅的乳化程度。
4. 能按规范操作及维护灌肠加工相关设备。
5. 能正确测量炉温（或水温）和制品的中心温度。
6. 能对熟熏肠产品进行感官检验。

学习型工作任务

任务一 熟熏肠的加工

熟熏肠也就是熏煮香肠，我国商业部标准《SB/T 10481—2008 低温肉制品质量安全要求》和《SB/T 10279—2017 熏煮香肠》将其定义为"以鲜（冻）畜禽产品、水产品为主要原料，经修整、绞制（或斩拌）、腌制（或不腌制）后，配以辅料及食品添加剂，再经搅拌（或滚揉、斩拌、乳化）、充填（或成型）、蒸煮（或不蒸煮）、干燥（或不干燥）、风干（或不风干）、烟熏（或不烟熏）、烤制（或不烤制）、杀菌（或不杀菌）、冷却（或冷冻）等工艺制作的香肠类熟肉制品。"

香肠是由拉丁文"Salsus"得名，意指保藏或盐腌的肉类。现泛指以畜禽肉为原料，经腌制或未经腌制，切碎成丁或绞碎成颗粒或斩拌乳化成肉糜，加入其他配料均匀混合之后灌入肠衣内制成的肉制品。

我国各地的肠制品生产，习惯于将中国原有的加工方法生产的产品称为香肠或腊肠，把国外传入的方法生产的产品称为灌肠。根据目前我国肠类制品生产工艺大致可分为生鲜肠、生熏肠、熟熏肠、熟制肠、干制和半干制香肠、肉粉肠六类。市面上的香肠，也常常按产地名称命名。

【岗前准备】

配方一：猪肉和牛肉100kg、肠衣、淀粉、食盐3.5kg、硝酸盐（$NaNO_3$、KNO_3）50g、白糖、料酒、胡椒粉、桂皮、大茴香、生姜粉、味精、蒜（去皮）等（详见西式香肠配料表5-4）。

配方二：（德式啤酒香肠 beer sausage 配方）：瘦猪肩肉5kg，乳化肉糜5kg，腌制盐（亚硝酸钠含量0.6%）0.100kg，pH为10的复合磷酸盐0.025kg，白胡椒粉0.010kg，肉豆蔻粉0.005kg，葡萄糖0.010kg，生姜粉0.005kg，味精0.005kg，抗坏血酸0.005kg。

乳化肉糜配方（10kg）：瘦猪肩肉4kg、瘦牛肩肉1kg、槽头肉（cheeks/neck fat）2.5kg、冰2.5kg、0.200kg腌制盐（亚硝酸钠含量0.6%），pH为10的复合磷酸盐0.05kg、白胡椒粉0.020kg、肉豆蔻粉0.010kg、葡萄糖0.010kg、生姜粉0.005kg、蒜头粉0.005kg、牛肉香精0.005kg、味精0.010kg、玉米淀粉0.250kg、抗坏血酸0.005kg。

天平（0.1g、0.001g）、刀、绞肉机、斩拌机、滚揉机、煮制锅、天然或人造肠衣、灌肠机、烟熏箱、冰箱等。

配料如表5-4所示。

表5-4　　　　　　　　　　西式香肠配料表

（王玉田，2005，畜产品加工）

名称	瘦猪肉		肥猪肉		牛肉		其他配料/（kg/50kg 肉馅）	备注
	质量/kg	规格（筛板孔径）/mm	质量/kg	规格/cm³	质量/kg	规格（筛板孔径）/mm		
里道斯（立陶宛）	15	2~3	10	1	25	2~3	淀粉5，大蒜0.15，黑胡椒粉0.05，硝酸钠0.025，精盐1.75~2（腌制用）	立陶宛红肠

续表

名称	瘦猪肉 质量/kg	瘦猪肉 规格（筛板孔径）/mm	肥猪肉 质量/kg	肥猪肉 规格/cm³	牛肉 质量/kg	牛肉 规格（筛板孔径）/mm	其他配料/（kg/50kg 肉馅）	备注
小红肠（维也纳）	50		20		30		淀粉6，乳化剂0.5，D-异抗坏血酸钠0.1，糖0.8，胡椒粉0.150，玉果粉0.130，大蒜0.130，红曲米0.100，亚硝酸钠0.012，精盐2.0（腌制用），大豆分离蛋白2，冰水15	采用牛肥膘，并用1.8~2.0cm口径羊肠衣灌制
大红肠	12.5	绞碎	6.5	绞碎	35	绞碎	淀粉2，胡椒粉0.095，玉果粉0.065，大蒜0.065，桂皮0.015，硝酸0.025，精盐1.75（腌制用）	用牛拐头（盲肠）灌制
保大斯（波尔塔瓦）	17.5	2~3	12.5	0.7	20	2~3	淀粉2.5，黑胡椒粉0.05，大蒜0.15，硝酸钠0.05，精盐1.75~2（腌制用）	用大肠衣或羊拐头灌制
鲜干肠（克拉科夫）	18	2~3	12	0.5	20	2~3	淀粉2.5，白糖0.065，玉果粉0.03，胡椒粉0.095，大蒜0.095，硝酸钠0.025，精盐1.75（腌制用）	用4~5cm口牛大肠衣
熏干肠（莫斯科）	7.5	2~3	12.5	0.8	30	2~3	胡椒粉0.075，胡椒粒0.125，优质白酒0.5，白糖1，味精0.1，硝酸钠0.05，精盐2.5（腌制用）	用牛大肠衣或洋布袋口径7cm，长50cm
沙西斯戈	32.5	1~2	10	1	7.5	1~1	淀粉3，胡椒粉0.07，桂皮0.09，大蒜0.05，味精0.09，硝酸钠0.05，精盐1.75~2（腌制用）	用羊小肠衣灌制
哈尔滨红肠	38	2~3	12	1			淀粉3.5，胡椒粉0.05，大蒜0.025，味精0.05，硝酸盐0.025，精盐1.75~2（腌制用）	

续表

名称	瘦猪肉 质量/kg	瘦猪肉 规格（筛板孔径）/mm	肥猪肉 质量/kg	肥猪肉 规格/cm³	牛肉 质量/kg	牛肉 规格（筛板孔径）/mm	其他配料/（kg/50kg 肉馅）	备注
松江肠	38.5	2~3	8.5	0.25~0.4			淀粉 2.0，味精 0.045，大蒜 0.05，胡椒粉 0.07，桂皮粉 0.025，硝酸钠 0.05，精盐 1.75~2.0	牛拐头灌制
一号茶肠	38.5	肉泥	8.5	0.8			淀粉 2.0，味精 0.09，胡椒粉 0.04，豆蔻粉 0.025，大蒜 0.35~0.40，硝酸钠 0.05，精盐 1.75~2.0	
小干肠（阿怀尼肠）	38.5	2~3	8.5	0.4~0.5			淀粉 2.0，味精 0.09，胡椒粉 0.09，桂皮粉 0.05，大蒜 0.075，白糖 0.25，硝酸钠 0.25，硝酸钠 0.05，精盐 1.5~1.75	用羊小肠衣灌制
北京香雪肠	25	2	25	1			淀粉 7.5，味精 0.05，鲜姜 0.5，香曲酒 1.0，硝酸钠 0.025，精盐 2.0	
普通猪肉灌肠	30 20	粗粒 细粒	5	1			淀粉 2.5，味精 0.31，胡椒粉 0.063 五香粉 0.30，白糖 1.25，大曲酒 0.25，硝酸钠 0.025，精盐 1.75	
沈阳长征肠	42.5	肉泥	5	绞碎			淀粉 2.5，胡椒粉 0.07，味精 0.1，大蒜 0.25，茴香 0.025，香油 0.25	
上海大红肠	8.5	5	1.5	0.5			糖 0.150，葡萄糖 0.075，味精 0.040，I+G 0.002，异抗坏血酸钠 0.004，胡椒粉 0.020，五香粉 0.020，大蒜粉 0.050，卡拉胶 0.043，大豆分离蛋白 0.347，玉米淀粉 0.173，诱惑红 0.0001，红曲红 0.001，冰水 2.5，食盐 0.210，亚硝 0.0006，复合磷酸盐 0.036，香精和防腐剂适量	用 8 路猪肠衣灌制

【岗位操作】

1. 岗位操作流程

配方一：原料整理→腌制→制馅→灌馅→烘烤→煮制→烟熏。

配方二：选料→修整→配料→腌制→混合→灌装→熏烤→蒸煮→冷却→包装。

2. 岗位操作细节

配方一操作细节如下所述。

（1）原料整理　生产西式香肠原料肉，应选择脂含量低、结着力好的新鲜猪肉、牛肉。要求剔去大小骨头，剥去肉皮，修去肥油、筋头、血块、淋巴结等。最后切成拳头大小的小块（约500g，肉温0~4℃），将猪膘切成0.5cm³见方的膘丁（品温-5~-2℃），以备腌制。

（2）腌制　每100kg原料加入3~5kg精盐（3.5kg），硝盐钠50g，磨细拌和均匀后拌和在切好的肉块上，装入容器腌制1~3d（视产品要求而定）。大规模生产时，须在5℃以内的条件下进行。待肉块切面变成鲜红色，且较坚实有弹性，腌透心时腌制结束。肥膘的腌制，一般以带皮的大块肉膘进行腌制，也可腌去皮的脂肪块，将按配料比例混合好的腌制盐，均匀地揉擦在脂肪上，然后移入10℃以下冷库内，一层层地堆起，经3~5d脂肪坚硬，切面色泽一致即可使用。

几种工业常见配料，如表5-4所示。

（3）制馅

①绞碎：腌制后的肉块需要用绞肉机绞碎。一般用2~3mm孔径粗眼绞肉机绞碎，也有采用5mm孔板的。牛肉纤维组织坚实，硝酸盐不易渗入，所以要多一道工序，即在加入含硝腌制盐后，先用大眼（1.3cm）绞肉机绞碎，并搅拌后再冷却。在绞碎时必须注意，由于与机器摩擦而温度升高，尤其在夏天更应注意，必要时须进行冷却。

②剁碎：为把原料粉碎至肉浆状，使成品具有鲜嫩细腻特点。原料须经剁碎工序（大红肠、小红肠需经剁碎工序）。剁碎的程序是先剁牛肉后剁其他原料。因为牛肉的脂肪较少，比较耐热。牛肉置入剁肉机时，需同时加入适量的水（夏季用冰屑水）和预先配好的配料，然后加入猪肉混合剁碎至浆糊状，具有黏性时，再翻入搅拌机和肥丁搅拌均匀即成肉馅。剁制时的加水量，一般每100kg原料为30~40kg，根据原料干湿程度和肉馅是否仍有黏性为准，灵活掌握。

③拌馅：通常是将剁碎的牛肉和规定量的水在拌馅机中混合，经6~8min，水被肉充分吸收后，再按配方规定加入香料，然后加入猪肉，混合4~6min，最后加入膘丁充分混合2~3min。淀粉必须先以清水调合，除去底部杂质后，在加肥肉丁前加入。拌馅时间应以拌好的肉馅弹力好，持水性强、没有乳状分离、脂肪块分布均匀为宜（时间一般不超过15min）。肉馅温度不应超过10℃为宜。

（4）灌制　灌制过程包括灌馅、捆扎和吊挂等工作。在装馅前对肠衣进行质量检查。肠衣必须用清水冲洗，不得漏气。灌制前将肠衣按规格要求剪断，用纱绳扎好一头，另一头套在灌肠机的管子上进行灌馅，待灌满后，用手或扎绳机将肠衣顶端用纱绳结紧。口径小和质量差的肠衣，大多在灌肠上端打结以约10cm长的双道纱绳，悬挂于竹竿上，待烘烤。吊挂的灌肠互相之间不应紧贴在一起，以防干燥或烘烤时受热不均。

（5）烘烤　为使灌肠膜干燥及肠内杀菌，延长保存时间，一般要进行烘烤。烘房温度保持在65~80℃（70~75℃），烘烤时间应以肠中心温度达45℃以上为准，待肠衣表皮干燥、光滑，手摸无粘湿感觉，表面深红色，肠头附近无油脂流出时，即可出烘房，大约1h左右。烘烤使用的木材应不含或少含树脂类的硬木为好，以防止产生黑烟将灌肠熏黑。灌肠在烘房内距火焰应保持一定距离，以下垂和与火焰相距60cm以上为宜。同时必须保持温度正常稳定，每隔5~10min，要把烘烤房内的灌肠上下和近火远火端调换一下位置，避免烘烤不均。

（6）煮制　煮制和染色同时进行。煮制通常用水煮，先使锅内水温达到90~95℃，放入色素，搅和均匀，随即放入灌肠，保持水温在80℃左右。灌肠在锅内的位置须移动1~2次，以防染色不匀。煮制时间约1h左右，保持水温在75℃以上，当用手掐肠体感到挺硬、有弹性时，即为煮熟的标志，可以出锅。习惯上每50kg灌肠需用水量约150kg。

灌肠的色泽，除了大红肠、小红肠是红色外，其他品种根据需要而定。红色素国家规定使用红曲米，一般均在煮灌肠锅内随水放入红曲粉，数量按需要而定。

（7）熏烟　熏烟的作用主要使灌肠有一种烟熏味，并借烟中的酚、醛类的化学作用，使灌肠易于防霉防腐。熏烟和烘烤可在同一处进行。熏房内温度须保持在60~70℃。烟的来源，目前在烧着的木柴堆上锯木屑的办法来产生烟（现代设备有专门发烟室）。熏烟室温保持在40~50℃，熏烟5~7h，待灌肠表面光滑而透出内部肉馅红色，并且有枣子式的皱纹时，即为熏烟成熟的成品。出烘房自然冷却揭去烟尘，即可食用。

配方二的操作细节如下所述。

A. 乳化肉糜的制备：

（1）选料要求　瘦猪肩肉、瘦牛肩肉、槽头肉均应处于0~7℃，辅料应干净，不能有结块现象。

（2）修整（绞肉）　使用3mm孔板将瘦猪肩肉、瘦牛肩肉、槽头肉分开绞，并分开放置。

（3）配料　亚硝酸钠应先在食盐中拌匀备用；抗坏血酸不能与亚硝同时加入。先将腌制盐、复合磷酸盐、白胡椒粉、肉豆蔻粉、葡萄糖、生姜粉、蒜头粉、牛肉香精、味精称于一食品袋中，并混匀，再单独称玉米淀粉、抗坏血酸分别放于另两只食品袋中。

（4）混合　用斩混机约3600rpm速度斩混猪肩肉和牛肩肉，并加入混合香辛料，斩拌 1min；再将冰加入肉中，斩拌时先慢后快，逐渐升到 3600rpm，斩至肉温 3℃；再加入槽头肉和玉米淀粉，以及抗坏血酸（注意防止风吹跑）先慢后快斩拌至 11℃ 停止。

（5）腌制　于 0~7℃ 腌制过夜备用。

B. 啤酒香肠的制作：

（1）选料要求　瘦猪肩肉、乳化肉糜均为检验合格的冷藏肉；辅料应干净，不能有结块现象。

（2）修整（绞肉）　用 12mm 孔板搅绞猪肩肉。

（3）配料　亚硝酸钠应先在食盐中拌匀备用；抗坏血酸不能与亚硝同时加入；称取腌制盐（亚硝酸钠含量 0.6%）、复合磷酸盐、白胡椒粉、肉豆蔻粉、葡萄糖、生姜粉、味精置于一只食品袋中并混匀，称取抗坏血酸置于另一袋中。

（4）混合　用手混合或用混合器混合，先将绞碎的肉与混合好的香辛料等混匀，再加入抗坏血酸并混匀。

（5）腌制　于 0~7℃ 过夜（腌 12h 左右）。

（6）第二次混合　将腌好的肉馅与乳化肉糜在真空搅拌机中拌匀，慢速搅动约 5min 左右。

（7）灌装　将肉馅灌入人造肠衣中。

（8）蒸煮　将半成品置于 80~85℃ 热水中煮至产品中心达 75℃，即可出锅。

（9）冷却　将产品取出放于 0~7℃ 冷藏。

（10）储存　成品置于冷藏仓库，按不同批次整齐堆码。仓库应卫生、干燥，具有保温功能且温度恒定，不能同时存放有毒、有害、有异味、易挥发、易腐蚀的物品。

（11）运输　运输工具应符合卫生要求，运输时不得与有毒、有害、有异味、有腐蚀性的货物混放、混装。运输中防挤压、防晒、防雨、防潮，装卸时轻搬轻放。

【问题探究】

1. 肠类制品有什么特点？

我国肠类制品生产工艺大致可分为生鲜肠、生熏肠、熟熏肠、熟制肠、干制和半干制香肠、肉粉肠六类。

（1）生鲜肠　原料肉（主要是新鲜猪肉，有时添加适量牛肉）不经腌制，绞碎后加入香辛料和调味料充入肠衣内制成。这类肠制品需在冷藏条件下储存，食用前需经加热处理，如意大利鲜香肠（Italian sausage）、德国生产的腊肠（Bratwurst）等。

（2）生熏肠　这类制品可以采用腌制或未经腌制的原料，加工工艺中要经过烟熏处理但不进行熟制加工，消费者在食用前要进行熟制处理。

(3) 熟熏肠 经过腌制的原料肉,绞碎、斩拌后充入肠衣,再经熟制、烟熏处理而成。

(4) 熟制肠 用腌制或不腌制的肉类,经绞碎或斩拌,加入调味料后,搅拌均匀灌入肠衣,熟制而成。有时稍微烟熏,一般无烟熏味。现在也常将这一分类并入熟熏肠。

(5) 干制和半干制香肠 半干香肠最早起源于北欧,属德国发酵香肠,它含有猪肉和牛肉,采用传统的熏制和蒸煮技术制成。其定义为绞碎的肉,在微生物的作用下,pH 达到 5.3 以下,在热处理和烟熏过程中(一般均经烟熏处理)除去 15% 的水分,使产品中水分与蛋白质的比例不超过 3.7∶1 的肠制品。

(6) 肉粉肠 原料肉取自边角料,经腌制、绞碎成丁,加入大量的淀粉和水,充填入肠衣或猪膀胱中。

2. 灌肠制品概念、分类与特点是什么?

习惯于将中国原有的加工方法生产的产品称为香肠或腊肠,把国外传入的方法生产的产品称为灌肠。

西式肠制品(灌肠)根据肠制品制作情况分为非加热制品和加热制品两大种类,其中非加热制品包括鲜香肠(生香肠/生鲜肠)、生熏肠、半干香肠、干香肠;加热制品包括熟熏肠,熟制肠。

西式香肠(灌肠)的口味特点,是在辅料中使用了具有香辣味的玉果和胡椒,咸味用盐不用酱油,一部分品种还使用大蒜,产品具有明显的蒜味。西式香肠的另一特点是肉馅多为猪肉、牛肉混合制成。香肠的原料,既可以精选上等肉制成高档产品,也可以利用肉类加工过程中所产生的碎肉制成香肠,有一定肉类重组作用。

3. 灌肠原辅料的种类及特性是什么?

灌肠的原料肉选择面较宽,只要兽医卫生检验合格的大多数可食动物肉均可用于加工灌肠,例如猪肉、牛肉、羊肉、兔肉、鸡肉、鱼肉及其他肉类。各种不同的原料肉可用于不同类型的肠类制品生产。原料不同,其中各种营养成分(如蛋白质、水分、脂肪和矿物质)的含量不同,颜色深浅不同,结缔组织含量、所具有的持水性、蛋白质和水的比率、瘦肉和脂肪的比率、黏着性、色素的相对含量等都不同。肉的黏合性是指肉所具有的乳化脂肪和水的能力,也指其具有使瘦肉粒黏着在一起的能力。

选择好原料肉是生产质量均一的肠类产品的先决条件,这并不意味着所有的肠制品都要选价格较高的肉,而应与产品规定的脂肪含量,颜色指标,结着能力和其他特征相结合考虑。例如心脏肉可作为一种颜色较深的熏香肠的良好原料。

原料肉可以按其作为黏合剂的黏着能力进行分类,具有黏合性的肉又可以分为高黏合性、中等黏合性和低黏合性。一般认为牛肉中的骨骼肌的黏合性最好,例如牛小腿肉、去骨牛肩肉等。具有中等黏合能力的肉包括头肉、颊肉和猪瘦肉边角料。具有低黏合性的肉包括含脂肪多的肉，非骨骼肌肉和一般的猪肉边角料，舌肉边角料、牛胸肉、横隔膜肌等。黏合性很差的肉常作为填充肉，这些肉包括牛胃、猪胃、唇、皮肤及部分去脂的猪肉和牛肉组织，这些肉由于黏合性很差在肠制品中限制使用，一般将它们制成肉冻糕，因为肉冻糕对黏合性要求不高，若要在香肠中应用则不得超过组分的15%。如表5-5所示。

表5-5 常用于肠制品加工的肉（带骨、带筋腱和软骨）

（周光宏，1999，肉品学）

肉的种类	蛋白质含量/%	水分含量/%	脂肪含量/%	胶原蛋白含量/%	颜色（指标）	黏着能力（指标）
公牛肉，全胴体	20	68	11	20	100	100
母牛肉，全胴体	19	70	10	21	95	100
牛小腿肉	19	73	7	66	90	80
牛肩肉	18	61	20	30	85	85
牛肉边角料，90%瘦肉	17	72	10	30	90	85
牛肉边角料，75%瘦肉	15	59	25	38	85	80
牛胸肉	15	34	50	—	—	—
牛后腹肉	13	43	42	—	55	50
牛头肉	17	68	14	73	60	85
牛颊肉	17	68	14	59	10	85
牛肉去脂肪组织	20	59	20	—	30	25
小牛肉下脚料，90%瘦肉	18	70	10	—	70	80
羊肉	19	65	15	—	85	85
禽肉	19	67	12	—	80	90
猪肉边角料，50%瘦肉	10	39	50	34	35	35
猪肉边角料，80%瘦肉	16	63	20	24	57	58
猪前肩肉，95%瘦肉	19	75	5	23	80	95
猪前腿肉边角料，85%瘦肉	17	67	15	24	60	85
猪颊肉	6	22	72	43	20	35
修整猪颊肉	17	67	15	72	65	75
去脂肪猪肉组织	14	50	35	—	15	20
猪心肉	16	69	14	27	85	30
猪肚	10	74	15	—	20	5

续表

肉的种类	蛋白质含量/%	水分含量/%	脂肪含量/%	胶原蛋白含量/%	颜色（指标）	黏着能力（指标）
牛心肉	15	64	20	27	90	30
牛肚	12	75	12	—	5	10
牛唇肉	15	60	24	—	5	20
牛喉管肉	14	75	11	—	75	80

注：表中标出了胶原蛋白占总蛋白百分含量；颜色指标，"100"表示肉的颜色最吸引人，"0"表示肉的颜色很差，人很难接受，是一个相对值；黏着能力中"100"为肉具有最大的黏着能力，"0"代表肉的黏着能力很差，是一个相对值。

为预测终产品的组成，了解各种原料肉的水分与蛋白质比率（M∶P）是很重要的。有规定指出，终产品的水分含量不应超过4乘蛋白质含量再加10（即水≤4×蛋白质+10）。如果原料肉中的水与蛋白质比率低（如牛肉），在原料绞碎过程中可以加较多量的水；而如原料肉中的水与蛋白质比率高（如牛心肉），则加的水量很少。如表5-1所示。

4. 乳化制馅有什么质量要求？

制馅常使用斩拌或搅拌的方法，以使肉和辅料混合均匀，中式香肠常需加入温水调节黏度和硬度，而西式灌肠通过斩拌，并常需加入冰来降温以促进乳化。通过混合使最终的肉馅形成乳化状态或粘黏状态，即可以灌肠。

5. 常使用的肠衣的种类、规格和用途各是什么？

（1）天然肠衣　即猪、牛、羊的大肠、盲肠、食管（牛）和膀胱等。因加工方法不同，分干制和盐渍两类。天然肠衣弹性好，可食用。但规格和形状不整齐，数量有限。

（2）人造肠衣　人造肠衣使用方便，安全卫生，标准规格，填充量固定，易印刷，价格便宜，损耗少。人造肠衣包括以下几种。

纤维素肠衣：用天然纤维如棉绒、木屑、亚麻和其他植物纤维制成。此肠衣不能食用。

胶原肠衣：用动物胶制成，分可食和不可食两类。

塑料肠衣：可用聚偏二氯乙烯膜、尼龙、聚乙烯膜制成，品种样式较多，只能蒸煮，不能食用。

6. 肠类制品灌制的要求？

（1）中式香肠　中式香肠常采用真空搅拌，机械灌制的方法，在灌制并清洗肠体外表过程中，随时用针扎刺鼓泡处，由于肉馅颗粒较大并附着少量空气有助于发酵，随着产品干燥皱缩，肠体内部空气耗尽，香肠逐渐转变为厌氧发酵状态。

（2）灌肠　肉糜状灌肠常进行斩拌，颗粒较粗的灌肠常进行真空搅拌。灌肠一般都采用真空灌肠机进行灌制以消除空气泡，使制品质地坚实，均一。灌制温度一般控制在10℃。

【知识拓展】

1. 斩拌

斩拌机是利用斩刀高速旋转的斩切作用，将肉及辅料在短时间内斩成特定粒径范围的肉馅或肉泥状，还可以将肉、肥膘、辅料、水一起斩拌成均匀的乳化物。

斩拌机刀的转速、锅的转速、斩刀与转锅的间隙均可调节以适应生产上对粒径和乳化程度的不同要求，可使斩切产品细度更好、升温小、斩拌时间短，特别是乳化处理，可以使肠类产品的细密度与弹性大大增强，最大程度地提高了肉制品乳化效果、弹性及细腻度。

实际操作时首先将瘦肉放入斩拌机中，注意肉不要集中于一处，应全面铺开，然后，启动斩拌机。由于畜种或年龄不同，瘦肉硬度也不一样，因此，要从硬的肉开始，一次放入，这样可以提高肉的黏着性。继而加入水，以利于斩拌。加水后，最初肉会失去黏性，变成分散的细粒子状。但不久黏着性就会不断增强，最终形成一个整体。加冰屑的作用是，可保持操作中的低温状态。然后，添加调味料、香辛料，以及其他辅助材料。肉与这些添加材料均匀混合后，会进一步加强肉的黏着力。如图5-6所示。

图5-6　斩拌操作及小型斩拌机

脂肪的添加往往是在最后。在添加脂肪时，要一点一点地添加，使脂肪均匀分布，若大块添加，则很难混合均匀，时间花费也较多。在这期间，肉的温度会上升，有时甚至会影响产品质量，必须加以注意。肉和脂肪混合均匀后，应迅速取出。

斩拌中还要注意斩拌机容量和实际投入肉量的问题。例如，所使用的斩拌机容积为50kg，原料肉却投入了70kg，以致斩拌时，肉顶到斩拌机的盖，会造成切碎不充分及肉温上升等问题。因此，要绝对禁止，必须按要求操作。反之，容量为20kg的斩拌机，投入量低于10kg，同样也会出现问题。斩拌前如果肉温为3℃，加入10kg肉斩拌后，肉温会上升到11℃。但如果按机器容量投入20kg，斩拌后肉温度最多不超过9℃。另外，肉的分离液也是不同的。投肉量为10kg时分离液量为3.25%；如投肉量为20kg时，分离液量为2%。也就是说，低于容量投肉，对保水力和温度都没有好的影响。必须按机械设计能力，恰当投料，才能保证斩拌效果。

斩拌的馅料一般都需要一定量的水分，为了控制斩拌时物料的温度，可以将一部分水折合成等质量的碎冰屑分批加入物料，以控制温度。事实上，在夏季即使加冰屑也很难把温度降至理想的斩拌温度。对此，以稀盐水代替冰屑效果较为理想。这是由于盐水的冰点很低，在0℃以下仍能维持液体状态，在斩拌时加入冰水混合物可降低工作温度，而且不会因冰水过量而引起肉糜的相对稀释。还可以在斩拌的旋转锅外安装一个锅套，使锅套与锅之间有一定的缝隙，形成一个夹层，斩拌物料时可以向夹层里注入冰水混合物，来给斩拌锅降温，以达到给物料降温的目的。

斩拌结束后，将盖打开，清除盖内侧和刀刃部附着的肉。存在于这两处的肉，不可就此放入斩拌过的肉馅内，应该与下批肉一起再次斩拌。或者在斩拌中途停一次机，将清除下的肉加到正在斩拌的肉馅内继续斩拌。判断终点的方法是，用手用力拍打肉馅，肉馅能成为一个整体，且发生颤动，从肉馅中拿出手来，分开五指，手指间形成良好的蹼，说明斩拌比较成功。斩拌时各种辅料要均匀地撒在锅的周围，以达到拌和均匀的目的。

最后，认真清洗斩拌机，将机器盖好。如果清洗不干净，很容易受到细菌的污染。

斩拌的影响因素主要有以下几点。

（1）原料肉的状态　不同的原料肉对肉制品乳化能力的影响不同。不同部位的牛肉和猪肉的乳化力存在一定的差异，并且长时间存放会导致肉品的乳化能力降低。在这样的情况下，添加热鲜肉可以提高肉品的乳化能力。有研究表明，肉的僵直程度影响肉品的乳化能力，屠宰后尚未僵直的肉（热鲜肉）比解僵肉（冷鲜肉）具有更好的保水和保油性。但刚屠宰的热鲜肉很少能有在2h内用掉的，随着时间的延长，肉开始出现尸僵，并产生大量乳酸。所以肉制品斩拌一般还是用尸僵成熟后的肉比较合适。

尸僵成熟（排酸）后肉的特点：屠宰后的肉在冷却温度（-4℃）下放置12~24h，使大多数微生物的生长繁殖受到抑制，肉毒梭菌和金黄色葡萄球菌等不再分泌毒素，肉中的酶发生作用，将部分蛋白质分解成氨基酸，从而减少了有害物质的含量，确保了肉类的安全卫生；与冷冻肉相比，尸僵成熟由于经历了较为充分的解僵过程，其肉质柔软有弹性、好熟易烂、口感细腻、味道鲜美。

（2）温度　斩拌温度在乳化中起着重要作用。首先应严格控制原辅料温度。斩碎瘦肉提取盐溶蛋白最好在4～8℃条件下进行，当肉馅温度升高时，盐溶性蛋白的萃取量显著减少，同时温度过高，易使蛋白质受热凝固，致使其保油保水能力下降。与此相反，最佳的脂肪结合则需在稍高温度下进行。研究表明，当脂肪含量为25%～35%时，肉糜制品理想最终斩拌温度为12～16℃；低于20%脂肪含量时，该温度为10～12℃；如果使用了一定比例鸡肉，该斩拌温度则为8～10℃。另有报道，斩拌温度升高，脂肪颗粒减小，并有部分融化。因此香肠的硬度、咀嚼性降低，香肠的弹性和剪切力的改变与斩拌终温密切相关。另外，随着斩拌终温的升高，弹性逐渐增加，剪切力逐渐减小，斩拌温度为12℃时，乳化香肠的保水保油性最好，香肠的乳化体系比较稳定，组织状态较好。斩拌温度的不同，提取的盐溶性蛋白质含量也不同。斩拌温度为12℃的肉糜基质分布均匀、紧密、细腻，脂肪球周围形成了网状稳定的乳化体系。因此在实际操作中采取斩拌最初阶段加冰屑、后期加冷水的方法，并把斩拌的最终温度控制在8～12℃，有时为了控制水的加入量并达到更迅速有效的降温效果可以在斩拌过程中加入干冰或液氮。斩拌环境温度尽量控制在18℃以下。

（3）时间　斩拌时间要能保证形成最好的乳化结构和乳化稳定性，一般肉的斩拌时间为3～10min，应将所有原料斩到均匀一致。其中先低速后高速斩拌30s，然后再加入冰屑斩拌30s后，加入辅料和肥肉，先低速后高速斩2～5min，最后加入大豆分离蛋白和淀粉高速乳化斩拌2～4min，充分有效的斩拌能切开结缔组织膜，充分提取肌肉蛋白质，并通过吸收水分膨胀形成蛋白凝胶网络，包住脂肪，形成稳定的乳化状态，并防止加热时脂肪粒聚集。斩拌时间受原料肉质量、脂肪含量和脂肪类型等影响。

（4）刀速　斩拌速度对肉品的保水、保油效果及对蛋白质的溶出都有很大的影响。斩拌速度过快和过慢都会严重影响产品的保水和保油性能。斩拌速度过慢或斩刀不锋利，会影响肉糜达到理想的乳化程度。研究发现，斩拌速度过慢会导致产品析油。如果斩拌速度过快，斩拌过程中刀片与肉品发生摩擦导致肉温升高，进而导致产品致密性差、保水及保油效果不好。斩拌速度对肉品质量影响很大，所以，在肉品加工过程中应根据实际情况采用合适的斩拌速度。刀速一般控制在2000r/min，有的机器刀具速度分成几挡，如德国塞德曼公司斩拌机就有六挡转速：第一挡60r/min，用于搅拌与混合（无斩拌功能）；第二挡120r/min，用于搅拌加斩拌，如生产火腿粒香肠；第三挡1500r/min，用于粗斩和排气；第四挡2300r/min，用于生产干香肠和获得细肉末；第五挡4300r/min，用于生产精细灌肠；第六挡6300r/min，用于生产最精细香肠和乳化香肠。

（5）pH　肉的pH影响肌肉蛋白的持水性。在pH接近肌动球蛋白的等电点5.4时，肌肉的持水性、凝胶性最差。从技术上讲，应该使用pH5.7以上的肉来制作乳化型香肠（火腿肠），添加食盐和磷酸盐或含有磷酸盐的腌制剂可略微提高肉的 pH，因而改善保水能力。以 pH 为基准选择原料肉在工艺上相当重要，特别适合生产乳化型香肠（火腿肠）的原料是经过正常的宰后成熟、没有 PSE 肉（肉色灰白、肉质柔软、表面潮湿或有水分渗出的肉）和 DFD 肉（肉色黑、肉质硬、表面发干的肉）特征的肉。另外，pH 会影响肌肉的凝聚特性，pH 为 6.5~7.6 时其凝胶性较好，用 pH 小于 5.6 的肉为原料，会影响肉的黏结性和持水性，直接影响斩拌效果。

（6）磷酸盐和食盐　磷酸盐能够改变肌原纤维蛋白质热诱导凝胶的流变特性，提高盐溶蛋白热诱导凝胶保持水分和脂肪的能力，影响有关工艺过程，并决定肉制品的硬度、保水性、产率等。在原料预混合过程中添加食盐可以显著提高僵直前和僵直后肌肉的肌原纤维功能性。在食盐存在的条件下，磷酸盐可以显著提高僵直后肌肉蛋白的功能性，而对僵直前的肌肉作用不显著。僵直前预混合可改善乳化肠的保水和质构性质，表现为产率高，储藏损失低，并减少储藏期间产品的硬度增加。

（7）物料的添加顺序　斩拌混合物料，一般是先斩瘦肉，待瘦肉斩成肉泥状，再添加肥膘斩拌，如果将肥膘和瘦肉一同斩拌，会造成瘦肉还未斩成肉泥，而肥膘就已经过度斩拌，出油，造成产品质量劣变。

2. 烟熏

熏制主要是赋予食品以熏烟的特殊风味，增加香味，使制品产生特有的烟熏色，并通过脱水干燥和熏烟成分的杀菌作用延长制品的保藏期，此外，烟气成分渗入肉的内部还能够防止脂肪氧化。烟熏方法有直接烟熏法和间接烟熏法。直接烟熏法是在烟熏室或烟熏机内使用木片或木屑燃烧直接烟熏；间接烟熏法是用烟雾发生器将烟送入烟熏室而对制品进行烟熏。若按温度分，则可分为冷熏、温熏、热熏、焙熏和液熏等。

冷熏法的温度为30℃以下，这种方法在冬季时比较容易进行，而在夏季时由于气温高，温度较难控制，特别是当发烟少的情况下易发酸败现象。由于熏制时间长，产品深部熏烟味较浓，又因产品含水量通常在40%以下，提高了产品的耐储藏性。

温熏法是在30~50℃范围内进行烟熏的方法，此温度范围超过了脂肪融点，所以脂肪很容易流出来，而且部分蛋白质开始凝固，因此肉质变得稍硬。缺点是烟熏时间过长，有时会引起制品腐败。

热熏法是在50~80℃范围内进行烟熏的方法。在实际工作中烟熏温度大多在60℃左右，在此温度范围内，蛋白质几乎全部凝固。表面硬化度较高，而内部仍含有较多水分，富有弹力。可用此法快速干燥、烟熏，炉温超出限度，就很难再进行干燥，烟熏味也很难附着。因此，烟熏时间不必太长。

焙熏法的温度为95~120℃，是一种特殊的熏烤方法，包含有蒸煮或烤熟的过程，火腿、培根一般不采用这种方法。应用这种方法烟熏的肉缺乏耐藏性，应迅速食用。

为加快肉品熏制过程和改善熏制品的卫生质量，有人提出了一些其它熏烟方法，如液熏法、电熏法等。液熏法是用液态的烟熏剂代替烟熏的一种方法，其优点是不需要烟熏，时间短，成分较稳定，产品重复性好，致癌物质少。液熏法需要在即将开始蒸煮前进行。

烟熏时，要使产品表面干净；烟熏室内悬挂的产品不要过多或过少；烟熏前应适当的干燥；烟熏时炉内温度升降不要太快，若采用先烟熏后蒸煮的方式，烟熏完毕应立即蒸煮；烟熏时不要有火苗出现；烟熏温度、时间要因制品的种类、工艺要求而定；烟熏结束后，必须立即从烟熏室内取出制品放在不通风的地方慢慢地冷却。

任务二　熟熏肠的感官检验

【岗前准备】

自制熟熏肠；
无菌刀、无菌剪刀、无菌手套、无菌容器、砧板、冰箱等。

【岗位操作】

1. 岗位操作流程

取样→样品封存→外观检查→切片性、组织状态、滋味和气味评定。

2. 岗位操作细节

（1）取样　每次取样（或每个检测小组的取样）按《GB/T 9695.19—2008 肉与肉制品　取样方法》随机从 3~5 块大于 500g 的熟熏肠上取若干小块混合，取足 500~1500g；或直接取 3~5 块小于 500g 的熟熏肠混合，使得总量不少于 1000g。置灭菌容器中（例如灭菌不锈钢饭盒，无菌塑料袋等）立即送检（用保温盒保温），如不能及时检测需冷藏（微生物检测，最好不超过 3h）。

当然若要做食品生产许可审查（SC）等项目检测，要按相应的取样要求。例如 SC 审查，应在企业的熟熏肠成品库内，随机抽取熟熏肠产品进行检测。所抽样品须为同一批次保质期内的产品，抽样基数不少于 20kg，每批次抽样样品数量为 4kg（不少于 4 个包装），分成 2 份，1 份检测，1 份备查。

《SB/T 10279—2017 熏煮香肠》规定熟熏肠应进行型式检验，样本数量参照下表抽取，将其中 1/3 样品进行封存，保留备查。从每个样本中随机抽取 2kg 作为检验样品。

表 5-6　　　　　　　　　　　熏煮香肠抽样表

（SB/T 10279—2017 熏煮香肠）

批量范围/箱	样本数量/箱	合格判定数 Ac	不合格判定数 Re
≤1000	5	0	1
1001~3000	10	1	2
≥3001	20	2	3

（2）样品封存　同任务一样品封存方法。

（3）感官评定　根据产品的感官要求，用眼、鼻、口、手等感觉器官对产品的外观、色泽、组织状态和风味的质量好坏进行评定。注意实验室要符合 GB/T 13868—2009 规定，实验室用水应为双蒸水、去离子水或经过过滤处理除去异味的水。熟熏肠按 SB/T 10279—2017 和 SB/T 10481—2008 规定评定产品外观、色泽、组织状态、风味。如表 5-7 所示。

表 5-7　　　　　　　　　　　熏煮香肠感官要求

（SB/T 10279—2017 熏煮香肠）

项目	要求
外观	肠体均匀，不破损
色泽	具有产品固有颜色，且有光泽
组织状态	组织致密，有弹性，切片性好，无密集气孔
风味	滋味鲜美，具产品特有风味，无异味
杂质	无正常视力可见杂质

【知识拓展】

熟熏肠理化和微生物指标

熟熏肠理化指标和微生物指标综合参考国家质检总局的《肉制品生产许可证审查细则（2010 版）》和《GB 2726—2016 食品安全国家标准　熟肉制品》《SB/T 10279—2017 熏煮香肠》、《SB/T 10481—2008 低温肉制品质量安全要求》的要求。如表 5-8 所示。

表 5-8　　　　　　　　　　熏煮香肠理化与微生物指标

（摘自《肉制品生产许可证审查细则（2010 版）》、GB 2726、
SB/T 10279、SB/T 10481、GB 2760、GB 2762）

序号	检验项目	指标	发证	监督	出厂	备注
1	感官		√	√	√	

续表

序号	检验项目	指标	发证	监督	出厂	备注
2	铅含量/(mg/kg)	≤0.5	√	√	*	GB 2762—2017
3	无机砷含量/(mg/kg)	≤0.5（总砷）	√	√	*	总砷（以 As 计） GB 2762—2017
4	镉含量/(mg/kg)	≤0.1	√	√	*	GB 2762—2017
5	总汞含量/(mg/kg)	≤0.05	√	√	*	GB 2762—2017
6	菌落总数/(CFU/g)	$n=5$，$c=2$，$m=10^4$，$M=10^5$	√	√	√	GB 2726—2016
7	大肠菌群/(CFU/g)	$n=5$，$c=2$，$m=10$，$M=100$	√	√	√	GB 2726—2016
8	致病菌数/(CFU/g)	不得检出	√	√	*	金黄色葡萄球菌 $n=5$，$c=1$， $m=100$，$M=1000$
9	复合磷酸盐（以磷酸根计）含量/(g/kg)	≤5.0	√	√	*	GB 2760—2014
10	亚硝酸盐（以亚硝酸钠计）含量/(mg/kg)	≤30	√	√	*	GB 2760—2014
11	食品添加剂 山梨酸/(g/kg) 苯甲酸/(g/kg) 胭脂红/(g/kg)	≤0.075 未标明 ≤0.5	√	√	*	GB 2760—2014
12	苯并（a）芘含量/(μg/kg)	≤5.0	√	√	*	SB/T 10279—2017
13	蛋白质含量/%	≥16（特级） ≥14（优级） ≥10（普通级）	√	√	*	≥14（无淀粉级）； SB/T 10279—2017
14	脂肪含量/%	≤35	√	√	*	SB/T 10279—2017
15	淀粉含量/%	≤3（特级） ≤4（优级） ≤10（普通级）	√	√	*	≤1（无淀粉级）； SB/T 10279—2017
16	水分/%	≤75	√	√	*	SB/T 10279—2017
17	氯化物（NaCl）含量/%	≤4	√	√	*	SB/T 10279—2017

注：①指标依据 GB 2726—2016、SB/T 10279—2017、SB/T 10481—2008、GB 2760—2014 等。②企业的出厂检验项目中注有"*"标记的，企业应当每年检验 2 次。③净含量应符合国家质量监督检验检疫总局第 75 号令《定量包装商品计量监督管理办法》的规定。④产品标签应符合 GB 7718—2011 要求，生产过程卫生要求按 GB 19303—2003，致病菌主要检测沙门氏菌、志贺氏菌、金黄色葡萄球菌等。

项目5-3

腊肠中亚硝酸盐的检测

■ 知识目标

能准确说出腊肠亚硝酸盐检测（盐酸萘乙二胺法）的原理。

■ 技能目标

能按标准进行样品处理，并通过盐酸萘乙二胺法检测亚硝酸盐含量。

■ 学习型工作任务

腊肠中亚硝酸盐的检测。

腊肠也是一种添加了硝酸盐或亚硝酸盐的肉制品。由于二者均可生成亚硝酸以及进一步反应形成毒性更强的物质，在使用硝酸盐或亚硝酸盐时要严格控制用量，产品也要严格检查亚硝酸盐的残留量。

【岗前准备】

腊肠成品；

白托盘、刀、砧板、锅、电磁炉、隔热垫板、铁盆、天平（0.01g）、分析天平（0.0001g）、组织捣碎机、可见分光光度计、恒温水浴锅、具塞锥形瓶（250mL 3个）、容量瓶（200mL 3个）、烧杯（50mL、200mL、500mL）数只、量筒（500mL、100mL、10mL）、移液管（0.5mL、1mL 2支、2mL 2支、5mL 3支、20mL）、50mL具塞比色管13支等；

水为三级水，试剂一般为分析纯，试剂配制方法如下所述。

（1）饱和硼砂 称硼酸钠5.0g溶于100mL热水中，冷却后根据实验需要的用量配制。分析纯硼酸钠带10个结晶水。

（2）蛋白质沉淀剂 亚铁氰化钾溶液（106g/L，将106.0g亚铁氰化钾用水溶解并稀释至1000mL，根据实验用量配制。分析纯亚铁氰化钾带3个结晶水）、乙酸锌溶液（220.0g乙酸锌，先加30mL冰醋酸溶解，用水稀释至1000mL。分析纯乙酸锌带2个结晶水），使用时均须一边转动一边加，以防样液中的蛋白质凝固。

（3）发色剂 对氨基苯磺酸（4g/L），0.4g溶于100mL 20%（体积比）盐酸中，置棕色瓶中混匀，避光保存。

盐酸萘乙二胺溶液（2g/L），溶解0.2g盐酸萘乙二胺于100mL重蒸水中。

（4）亚硝酸钠标准溶液（200μg/mL）　精确称取0.1000g亚硝酸钠（优级，应于110～120℃干燥恒重），以重蒸馏水溶解并定容到500mL。

（5）亚硝酸钠标准使用液（5.0μg/mL）　临用前，从亚硝酸钠标准溶液中取5.00mL，置于200mL容量瓶中，加重蒸水稀释至刻度，即得亚硝酸钠标准使用液。

【岗位操作】

1. 岗位操作流程（GB 5009.33—2016）

粉碎腊肠并匀浆→提取亚硝酸盐→除杂→显色→比色→计算。

2. 岗位操作细节（GB 5009.33—2016）

（1）粉碎腊肠并匀浆　腊肠切碎后以四分法取一定质量（准确记录质量），加入组织捣碎机中捣碎，同时量取一定量重蒸水（准确量取，记录体积）加入捣碎机中，使腊肠捣烂成肉糜。

（2）提取亚硝酸盐　试剂空白的亚硝酸盐提取和腊肠样品中亚硝酸盐提取操作应同时进行，且样品中亚硝酸盐提取必须做平行。

试剂空白的亚硝酸盐提取过程中腊肠匀浆不加，其余试剂和处理均与腊肠试样组相同。操作步骤为：加入饱和硼砂溶液12.5mL入250mL具塞锥形瓶中，继以70℃左右的重蒸水150mL混匀，置于沸水中加热15min，取出，置冷水浴中冷却，并放置至室温。然后定量转移提取液至200mL的容量瓶内。

腊肠中亚硝酸盐提取应做平行试验，以便计算精密度，操作为：称取腊肠匀浆5g（要详细记录腊肠和添加的水的质量，称量匀浆时精确至0.001g并记录）于一只250mL具塞锥形瓶中，另外称取腊肠匀浆5g（准确称重并记录）于另一只250mL具塞锥形瓶中，向两只锥形瓶中均加入饱和硼砂溶液12.5mL，分别向2只锥形瓶中加入70℃左右的重蒸水各150mL，混匀。将两只容量瓶和上面试剂空白提取的容量瓶置于同一个沸水浴中加热15min，取出，置冷水浴中冷却，并放置至室温。分别定量转移提取液入两只200mL的容量瓶内。

（3）除杂　将三个容量瓶中的提取液（试剂空白提取液一个，样品提取液两个）振荡后，一面转动，一面分别滴加5mL亚铁氰化钾溶液，混匀，再将三只容量瓶边转动边加入5mL乙酸锌溶液，使蛋白质沉淀（一边转动一边加，是为防止样液中的蛋白质凝固）。分别向三只容量瓶中加入重蒸水至刻度，摇匀，放置30min，除去上层脂肪，将每只容量瓶中的上清液用滤纸过滤，弃去初滤液30mL后，收集滤液备用，三只容量瓶的滤液要分开放置。

（4）显色　各取试剂空白过滤液40.0mL入两支50mL具塞比色管中，分别将两组腊肠过滤液40.0mL加入50mL具塞比色管中（不得混合，且要记录滤液分别对应的匀浆的质量），再另取9支具塞比色管分别加入亚硝酸钠标准使用液0.00mL、0.20mL、0.40mL、0.60mL、0.80mL、1.00mL、1.50mL、2.00mL、2.50mL（分别相当于亚硝酸钠0.0μg、1.0μg、2.0μg、3.0μg、4.0μg、5.0μg、

7.5μg、10.0μg、12.5μg）。然后分别向两支试剂空白管、两支试样管、九支标准管中各加入2mL对氨基苯磺酸溶液，混匀，静置3~5min后各加入1mL盐酸萘乙二胺溶液，加水至刻度，混匀，静置15min。

（5）比色　用1cm比色杯，以零管调节零点，于波长538nm处测吸光度，绘制标准曲线，并根据试剂空白管的吸光度和样品管的吸光度计算四根比色管中对应的亚硝酸钠微克数。

（6）计算　两支样品管中溶液的吸光度查标准曲线后对应的亚硝酸钠质量分别减去试剂空白对应亚硝酸钠质量的平均值后，得到两支样品管中的亚硝酸钠质量（μg），分别标记为m'_1，m'_2。再由m'_1计算X_1，由m'_2计算X_2。X_1、X_2均取二位有效数字，并根据X_1、X_2计算精密度。若精密度≤10%，则以X_1、X_2的算术平均值来报告。若精密度>10%，则误差偏大，结果无效。

$$X_1 = \frac{m'_1 \times 1000}{m_1 \times \dfrac{V_1}{V_0} \times 1000}$$

$$X_2 = \frac{m'_2 \times 1000}{m_2 \times \dfrac{V_2}{V_0} \times 1000}$$

式中　X_1——第一次称取的匀浆（匀浆1）中亚硝酸钠的含量，mg/kg；

　　　X_2——第二次称取的匀浆（匀浆2）中亚硝酸钠的含量，mg/kg；

　　　m'_1——测定用样品管1（源自匀浆1）中亚硝酸钠的质量，μg；

　　　m'_2——测定用样品管2（源自匀浆2）中亚硝酸钠的质量，μg；

　　　m_1——匀浆1质量，g；

　　　m_2——匀浆2质量，g；

　　　V_1——测定用匀浆1过滤液体积，mL（此方法中为40mL）；

　　　V_2——测定用匀浆2过滤液体积，mL（此方法中为40mL）；

　　　V_0——试样处理液总体积，mL（此方法中匀浆1和2的处理液总体积均为200mL）。

【问题探究】

1. 亚硝酸盐在肉品中的作用机理是什么？

在腊肠等肉品中常加入硝酸钠或亚硝酸钠等无机盐，可使肉色鲜红并防腐。硝酸盐可转变为亚硝酸盐，亚硝酸盐与肌肉中乳酸作用，产生游离的亚硝酸（反应1），亚硝酸不稳定，特别是在加热时将分解成NO（反应2），NO与肌红蛋白结合形成对热稳定的亚硝基肌红蛋白（反应3）。这是一种鲜红色化合物，故使腊肠呈鲜红色。

$$NO_2^- + CH_3\text{—}CH.COOH \longrightarrow HNO_2 + CH_3\text{—}CH\text{—}COO^- \qquad （反应1）$$
$$\qquad\qquad\quad |\qquad\qquad\qquad\qquad\qquad\qquad |$$
$$\qquad\qquad\quad OH\qquad\qquad\qquad\qquad\qquad\quad OH$$

$$3HNO_2 \longrightarrow H^+ + NO_3^- + 2NO + H_2O \quad (反应2)$$
$$Mb + NO \longrightarrow MbNO \quad (反应3)$$

亚硝酸盐除具发色作用外，还能抑制肉毒梭状芽孢杆菌。这也是它在肉制品的保藏过程所发挥的有益作用。虽然硝酸盐和亚硝酸盐有毒，但只要控制它们的加入量，则危害就可以减轻或避免。

2. 亚硝酸盐的检测原理是什么？

亚硝酸盐在盐酸溶液中，与芳香族胺，如对氨基苯磺酸（$H_2N-C_6H_4-SO_3H$）发生重氮化反应产生重氮盐，此重氮盐遇偶合试剂盐酸萘乙二胺生成紫红色偶氮染料。此染料的颜色随亚硝酸盐的浓度增加而加深，或称与样品中亚硝酸盐的浓度成正比。因此，可采用分光光度计比色测定。

3. 做试剂空白、样品平行的目的是什么？

做试剂空白是为了消除试剂可能产生的误差；做样品平行是为了计算试验的精密度，衡量结果的可靠程度。

4. 试剂空白、样品空白与标准空白如何区分？

试剂空白一般指样品检测过程中与样品处理相同但不加样品所作的空白；标准空白就是本任务中标准曲线制作时，标准品（此任务中为亚硝酸钠标准品）添加量为0的那支标准管；样品空白是与样品处理步骤一致，只是不加显色剂（此任务中为对氨基苯磺酸、盐酸萘乙二胺）的空白，肉制品中添加色素后常需做样品空白。

项目5-4
腊肠产品的酸价的检测

知识目标

能准确说出腊肠产品的酸价检测的原理。

技能目标

能按标准进行腊肠样品处理，并通过氢氧化钾水溶液滴定腊肠产品的油脂酸价含量。

学习型工作任务

腊肠中油脂酸价的检测。

腊肠中含有油脂，在烘烤、晾晒、储存等过程中会发生分解，生成游离脂肪酸，当生成的游离脂肪酸过多时就表现为酸败现象，造成品质与安全性的下降。

酸价或称酸值对于腊肠品质和安全性均有显著影响。

【岗前准备】

腊肠成品；

白托盘、刀、砧板、研钵、具不锈钢捣碎杯的组织捣碎机、铁盆、磁力搅拌器、旋转蒸发仪及配套球形瓶和梨形瓶、微量滴定管（10mL，最小刻度0.05mL）、天平（0.001g）、具塞锥形瓶（500mL、250mL）数只、水浴锅等；

水为GB/T 6682规定的三级水；若用液氮，纯度应大于99.99%；试剂一般为分析纯。

1. 检测方法一（热乙醇指示剂滴定法）专用试剂（GB 5009.229—2016）

（1）95%乙醇液　用氢氧化钾或氢氧化钠标准滴定溶液（0.1mol/L或0.5mol/L）中和微沸乙醇（趁乙醇温度还维持在70℃以上时滴定）至酚酞指示液呈中性（即为中性乙醇）。

（2）氢氧化钾或氢氧化钠标准滴定水溶液　按GB/T 601—2016的要求配制标准滴定水溶液，控制浓度c（KOH）=0.1mol/L，或c（NaOH）=0.1mol/L。

（3）酚酞指示液　10g/L乙醇溶液（1g酚酞完全溶于100mL 95%乙醇中）。

（4）石油醚（30~60℃沸程）

2. 检测方法二（冷溶剂法）专用试剂与仪器（GB 5009.229—2016）

（1）石油醚（30~60℃沸程）

（2）氢氧化钾或氢氧化钠标准滴定水溶液［c（KOH）=0.1mol/L，或c（NaOH）=0.1mol/L］按GB/T 601—2016的要求配制。

（3）酚酞指示液为10g/L乙醇溶液，将1g酚酞溶解于100mL 95%乙醇中即可。在测定深色油脂时可以20g/L碱性蓝6B或百里酚酞替代，称取2g碱性蓝6B或百里酚酞溶解于100mL的95%乙醇溶液中。

（4）乙醚—异丙醇混合液　乙醚和异丙醇以相同体积混合。（注意乙醚易爆，避免电炉、火花、高温、明火等）。混合液临用前现配，一般以500mL乙醚与500mL异丙醇充分互溶混合。

【岗位操作】

1. 岗位操作流程

腊肠样品预处理→提取油脂→油脂净化→称量油脂→溶解→滴定→计算。

2. 岗位操作细节

（1）腊肠样品预处理　先将腊肠样品剪切成小块（片或粒）置于研钵中，加入适量液氮，趁冷冻状态进行研磨并混匀。然后，趁样品未解冻，转移至组织捣碎机的不锈钢捣碎杯中，补充少量液氮，以10000~15000r/min的转速进行冷冻粉碎，至大部分颗粒直径不大于4mm终止。

（2）提取油脂　称取已粉碎的腊肠样品100g于500mL具塞的三角瓶中，加300mL石油醚（30~60℃沸程，取用体积一般3~5倍试样体积）以磁力搅拌器充分搅拌30~60min，确保样品充分分散在石油醚中，置通风橱密闭浸提过夜（12h以上）。再用滤纸过滤，合并滤液于一个烧瓶内，置于水浴温度不高于45℃的旋转蒸发仪内，0.08~0.1MPa负压条件下，将其中的石油醚彻底旋转蒸干，取残留的液体油脂作为试样进行酸价测定。

（3）油脂净化　油脂需要趁热倒出，进行下一步的称量。但是在称量前应注意，液态的热油是否澄清、无沉淀。如果样品不澄清、有沉淀，则应除杂，将油脂置于50℃的水浴或恒温干燥箱内，将油脂的温度加热至50℃并充分振摇以熔化可能的油脂结晶。若此时油脂样品变为澄清、无沉淀，则可作为试样，否则应将油脂置于50℃的恒温干燥箱内，用滤纸过滤不溶性的杂质，取过滤后的澄清液体油脂作为试样，过滤过程应尽快完成。若油脂样品中的杂质含量较高，且颗粒细小难以过滤干净，可先将油脂样品用离心机以8000~10000r/min的转速离心10~20min，沉淀杂质。对于凝固点高于50℃或含有凝固点高于50℃油脂成分的样品，则应将油脂置于比其凝固点高10℃左右的水浴或恒温干燥箱内，将油脂加热并充分振摇以熔化可能的油脂结晶。若还需过滤，则将油脂置于比其凝固点高10℃左右的恒温干燥箱内，用滤纸过滤不溶性的杂质，取过滤后的澄清液体油脂作为试样，过滤过程应尽快完成。

若通过上述方法仍不澄清，则油脂中可能有水分，应进行干燥脱水。对于无结晶或凝固现象的油脂，以及经过上述处理并冷却至室温后无结晶或凝固现象的油脂，可按每10g油脂加入1~2g的比例加入无水硫酸钠，并充分搅拌混合吸附脱水，然后用滤纸过滤，取过滤后的澄清液体油脂作为试样。若油脂样品中的水分含量较高，可先将油脂样品用离心机以8000~10000r/min的转速离心10~20min，待分层后，取上层的油脂样品用无水硫酸钠吸附脱水。对于室温下有结晶或凝固现象的油脂，以及经过除杂处理并冷却至室温后有明显结晶或凝固现象的油脂，可将油脂样品用适量的石油醚，于40~55℃水浴内完全溶解后，加入适量无水硫酸钠，在维持加热条件下充分搅拌混合吸附脱水并静置沉淀硫酸钠使溶液澄清，然后收集上清液，将上清液置于水浴温度不高于45℃的旋转蒸发仪内，0.08~0.1MPa负压条件下，将其中的石油醚彻底旋转蒸干，取残留的液体油脂作为试样。若残留油脂有浑浊显现，将油脂样品按照除杂中相关要求再进行一次过滤除杂，便可获得澄清油脂样品。

对于由于凝固点过高而无法溶解于石油醚的油脂样品，则将油脂置于比其凝固点高10℃左右的水浴或恒温干燥箱内，将油脂加热并充分振摇以熔化可能的油脂结晶或凝固物，然后加入适量的无水硫酸钠，在同样的温度环境下，充分搅拌混合吸附脱水并静置沉淀硫酸钠，然后仍在相同的加热条件下过滤上层的液态油脂样品，获得澄清的油脂样品，过滤过程应尽快完成。

(4) 称量油脂　根据油脂的颜色和估计的酸价，按表中所示称样，装入250mL具塞锥形瓶中。注意做好平行试验。试样的量和滴定液的浓度应使得滴定液的用量在0.2~10mL（扣除空白后）。若不符合，则调整称样量后重新检测。如表5-9所示。

表5-9　　　　　　　　　　试样称样表

（GB 5009.229—2016）

估计的酸价/(mg/g)	试样量/g	试样称重的精确度/g	使用滴定液的浓度/(mol/L)
<1	20	0.05	0.1
1~4	10	0.02	0.1
4~15	2.5	0.01	0.1
15~75	0.5~3.0	0.001	0.1或0.5
>75	0.2~1.0	0.001	0.5

(5) 溶解　方法一和方法二在此处稍有不同（注意乙醚易爆，避免电炉、火花、高温、明火等）。

方法一加入的溶剂为50~100mL的95%乙醇（用氢氧化钾或氢氧化钠标准滴定溶液（0.1mol/L或0.5mol/L）中和微沸乙醇（90~100℃水浴加热，趁乙醇温度还维持在70℃以上时滴定）至酚酞指示液（0.5~1mL）呈微红色14s内不褪色）。将此中和乙醇趁热倒入装有试样的锥形烧瓶中，然后放入90~100℃水浴加热直至乙醇微沸，期间剧烈振摇锥形烧瓶形成悬浊液。趁热滴定。

方法二将称取的试样溶解在50~100mL（一般100mL）混合溶剂（乙醚-异丙醇：1+1）中，同时加入3~4滴酚酞指示剂，充分振摇溶解试样。然后滴定。

(6) 滴定

方法一规定：溶解后趁热以氢氧化钾或氢氧化钠标准滴定溶液（0.1mol/L或0.5mol/L）滴定试样的热乙醇悬浊液，至初现微红色，且15s不褪色为终点。记录消耗碱液体积（mL），此数值作为V。深色油脂以百里香酚酞指示剂（或碱性蓝6B，终点为由蓝变红）取代酚酞指示剂，滴定终点为蓝色。热乙醇法的V_0是0。

方法二规定：用氢氧化钾或氢氧化钠标准滴定溶液（0.1mol/L或0.5mol/L）边摇动边滴定，直到溶液变色并保持15s不褪色即为滴定终点，消耗标准滴定溶液的毫升数即为V。对于深色油脂以百里香酚酞指示剂或碱性蓝6B取代酚酞指示剂，百里香酚酞指示剂滴定终点为蓝色，碱性蓝6B终点为由蓝变红。空白试验为在相同规格250mL具塞锥形瓶中不加试样，加入其他各种试剂，标准碱液滴定值（mL）为V_0。也可以采用类似热乙醇法的方法，先将溶剂滴定至中性（15s不褪色），再倒入称取了试样的锥形瓶中溶解试样，然后以同样的方法滴定至相应的颜色变化且 15s 不褪，记录消耗的标准滴定溶液的毫升数（mL），为 V，此法也无需再进行空白试验（即 $V_0=0$）。

（7）计算　方法一和方法二中采用中和后的溶剂溶解试样后，用氢氧化钾水溶液滴定，其计算方法为：

$$X = \frac{V \times c \times 56.1}{m}$$

式中　X——试样的酸价（以 KOH 计），mg/g；

　　　V——试样消耗 KOH 标准溶液的体积，mL；

　　　c——氢氧化钾标准滴定溶液的实际浓度，mol/L；

　56.1——KOH 的摩尔质量，g/mol；

　　　m——油脂试样质量，g。

酸价≤1mg/g 时，计算结果保留 2 位有效数字；1mg/g＜酸价≤100mg/g，计算结果保留 1 位小数；酸价＞100mg/g，计算结果保留至整数位。

方法二采用氢氧化钾水溶液滴定，同时做空白试验时计算方法为：

$$X = \frac{(V - V_0) \times c \times 56.1}{m}$$

式中　X——试样的酸价（以 KOH 计），mg/g；

　　　V——试样消耗 KOH 标准溶液的体积，mL；

　　　V_0——空白试验消耗 KOH 标准溶液的体积，mL；

　　　c——氢氧化钾标准滴定溶液的实际浓度，mol/L；

　56.1——KOH 的摩尔质量，g/mol；

　　　m——油脂试样质量，g。

酸价≤1mg/g 时，计算结果保留 2 位有效数字；1mg/g＜酸价≤100mg/g，计算结果保留 1 位小数；酸价＞100mg/g，计算结果保留至整数位。

以上 2 种方法，在酸价＜1mg/g 时，在重复条件下获得的两次独立测定结果的绝对差值不得超过算术平均值的 15%；当酸价≥1mg/g 时，在重复条件下获得的两次独立测定结果的绝对差值不得超过算术平均值的 12%。

【问题探究】

油脂酸值（酸价）和酸度各如何定义？

酸值（或称酸价）一般指中和 1g 油脂中游离脂肪酸所需氢氧化钾的毫克数，单位 mg/g。碱液可用氢氧化钾水溶液、乙醇溶液等，浓度也可以根据标准规定适当变化。

酸度一般指游离脂肪酸的含量，用质量分数表示。当结果写的是"酸度"而又无详细说明时，此酸度通常用油酸来表示；当样品含有矿物酸时通常测定脂肪酸。

【知识拓展】

旋转蒸发仪如何使用？

旋转蒸发仪通过电子元件控制，使烧瓶在最适转速下恒速旋转以增大蒸发面积，通过真空泵使蒸发烧瓶处于负压状态。蒸发烧瓶在旋转同时置于水浴锅中恒温加热，瓶内溶液在负压下于烧瓶内边转动边加热，能加快扩散蒸发，使样品快速浓缩，溶剂快速回收。

蒸馏烧瓶是一个带有标准磨口接口的梨形或圆底烧瓶，通过一高度回流蛇形冷凝管与减压泵相连，回流冷凝管另一开口与带有磨口的接收烧瓶相连，用于接收被蒸发的有机溶剂。在冷凝管与减压泵之间有一三通活塞（或不设三通，需通大气时将管子直接拔下），当体系与大气相通时，可以将蒸馏烧瓶、接液烧瓶取下，转移溶剂；当体系与减压泵相通时，则体系应处于减压状态进行蒸馏。作为蒸馏的热源，常使用恒温水槽。使用时，应先按装置说明书要求将装置搭建起来，通入冷却水，调节水浴温度并启动真空泵减压，再开动电动机转动蒸馏烧瓶。结束时，应先停止转动，再通大气，以防蒸馏烧瓶在转动中脱落。如图5-7所示。

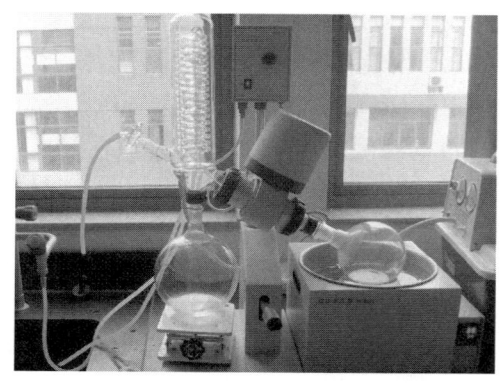

图5-7　旋转蒸发仪

课程思政

通过本情境学习，学生进一步增加肉制品"腌制"和"煮制"的经验。注意食盐使用时和其它辅料混合的先后次序，牢固树立腌制盐使用过程的安全意识。学习熟熏肠制品在生产过程的斩拌方法和数字化控制方法，领会肉制品现代化加工的量化测量等科学方法。学会寻找加工过程关键控制参数，培养自己的洞察能力。此外，还须培养规范操作意识，按标准对肠类制品中护色剂、酸败产物等进行检测，促进产品安全性提高。

情境六 酱卤肉制品加工与检测技术

酱卤肉制品是我国的传统肉制品，目前这类制品既存在作坊式生产，又有工业大生产方式。国内对这类产品的加工研究较多，加工操作也更加科学、安全。同时，由于这类产品营养丰富，所用辅料种类多，对其安全指标加强检测是非常必要的。

项目6-1 烧鸡的加工

知识目标

1. 能准确说出酱卤制品的概念、分类与特点，知道酱卤制品加工中调味的目的、作用及方法。
2. 能正确说出烧鸡的产品特点、工艺流程。
3. 能解释酱卤制品加工中煮制的三种火候特征。
4. 能说出传统烧鸡造型特点及油炸上色的技术要求。

技能目标

1. 会选择原料鸡，能正确使用香辛料，设计烧鸡产品配方及配制料汤。
2. 会净化老卤。
3. 能按规范操作及维护油炸及煮制相关设备。
4. 能解读烧鸡产品相关标准，并按规范生产出合格的烧鸡产品。

5. 能按标准要求对产品进行感官检验。

学习型工作任务

任务一 烧鸡的加工

烧鸡乃中华民族风味菜肴。将涂过饴糖的鸡油炸，然后浸入香料制成的卤水中煮制而成。成品香味浓郁，味美可口，最为有名的当属江苏古沛郭家烧鸡、安徽符离集烧鸡、河南道口烧鸡、山东德州烧（扒）鸡。

【岗前准备】

体重 1~1.5kg 的健康活鸡或光鸡；

植物油、饴糖、老抽酱油、食盐、白糖、葱、姜、酒、其他各种香辛料；

打毛机、干燥箱、油炸锅、煮制锅、盆、刀、剪刀、盘、天平、挂钩、叉子、无菌手套等。

【岗位操作】

1. 岗位操作流程

选料→宰杀→开膛去内脏→造型→烫皮→上色→油炸→卤制→成品→保藏。

2. 岗位操作细节

（1）选料　选择无病健康活鸡，体重 1.5kg 左右，要求鸡的胸腹长宽，两腿肥壮。鸡龄 1 年左右，鸡龄太长则肉质粗老，太短则肉风味欠佳。除了原料有特殊要求的，一般可用冷腔白条鸡做原料，通过流水生产提高效率。

（2）宰杀　按一般家禽屠宰方式宰杀，采用颈下"切断三管（气管、血管、食管）"宰杀，充分放血后，用 60~65℃热水浸烫 2~3min，随时用木棒上下翻动鸡体，以利浸烫均匀，用手向上提翅部长毛，一提便脱落说明浸烫良好。立即把鸡捞出，切勿继续浸泡在热水中，否则浸烫太过皮脆易烂，然后立即打毛机去毛或手工拔毛，同时要除去角质喙和脚爪角质层。把鸡浸泡在清水中，拔去残毛，洗净后准备开膛。

（3）开膛去内脏　在离肛门前开 3~4cm 长的横切口，用两手指伸入剥离鸡油，取出鸡的全部内脏，用冷水清洗鸡体内部及全身。从两后肢跗关节处割除脚爪，沿肛门四周圈肛，去除肛门。清水冲洗干净，再放入清水中浸泡 1h 左右，取出沥干水分。

（4）造型　取高粱秆一截撑开鸡腹，将两侧大腿插入腹下三角处，两翅交叉插入鸡口腔内，使鸡体成为两头尖的半圆形。造型完毕，及时浸泡在清水中 1~

2h，然后取出沥干。

（5）烫皮　将整形后的鸡放入90℃左右的热水中浸烫1~2min捞出（使皮肤紧绷并除去油脂）。

（6）上色　待鸡身水分晾干后上糖色。糖液的配制是1份麦芽糖或蜜糖加60℃的热水3份调配成上色液。用刷子将糖液均匀擦于造型后的鸡体外表，晾干表面水分。

（7）油炸　将上好糖液的鸡置于170~180℃植物油中，油炸1min左右，炸鸡时动作要轻，不要把鸡皮弄破。待鸡体表面呈金黄色时捞出、沥油。注意控制油温，温度达不到时，鸡体上色不佳，温度过高时（≥200℃），易产生有害物质。

（8）卤制

①古沛郭家烧鸡卤汤设计：鸡10只，野生山人参一支，陈皮10g、八角10g、辛姜2g、小茴香2g、大盐50g、饴糖300g、肉蔻5g、橘皮13g、砂仁2g、丁香3g、白芷5g、草果3g、山椒3g。

②符离集烧鸡卤汤设计：淮北麻鸡10只，桂皮2g、白糖15g、陈皮10g、八角10g、辛姜2g、小茴香2g、精盐150g、姜20g、饴糖200g、肉蔻3g、山柰片3g、砂仁2g、丁香2g、白芷5g、草果3g、花椒1g、芝麻油适量、硝酸钠适量。

③道口烧鸡卤汤设计：100只道口红鸡，加砂仁15g、丁香30g、肉桂90g、陈皮30g、肉豆蔻15g、草果30g、良姜90g、白芷90g、食盐2~3kg、亚硝酸钠15g。

④德州扒鸡卤汤设计：每200只鸡，加小茴香100g、桂皮120g、肉蔻50g、草果30g、丁香20g、山柰70g、陈皮50g、花椒100g、砂仁10g、八角100g、精盐3.5kg、酱油4kg、生姜250g、葱500g。

先配制卤汁，按配料把所有香料装入一只纱布袋中，扎紧袋口，放入锅中，大锅内放足水（以能完全浸没全部鸡为准），将水烧开，然后小火熬制1h备用。将油炸好的鸡放入卤汁中，加入糖、盐、酱油、葱、姜、酒等调好味，先大火煮沸30min，然后改为微火焖煮2~4h，具体时间视季节、鸡龄、体重等因素而定，煮熟后立即出锅。

（9）成品　外形完整、造型美观、色泽酱黄带红，味香肉烂，出品率64%左右。

（10）保藏　将卤制好的鸡静置冷却，即可鲜销，也可真空包装，再经高温高压杀菌，可长期保藏6个月。

【问题探究】

1. 烧鸡加工容易出现哪些质量安全问题？

（1）烧鸡表皮破损或有残毛，烧鸡不能保持完整形状。

（2）烧鸡表皮色泽不均，形成花斑鸡；或表皮局部呈黑色，甚至全部黑色。

（3）烧鸡体内残留嗉囊、食管、气管、鸡肺、胆汁、鸡粪等。

（4）烧鸡细菌总数含量超标。

2. 烧鸡加工中如何避免出现上述质量问题？

（1）鸡浸烫时，注意控制好水温（60~65℃）及浸汤时间（2~3min），温度太高，煺毛时鸡表皮易破损；温度太低，残毛不易拔尽，且表皮颜色改变。此外油炸时，动作要轻，不要把鸡皮戳破。煮制时要控制好火候（先大火，后微火）及煮制时间（先30min，后2~4h），以熟透入味，但不烂为度。

（2）挂糖上色时控制好糖水比（4∶6，若偏稀，可以适量增加饴糖比例），并且要刷涂均匀、全面；此外还要控制好油炸温度（170~180℃）和时间（1min）左右，油炸操作时要快速敏捷，勤翻鸡体，防止贴底炸黑，若降低油温，需要适当延长炸制时间。

（3）开膛去内脏时，确保除净全部内脏等废弃物，并漂洗干净，此外去内脏时要小心操作，防止捅破胆囊，使最终成品呈苦味。

（4）严格按照国家对肉制品生产企业质量安全方面的要求进行烧鸡加工管理，保持生产场所及工器具的干净、卫生、整洁。

3. 烧鸡调卤和煮制注意点

烧鸡卤煮，必须使用该产品配方调制的老卤煮制，只有这样才能保证该产品的正宗风味。卤汁必须不断调整，否则卤汁太浓，鸡色深暗，药味、盐分太重。若卤汁太淡，鸡色浅，咸味淡，香味不足。调卤方法主要从控制加水量、改变投料量、清除杂沫、控制油层等方面综合考虑。因老卤营养成分丰富，如果保管不当易腐败变质，在工厂化生产情况下，老卤保管主要是定时过滤净化，若较长时间不用可将卤桶放于0℃以下的冰箱中保存。

煮制时先将老卤煮沸，后根据卤汁的浓度加入适量的水，将已配备好的各种配料放入锅中，经搅匀溶解后，把油炸好的鸡逐只放入卤锅，放入时要让卤汁灌入每只鸡的腹腔内，放入鸡量，根据锅的大小、卤量多少，以所有鸡加压盖后轻压都能浸没在液面以下为适宜，切不可有部分鸡露在液面以上，鸡放入压好后盖上锅盖，先大火烧开，然后转入文火焖煮，煮制时间根据鸡的大小，年龄不同而异。50日龄肉用仔鸡一般煮40~60min，成年老鸡2h以上。煮制的火候和时间对烧鸡肉质的风味、成品率和肉质的嫩度有很大影响。

【知识拓展】

1. 酱卤制品种类及特点

（1）酱卤制品种类　酱卤制品是鲜（冻）畜禽肉和可食副产品放在加有调味料（食盐、酱油（或不加））和香辛料的水中，经预煮、浸泡、烧煮、酱制（卤煮）等工艺加工而成的酱卤系列肉制品。一般将其分为三种，白煮肉类、酱卤肉类和糟肉类。

白煮肉类可视为酱卤肉类的未经酱制或卤制的一个特例，糟肉则是用酒糟或陈年香糟代替酱汁或卤汁加工而成的一类产品。

（2）酱卤制品特点　酱卤制品是通过调味、煮制而成的产品，有很特别的风味，其依种类不同而有很大差别。

①白煮肉类：原料肉经（或未经）腌制后，在水（盐水）中煮制而成的熟肉类制品。白煮肉类的主要特点是最大限度地保持了原料肉固有的色泽和风味，一般在食用时才调味。其代表品种有白斩鸡、盐水鸭、白切猪肚、白切肉等。

②酱卤肉类：以鲜（冻）畜、禽肉为主要原料，经清洗、修选后，配以香辛料等，去骨（或不去骨）、成型（或不成型），经烧煮、酱制（或卤制）等工序制作的熟肉类制品。有的酱卤肉类的原料肉在加工时，先用清水预煮，一般预煮15~20min，然后再用酱汁或卤汁煮制成熟，某些产品在酱制或卤制后，需再烟熏等工序。酱卤肉类的主要特点是色泽鲜艳、味美、肉嫩，具有独特的风味。产品的色泽和风味主要取决于调味料和香辛料。酱卤肉类主要有苏州酱汁肉、卤肉、道口烧鸡、德州扒鸡、糖醋排骨、蜜汁蹄膀等。

③糟肉类：原料肉经白煮后，再用香糟糟制的冷食熟肉类制品。其主要特点是保持原料固有的色泽和曲酒香气。糟肉类有糟肉、糟鸡、糟鹅等。

2. 调味

调味就是根据各地消费者的口味和生产品种的不同，加入不同种类或数量的调味料，以加工出具有特定口味的产品，其为加工酱卤制品的重要工艺环节。

（1）调味的作用　调味调味的作用主要有以下几点。

①生产出适合各地消费者口味的产品：如广东人喜食甜味，调味时加入的糖量稍多些；湖南、四川人喜食辣味，调味时加入辣椒、胡椒、花椒等辣味料稍多些；山西人喜食酸味，调味时加入醋稍多些。

②弥补原料肉中的某些缺陷：如原料肉新鲜度较差，或带有不快气味的羊肉以及动物内脏等，通过调味来调整原料肉的缺陷，以改善成品的风味。

③增加产品花色品种：酱卤制品根据调味料的种类和数量不同，通常有酱制品、酱汁制品、蜜汁制品、糖醋制品、糟制品、白烧制品、卤制品之分。

酱制品是酱卤制品中最广泛的一类制品。这类制品在煮制过程中使用了较多的酱油，所以有的地方也叫红烧制品。此外还使用了大茴香、桂皮、丁香、花椒、小茴香等五种香料，故也有称五香制品。在酱制的基础上使用红曲米作着色剂，使产品呈樱桃红色，咸中带甜，酥润可口称酱汁制品。在辅料中加入糖、醋，使产品带有甜酸的复合味道称糖醋制品。在加工过程中，用"香糟"来调味，使产品鲜嫩爽口，风味特殊称糟制品。如在加工过程中不用酱油和香料，仅使用一定数量的盐、葱、姜、酒等辅料，产品基本上保持了原料的本色称白烧制品。将原料肉放入调制好的卤水中煮制，并浸泡在卤水中殖卤保存，使产品质嫩鲜美，称卤制品。

（2）调味的方法　调味的方法根据加入调味料的时间不同大致可分为基本调

味、定性调味和辅助调味三种。

①基本调味：在原料肉整理之后，对原料肉进行不同时间的腌制，腌制时加入盐、酱油或其他调料，奠定产品的咸味叫做基本调味。酱卤制品加工对腌制的要求比较简单，只要食盐和其他调料渗入原料肉中，能起到基本调味的作用就行了。通常是采用盐和酱油混合腌制原料肉或单用盐涂擦于原料肉上进行腌制，也有把盐、酱油和其他配料混合，再与原料肉混合腌制。酱卤制品的腌制时间一般为 2~24h。

②定性调味：加热煮制或红烧时，原料下锅后，随时加入主要配料，如酱油、酒、盐、香料等，决定产品的口味而称定性调味。定性调味除必须适应原料肉的性质和消费者口味之外，还必须适应季节的变化。一般说来，产品要求春酸、夏苦、秋辣、冬咸。因为春季人易感疲劳，酸味可以提精神；夏季天气炎热，苦味可以解暑、健脾胃；秋季吃些辣味可以提热去凉，帮助人适应季节的变化；冬季吃咸点可以增强人体的祛寒能力。酱卤制品的配料是一般情况下的标准，在加工过程中可根据具体情况作适当的增减，以满足当时当地消费对象的需要。

③辅助调味：加热煮制之后或即将出锅时加糖、味精等调味料，以增进产品的色泽和鲜味叫辅助调味。辅助调味要注意掌握好调味料加入的时间和温度，否则，某些调味料遇热易挥发或破坏，达不到辅助调味的效果。如味精在 70~90℃ 范围内助鲜作用最好。

3. 煮制

煮制是对原料肉进行热加工处理，以改变肉的感官性质，降低肉的硬度，使产品达到熟制。同时，在加热煮制过程中吸收各种配料，改善产品的色、香、味。煮制也是加工酱卤制品的重要工艺环节。

（1）煮制火力　在煮制过程中，按火焰的大小可将火力分为三种，即旺火、文火和微火。旺火（又称大火、武火、急火）火焰高而稳定。文火（中火、温火）火焰低而摇晃。微火（小火）保持火焰不灭。火力的分类在实际运用中，对旺火的掌握大多一致，但对文火和微火的掌握，则随操作习惯而各异。也有把文火称微火的。

酱卤制品煮制过程中的火力，除个别品种外，一般都是先旺火，后文火。旺火煮制的时间一般比较短，其作用是将原料肉由生煮熟。但不能使肉酥润，文火和微火的煮制时间一般比较长，其作用可使肉酥润可口，配料逐步渗入到产品内部，使产品达到内外咸淡均匀的目的。有的产品在加入食糖后，往往再用旺火短时间煮制，其目使食糖加速溶化。卤制内脏，由于口味的要求和原料鲜嫩的特点，在煮制过程中，自始至终采用文火烧煮，其加热煮制时间随种不同而异，一般体积大，块头大的原料，加热煮制时间较长，反之较短。总之，以产品烧熟到符合规格要求为前提。

（2）煮制方法

①清煮和红烧：在酱卤制品加工中，除少数品种外，大多数品种的煮制过程可分清煮和红烧二个阶段。清煮亦称"白锅"，它是辅助性的煮制工序，其目的是消除原料肉的膻腥气味。清煮的方法是将成形原料投入沸水锅中，不加任何调料进行煮制，并加以翻拌，捞出浮油、血沫和杂质。清煮时间随成形原料的大小而异。一般为10min～1h。清煮时的肉汤称白汤，其味鲜量多，要妥为保存，红烧时使用清煮所产生的鲜汤作为汤汁的基础。

红烧亦称"红锅"，它是产品的决定性工序。红烧的方法是将清煮过的坯料放入加有各种调味料的汤中进行煮制。红烧所需的时间随产品而异，一般为数小时。红烧后剩余的汤汁称红汤（老汤），应注意保管，待以后继续使用。存放时应装入带盖的容器中，防止生水和新汤掺入，否则应及时回炉烧沸，以防变质。红汤由于不断使用，其性能和成分经常发生变化，使用时应根据其咸淡程度，酌量增减配料数量。

②宽汤和紧汤：在煮制过程中，肉中的部分营养物质会随肉汁流入汤水中。因此，煮制时汤汁的多少直接影响到产品质量。根据煮制时加入的汤量，有宽汤和紧汤两种煮制方法。宽汤煮制是将汤加至和肉的平面基本相齐或淹没肉体。这种煮制方法适用于块大肉厚产品，如酱肉。紧汤煮制是将汤加至距肉平面1/2～1/3处，这种煮制方法适用于色深、味浓的产品，如酱汁肉。

4. 肉在煮制过程中的变化

肉在煮制过程中将发生一系列物理和化学变化，使产品具有相应的风味、色泽和嫩度。这些变化主要有以下几个方面。

（1）蛋白质的变化　肉经加热煮制时，蛋白质会发生凝固。肌球蛋白的热凝固温度为45～50℃，当有盐类存在时，30℃即开始凝固。肌溶蛋白的热凝固温度为55～65℃。肌球蛋白变性凝固后，再继续加热则发生收缩，肌肉中水分被挤出，当加热煮制到60～75℃时失水最多，以后随温度的升高反而相对减少。这是由于高温长时间的煮制，胶原蛋白转变成了明胶蛋白，明胶蛋白吸收了一部分水，从而弥补了肌肉中所流失的水分。

结缔组织中的蛋白质主要有胶原蛋白和弹性蛋白。弹性蛋白在一般煮制条件下几乎不发生变化，发生变化的主要是胶原蛋白。胶原蛋白在温度58～62℃的煮制条件下发生熟软、变形。在温度126℃煮制3h会完全水解，高温长时间加热煮制时，胶原蛋白则转变成明胶蛋白，其转变的数量随煮制温度的升高和时间的延长而增加，同时与沸腾的状态有关，沸腾越剧烈，则转变得越多。

（2）脂肪的变化　肉在煮制过程中，由于脂肪细胞周围的结缔组织受热收缩，使脂肪细胞膜受压发生破裂，脂肪溶化流出。随着脂肪的溶化，释放出某些与脂肪相关联的挥发性化合物，这些物质给肉和肉汤增加了香气。

脂肪在煮制过程中会有部分发生水解，生成脂肪酸，使脂肪的酸价提高。同时也发生氧化作用，生成氧化物和过氧化物，使过氧化值增大。加热煮制时，如肉量过多或剧烈沸腾，易形成脂肪的乳浊化，使肉汤呈现浑浊现象。

（3）色泽的变化 肉在煮制过程中，由于加热，促使肌红蛋白氧化变性，使肉的色泽发生变化。当肉温在60℃以下时，肉块内部仍然保持原来的红色，而当温度上升到60~70℃时，肉则变成粉红色，再提高到70~80℃以上，则由粉红色变成灰褐色。此时，肌红蛋白发生完全变性，变性之后生成不溶于水的物质。

加硝酸盐腌制的坯料，在煮制时会加速亚硝基肌红蛋白的形成，因而使产品色泽变得鲜艳。

（4）风味的变化 生肉经煮制后，不同种类的动物肉产生各自特有的风味。这种风味的变化是由于煮制导致肉中的水溶性成分和脂肪的变化所造成。研究认为，任何种类的动物肉，组成风味物质的水溶性成分是基本相同的，这些水溶性成分主要是谷氨酸和次黄嘌呤核苷酸等。将含脂肪很少的牛肉和猪肉比较，两者所得到的风味基本相同。造成风味各异的根本原因是由于不同种类动物肉的脂肪和脂溶性物质存在差异，如羊肉的膻味是由辛酸和壬酸等饱和脂肪酸所致。

（5）汁液的变化 肉经过煮制后，由于肌原纤维蛋白和结缔组织蛋白的凝固，导致肉块体积缩小，迫使肉内的汁液外流。肉汁的流失量与煮制温度成正比，如肉块内部温度达77℃时，肉汁流失32.9%，肉块内部温度达90℃时，肉汁流失34.6%。此外，汁液流失量与下水前的水温、肉和水的比例、煮沸的状态、肉块的大小等都有一定的关系。通常是浸在冷水中煮沸的损失多，热水中少；强烈沸腾的损失多，缓慢煮沸的少；水越多，可溶性物质损失的也越多，反之越少；肉块越大，损失的越少，反之越多。

汁液的流失，可导致肉块的质量减轻，嫩度降低，同时因汁液中含有浸出物质，使肉中的营养损失。因此，在熟肉制品加工中，应尽可能防止或减少肉汁的流失。

5. 烧鸡加工常用设备

（1）脱毛机 烧鸡的原料若采用活鸡，在作坊式条件下可以使用脱毛机，能提高工作效率。脱毛机可用于各种禽类羽毛，鱼类鳞皮，薯类表皮等的褪脱。例如50型脱毛机，每次加工量为，鸡3~5只，鸭2~4只；加工速率为350只左右/h；电压220V；功率850W；外型尺寸560mm×560mm×960mm；内径520mm；材质为不锈钢，净重达55kg；脱毛棒一般3.5元/根。如图6-1所示。

使用和维护要求为，将宰好的鸡用65℃的热水烫均匀。然后开启机器，放入机桶内。约十几秒后、开启水龙头，使毛等冲出。稍刻便可停机取出，鸡毛一

图6-1 脱毛机外观

一般只需半分钟脱净,其它时间稍长。

注意事项:①接地线装上漏电开关;②使用前先插上电源,开启开关检查是否运转正常;③用完后应用水将脱毛桶冲洗干净;④长久使用橡胶毛棒磨损或断裂,应及时更换,以保证正常的脱毛工作效率;⑤在使用一段时期,若发现转速变慢,则可能皮带轴打滑,应调紧机座的螺母,并注意不应太紧;⑥不能直接用喷水管清洗。

(2)油炸锅 油炸锅、如图6-2所示。

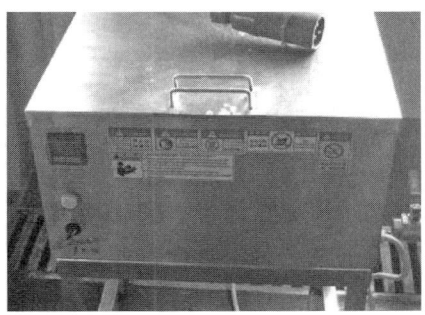

图6-2 油炸锅外观

油炸锅的性能特点如下所述。

①升温快、升温高。

②加热方式既可用电热棒加热也可用使用电磁加热。

③操作简单方便,清渣方便,节约能源(比传统油炸锅节省炸油50%以上,节约燃煤40%以上)设有专用蒸汽排出通道,干净卫生。

④采用导热油传热方式,有效控制温度,防止糊锅。同时热量储存,在连续生产时可节省能源。

⑤油温可控,控温准确,调节方便。

图6-3 煮制锅外观

(3)煮制锅 煮制锅一般均能自动控温,实现产品的批量水煮。如图6-3所示。

一般使用不锈钢材质,特制保温层,弧形内清底结构。现在一般装备数显式电子自动温控、时控装置,可进行加热和保温。

任务二 烧鸡产品的感官检验

【岗前准备】

自制烧鸡；

无菌刀、无菌剪刀、无菌手套、无菌容器、托盘、筷子、冰箱等。

【岗位操作】

1. 岗位操作流程

取样→样品封存→外观检查→滋味和气味评定。

2. 岗位操作细节

（1）取样　每次取样（或每个检测小组的取样）按《GB/T 9695.19—2008 肉与肉制品　取样方法》随机从 3～5 块烧鸡上取若干小块混合，取足 500～1500g，置灭菌容器中（例如灭菌不锈钢饭盒，无菌塑料袋等）立即送检，如不能及时检测需冷藏（微生物检测，最好不超过 3h；另根据 GB/T 23586—2009 要求出厂检验时每批次抽样数独立包装不应少于 8 个，样品量总数不少于 2kg，检样一式两份，分别供检验和复检；净含量检测抽样另按国家质量监督检验检疫总局第 75 号令《定量包装商品计量监督管理办法》的规定）。

当然若要做食品生产许可（SC）审查等项目检测，要按相应的取样要求操作。例如 SC 审查，应在企业的烧鸡成品库内，随机抽取烧鸡产品进行检测。所抽样品须为同一批次保质期内的产品，抽样基数不少于 20kg，每批次抽样样品数量为 4kg（不少于 4 个包装），分成 2 份，1 份检测，1 份备查。

（2）样品封存　样品确认无误后，由抽样人员与被抽查单位在抽样单上签字、盖章，当场封存样品，并加贴封条，封条上应有抽样人员签名、抽样单位盖章及抽样日期。样品容器上贴上标签后，立即检测，若为理化检测可冻结保存，微生物检测一般立即检测，若冷藏应不超过 3h。标签上应包括：取样人员和取样单位名称；取样地点和日期；样品的名称、等级和规格；样品特性；样品的商品代码和批号。采样人员同时认真填写取样报告，内容应包括样品标签要求的信息；被取样单位名称和负责人姓名；生产日期；产品数量；取样数量；取样方法；取样目的、会对样品造成影响的气温和空气湿度等包装环境和运输环境，及其他相关事宜。

（3）外观检查　在正常光线下目测，鼻嗅。烧鸡应具有该产品应有的造型，并且无破损。

（4）滋味和气味评定　夹取肌肉品尝评定，肉质坚实而有弹性，脂肪白色、微黄色或透明；具有烧鸡固有的气味及滋味；无黏液、无霉斑、无腐败、无酸臭、无其他异味、无异物。如表 6-1 所示。

表 6-1　　　　　　　　　　酱卤肉制品感官要求

（GB/T 23586—2009 酱卤肉制品）

项目	指标
外观形态	外形整齐，无异物
色泽	酱制品表面为酱色或褐色，卤制品为该品种应有的正常色泽
口感风味	咸淡适中，具有酱卤制品特有的风味
组织形态	组织紧密
杂质	无肉眼可见的外来杂质

【知识拓展】

烧鸡理化和微生物指标

烧鸡理化指标和微生物指标综合参考质检总局的《肉制品生产许可证审查细则（2010 版）》和国家标准《GB 2726—2016 食品安全国家标准　熟肉制品》、《GB/T 23586—2009 酱卤肉制品》以及《GB 2760—2014 食品安全国家标准　食品添加剂使用标准》。如表 6-2 所示。

表 6-2　　　　　　　　　　烧鸡理化和微生物指标要求

（摘自《肉制品生产许可证审查细则（2010 版）》，
GB 2726、GB 2760、GB/T 23586 等）

检验项目	指标	发证检验	监督检验	出厂检验	备注
蛋白质含量/(g/100g)	≥15.0				GB/T 23586—2009
水分含量/(g/100g)	≤70				GB/T 23586—2009
食盐含量/(g/100g)	≤4.0				道口烧鸡 1.5~3.0
细菌总数/(CFU/g)	$n=5$, $c=2$, $m=10^4$, $M=10^5$	√	√	√	GB 2726—2016
大肠菌群/(CFU/g)	$n=5$, $c=2$, $m=10$, $M=10^2$	√	√	√	GB 2726—2016
致病菌数/(CFU/g)	不得检出	√	√	*	金黄色葡萄球菌 $n=5$, $c=1$, $m=100$, $M=1000$
铅含量/(mg/kg)	≤0.5	√	√	*	

续表

检验项目	指标	发证检验	监督检验	出厂检验	备注
无机砷含量/(mg/kg)	≤0.5（总砷）	√	√	*	总砷（As 计） GB 2762—2017
镉含量/(mg/kg)	≤0.1	√	√	*	GB 2762—2017
总汞含量/(Hg，mg/kg)	≤0.05	√	√	*	GB 2762—2017
亚硝酸盐（以 $NaNO_2$ 计）含量/(mg/kg)	≤30	√	√	*	GB 2762—2017
食品添加剂 　山梨酸含量/(g/kg) 　酱油中苯甲酸含量/(g/kg)	≤0.075 ≤1.0	√	√	*	GB 2760—2014

注：①企业的出厂检验项目中注有"＊"标记的，企业应当每年检验 2 次。②净含量应符合国家质量监督检验检疫总局第 75 号令《定量包装商品计量监督管理办法》的规定。

项目6-2

肴肉的加工

▮ 知识目标

1. 能正确说出白煮肉类加工的原理及方法。
2. 能说出肴肉配方设计原理。
3. 能说出肉类软罐头概念、种类及特点。
4. 能说出复合薄膜（蒸煮袋）种类及特性。
5. 能准确说出肴肉煮制、压蹄及包装的技术要求。

▮ 技能目标

1. 能设计肴肉产品配方并配制料汤。
2. 能解读肴肉软罐头产品的相关标准，按操作规范生产出合格的肴肉软罐头。
3. 能选择适宜品种和规格的包装材料。
4. 能根据蒸煮袋材质特性掌控抽真空密封的温度和时间。
5. 能按规范操作及维护肴肉软罐头加工相关设备。
6. 能按标准要求对肴肉产品进行感官检验。

情境六

酱卤肉制品加工与检测技术

学习型工作任务

任务一　肴肉的加工

镇江肴肉，简称肴肉，是镇江传统名菜，精选猪前蹄为主料，经整形、加硝腌制、煮制、压蹄而成，是维扬菜系中的代表菜肴。因肴肉皮色洁白，晶莹碧透，卤冻透明，肉色红润，肉质细嫩，味道鲜美，故又称水晶肴肉。

肴肉与南京盐水鸭、上海白切肉同属于酱卤肉制品中白煮肉类。

【岗前准备】

配方一：去爪猪蹄膀 10kg、食盐 0.85kg、白糖 0.05kg、曲酒 0.05kg、明矾 0.002kg、鲜姜 0.05kg、复合香辛料 0.02kg。

配方二：去爪猪蹄膀 10 只、绍酒 0.025kg、大粒盐适量、葱（切成段）0.025kg、姜片 0.0125kg、花椒 0.0075kg、八角 0.0075kg、硝水（3g 硝酸钠混于 0.5kg 水中）0.3kg、明矾 0.002kg。

天平（0.1g）、煮制锅、煤气灶、蒸煮袋、真空包装机、冰箱等。

【岗位操作】

1. 岗位操作流程

选料→整理→腌制→煮制→压蹄→包装→保藏。

2. 岗位操作细节

配方一的操作细节如下所述。

①选料：选择优质薄皮猪的前后蹄膀为原料，以前蹄膀为最好。

②原料整理：取猪的前后腿，除去肩胛骨、臀骨和大小腿骨，去爪、筋，刮净残毛，洗净，然后置于案板上，皮朝下，用小刀或铁钎在蹄膀的瘦肉上戳小洞若干，将腌制盐（若使用硝水，也一并撒上）涂抹在蹄膀上，用盐量为 6%。然后将其放置在老卤液中腌制 5~7d，多次翻动，腌好后取出用清水浸泡 8h 左右，除去涩味，去除血污。

③煮制：按配方并以肉水比为 1:1 配制煮制调味盐水，取清水加入调料煮沸 1h 后过滤，取滤液即为调味盐水，将蹄膀 10kg 置于煮锅中，加入调味盐水（配方一或配方二），将蹄膀全部浸没在汤中，先大火后小火煮制 1.5~2h，然后翻动再煮 2~3h 至汤汁黏稠即可。

④压蹄：取长宽都为 40cm，边高 4.3cm 平底盘 100 个，每个盘内平放猪蹄膀 2 只，皮向上，每 5 个盘压在一起，上面盖空盘一个，经 20~30min 后，将盘内油

卤逐个倒入锅中，用大火煮沸（若量少，可以适当补充皮冻和肉汤并煮沸），然后，将汤卤舀入蹄盘中，使汤汁淹没肉面，冷至室温后置于冷藏箱中凝冻，即可制成晶莹透明的水晶肴肉。

⑤包装保藏：将水晶肴肉用食品袋包装，置于4℃冷藏条件下保藏，注意防止污染。

配方二的操作细节如下所述。

①选料与整形：选薄皮猪，活重在70kg左右。用猪的前后蹄髈，以前蹄髈为最好。取猪的前后腿，除去肩胛骨、臀骨和大小腿骨，去爪、筋，刮净残毛，洗净。

②腌制：将整理过的猪蹄髈置于案板上，皮朝下，用铁钎在蹄髈的瘦肉上戳若干小洞，洒上硝水和精盐，用盐量占6.75%，用于揉擦表皮。多余的盐撒在肉面上，然后平放于缸内，以老卤渍之。冬季腌6～7d，最多10d，至深部肌肉色泽变红为止。用盐量每只145g。春秋季腌3～4d，用盐量约110g。夏季只需腌6～8h，需盐125g。腌制结束后出缸用洁净水浸泡8h左右，换水数次，以除去涩味，再取出刮除污迹。

③煮制：用清水10kg，加食盐0.1kg，加热煮沸，撇去浮沫，并使其澄清。用上述澄清盐水注入锅中，加60°曲酒50g、白糖50g，另外取花椒及八角各25g，鲜姜、葱各50g，分别放在两只纱布袋内，扎紧袋口放入盐水中，然后把腌制好洗净的蹄髈10kg放入锅内，皮朝上逐层摆叠，最上一层皮朝下，用竹篾盖好，使蹄髈全部浸没在汤中。用旺火烧开，撇去浮在表层的泡沫，保持95℃煮1.5h，将蹄髈上下翻换，再煮3h，至肉煮烂。

④压蹄：取长宽都为40cm、边高4.3cm不锈钢平盆10个，每个盆内平放猪蹄髈2只，皮向上，每5个盆压在一起，上面再盖空盆一个，经20min后，把盆内油卤倒入锅内，用旺火把汤卤煮沸，撇去浮油，若量少可以适当补充皮冻和汤汁，再煮沸，撇去浮油，将汤卤舀入平盆，使汤汁淹没肉面，置于阴凉处冷却凝冻，即成晶莹透明的水晶肴肉。

⑤包装保藏：切成厚薄均匀、大小一致的长方形块状，真空包装，注意防止污染，低温保藏（0～4℃）。

【问题探究】

1. 白煮肉类有什么特点？

白煮肉类也叫白烧、白切，可以认为是酱卤肉类未经酱制或卤煮的一个特例，是原料肉经（或未经）腌制后，在水（盐水）中煮制而成的熟肉类制品。一般在食用时再调味，产品能保持原料肉固有的色泽和风味。特点是制作简单，仅用少量食盐，基本不加其他配料；基本保持原形原色及原料本身的鲜美味道；外表洁白，皮肉酥润，肥而不腻。白煮肉类以冷食为主，吃时切成薄片，蘸以少量酱油、芝麻油、葱花、姜丝、香醋等。常见品种有白切肉、白切猪肚、白斩鸡、盐水鸭、肴肉。

2. 肉类软罐头概念、种类及特点是什么?

肉类软罐头制品是指采用聚酯、铝箔、聚烯烃等多层复合薄膜制成的蒸煮袋或高阻隔性聚偏二氯乙烯等材料,将经加工处理后的肉包装、密封、杀菌、冷却而制成的新型肉制品。通常纸塑铝复合材料包装的利乐包也属于软罐头的范围。由于采用软质的包装材料,故称为软罐头食品。

软罐头和普通金属罐头相比有很多特点,容器质量轻、体积小,可节约仓储容积,储存和运输也较方便;单位质量的包装材料可装更多的食品;传热快,内容物受热面大,可节约杀菌时间,故产品色、香、味好,营养成分损失较少,更接近天然食品风味;安全卫生,储藏期接近金属罐,且不易发生金属污染;具有速食性,往往开袋即食;能源消耗低,从生产到消费,比冷冻食品和一般罐头食品节约能源。

主要可分为三大类。

①袋装肉制品:包装形状多为长方形的袋,四边都经热焊封,又分为透明和不透明两种,典型产品如热狗肠、熏肠、皮花肉、无锡酱排骨等,一般在118℃杀菌35~40min。蒸煮袋是由多层复合薄膜以胶黏剂通过干法复合后切制成一定尺寸的袋子,适宜填充各种食品,可热熔封口,并能经受高温湿热杀菌。以铝复合膜最常见。

②盘装肉制品:一般需要保持一定组织形态的肉制品常采用盘或罐状包装,如梅菜扣肉、豆豉鲮鱼、肉糕等。盘装容器若为透明的则内外均为未拉伸聚丙烯,中间层为高阻隔性PVDC;若为不透明盘,则外层用聚酯,中间用铝箔,内层用未拉伸聚丙烯。

③结扎包装肉制品:一般火腿肠类肉制品采用此包装。此类包装为高阻隔性的PVDC单层薄膜包装。采用此包装的火腿肠可以在121℃杀菌10~27min,货架期达三个月。

3. 复合薄膜(蒸煮袋)种类及特性是什么?

根据复合蒸煮袋的构成、机械适应性以及物理性能可以将其分为四种类型,透明普通型,透明隔绝型,铝箔隔绝型,高温短时间杀菌用袋。

(1)透明普通型蒸煮袋 透明普通型蒸煮袋因为透光性好,被多数食品加工厂所采用。特别是酱菜、米饭等包装以及在低温下销售的汉堡肉饼,大多采用这种类型的包装材料。其外层可以采用尼龙或聚酯薄膜,内层是聚丙烯、聚乙烯等聚烯烃薄膜。蒸煮袋20mm的封口强度为6~7kg,热封范围在150~220℃,粘连温度均是124℃。可能是因为聚酯和尼龙薄膜固有的阻隔性不同,从而不同包装材料之间呈现出阻隔性差异。适合在120℃以下使用的蒸煮袋,其内层即密封层采用特殊高密度聚乙烯(也可采用共聚级聚丙烯),而能够在135℃温度下杀菌的蒸煮袋，须用特殊聚丙烯作为密封层。

(2) 透明隔绝型蒸煮袋　透明隔绝型蒸煮袋适用于蛋白质和脂肪含量高的肉食加工品和鱼肉加工品的杀菌。这些包装材料中间夹有高阻隔性聚偏二氯乙烯(K-flex)，用共挤法复合。高阻隔性聚偏二氯乙烯复合薄膜作为软罐头的包装材料，具有非常良好的阻隔，其在120℃、130℃杀菌后，氧气透过量仍变化不大，例如在120℃，20min杀菌后，在温度30℃，相对湿度80%的条件下存放15d，其氧气透过量仍是固定不变的。

(3) 铝箔隔绝型蒸煮袋　铝箔隔绝型蒸煮袋可应用于咖喱类、炖制食品、肉类及高级烹调食品等。在这种包装材料中，铝箔是防止香气逸散，遮光的基础材料。制作这种蒸煮袋，首先要把印刷好的聚酯薄膜和铝箔干法复合，然后再和聚乙烯或聚丙烯薄膜复合。这类薄膜的构成随杀菌温度而异。在120℃杀菌的薄膜，其构成是聚酯/铝箔/特殊高密度聚乙烯或共聚级聚丙烯；能耐最高135℃杀菌的薄膜，其构成为聚酯/铝箔/特殊聚丙烯。这几种薄膜的氧气透过量和透湿度几乎为零。只要没有因包装材料折曲而产生的针孔，就能完全阻隔氧气和水气。在使用铝箔隔绝型的蒸煮袋时，要注意酸性食品对铝箔的腐蚀作用，并防止因折曲产生的针孔导致内容物变质。除了这些缺点和内容物看不见以外，铝箔可说是非常优良的软罐头用包装材料。

(4) 高温短时间杀菌用袋　简称为HTST (High Temperature Short Time)。高温短时间杀菌，不但食品的风味不受影响，而且可杀死细菌，这就产生了高温杀菌的软罐头。采用高温短时间杀菌，缩短了加工生产时间，设备运转率大幅度提高，可以大大提高生产率。如采用铝箔袋，其构成为聚酯/铝箔/特殊层/聚烯烃，其氧气通过量和水蒸气透过度均为零。如采用透明袋，有两种构成，即尼龙/特殊层/聚烯烃，及聚酯/特殊层/聚烯烃，氧气透过量分别是 $30mL/(m^2 \cdot 24h)$、$47mL/(m^2 \cdot 24h)$ 在一个大气压（27℃相对湿度65%）下，水蒸气透过度分别是 $10mL/(m^2 \cdot 24h)$、$6mL/(m^2 \cdot 24h)$，这些高温短时间杀菌（HTST）用袋和其它蒸煮袋相比，其粘连温度高，为137℃，热封温度对铝箔袋为190~250℃，透明袋为180~220℃。

4. 肴肉软罐头产品的杀菌公式是什么？

水晶肴肉一般为不杀菌产品，其保质主要依靠原辅料和包装材料选择与处理、腌制、煮制、划切、灌装、真空密封等环节的卫生控制，以及保藏过程中低温的恒定控制。

若要对肴肉软包装产品进行杀菌，需要综合考虑肴肉中微生物的特性，及包装材料、食品的传热特性，综合确定杀菌的温度和时间。

肴肉中的耐热微生物主要来自于猪的皮肤，这类微生物种类多，有许多比较耐热，一般需要将肴肉中心于120℃温度下加热4min以上才能达到灭菌效果，食品工业常将中心温度加热到120℃保持5~6min。一些耐热菌，例如肉毒梭菌的 Z 值为 10℃，蜡样芽孢杆菌的 Z 值为 10.5℃。具体可供参考的杀菌公式如下所示。

$$\frac{10\text{min} - 20\text{min} - 15\text{min}}{120℃}$$

罐头初温应控制在 50℃ 以上。上述杀菌公式还需根据实际情况调整。

5. 抽真空密封的温度和时间应为多少？

应根据包装的特性和杀菌时对包装的综合要求而定，一般 PE/Al/HDPE 复合薄膜热封温度 180℃ ± 10℃，4~5s，真空度 0.1MPa。

【知识拓展】

1. 真空包装机简介

肴肉在工业生产时广泛采用真空包装。真空是指在指定的空间内，低于一个大气压力的气体状态。真空状态下气体稀薄程度称为真空度，通常用压力值表示，一般认为真空度 =（大气压强 - 绝对压强）。真空包装实际上不是完全真空的，所以，又将真空包装称为减压包装或排气包装。

生产肴肉时广泛采用真空包装机。其拥有 3 大特点：排除了包装容器中的部分空气（氧气），能有效地防止食品腐败变质；采用阻隔性（气密性）优良的包装材料及严格的密封技术和要求，能有效防止包装内容物质的交换，既可避免食品减重、失味，又可防止二次污染。

真空包装机（图 6-4）在使用前需预热，设定真空度、热封温度、热封时间等参数。

图 6-4 真空包装机

2. 软罐头包装常用材料

（1）可作为软罐头包装的材料

①聚酯：具有优良的透明度、耐热性和耐磨性。薄膜厚度有 $12\mu m$ 和 $25\mu m$ 两种，印刷就在聚酯上进行，它可用作蒸煮袋或盘状容器的盖材。

②尼龙：作为软罐头用包装材料的基材是不可缺少的。有双向拉伸和未拉伸两种。双向拉伸尼龙6薄膜，不仅具有优良的耐热性、耐寒性，而且撕裂强度和耐针孔性也好，因此，可与其它原材料复合在一起使用。另外，为了防止卷缩，提高强度，也有使用尼龙6-6薄膜的，但价格要比尼龙6高。

③聚偏二氯乙烯：作为单层薄膜也可在软罐头中使用，可作为火腿、香肠的包装材料，其密封性、结扎性、热收缩性、气体阻隔性均优良。聚偏二氯乙烯还可作为尼龙、聚酯等膜材的涂层使用。除此以外，还有用于作为蒸煮袋的复合基材，用于高温、高压杀菌的优良的高阻隔性聚偏二氯乙烯薄膜上。

④高密度聚乙烯：这种薄膜虽然气体阻隔性差，但由于抗张强度、延伸率、撕裂强度优良，封口适应性好，所以可作为密封层使用。然而，高密度聚乙烯在耐热性方面存在若干缺点，其最高耐热温度为120℃。

⑤聚丙烯：有良好的透明度、耐油性，而且耐热性比特殊聚乙烯好，所以可用作蒸煮袋和蒸煮容器的密封层。软罐头包装材料的密封层，大部分采用未拉伸聚丙烯膜或薄片。

⑥铝箔：铝箔是采用纯度99%以上的电解铝，经过压延制作而成，作为包装材料使用时，铝箔是包装材料中唯一的金属基材。蒸煮袋所使用的铝箔厚度为 $7\sim15\mu m$，而蒸煮容器所使用的铝箔厚度为 $50\sim130\mu m$。由于铝箔无毒、无味，具有优良的遮光性，有极高的防潮性、阻气性和保密性，能最有效地保护被包装物，所以作为含脂肪食品的包装材料最为合适。然而，由于铝箔弯曲后有产生针孔的危险，所以有必要以塑料薄膜作为外层，与其复合。

（2）软罐头铝箔复合材料　软罐头用的包装材料，多半是塑料薄膜和铝箔复合而成。由于包装食品的种类、杀菌温度和保存条件的不同，所以必须仔细考虑各种原材料的组合，这步操作是包装设计中最重要的一环。蒸煮袋和其它的食品包装材料不同，由于蒸煮袋要在热水或水蒸气中以 $110\sim140$℃的高温杀菌，所以必须有良好的热封性、耐热性、耐水性和阻隔性。在耐热性方面有三点要求：复合部分及封口部分不能因热处理而发生剥离及强度降低；袋内密封面之间不得发生粘连；尺寸要稳定。

此外，内层薄膜粘连的极限温度，中密度聚乙烯为110℃，特殊聚乙烯为120℃，聚丙烯为125℃，特殊聚丙烯为140℃。在耐水性方面，尼龙具有亲水基，吸水后虽有发白的危险，但复合部分不会分层。就阻隔性材料来说，有乙烯—乙烯醇聚合物、聚偏二氯乙烯、特殊尼龙；但是聚偏二氯乙烯和其它原材料不同，虽然也出现白色混浊，但经过一段时间后会恢复正常，在此期间，阻隔性不变。

3. 商业无菌简介

一些即食型肉类制品常要求"商业无菌",即在密闭包装后通过杀菌使微生物数量降至极低,且钝化,不能导致腐败。判定商业无菌的方法为保温试验。指将产品置于36℃±1℃保温10d,开启,经感官检验、pH测定、涂片镜检,确证无微生物增殖现象,则报告为样品商业无菌。

任务二 肴肉产品的感官检验

【岗前准备】

自制肴肉;
无菌刀、无菌剪刀、无菌手套、无菌容器、托盘、筷子、冰箱等。

【岗位操作】

1. 岗位操作流程

取样→样品封存→外观检查→口感风味评定。

2. 岗位操作细节

(1) 取样 每次取样(或每个检测小组的取样)按《GB/T 9695.19—2008 肉与肉制品 取样方法》进行。若肴肉产品单件重量500g以下,则随机取3~5件混合,总量不少于1000g;若肴肉产品单件重量500g以上,则随机从3~5件肴肉产品上取若干小块混合,取足500~1500g。样品置灭菌容器中(例如灭菌不锈钢饭盒,无菌塑料袋等)立即送检,如不能及时检测需冷藏(微生物检测,最好不超过3h;另根据 GB/T 23586—2009 要求出厂检验时每批次抽样数独立包装不应少于8个,样品量总数不少于2kg,检样一式两份,分别供检验和复检)。

当然若要做食品生产许可(SC)审查等项目检测,要按相应的取样要求操作。例如 SC 审查,应在企业的肴肉成品库内,随机抽取肴肉产品进行检测。所抽样品须为同一批次保质期内的产品,抽样基数不少于20kg,每批次抽样样品数量为4kg(不少于4个包装),分成2份,1份检测,1份备查。

(2) 样品封存 同项目6-1任务二。

(3) 外观检查 在正常光线下目测,鼻嗅。《GB 2726—2016 食品安全国家标准 熟肉制品》要求肴肉在感官上无异味、无酸败味、不存在异物。按《GB/T 23586—2009 酱卤肉制品》还要求组织致密、无破损(参照烧鸡感官检验)。一般认为,肴肉应皮白、肉呈微红色、肉冻呈透明晶体状、表面湿润、有弹性、无异味、无异臭。

(4) 口感风味评定 夹取肉块品尝评定,良好的产品应香酥适口,食不塞牙,肥肉去膘,食之不腻。

【问题探究】

肴肉制品如何进行感官检验？

对产品取样后，将一部分样品按《酱卤肉制品 GB/T 23586—2009》和《食品安全国家标准 熟肉制品 GB 2726—2016》规定评定产品的外观、色泽、组织状态、滋气味。

感官检验为根据产品的感官要求，用眼、鼻、口、手等感觉器官对产品的外观、色泽、组织状态和风味的质量好坏进行评定。注意实验室要符合 GB/T 13868 规定，实验室用水应为双蒸水、去离子水或经过过滤处理除去异味的水。

【知识拓展】

1. 肴肉理化和微生物指标

肴肉理化指标和微生物指标综合参考质检总局的《肉制品生产许可证审查细则（2010 版）》和国家标准《GB 2726—2016 食品安全国家标准 熟肉制品》《GB/T 23586—2009 酱卤肉制品》以及《GB 2760—2014 食品安全国家标准 食品添加剂使用标准》。如表 6-3 所示。

表 6-3 肴肉理化与微生物指标

（摘自《肉制品生产许可证审查细则（2010 版）》、GB 2726、GB/T 23586—2009、GB 2760 等）

序号	检验项目	指标	发证	监督	出厂	备注
1	感官		√	√	√	
2	铅含量/(mg/kg)	≤0.5	√	√	*	GB 2762—2017
3	无机砷含量/(mg/kg)	≤0.5（总砷）	√	√	*	总砷（As 计） GB 2762—2017
4	镉含量/(mg/kg)	≤0.1	√	√	*	GB 2762—2017
5	总汞含量/(mg/kg)	≤0.05	√	√	*	GB 2762—2017
6	菌落总数/(CFU/g)	$n=5$，$c=2$，$m=10^4$，$M=10^5$	√	√	√	GB 2726—2016
7	大肠菌群/(CFU/g)	$n=5$，$c=2$，$m=10$，$M=10^2$	√	√	√	GB 2726—2016
8	致病菌数/(CFU/g)	不得检出	√	√	*	金黄色葡萄球菌 $n=5$，$c=1$， $m=100$，$M=1000$
9	明矾（干样品，以 Al 计）含量/(mg/kg)	≤100				GB 2760—2014

续表

序号	检验项目	指标	发证	监督	出厂	备注
10	亚硝酸盐（以亚硝酸钠计）含量/(mg/kg)	≤30	√	√	*	最大使用量 0.15g/kg
11	食品添加剂 山梨酸含量/(g/kg) 苯甲酸含量/(g/kg) 胭脂红含量/(g/kg)	≤0.075 未标明 ≤0.5g/kg	√	√	*	GB 2760—2014
12	蛋白质含量/(%)	≥20	√	√	*	GB/T 23586—2009
13	水分含量/(%)	≤70	√	√	*	GB/T 23586—2009
14	氯化物（NaCl）含量/(%)	≤4	√	√	*	GB/T 23586—2009

注：①企业的出厂检验项目中注有"＊"标记的，企业应当每年检验2次。②净含量应符合国家质量监督检验检疫总局第75号令《定量包装商品计量监督管理办法》的规定。③产品标签应符合GB 7718要求，生产过程卫生要求按GB 19303，致病菌主要检测沙门氏菌、志贺氏菌、金黄色葡萄球菌等。

项目6-3
烧鸡中菌落总数的测定

知识目标

1. 能说出食品中菌落总数测定的意义。
2. 能说出国家标准对烧鸡中的菌落总数的限量要求。

技能目标

能依据国家标准对烧鸡中菌落总数进行检测。

学习型工作任务

烧鸡中菌落总数的测定。

烧鸡是即食的熟肉类产品，其菌落总数指标反映了产品的杀菌工艺效果，以及产品的耐储藏性质，菌落总数指标是烧鸡的必检项目。

【岗前准备】

样品为经无菌采样的整只烧鸡且须置于灭菌容器内送检；

刻度吸管（1mL）数支、三角瓶（容量为500mL）一个、玻璃珠（直径约5mm）、平皿（直径为90mm）7~8块、预装225mL无菌稀释液的500mL具塞锥形瓶、预装9mL无菌生理盐水的具塞试管数支、无菌手套、无菌容器、托盘、灭菌刀或剪子、灭菌镊子、筷子、灭菌乳钵（亦可用灭菌均质器代替）、试管架、酒精灯、放大镜、菌落计数器、冰箱（0~4℃）、培养箱（36±1℃）、恒温水浴（46±1℃）、无菌室或超净工作台、天平、电炉等；

平板计数琼脂（PCA）培养基、磷酸盐缓冲稀释液或生理盐水、75%乙醇及医用脱脂棉球、灭菌海砂或玻璃砂。

【岗位操作】

1. 岗位操作流程

取样→样品封存→试剂与仪器准备→样品处理→梯度稀释与接种培养→结果判定。

2. 岗位操作细节

（1）取样　同项目6-1，注意无菌操作。

（2）样品封存　同项目6-2中任务二。微生物检测一般立即检测，冷藏不超过3h。

（3）试剂与仪器准备　估计烧鸡产品中可能的微生物数量，选择所需检测的稀释度。按GB 4789.2—2016的要求配制PCA培养基，准备生理盐水（或磷酸盐缓冲液），分装225mL入500mL锥形瓶，以及根据稀释度要求准备数支装有9mL生理盐水的试管一起高压灭菌，待用。将刀、剪刀、移液管等分别准备好（包好，移液管塞上脱脂棉）灭菌备用；将海砂或玻璃砂包好高温灭菌待用；乳钵若太厚不能进行高温灭菌则用化学消毒剂溶液浸泡后，以无菌水冲净（若用医用酒精浸泡不需再冲洗），置超净工作台或无菌室紫外线消毒备用。

（4）样品处理　以无菌操作，用灭菌刀从测试烧鸡样品上采割下25g检样，用灭菌剪子剪碎放于灭菌乳钵内用灭菌剪子剪碎后，加灭菌海砂或玻璃砂研磨，磨碎后加入灭菌磷酸盐缓冲稀释液或生理盐水225mL，混匀，即为10^{-1}稀释液（按GB 4789.2—2016亦可取样品25g置盛有225mL磷酸盐缓冲液或生理盐水的无菌均质杯内，8000~10000r/min均质1~2min，或放入盛有225mL稀释液的无菌均质袋中，用拍击式均质器均质1~2min，亦为10^{-1}稀释液）。如检测表面微生物，可用棉拭法。

（5）梯度稀释与接种培养　随后移取1mL此稀释液入预装有9mL无菌生理盐水的试管中，混匀，即为10^{-2}稀释液。用1mL灭菌吸管吸取10^{-2}稀释液1mL，沿管壁徐徐注入含有9mL灭菌生理盐水或其他稀释液的试管内（注意吸管尖端不要触及管内稀释液），振摇试管，混合均匀，做成10^{-3}的稀释液。另取1mL灭菌吸管，按上条操作顺序，做10倍递增稀释液，如此每递增稀释一次，即换用1支

1mL灭菌吸管。

根据食品安全标准要求或对样本污染情况的估计，选择2~3个适宜稀释度，分别在做10倍递增稀释的同时，即以吸取该稀释度的吸管移1mL稀释液于灭菌平皿内，每个稀释度做两个平皿。（推荐选择10^{-1}、10^{-2}、10^{-3}三个稀释度。）

稀释液移入平皿后，应及时将凉至46℃营养琼脂培养基（可放置于46±1℃水浴保温）注入平皿15~20mL，并转动平皿使混合均匀。同时将平板计数琼脂培养基倾入加有1mL无菌稀释液的灭菌平皿内并混匀作空白对照。

待琼脂凝固后，翻转平板，置36±1℃温箱内培养（48±2）h。

（6）结果判定

①平板菌落数的选择：选取菌落数在30~300的平板作为菌落总数测定标准。一个稀释度使用两个平板，应采用两个平板平均数，其中一个平板有较大片状菌落生长时，则不宜采用，而应以无片状菌落生长的平板作为该稀释度的菌落数，若片状菌落不到平板的一半，而其余一半中菌落分布又很均匀，即可计算半个平板后乘2以代表全皿菌落数。平皿内如有链状菌落生长时（菌落之间无明显界线），若仅有一条链，可视为一个菌落；如果有不同来源的几条链，则应将每条链作为一个菌落计。

②稀释度的选择

a. 应选择平均菌落数在30~300的稀释度，乘以稀释倍数报告之。

b. 若有两个稀释度，其生长的菌落数均在30~300，则应采用加权平均法。

$$N = \frac{\sum C}{(n_1 + 0.1n_2)d}$$

式中　　N——样品中菌落数；

　　$\sum C$——平板（含适宜范围菌落数的平板）菌落数之和；

　　n_1——第一适宜稀释度的平板数；

　　n_2——第二适宜稀释度的平板数；

　　d——第一稀释度的稀释因子。

c. 若所有稀释度的平均菌落数均大于300，则应按稀释度最高的平均菌落数乘以稀释倍数报告之。

d. 若所有稀释度的平均菌落数均小于30，则应按稀释度最低的平均菌落数乘以稀释倍数报告之。

e. 若所有稀释度均无菌落生长，则以小于1乘以最低稀释倍数报告之。

f. 若所有稀释度的平均菌落数均不在30~300，其中一部分大于300或小于30时，则以最接近30或300的平均菌落数乘以稀释倍数报告之。

③菌落数的报告：菌落数在100以内时，按其实有数报告，大于100时，采用二位有效数字，在二位有效数字后面的数值，以四舍五入方法计算。为了缩短数字后面的零数，也可用10的指数来表示。

【问题探究】

1. 烧鸡菌落总数检测的稀释度如何确定?

一般根据检测工作的经验。如果经验不足,也可以根据烧鸡菌落总数指标的数值来推测产品中微生物可能的浓度范围,再根据适宜稀释度的平板中的菌落数应在 30~300 这一要求来推算稀释度。

2. 为什么要检测烧鸡菌落总数?

菌落总数是指食品检样经过处理,在一定条件下培养后(如培养基成分、培养温度和时间、pH、需氧性质等),所得每 1mL(g)检样中形成的微生物菌落的总数。本项目规定的培养条件下所得结果,只包括一群在平板计数琼脂(PCA)上生长发育的嗜中温性需氧的菌落总数。

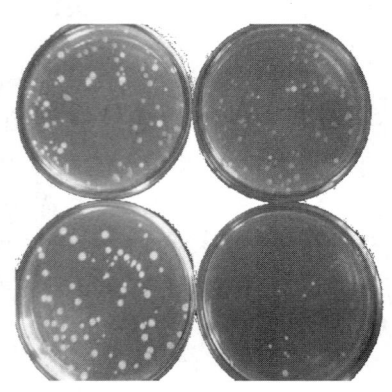

图 6-5 平皿中的菌落

菌落总数主要作为判定食品被污染程度的标志,也可以应用这一方法观察细菌在食品中繁殖的动态,以便对被检样品进行卫生学评价时提供依据。烧鸡营养丰富,是一种易腐败食品,菌落总数超标的烧鸡极易在储藏或运输过程中发生迅速的腐败,并引发食源性疾病。所以测定烧鸡菌落总数可以有效地监测产品的安全状况。如图 6-5 所示。

3. 为什么检测烧鸡菌落总数时无论稀释还是接种前移取液体,均要注意摇匀?

若不摇匀,则细胞很易沉降,造成很大的误差。

4. 往培养皿中倒入培养基前有什么要求?

在向平皿中倾注培养基前,一定要控制培养基温度在 46℃,一般手触时感觉热而不烫为宜。温度过高,细菌易受到抑制或死亡,温度过低则过早凝固,且不能在培养皿中实现菌液和培养基的充分混匀,菌体细胞不能充分分散;在半凝固状态下混匀时,还会造成培养基破裂。

课程思政

本情境学习后,我们应领悟酱卤肉制品的外观形态和风味的控制方法,弘扬传统饮食文化。学生应发挥探索精神,探讨和试验酱卤肉制品的色、香、味的成因和机理,寻找加工过程的关键控制参数,尝试产品的智慧生产。我们还应继续了解香辛料与传统中药的联系,知悉其生理功能及配伍禁忌,形成酱卤肉制品加工过程的安全和责任意识。

情境七

熏烧焙烤肉制品加工与检测技术

熏烧焙烤肉制品具有特殊的烟熏或烧烤风味，在市场上较为流行。目前大致分为三大类熏烤肉类（熏肉、烤肉、熏肚、熏肠、烤鸡腿、熟培根等）、烧烤肉类（盐焗鸡、烤乳猪、叉烧肉、烤鸭）和焙烤肉类（高温焙烤的肉脯等产品）。然而因为烟熏对产品的质量和安全性均有一定影响，在加工时要注意相关工序的参数控制。同时，由于熏烧焙烤肉制品常常添加一些辅料、要用到熏、烤处理，会有一定的有毒物质残留，一定要做好产品的检测工作。

项目7-1

培根的加工

知识目标

1. 能准确说出熏烤肉制品概念、分类与特点。
2. 能正确说出熏制的基本原理及方法，知道熏烟的主要成分及作用。
3. 能正确说出培根的概念、种类与特点。

技能目标

1. 能设计培根产品配方及配制腌渍液。
2. 能按规范操作及维护培根加工相关设备。
3. 能解读培根产品相关标准，并按操作规范生产出合格的培根产品。
4. 能有效控制熏烟中有害成分。

5. 能按标准要求对培根成品进行感官检验。

学习型工作任务

任务一　培根的加工

"培根"系由英语"Bacon"译音而来，其原意是烟熏肋条肉（即方肉）或烟熏咸背脊肉。其风味除带有适口的咸味之外，还具有浓郁的烟熏香味。培根外皮油润呈金黄色，皮质坚硬，瘦肉呈深棕色，质地干硬，切开后肉色鲜艳。

《GB/T 23492—2009 培根》定义培根是将畜肉或禽肉去骨（或不去骨）、注射（或不注射）、腌制、滚揉（或不滚揉）、成型（或不成型）、干燥、烟熏（或不烟熏）、烘烤等工艺制成的肉制品。

以猪肉为原料的培根按原料取材部位不同有大培根（也称丹麦式培根）、排培根和奶培根三种，制作工艺类似。

【岗前准备】

白条肉（整片带皮猪胴体的中段）；

食盐、食用级硝酸钠、烟熏液、硬木；

天平（0.1g）、清洗浸泡用容器、腌制用容器（托盘或缸）、刀、砧板、烟熏箱等。

【岗位操作】

1. 岗位操作流程

选料→初步整形→配料腌制→浸泡→清洗→剔骨、修刮、再整形→烟熏→冷却→包装。

2. 岗位操作细节

（1）选料　选择经兽医卫生部门检验合格的中等肥度白毛猪，并吊挂预冷。

①选料部位：大培根的坯料取自整片带皮猪胴体（白条肉）的中段，即前端从第三肋骨处斩断，后端从荐椎骨与尾椎骨之间（或荐椎骨中间部分）斩断，再割除奶脯；排培根和奶培根各有带皮和去皮两种，选料时注意前端从白条肉第五根肋骨处斩断，后端从最后两节荐椎处斩断，去掉奶脯，再沿距背脊 13～14cm 处分斩为两部分，上为排培根，下为奶培根之坯料。排培根和奶培根均有带皮和无皮两种。

②膘厚标准：大培根肥膘最厚处以 3.5～4.0cm 为宜；排培根最厚处 2.5～3.0cm 为宜；奶培根最厚处约为 2.5cm。

（2）初步整形　修整坯料，使四边基本各成直线，整齐划一，并修去腰肌和横隔膜。

（3）配料腌制　腌制室温度保持在 0~4℃，配料时注意确认硝酸钠的使用量，一般将食盐和硝酸钠拌匀成腌制盐后使用。

①干腌：将食盐（加入 1% $NaNO_3$）撒在肉坯表面，用手揉搓，务使均匀周到。大培根肉坯用盐约 100g，然后堆叠，腌制 20~24h。注意硝酸盐的用量，硝酸盐必须与食盐混合均匀。

②湿腌：用 16~17°Bé（其中每 100kg 盐液中含 $NaNO_3$ 70g）食盐液浸没干腌后的肉坯，盐液用量为肉质量的 1/4~1/3。湿腌时间与肉块厚薄和温度有关，一般 2~4℃ 为两周左右。在湿腌期需翻缸 3~4 次。其目的是改变肉块受压部位，并松动肉组织，以加快盐液的渗透、扩散和发色，使腌液咸度均匀。

（4）浸泡、清洗　将腌制好的肉坯用 25℃ 左右清水浸泡 30~60min，适当换水，目的在于使肉坯温度升高，肉质还软，表面油污和盐渍溶解，便于清洗和修刮；熏干后表面无"盐花"，提高产品的美观性；软化后便于剔骨和整形。

（5）剔骨、修刮、再整形　培根的剔骨要求很高，只允许用刀尖划破骨表的骨膜，然后用手轻轻扳出。刀尖不得刺破肌肉，否则生水侵入而不耐保藏。修刮是刮尽残毛和皮上的油腻。因腌制、堆压使肉坯形状改变，故要再次整形，使四边成直线。至此，便可穿绳、吊挂、沥水，6~8h 后即可进行烟熏。

（6）烟熏　用硬质木先预热烟熏室。待室内平均温度升至所需烟熏温度后，加入木屑，挂进肉坯。烟熏室温一般保持在 60~70℃，经 8~10h，至表面呈金黄色即可。

（7）冷却　烟熏结束后自然冷却即为成品，出品率为 80%~85%。

（8）包装　储存宜用白蜡纸或薄尼龙袋包装。若不包装，吊挂或平摊，一般可保持 1~2 个月，夏天 1 周。

（9）食用　培根是西式早餐的重要食品。一般切片蒸食或烤熟食用。培根切片托上蛋浆后油炸，即谓"培根蛋"，清香爽口，食之留芳。

【问题探究】

1. 熏制的基本原理及方法是什么？

烟熏是肉制品加工的主要手段，许多肉制品，如灌肠、火腿、培根等均需经过烟熏。肉品经过烟熏，不仅获得特有的烟熏味，而且保存期延长，但是随着冷藏技术的发展，烟熏防腐已降到次要的位置，烟熏的主要目的已成为赋予肉制品特有的烟熏风味。熏制是以烟熏为主要加工手段，利用木材、木屑、茶叶、甘蔗皮、糖等材料的不完全燃烧产生的熏烟和热来改变肉制品的风味，提高产品质量的一种加工方法；或者将木材干馏去掉有害成分，保留并收集熏烟的有效成分并进行浓缩，制成水溶性或脂溶性的烟熏液，通过喷淋或喷雾添加到产品中，或将产品浸没其中赋予烟熏风味。它既包含着熏制的作用,又有脱水、酶的成熟、热加工的意义,对形成产品的色、香、味、形具有非常重要的作用。

烟熏作用表现为 4 个方面。

(1) 赋予制品特殊的烟熏风味,增进香味　烟气中的许多有机化合物附着在肉制品上,赋予肉制品特有的烟熏香味,如有机酸(甲酸和乙酸)、醛、醇、酯、酚类等。酚类中代表性的烟熏挥发性风味物质有丁香酚、异丁香酚、对甲酚、愈创木酚、4-甲基愈疮木酚和 4-乙基愈创木酚等。

熏肉的风味物质来源主要有以下几种途径:第一是熏烟中的香气成分,主要来源于木屑产生的熏烟被肉吸附;第二是香辛料及其与肉中的蛋白质、脂肪等结合产生的风味物质;第三是肉中糖类、蛋白质和脂肪之间发生反应及其降解所产生的物质,其中含硫氨基酸和糖类发生美拉德反应产生的含硫化合物是肉香味的主要香气来源。风味不是某一种化合物所产生的,肉制品的风味特征是由好多种不同物质相互达到一种平衡而形成。经高效液相色谱-质谱检测发现,未熏的产品中检测出的主要相关挥发性物质有 80 种,其中碳氢化合物 19 种,醇类 13 种,酚类 8 种,醚类 1 种,醛类 10 种,酮类 9 种,酸类 6 种,酯类 9 种,其他物质 5 种;而采用传统木熏法得到的熏肉中检测出相关挥发性物质 130 种,其中碳氢化合物 29 种,醇类 11 种,酚类 20 种,醚类 3 种,醛类 13 种,酮类 22 种,酸类 7 种,酯类 11 种,其他物质 14 种;采用现代的液熏工艺得到的熏肉中共检测出相关挥发性物质 121 种,其中碳氢化合物 26 种,醇类 13 种,酚类 19 种,醚类 4 种,醛类 15 种,酮类 15 种,相对酸类 7 种,酯类 11 种,其他物质 11 种。

(2) 使制品外观具有特有的烟熏色,对加有硝酸盐的肉制品促进发色作用　熏烟成分中的羰基化合物可以和肉类蛋白质或其他含氮物中的游离氨基发生美拉德反应,有利于形成良好的颜色;熏烟加热促进蛋白质的热变性,游离出半胱氨酸,从而促进一氧化氮血色原形成稳定的颜色;受热使脂肪外渗起到润色作用。烟熏和蒸煮通常相辅并进,有利于形成稳定的腌肉色泽。烟熏将促使许多肉制品表面形成棕褐色,其色泽常随燃料种类、熏烟浓度、树脂含量、温度和表面水分而不同。如用山毛榉熏制产品,肉呈金黄色;如用赤杨、栎树木材进行熏制,肉呈深黄或棕色。肉表面干燥时色淡,潮湿时色深。温度较低,肉呈淡褐色;温度较高,则呈深褐色。

(3) 脱水干燥,杀菌消毒,防止腐败变质　肉制品烟熏的同时也伴随着干燥。因为肉制品的烟熏中,事先要进行干燥,使制品表面脱水,抑制微生物的生长繁殖,利于烟气的附着和渗透。烟熏和干燥都是加温过程,两者复合作用使制品蛋白质凝固和水分蒸发而有一定硬度,组织结构致密,质地良好。烟熏温度高则硬度大,在 20~80℃ 的温度范围内质量损失低温比高温好,烟熏时,高温可以促进组织酶的活性,使制品产生一定的风味。

熏烟中的有机酸、醛和酚类杀菌作用较强。在烟熏过程中,由于加热及醛类、酸类和酚类的作用,使食品表层的蛋白质发生变性,形成一层蛋白质变性膜。在此膜的外部,又有一层由甲醛与酚类反应而形成的树脂膜。此两层膜能够防止微生物进入到制品的内部,另外,有机酸可与肉中的氨、胺等碱性物质中和,由于其本身的酸性而使肉酸性增强,从而抑制腐败菌的生长繁殖。醛类一般具有防腐性,特别是甲醛,不仅具有防腐性,而且还与蛋白质或游离氨基结合,使碱性减弱,酸性增强,进而增加防腐作用;酚类物质也具有弱的防腐性。

熏烟的杀菌作用较为明显的是在表层,经熏制后产品表面的微生物可减少90%,其中大肠杆菌、变形杆菌、葡萄球菌对熏烟最敏感,烟熏3h即可被杀死。只有霉菌及细菌芽孢对熏烟的作用较稳定。以波罗尼亚(Bologna)肠为例,将肠从表层到中心部分切成14~16mm厚度,对各层进行分析,结果酚类在表面附着显著,越接近中心越少;碳水化合物仅表层浓,从第二层到中心部各层浓度差异不显著。

(4)烟气成分渗入肉的内部防止蛋白质和脂肪氧化 熏烟成分(如酚)具有抗氧化特性,故能防止制品氧化。烟熏后抗氧化成分存在于制品表面。有人曾用煮制的鱼油试验,通过烟熏与未经烟熏的产品在夏季高温下放置12d,测定它们的过氧化值,结果经烟熏的为2.5mg/kg,而非经烟熏的为5mg/kg,由此证明熏烟具有抗氧化能力。

熏制方式一般分为直接烟熏法和间接烟熏法两大类。直接烟熏法是在烟熏炉内,将木材燃烧直接发烟熏制。间接烟熏法是利用单独的烟雾发生器发烟,将燃烧好的具有一定温度和湿度的熏烟引进烟熏室,对肉制品进行熏烤的方法。

常用的熏制方法有以下几种。

(1)冷熏法 在低温(12~25℃)下,进行较长时间(4~7d)的熏制,熏前原料须经过较长时间的腌渍,冷熏法宜在冬季进行,夏季由于气温高,温度很难控制,特别当发烟很少的情况下,容易发生酸败现象。冷熏法产生的食品水分含量在40%左右,其储藏期较长,但烟熏风味不如湿熏法。冷熏法主要用于干制的香肠,如色拉米香肠、风干香肠等,也可用于带骨火腿及培根的熏制。

(2)温熏法 原料经过适当的腌渍(有时还可加调味料)后用较温和的温度(25~45℃)进行的烟熏,常用于熏制脱骨火腿和通脊火腿及培根等,熏制时间通常为1~2d,熏材通常采用干燥的橡材、樱材、锯木,熏制时应控制温度缓慢上升,用这种温度熏制,质量损失少,产品风味好,但耐储藏性差。

(3)热熏法 温度为45~70℃,通常在60℃左右,熏制时间4~6h,是应用较广泛的一种方法,因为熏制的温度较高,制品在短时间内就能形成较好的熏烟色泽。熏制的温度必须缓慢上升,不能升温过急,否则产生发色不均匀,一般灌肠产品的烟熏采用这种方法。

(4)焙熏法(熏烤法) 烟熏温度为90~120℃,熏制的时间较短,是一种特殊的熏烤方法,火腿、培根不采用这种方法。由于熏制的温度较高,熏制过程完成熟制，不需要重新加工就可以食用，应用这种方法熏烟的肉储藏性差。

（5）电熏法　在烟熏室配制电线，电线上吊挂原料后，给电线通1万~2万V高压直流电或交流电，进行放电，熏烟由于放电而带电荷，可以更深入地进入肉内，以提高风味，延长储藏期。电熏法使制品储藏期增加，不易生霉；烟熏时间缩短，只有温熏法的1/2；制品内部的甲醛含量较高。但用电熏法时在熏烟物体的尖端部分沉积较多，造成烟熏不均匀，再加上成本较高等因素，目前电熏法还不普及。

（6）液熏法　用液态烟熏制剂代替烟熏的方法称为液熏法，又称无烟熏法，目前在国内外已广泛使用，代表烟熏技术的发展方向。液态烟熏制剂一般是从硬木干馏制成并经过特殊净化而含有烟熏成分的溶液。使用烟熏液和天然熏烟相比有不少优点：①不再需要熏烟发生器，可以减少大量的投资费用；②过程有较好的重复性，因为液态烟熏制剂的成分比较稳定；③制得的液态烟熏制剂中固相已去净，无致癌的危险。一般用硬木制液态烟熏剂，软木虽然能用，但需要过滤法除去焦油小滴和多环烃。最后产物主要是由气相组成，并含有酚、有机酸、醇和羰基化合物。利用烟熏液的方法主要有两种：①用烟熏液代替熏烟材料，用加热方法使其挥发，包附在制品上。这种方法仍需要熏烟设备，但其设备容易保持清洁状态。而使用天然熏烟时常会有焦油或其他残渣沉积，以致经常需要清洗。②通过浸渍或喷洒法，使烟熏液直接加入制品中，省去全部的熏烟工序。采用浸渍法时，将烟熏液加3倍水稀释，将制品在其中浸渍10~20h，然后取出干燥，浸渍时间可根据制品的大小、形状而定。如果在浸渍时加入0.5%左右的食盐风味更佳，有时在稀释后的烟熏液中加5%左右的柠檬酸或醋，便于形成外皮，这主要用于生产去肠衣的肠制品。用液态烟熏剂取代熏烟后，肉制品仍然要蒸煮加热，同时烟熏溶液喷洒处理后立即蒸煮，还能形成良好的烟熏色泽，因此烟熏制剂处理宜在即将开始蒸煮前进行。

2. 熏烤肉制品概念、分类与特点是什么？

熏烤肉制品习惯上是指以熏烤为主要加工方法生产的肉制品，对应国家标准《GB/T 26604—2011 肉制品分类》中熏烧焙烤肉制品包含的熏烤肉类和烧烤肉类。熏烤肉制品包含熏制和烤制两种不同的加工方式，其产品传统上分为熏烟肉制品和烧烤肉制品两大类。

熏烟肉制品指以烟熏为主要加工工艺的一类肉制品，根据熏制时原料状态可分为生熏制品和熟熏制品两种。生熏制品是指原料经整理、腌制后，烟熏而成的一类生肉制品，产品一般呈棕黄色，烟香纯正，肉色鲜艳，味道适中，其代表品种有火腿、培根还有猪排、猪舌等；熟熏制品，多指原料在煮熟后进行熏制的一类熟肉制品，产品外观金黄，表面干燥，有烟熏风味，耐藏性好，代表品种有熏肘子、熏猪舌、熏鸡等。

烧烤肉制品指原料肉经预处理、腌制、烤制等工序加工而成的一类熟肉制品，产品具有诱人色泽，皮脆肉嫩，肥而不腻，鲜香味美，代表品种有广东叉烧肉、北京烤鸭、烤鸡、烤乳猪等。

3. 熏烤肉制品加工与检测典型工作任务和流程是什么？

加工任务：选料→修整→配料→腌制→熏烤→冷却→包装。

检测任务：主要为有害物质残留检测。

亚硝酸盐残留量测定：亚硝酸盐提取→显色→比色测定。

苯并芘残留量测定：苯并芘提取→高效液相检测。

腌制、熏烤均为加工任务中典型岗位操作，腌制时注意各种辅料的添加顺序和用量，特别是硝酸钠、亚硝酸钠；熏烤时注意加热的温度和持续的时间。

检测时需要注意添加剂超量使用的检测、有害化学物（如苯并芘）、微生物污染指标的检测。

4. 熏烟的主要成分及作用是什么？

熏烟中最常见的化合物为酚类、有机酸类、醇类、羰基化合物、烃类以及一些气体物质。

（1）酚类 从木材熏烟中分离出来并鉴定的酚类达20种之多，其中有愈创木酚（邻甲氧基苯酚）、4-甲基愈创木酚等。在肉制品烟熏时，酚类有三种作用：抗氧化剂作用；对产品的呈色和呈味作用；抑菌防腐作用。其中酚类（主要是高沸点酚类）的抗氧化作用对熏烟肉制品最为重要。熏制肉品特有的风味主要与存在于汽相的酚类有关。如4-甲基愈创木酚、愈创木酚、2,5-二甲氧基酚等。然而熏烟风味还和其他物质有关，它是许多化合物综合作用的效果。酚类具有较强的抑菌能力。正由于此，酚系数（phenol coefficient）常被用作为衡量和酚相比时各种杀菌剂相对有效值的标准方法。高沸点酚类杀菌效果较强。但由于熏烟成分渗入制品的深度有限，因而主要对制品表面的细菌有抑制作用。

（2）醇类 木材熏烟中醇的种类繁多，其中最常见和最简单的醇是甲醇或木醇，称其为木醇是由于它为木材分解蒸馏中主要产物之一。熏烟中还含有伯醇、仲醇和叔醇等，但是它们常被氧化成相应的酸类。

木材熏烟中，醇类对色、香、味并不起作用，仅成为挥发性物质的载体。醇类的含量低，所以它的杀菌性也较弱。

（3）有机酸类 熏烟组成中存在有含1~10个碳原子的简单有机酸，熏烟蒸汽相内为1~4个碳的酸，常见的酸为蚁酸、醋酸、丙酸、丁酸和异丁酸；5~10个碳的长链有机酸附着在熏烟内的微粒上，有戊酸、异戊酸、己酸、庚酸、辛酸、壬酸、癸酸。

有机酸对熏烟制品的风味影响甚微，但可聚积在制品的表面，呈现一定的防腐作用。酸有促使熏肉表面蛋白质凝固的作用，在生产去肠衣的肠制品时，将有助于肠衣剥除。

（4）羰基化合物 熏烟中存在有大量的羰基化合物。现已确定的有20种以上的化合物：如2-戊酮、戊醛、2-丁酮、丁醛和丙酮。同有机酸一样，它们存在于蒸汽蒸馏组分内，也存在于熏烟内的颗粒上。虽然绝大部分羰基化合物为非蒸汽蒸馏性的，但蒸汽蒸馏组分内有着非常典型的烟熏风味，而且还含有所有羰基化合物形成的色泽。因此，对熏烟色泽、风味来说，简单短链化学物最为重要。熏烟制品的风味和芳香味可能来自熏制中的某些羰基化合物，从而促使烟熏食品具有特有的风味。

（5）烃类　从熏烟食品中能分离出许多多环烃类，其中有苯并［a］蒽、二苯并（a、h）蒽、苯并［a］芘、芘以及4-甲基芘。在这些化合物中至少有苯并［a］芘和二苯并［a、h］蒽两种化合物具有致癌性，经动物试验已证实能致癌。在烟熏食品中，其他多环烃类，尚未发现它们有致癌性。多环烃对熏烟制品来说无重要的防腐作用，也不能产生特有的风味，它们附在熏烟内的颗粒上，可以过滤除去。

（6）气体物质　熏烟中产生的气体物质如CO_2、CO、O_2、N_2、N_2O等，其作用还不甚明了，大多数对熏制无关紧要。CO和CO_2可被吸收到鲜肉的表面，产生一氧化碳肌红蛋白，而使产品产生亮红色；氧也可与肌红蛋白形成氧合肌红蛋白或高铁肌红蛋白，但还没有证据证明熏制过程会发生这些反应。气体成分中的NO可在熏制时形成亚硝胺，碱性条件有利于亚硝胺的形成。腌制发色剂（抗坏血酸钠或异抗坏血酸钠）能防止烟熏中亚硝胺的形成。

5. 熏烟中有害成分如何控制？

烟熏法具有杀菌防腐、抗氧化及增进食品色、香、味品质的优点，因而在食品尤其是肉类、鱼类食品中广泛采用。但如果采用的工艺技术不当，烟熏法会使烟气中的有害成分（特别是致癌成分）污染食品，危害人体健康。如熏烟生产的木焦油被视为致癌的危险物质；传统烟熏方法中多环芳香类化合物易沉积或吸附在腌肉制品表面，其中3,4-苯并芘及二苯并蒽是两种强致癌物质；熏烟还可以通过直接或间接作用促进亚硝胺形成。因此，必须采取措施减少熏烟中有害成分的产生及对制品的污染，以确保制品的食用安全。

（1）控制发烟温度　发烟温度直接影响3,4-苯并芘的形成，发烟温度低于400℃时有极微量的3,4-苯并芘产生，当发烟温度处于400~1000℃时，便形成大量的3,4-苯并芘，因此控制好发烟温度，使熏材轻度燃烧，对降低致癌物是极为有利的。一般认为理想的发烟温度为340~350℃为宜。

（2）湿烟法　用机械的方法把高热的水蒸气和混合物强行通过木屑，使木屑产生烟雾，并将之引进烟熏室，同样能达到烟熏的目的，而又不会产生污染制品的苯并芘。

（3）室外发烟净化法　采用室外发烟，烟气经过滤、冷水淋洗及静电沉淀等处理后，再通入烟熏室熏制食品，这样可以大大降低3,4-苯并芘的含量。

（4）液熏法　前已所述，液态烟熏制剂制备时，一般用过滤等方法已除去了焦油小滴和多环烃。因此液熏法的使用是目前的发展趋势。

(5) 隔离保护　3,4-苯并芘分子比烟气成分中其它物质的分子要大得多，而且它大部分附着在固体颗粒上，对食品的污染部位主要集中在产品的表层，所以可采用过滤的方法，阻隔3,4-苯并芘，而不妨碍烟气有益成分渗入制品中，从而达到烟熏目的。有效的措施是使用肠衣，特别是人造肠衣，如纤维素肠衣，对有害物有良好的阻隔作用。

6. 液熏法的具体方法

常见的液体烟熏方法有两种。一是直接将待烟熏的产品放入盛有烟熏液的容器中，然后提高烟熏液的温度，加速分子运动，扩大渗透，提高产品烟熏风味，以达到所需的烟熏效果；其二是自动的液体烟熏炉。液体烟熏炉的原理主要是通过动力系统将在储液槽中的液体烟熏剂均匀喷洒到产品表面，进行循环使液体烟熏剂牢固结合在产品表面。液体烟熏方法有四种：直接添加法、浸渍法、肠衣着色法、喷淋或喷雾法。

(1) 直接添加法　将烟熏液通过注射、滚揉、斩拌、搅拌等工艺，作为添加成分直接添加到产品内部。添加量一般为0.05%~0.1%。这种方式主要偏重于烟熏风味的形成，但不能促进烟熏颜色的形成。

(2) 浸渍法　产品表面利用焖熏液浸渍可以促进表面色泽及风味的形成。烟熏色泽的形成与烟熏液的稀释溶度、浸渍的时间、干燥过程等因素有关。在浸渍产品过程中要注意根据浸泡产品的频率与浸泡量，及时补充烟熏液的浓度。在浸泡前产品应经过干燥工艺处理，以利于产品表面颜色的均匀稳定。烟熏液浸渍的浓度一般为1:1~2:1（烟熏液：水）。

(3) 肠衣着色法　利用烟熏液对肠衣或包装膜进行着色，产品紧贴着被着色肠衣的一面，当产品在煮制过程中，烟熏色泽被自动吸附在产品表面，同时产品也具有一定的烟熏风味。目前国内用来烟熏的肠衣主要有：玻璃纸、胶原肠衣、纤维肠衣、盐渍天然肠衣和可烟熏塑料肠衣。

(4) 喷淋或喷雾法　通过动力系统将在储液槽中的液体烟熏剂均匀喷洒到产品表面，进行循环，使液体烟熏剂结合在产品表面。烟熏液被雾化后送入烟熏炉，并在炉内停留一段时间，然后再雾化，再停留。根据产品着色情况可以重复2或3次，停留时间不要超过10min。烟熏颜色的变化主要与烟熏液浓度、中间干燥时间、干燥温度、炉内湿度及喷淋、喷雾停留时间等参数有关。

【知识拓展】

1. 烟熏设备简介

现代肉品工业常使用成套烟熏设备，这些装置通过管道将烟雾发生器产生的熏烟送入熏室内，空气用风机循环，温度和湿度都可以自动控制。需要被烟熏的食品挂在支架上并由推车从烟熏室推入，进行烟熏。鼓风机设在室内顶部位置，当风机启动后在顶部形成增压区，由烟雾发生器生成的烟由下而上吸入鼓风机，经增压后再从两侧喷嘴喷出，部分烟雾则从顶部经防污染的过滤器滤净后排出，以保护环境。在增压区内设有蒸汽加热装置，以保证烟雾流动速度并保持一定湿度。在鼓风机下部设有热交换器，供给干燥时所需热风和冷却时所需冷风。烟雾发生器设在烟熏室附近，供给新鲜熏烟。

使用成套烟熏设备，烟熏室温度均一，可防止产品出现不均匀；温、湿度可自动调节，便于大量产生烟气；热风带有一定温度，不仅使产品中心温度快速上升，而且可以阻止产品水分的蒸发，减少损耗。如图7-1所示。

图7-1 自动控温烟熏箱

2. 培根新分类方法

现在常将培根按原料肉种类分类，如猪肉培根、牛肉培根、禽肉培根等；按生熟分类，如生制培根、熟制培根。

◇ 任务二 培根产品的感官检验

【岗前准备】

自制培根；
无菌刀、无菌剪刀、无菌手套、无菌容器、托盘、筷子、冰箱等。

【岗位操作】

1. 岗位操作流程

取样→样品封存→外观检查→口感风味评定。

2. 岗位操作细节

（1）取样　每次取样（或每个检测小组的取样）按《GB/T 9695.19—2008 肉与肉制品　取样方法》进行。若培根产品单件质量500g以下，则随机取3~5件混合，总量不少于1000g；若培根产品单件质量500g以上，则随机从3~5件培根产品上取若干小块混合，取足500~1500g。样品置灭菌容器中（例如灭菌不锈钢饭盒，无菌塑料袋等）立即送检，如不能及时检测需冷藏（微生物检测，最好不超过3h）。

当然若要做食品生产许可（SC）审查等项目检测，要按相应的取样要求操作。例如SC审查，应在企业的培根成品库内，随机抽取培根产品进行检测。所抽样品必须为同一批次保质期内的产品，抽样基数不少于20kg，每批次抽样样品数量为4kg（不少于4个包装），分成2份，1份检测，1份备查。

（2）样品封存　同项目6-1。

（3）外观检查　在正常光线下目测。主要检测培根色泽、组织状态、杂质等。

（4）口感风味评定　嗅闻培根的气味，通过切片感知其弹性，观察其切面。熟制后的培根品尝其滋味。如表7-1所示。

表 7 -1　　　　　　　　培根感官要求

（GB/T 23492—2009 培根）

项目	要求	
	生制培根	熟制培根
组织状态	自然块状或厚薄均匀片状，紧密不松散，无黏液及霉斑	内容物密切结合，坚实而有弹力，无黏液及霉斑
色泽	表面色泽均匀，切面肉呈均匀的淡蔷薇红色或原料肉固有色泽，脂肪为白色	表面色泽均匀，切面肉呈均匀的蔷薇红色或原料肉固有色泽，脂肪为白色
气味	应具有本品固有的滋、气味，无腐味，无酸败味	
杂质	无可见杂质	

【问题探究】

培根出厂检验规则是什么？

以原材料和工艺不变的条件下连续生产的同种产品为一批。按 GB/T 9695.19—2008 的规定随机取样。每批产品应进行出厂检验。生制培根检验项目为感官要求、净含量、水分；熟制培根检验项目为感官要求、净含量、水分、菌落总数和大肠菌群。其他项目（如，氯化物、亚硝酸盐、铅、镉、汞、砷、苯并芘、致病菌等）做不定期抽检。

出厂检验项目全部符合 GB/T 23492—2009 的规定的判为合格。感官要求检验中如有异味、污染、霉变、外来杂质或微生物指标有一项不符合此标准的，判定为不合格，并不得复检。其余指标不合格，可在同批产品中加倍抽样进行复验，复验后如仍有一项不合格，则判定该批产品为不合格品。

【知识拓展】

培根理化和微生物指标

培根理化指标和微生物指标综合参考质检总局的《肉制品生产许可证审查细则（2010版）》和国家标准《GB 2726—2016 食品安全国家标准 熟肉制品》、《GB/T 23492—2009 培根》以及《GB 2760—2014 食品安全国家标准 食品添加剂使用标准》。如表7-2所示。

表7-2 培根理化与微生物指标
（摘自《肉制品生产许可证审查细则（2010版）》、
GB 2726—2005、GB/T 23492—2009、GB 2760—2014 等）

序号	检验项目	指标	发证	监督	出厂	备注
1	感官		√	√	√	
2	铅含量/(mg/kg)	≤0.5	√	√	*	GB 2762—2017
3	无机砷含量/(mg/kg)	≤0.05（总砷）	√	√	*	总砷（As 计）GB 2762—2017
4	镉含量/(mg/kg)	≤0.1	√	√	*	GB 2762—2017
5	总汞含量/(mg/kg)	≤0.05	√	√	*	GB 2762—2017
6	细菌总数/(CFU/g)	$n=5$，$c=2$，$m=10^4$，$M=10^5$	√	√	√	GB 2726—2016
7	大肠菌群/(CFU/g)	$n=5$，$c=2$，$m=10$，$M=100$	√	√	√	GB 2726—2016
8	致病菌数/(CFU/g)	不得检出	√	√	*	金黄色葡萄球菌 $n=5$，$c=1$，$m=100$，$M=1000$
9	亚硝酸盐（以亚硝酸钠计）含量/(mg/kg)	≤残留量30	√	√	*	最大使用量 0.15g/kg
10	食品添加剂使用量 山梨酸含量/(g/kg)	≤0.075	√	√	*	GB 2760—2014 最大使用量
11	苯并(a)芘含量/(μg/kg)	≤5.0	√	√	*	熏烤品 GB 2762—2017

续表

序号	检验项目	指标	发证	监督	出厂	备注
12	水分/%	≤65.0(生制培根) ≤70.0(熟制培根)	√	√	*	GB/T 23492—2009
13	氯化物（NaCl）含量/%	≤3.5	√	√	*	GB/T 23492—2009

注：①企业的出厂检验项目中注有"＊"标记的，企业应当每年检验2次。②净含量应符合国家质量监督检验检疫总局第75号令《定量包装商品计量监督管理办法》的规定。③产品标签应符合 GB 7718—2011 要求，生产过程卫生要求按 GB 19303—2003，致病菌主要检测沙门氏菌、志贺氏菌、金黄色葡萄球菌等。

项目7-2 烤鸭的加工

知识目标

1. 能正确说出烧烤肉制品概念、分类与特点，以及烤制的基本原理和方法。
2. 能正确说出烤鸭的产品特点及工艺流程。

技能目标

1. 能正确设计烤鸭产品配方及配制腌制剂。
2. 能控制烤鸭加工中的炉温和时间，采用适当的措施来有效降低烧烤中产生的有害成分。
3. 能解读烧烤制品相关标准，并按操作规范生产出合格的烤鸭产品。
4. 能按标准对烤鸭成品进行感官检验。

学习型工作任务

任务一　烤鸭的加工

烤鸭是一种烧烤肉制品，其中北京烤鸭历史悠久，在国内外久负盛名，是我国著名的特产。北京城最早的烤鸭店创立于明代嘉靖年间，叫"便宜坊"饭店，距今已有400多年的历史，它以优异的品质和独有的风味闻名于国内外。本项目任务以北京烤鸭为载体进行训练。

【岗前准备】

肉鸭（北京鸭或樱桃谷鸭）；

饴糖、酱、热水、葱、姜、高粱秸秆、木炭；

气筒、电磁炉、烤鸭钩、烤炉或烤箱、盆、刀、天平等。

【岗位操作】

1. 岗位操作流程

原料选择→宰杀→打气→净膛→造型→烫皮→挂糖色→晾皮→灌汤及打色→挂炉烘烤→成品。

2. 岗位操作细节

（1）原料的选择　选用经过填肥的活重在 2.5~3kg、饲养期 50~60d 的北京填鸭，或相同品质的活鸭（也可使用光鸭）。

（2）宰杀

①宰鸭：鸭倒挂，用刀在鸭脖处切一小口，相当于黄豆粒大小，以切断气管、食管、血管为准，随即用右手捏住鸭嘴，把脖颈拉成斜直，使血滴尽，待鸭停止抖动，便可下池烫毛。

②烫毛：水温不宜高，因填鸭皮薄，易烫破皮，一般 61~62℃即可，最高不要超过 64℃，然后进行煺毛。

③剥离：将颈皮向上翻转，使食道露出，沿着食道向嗉囊剥离周围的结缔组织，然后再把脖颈伸直，以利于打气。

（3）打气　用手紧握住鸭颈刀口部位，由刀口处插入气筒的打气嘴给鸭体充气，这时气体就可充满皮下脂肪和结缔组织之间，当气体充至八成满时，取下气筒，用手卡住鸭颈部，严防漏气。用左手握住鸭的右翅根部，右手拿住鸭的右腿，使鸭呈倒卧姿势，鸭脯向外，两手用力挤压，充气均匀，使鸭体保持膨大壮实的外形。

（4）净膛　打气以后，右手食指插入肛门，将直肠穿破，食指略向下一弯即将直肠拉断，并将直肠头取出体外，拉断直肠的作用在于便于开膛取出消化道。在右翅下开一长 4cm 左右呈月牙形状的口子。随即取出内脏，保持内脏的完整性，取内脏的速度要快，以免污染切口。然后将鸭坯浸入 4~8℃清水中，反复清洗胸腹腔。

（5）造型　用一根 7~8cm 长的秸秆由刀口送入腔内，秸秆下端放置在脊柱上，呈立式，但向后倾斜，一定要放稳。支撑的目的在于支住胸膛，使鸭体造型漂亮。

（6）烫皮　用 100℃沸水，采用淋浇法烫制鸭体。烫坯时用鸭钩钩在鸭的胸脯上端颈椎骨右侧，再从左侧穿出，使鸭体稳定地挂在鸭钩上，然后用沸水浇。先浇刀口及四肢皮肤，使之紧缩，严防从刀口跑气，然后再浇其他部位。一般情况下三勺水即可使鸭体烫好。烫坯的目的有三个，一是使毛孔紧缩，烤制时可减少从毛孔流出的皮下脂肪；二是使表皮蛋白质凝固；三是能使充在皮层下的气体尽量膨胀，表皮显出光亮，使之造型更加美观。

（7）挂糖色　以1份饴糖对6份水的比例调制成溶液，淋浇在鸭体上，三勺即可。上糖色的目的有二，一是能使烤鸭经过烤制后全身呈枣红色；二是能使烤制后的成品表皮酥脆，食之适口不腻。

（8）晾皮　晾皮又称风干。将鸭坯放在阴凉、通风处，使肌肉和皮层内的水分蒸发，使表皮和皮下结缔组织紧密地结合在一起，经过烤制可增加皮层的厚度。

（9）灌汤及打色　制好的鸭坯在进炉以前，向腔内注入100℃的沸汤水，这样鸭坯进炉烤制时能激烈汽化，强烈地蒸煮肌肉脂肪，促进快熟，即所谓"外烤里蒸"，以达到烤鸭"外脆内嫩"的特色。灌汤方法是用4~6cm高粱秸秆插入鸭体的肛门，以防灌入的汤水外流，然后从右翅刀口灌入100℃的汤水至七八成满。为了弥补挂糖色时的不均匀，鸭坯灌汤后，要淋2~3勺糖水（可淋可刷，全身再次上遍），称为打色。

（10）挂炉烤制

①烤制：鸭子进炉后，先挂在前梁上，先烤刀口这一边，促进鸭体内汤水汽化，使其快熟。当鸭体右侧呈橘黄色时，再转烤另一侧，直到两侧颜色相同为止，然后鸭体用挑鸭杆挑起在火上反复烤几次，目的是使腿和下肢着色，烤5~8min，再左右侧烤，使全身呈现橘黄色，便可送到炉的后梁，这时鸭体背向炉火，经15~20min即可出炉。

②烤制温度和时间：鸭体烤制的关键是温度。正常炉温应在230~250℃，如炉温过高，会使鸭烧焦变黑；如炉内温度过低，会使鸭皮收缩，胸脯塌陷。掌握合适的烤制时间很重要，一般2kg左右的鸭体烤制30~50min，时间过长、火头太大，皮下脂肪流失过多，在皮下造成空洞，皮薄如纸，使鸭体失去了脆嫩的独特风味。母鸭肥度高，因此烤制时间较公鸭长。

③烤熟标志：鸭子是否烤熟有两个方面标志，一是鸭子全身呈枣红色，从皮层里面向外流白色油滴；二是鸭体变轻，一般鸭坯在烤制过程中失重0.5kg左右。这是鸭体烤制完成的标志。

（11）成品　烤成后的鸭体甚为美观，表皮和皮下结缔组织以及脂肪混为一体，皮层变厚，色泽红润，鸭体丰满；具有香味纯正、浓郁，皮脂酥脆，肉质鲜嫩细致，肥而不腻的特点。烤鸭最好现制现食，久藏会变味失色，在冬季室温10℃时，不用特殊设备可保存7d，若有冷藏设备可保存稍久，不致变质，吃前短时间回炉烤制或用热油浇淋，仍能保持原有风味。

【问题探究】

1. 北京烤鸭加工容易出现哪些质量安全问题？

（1）烤鸭表皮破损、表面不洁，附有杂质或污垢。

（2）烤鸭颜色不均匀、颜色深浅不一，甚至烤焦。

（3）烤鸭内部肌肉未烤熟，胸脯塌陷，皮下空洞，失去酥脆鲜嫩风味。

（4）烤鸭苯并（a）芘残留量超标。

2. 北京烤鸭加工中避免出现上述质量问题的措施是什么？

（1）控制好烫毛的温度（61～62℃）及时间（1～2min）；烤制时注意防止炭灰飞起附着在鸭体表面，控制好火候，不让木炭产生烟雾，木炭不够，中途补炭时一定要小心轻放，防止炭灰飞起。

（2）挂糖色时一定要使鸭体表皮全部涂挂均匀；灌汤时一定要细心，防止汤水浇到表皮，使表皮饴糖流失；烧烤时控制好炉温（230～250℃），并不时翻转鸭体。

（3）入炉烤制时必须先让刀口处朝向火焰，保证烤制过程中腹腔内汤水处于沸腾状态。控制好炉温（230～250℃），炉温太高，皮下脂肪流失太多；炉温太低，表皮收缩，胸脯塌陷。

（4）控制好炉温（230～250℃），尽量避免鸭体直接接触明火，以减少多环芳烃类物质的产生。

3. 烤鸭不合格品分析

烤鸭上色不均匀为不合格品，这主要是因为鸭体部分区域的糖水未能充分吸附在皮肤上。当灌汤时因接触汤汁易造成饴糖流失，并且后续的打色不充分，或者未充分晾皮即开始打色，造成补充的饴糖不能附着在皮肤上。

【知识拓展】

1. 烤制原理及方法

（1）烤制的基本原理　烤制又称为烧烤，是利用高温热源对制品进行热加工的过程。它是肉制品热加工的一种方法。烧烤能使肉制品产生诱人的香味，增强表皮的酥脆性，以及美观的色泽。肉类经烧烤所产生的香味，是由于肉类中的蛋白质、糖、脂肪、盐和金属等物质，在加热过程中，经过降解、氧化、脱水、脱羧等一系列变化，生成醛类、酮类、醚类、内酯、呋喃、吡嗪、硫化物、低级脂肪酸等化合物，尤其是糖、氨基酸之间的美拉德反应，即羰氨反应，它不仅生成棕色物质，同时伴随着生成多种香味物质，赋予肉制品特殊的香味。蛋白质分解产生谷氨酸，与盐结合生成谷氨酸钠，使肉制品带有鲜味。

此外，在加工过程中，腌制时加入的辅料也有增香作用，如五香粉有醛、酮、醚、酚等成分，葱、蒜含有硫化物。在烤乳猪、烤鸭、烤鹅时，浇淋糖水所用的麦芽糖或其他糖，烧烤时这些糖与皮层蛋白质分解生成的氨基酸，发生美拉德反应，不仅起着美化外观的作用，而且产生香味物质。

烧烤前经浇淋热水和晾皮，使皮层蛋白质凝固、皮层变厚、干燥，烤制时，在热空气作用下，蛋白质变性而酥脆。

烧烤的目的是赋予肉制品特殊的香味和表皮酥脆，提高口感，并有脱水干燥、杀菌消毒、防止腐败变质的作用，使制品有耐藏性；烧烤后使产品色泽红润鲜艳，外观良好。

（2）烧烤的方法　有两种，即明炉烧烤法和挂炉烧烤法（暗炉烧烤法）。

①明炉烧烤法：明炉烧烤法是用铁制的、无关闭的长方形烤炉在炉内烧红木炭，然后将原料肉用一条烧烤的长铁叉叉住，放在烧炉上进行烤制。在烧烤过程中，有专人将原料肉不断转动，使其受热均匀，成熟一致。这种烧烤法的优点是设备简单，比较灵活，火候均匀，成品质量较好，但花费人工多。驰名全国的广东烤乳猪（又名脆皮乳猪），就是采用此种烧烤方法。此外，野外的烧烤肉制品，多属此种烧烤方法。

②挂炉烧烤法：挂炉烧烤法也称暗炉烧烤法，即是用一种特制的可以关闭的烧烤炉，如远红外线烤炉、家用电炉、缸炉等，前两种烤炉热源为电，缸炉的热源为木炭，在炉内通电或烧红木炭，然后将原料挂上烤钩、烤叉或放在烤盘上，送入炉内，关闭炉门进行烤制。烧烤温度和烤制时间视原料肉而定，一般烤炉温度为200~220℃，加工叉烧肉烤制25~30min，加工鸭（鹅）烤制30~40min，乳猪烤制50~60min。

暗炉烧烤法应用较多，它的优点是花费人工少，对环境污染少，一次烧烤的量比较多，但火候不是十分均匀，成品质量比不上明炉烧烤法的好。

2. 烤禽炉

烤禽炉是一种用于烤鸡、鸭、羊肉串、鸡翅等各种肉类的设备，常见的类型有电烤禽炉、燃气烤禽炉。如图7-2所示。

（1）产品实例

①电烤禽炉：产品型号：YXD-24；外型尺寸：1390mm×620mm×1440mm；电压：380V；功率：9kW；质量：50kg。

②燃气烤禽炉：型号：YXYZ-24；外型尺寸：1350mm×620mm×1400mm；生产能力：一次烤24只；电压：220V；功率：0.58kW；质量：150kg。

图7-2　烤禽炉

（2）使用方法

①烤鸭之前，先将炉内挂钩、转轴、底板及玻璃等，用洗涤剂、消毒剂、清水洗净，然后在炉底放上接油盆。

②接通电源，关上炉门，将温度设置为230℃。

③待炉温升至230℃时，打开炉门，注意打开炉门时，人不要站在正对炉门

处,以防热空气烫伤。戴上棉手套,小心将鸭胚挂入炉内转环上,注意对称悬挂,以防损坏转轴。悬挂时鸭头朝向转轴,鸭胸脯朝向加热管,以防旋转时鸭头擦碰到加热管,导致烤鸭掉落。

④关好炉门,设定烤制时间 50min(根据实际需要设定)。烤制完毕,取出成品。待烤炉冷凉后再清理烤炉,以防烫伤。

任务二 烤鸭产品的感官检验

【岗前准备】

烤鸭成品;
无菌刀、无菌剪刀、无菌手套、无菌容器、托盘、筷子、冰箱等。

【岗位操作】

1. 岗位操作流程

取样→样品封存→外观检查→口感风味评定。

2. 岗位操作细节

(1)取样 每次取样(或每个检测小组的取样)按《GB/T 9695.19—2008 肉与肉制品 取样方法》进行,随机从 3~5 件烤鸭产品上取若干小块混合,取足 500~1500g。样品置灭菌容器中(例如灭菌不锈钢饭盒,无菌塑料袋等)立即送检,如不能及时检测需冷藏(微生物检测,最好不超过 3h)。

当然若要做食品生产许可(SC)审查等项目检测,要按相应的取样要求操作。例如 SC 审查,应在企业的烤鸭成品库内,随机抽取烤鸭产品进行检测。所抽样品须为同一批次保质期内的产品,抽样基数不少于 20kg,每批次抽样样品数量为 4kg(不少于 4 个包装),分成 2 份,1 份检测,1 份备查。

(2)样品封存 同项目 6-1。

(3)外观检查 在正常光线下目测。主要检测烤鸭色泽、形态、杂质等。

(4)口感风味评定 嗅闻烤鸭的气味,夹取皮、肉感知其弹性,观察其肉面,品尝其滋、气味。

【问题探究】

烤鸭的感官指标要求是什么?

外表色泽红润(光亮的枣红色),鸭体形态丰满;肌肉鲜艳有光泽、微红色,肌肉切面压之无血水;脂肪呈浅乳白色或白色而有光泽,也有呈浅黄色的;品尝时,皮脂酥脆,外焦内嫩,肉质鲜美,肥而不腻,香酥可口,具有烤鸭固有的香味,无异味,无异臭;无杂质存在。

【知识拓展】

烤鸭理化和微生物指标

烤鸭理化指标和微生物指标综合参考质检总局的《肉制品生产许可证审查细则（2010 版）》和国家标准《GB 2726—2016 食品安全国家标准 熟肉制品》以及《GB 2760—2014 食品安全国家标准 食品添加剂使用标准》。如表 7 – 3 所示。

表 7 – 3　　　　　　　　烤鸭理化和微生物指标

（摘自《肉制品生产许可证审查细则（2010 版）》、
GB 2726—2005、GB 2760—2014 和 SN/T 0368—1995 等）

序号	检验项目	指标	发证检验	监督检验	出厂检验	备注
1	铅含量/(mg/kg)	≤0.5	√	√	*	GB 2762—2017
2	无机砷含量/(mg/kg)	≤0.05（总砷）	√	√	*	总砷（As 计） GB 2762—2017
3	镉含量/(mg/kg)	≤0.1	√	√	*	GB 2762—2017
4	总汞含量/(mg/kg)	≤0.05	√	√	*	GB 2762—2017
5	苯并(a)芘含量/(μg/kg)	≤5	√	√	*	GB 2762—2017
6	细菌总数/(CFU/g)	$n=5$，$c=2$， $m=10^4$，$M=10^5$	√	√	√	GB 2726—2016
7	大肠菌群/(CFU/g)	$n=5$，$c=2$， $m=10$，$M=100$	√	√	√	GB 2726—2016
8	致病菌数/(CFU/g)	不得检出	√	√	*	金黄色葡萄球菌 $n=5$，$c=1$， $m=10^2$，$M=10^3$
9	食品添加剂 山梨酸含量/(g/kg) 苯甲酸含量/(g/kg) 胭脂红含量/(g/kg)	≤0.075 未说明 ≤0.5	√	√	*	GB 2760—2014

注：①企业的出厂检验项目中注有"＊"标记的，企业应当每年检验 2 次。②净含量应符合国家质量监督检验检疫总局第 75 号令《定量包装商品计量监督管理办法》的规定。③产品标签应符合 GB 7718 要求。

课程思政

通过本情境对熏烧焙烤肉制品的学习，我们应充分领悟其特征性加工工艺，尤其是一些中式产品（如北京烤鸭）的工艺富有中华民族传统特色，文化底蕴深厚。学生还应充分发挥科学探索精神，探讨熏烧焙烤肉制品的颜色、香气的成因和机理，寻找关键控制参数，做到趋利避害，提高产品安全性和品质。

情境八

干肉制品加工与检测技术

肉的干制是一种传统肉类保藏方法，传统方法制作的产品风味浓郁，色泽美观，同时大大延长了制品保质期，而现代加工方式更要求使产品能满足人们的喜好。这为肉干制品的加工与检测提出了一定要求。本情境进行肉干和肉松两种典型肉干制品的加工与检测。

项目8-1

肉干的加工

知识目标

1. 能正确说出干制肉制品的概念、分类与特点。
2. 能正确说出干制的基本原理及方法。
3. 能说出肉在干制过程中的变化，知道肉干产品特点及工艺流程。

技能目标

1. 能正确设计产品配方及配制料汤。
2. 能按规范操作及维护干燥箱、烘烤炉等相关设备。
3. 能解读肉干产品相关标准，并按操作规范生产出合格的肉干产品。
4. 能按标准要求对肉干成品进行感官检验。

学习型工作任务

任务一　肉干的加工

肉干类制品是指畜禽瘦肉为原料，经修割、预煮、切丁（或条、片）、调味、复煮（浸煮）、收汤、干燥等工艺制成的熟肉制品。由于原辅料、加工工艺、形状、产地等的不同，肉干的种类很多。按原料不同，肉干分为牛肉干、猪肉干、马肉干、兔肉干、鱼肉干等；按风味有五香肉干、麻辣肉干、咖喱肉干、果汁肉干、蚝油肉干等；按形状分为肉粒、肉片、肉条、肉丝等；按产地分更是名目繁多。目前市场上也较流行肉糜干，它实际是畜禽瘦肉为原料，经修割、预煮、切丁（或条、片）、调味、复煮（浸煮）、收汤、干燥、斩碎后拌料、成型、烘干制成的熟肉制品。它克服了肉干过硬的缺点，入口易碎，老少皆宜。

【岗前准备】

瘦肉；

酱油、精盐、白糖、白酒、生姜、五香粉、茴香粉、花椒粉、辣椒粉、胡椒粉、咖喱粉、味精、植物油；

刀、深底锅、炒锅、炉灶、锅铲、砧板、烘烤箱等。

【岗位操作】

1. 岗位操作流程

原料肉预处理→初煮→切坯→煮制汤料→复煮→收汁→脱水→冷却、包装。

2. 岗位操作细节

（1）原料肉预处理　肉干加工一般多用牛肉，但现在也用猪、羊、马等肉（甚至出现鱼肉干）。无论选择什么肉，都要求新鲜，一般选用前后腿瘦肉为佳。将原料肉剔去皮、骨、筋腱、脂肪及肌膜后顺着肌纤维切成250g左右的肉块，用清水浸泡1h左右除去血水、污物，沥干后备用。

（2）初煮　初煮的目的是通过煮制进一步挤出血水，并使肉块变硬以便切坯。初煮是将清洗、沥干的肉块放在沸水中煮制。煮制时以水盖过肉面为原则。一般初煮时不加任何辅料，但有时为了去除异味，可加1%~2%的鲜姜。初煮时水温保持在90℃以上，并及时撇去汤面污物，初煮时间随肉的嫩度及肉块大小而异，以切面呈粉色、无血水为宜，通常初煮1h左右。肉块捞出后，汤汁过滤待用。

（3）切坯　肉块冷却后，可根据工艺要求放在切坯机中切成小片、条、丁等形状。不论什么形状,都要大小均匀一致。

(4) 配料　配料应根据消费者对产品口味的喜好而适当调整盐、糖、香辛料。

①咖喱肉干:100kg 鲜肉所用辅料为:精盐 1.0kg、酱油 1.0kg、白糖 12.0kg、白酒 2.0kg、咖喱粉 0.5kg。

②麻辣肉干:100kg 鲜肉所用辅料为:精盐 1.0kg、酱油 1.0kg、老姜 0.5kg、混合香料 0.2kg、白糖 2.0kg、酒 0.5kg、胡椒粉 0.2kg、味精 0.1kg、花椒粉 0.8kg、菜油(用于炸制)5.0kg。

③五香肉干:100kg 鲜肉所用辅料为:食盐 1kg、白糖 4.50kg、酱油 1kg、黄酒 0.75kg、花椒 0.15kg、大茴香 0.20kg、小茴香 0.15kg、丁香 0.05kg、桂皮 0.30kg、陈皮 0.75kg、甘草 0.10kg、姜 0.50kg。

④果汁肉干:100kg 鲜肉所用辅料为:食盐 1.0kg、酱油 0.37kg、白糖 10.00kg、姜 0.25kg、大茴香 0.19kg、果汁露 0.20kg、味精 0.30kg、鸡蛋 10 枚、辣酱 0.38kg、葡萄糖 1.00kg。

(5) 煮制汤料　将肉坯初煮汤汁过滤,取肉坯重 20%～40% 的过滤初煮汤,将配方中不溶解的辅料装袋入锅煮沸后,作为复煮用的汤料备用。

(6) 复煮　往复煮汤料中加入其它辅料及肉坯,用大火煮制 30min 左右。

(7) 收汁　在煮制过程中,汤汁会逐渐减少。随着剩余汤料的减少,应减小火力以防焦锅。用小火煨 1～2h,待卤汁基本收干,即可起锅。

(8) 脱水　肉干常规的脱水方法有三种。

①烘烤法:将收汁后的肉坯铺在竹筛或铁丝网上,放置于三用炉或远红外烘箱烘烤。烘烤温度前期可控制在 80～90℃,后期可控制在 50℃ 左右,一般需要 5～6h 则可使含水量下降到 20% 以下。在烘烤过程中要注意定时翻动。

②炒干法:收汁结束后,肉坯在原锅中文火加温,并不停搅翻,炒至肉块表面微微出现蓬松茸毛时,即可出锅,冷却后即为成品。

③油炸法:先将肉切条后,用 2/3 的辅料(其中白酒、白糖、味精后放)与肉条拌匀,腌渍 10～20min 后,投入 135～150℃ 的菜油锅中油炸。油炸时要控制好肉坯量与油温之间的关系。如油温高,火力大,应多投入肉坯;反之则少投入肉坯。油温过高容易炸焦,油温过低,脱水不彻底,且色泽较差。可选用恒温油炸锅,成品质量易控制。炸到肉块呈微黄色后,捞出并滤净油,再将酒、白糖、味精和剩余的 1/3 辅料混入拌匀即可。

在实际生产中,亦可先烘干再上油衣。例如四川丰都产的麻辣牛肉干在烘干后用菜油或麻油炸酥起锅。

(9) 冷却、包装　在清洁室内摊晾、自然冷却,必要时可用机械排风,但不宜在冷库中冷却,冷库中易吸潮。包装以复合膜为好,尽量选用阻气、阻湿性能好的材料。最好选用 PET/A1/PE 等复合膜,但其费用较高;PET/PE,NY/PE 效果次之,但较便宜。

【问题探究】

1. 肉干加工容易出现哪些质量安全问题？

（1）肉干形状不规则、大小不一。

（2）肉干颜色太深，甚至烤焦。

（3）存在不良气味、有杂质。

（4）肉干含水量超标。

2. 肉干加工中避免出现上述质量问题的措施是什么？

（1）原料肉预处理时必须除净结缔组织，切肉块时尽可能不要切断肌纤维；控制好煮制时间（2~3h），以防煮制过度，导致肌纤维易断；肉块冷却后，可采用切坯机切成小片、条、丁等大小均匀一致的形状。

（2）收汁时加糖量不要太多，严格按配料添加；加糖后要注意控制火候，要用小火加热，并不停地翻炒，以防底部烧焦；烘烤时烘烤温度控制在80~90℃，并注意定时翻动；若油炸，注意控制油温135~150℃，以防炸焦。

（3）一定要选择新鲜的原料肉；煮制及收汁时要注意添加去腥的香辛料；后期冷却及包装时要注意操作人员及环境的卫生，以防杂质带入。

（4）原料肉预处理时一定要去除脂肪；煮制时要注意撇去液面上的浮油；一定要控制好烘烤温度（80~90℃）及时间（5~6h）；储藏时要注意密闭保存。

3. 什么叫肉干制品，其有哪些种类？

肉干制品是指将肉先经熟制加工，再成型干燥或先成型再经热加工制成的干熟类肉制品。这类肉制品可直接食用，成品呈小的片状、条状、粒状、团粒状、絮状。肉干制品主要包括肉干、肉松和肉脯三大类。

4. 肉干制的方法及相应的原理是什么？

常采用的方法按是否抽真空分，有常压干燥以及减压干燥。

（1）常压干燥　鲜肉在空气中放置时，则其表面的水分开始蒸发，造成食品中内外水分密度差，导致内部水分向表面扩散。

常压干燥过程包括恒速干燥和降速干燥两个阶段，而降速干燥阶段又包括第一降速干燥阶段和第二降速干燥阶段。

在恒速干燥阶段，肉块内部水分扩散的速率要大于或等于表面蒸发速度，此时水分的蒸发是在肉块表面进行，蒸发速度是由蒸汽穿过周围空气膜的扩散速率所控制，其干燥速度取决于周围热空气与肉块之间的温度差，而肉块温度可近似认为与热空气湿球温度相同。在恒速干燥阶段将除去肉中绝大部分的游离水。

当肉块中水分的扩散速率不能再使表面水分保持饱和状态时，水分扩散速率便成为干燥速度的控制因素。此时，肉块温度上升，表面开始硬化，进入降速干燥阶段。在此阶段，表面蒸发速度大于内部水分扩散速率，致使肉块温度升高，极大地影响肉的品质，且表面形成硬膜，使内部水分扩散困难，降低了干燥速率，导致肉块中内部水分含量过高，使肉制品在储藏期间腐烂变质。在干燥初期，水分含量高，可适当提高干燥温度，随着水分减少应及时调整干燥工艺参数。

常压干燥时温度较高，且内部水分移动，易与组织酶作用，常导致成品品质变劣，挥发性芳香成分逸失等缺陷。但干燥肉制品特有的风味也在此过程中形成。

（2）减压干燥　食品置于真空中，随真空度的不同，在适当温度下，其所含水分则蒸发或升华。也就是说，只要对真空度作适当调节，即使在常温以下的低温，也可进行干燥。理论上水在真空度为613.18Pa以下的真空中，液体的水则成为固体的水，同时自冰直接变成水蒸气而蒸发，即所谓升华。就物理现象而言，采用减压干燥，随真空度的不同，无论是水的蒸发还是冰的升华，都可以制得干制品。因此肉品的减压干燥有真空干燥和冻结干燥两种。

①真空干燥：真空干燥是指肉块在未达到结冰温度的真空状态（减压）下加速水分的蒸发而进行干燥。真空干燥时，在干燥初期，与常压干燥时相同，存在着水分的内部扩散和表面蒸发。但在整个干燥过程中，则主要为内部扩散与内部蒸发同时进行。因此，与常压干燥相比较，干燥时间缩短，表面硬化现象减小。真空干燥常采用的真空度为533~6666Pa，干燥中品温在常温至70℃以下。真空干燥虽使水分在较低温度下蒸发干燥，但因蒸发而芳香成分的逸失及轻微的热变性在所难免。

②冻结干燥：冻结干燥是指将肉块冻结后，在真空状态下，使肉块中的水升华而进行干燥。这种干燥方法对色、香、味、形几乎无任何不良影响，是现代最理想的干燥方法。

冻结干燥是将肉块急速冷冻至-30℃以下，将其置于可保持真空度13~133Pa的干燥室中，因冰的升华而进行干燥。冰的升华速度，因干燥室的真空度及升华所需要给与的热量所决定，另外肉块的大小、薄厚均有影响。冻结干燥法虽需加热，但并不需要高温，只供给升华潜热并缩短其干燥时间即可。冻结干燥后的肉块组织为多孔质，未形成水不浸透性层，且其含水量少，故能迅速吸水复原，是方便面等速食食品的理想辅料。但在保藏过程中也非常容易吸水，且其多孔质与空气接触面积增大，在储藏期间易被氧化变质，特别是脂肪含量高时更是如此。

（3）微波干燥　微波干燥是目前较流行的干燥方法，用波长为厘米段的电磁波（微波），在透过被干燥食品时，使食品中的极性分子（水、糖、盐）随着微波极性变化而以极高频率震动，产生摩擦热，从而使被干燥食品内、外部同时升温，迅速放出水分，达到干燥的目的。这种效应在微波一旦接触到肉块时就会在肉块内外同时产生，无需热传导、辐射、对流，故干燥速度快，且肉块内外加热均匀，表面不易焦糊。但微波干燥设备投资费用较高，肉干制品的特征性风味和色泽不明显。

国际上规定915MHz和2450MHz为微波加热专用频率。微波干燥包括常规干燥法和与其他干燥方法组合的干燥法。后者在食品工业中广泛采用以提高干燥产品质量及降低成本。如牛干肉生产中采用将肉原料经自然干燥（或烘房干燥），降低其初始含水量达20%~25%，再行微波干燥，效果较好。

【知识拓展】

1. 肉在干燥过程中的变化

脱水干燥的肉制品，在物理、化学、组织结构等方面都要发生变化，这些变化直接关系到肉制品的特性、质量和储藏性。干燥的方法不同，其变化的程度也有差异。

（1）物理变化　肉在干燥时常出现的物理变化有干缩、干裂、表面硬化和多孔性的形成等。

①干缩和干裂：干缩是食品干燥时常见的、最显著的变化之一。弹性完好并呈饱满状态的物料全面均匀地失水时，物料将随着水分消失均衡地进行线性收缩，即物体大小（长度、面积和容积）均匀地按比例缩小。实际上干燥时肉内的水分难以均匀地排除，均匀干缩极为少见。干燥初期为肉表面的干缩，继续脱水干燥时水分排出向深层发展，最后至中心处，干缩也不断向肉中心发展。高温快速干燥时肉表面层远在肉中心干燥前就已经干硬。其后中心干燥和收缩时就会脱离干硬膜而出现干裂、孔隙和蜂窝状结构。

②表面硬化：表面硬化实际上是食品物料表面收缩和封闭的一种特殊现象。如肉表面温度很高，就会因为内部水分未能及时转移至肉表面使表面迅速形成一层干燥薄膜或干硬膜。它的渗透性极低，以致将大部分残留水分保留在肉内，同时还使干燥速率急剧下降。

肉内水分可因受热汽化而以蒸汽分子方式经微孔、裂缝或毛细管向外扩散，水分到肉表面蒸发掉，然而它的溶质残留在表面上。这些溶质就会将干制时正在收缩的微孔和裂缝加以封闭，从而使肉表面出现硬化。

③多孔性的形成：快速干燥时食品表面硬化及其内部蒸汽压的迅速建立会促使食品成为多孔性制品。真空干燥时的高度真空也会促使水蒸气迅速蒸发并向外扩散，从而制成多孔性制品。多孔性食品能迅速复水或溶解，为其食用时具有的主要优越性。

④质量减轻，体积缩小：脱水干燥过程中，占容积最大的水分被蒸发掉，食品重量明显减轻，体积大大缩小。重量和容积的减少量，理论上应当等于其水分含量的减少，但实际上常常是前者略小于后者。

（2）化学变化　肉食品在脱水干燥过程中，除发生物理变化外，同时还会发生一系列化学变化。这些变化对肉类干制品的色泽、风味、质地、营养价值和储藏期会产生影响。这些变化还因各种食品而异，有它自己的特点，且变化程度随食品成分而有差异。

①营养成分的变化：脱水干燥的肉制品失去水分后，其营养成分含量，即每单位质量干制品中蛋白质、脂肪和碳水化合物的含量相应增加，大大高于新鲜肉类，如表8-1所示。

表 8-1　　　　　　　新鲜和脱水干燥牛肉营养成分比较　　　　　（单位：%）

营养成分	新鲜	干制	营养成分	新鲜	干制
水分	68	10	碳水化合物	1	1
蛋白质	20	55	灰分	1	4
脂肪	10	30			

有些肉类干制品或半干制品（如干肉、肉松等）大都经过煮制、热干燥等加工处理，常常要损失10%左右的含氮浸出物和大量水分，同时破坏了自溶酶的作用。

含油脂高的肉制品极易哈败，高温脱水干制时，脂肪氧化要比低温时严重得多。若事先添加抗氧化剂就能有效地控制脂肪氧化。

另外，肉类干制品也常出现某些维生素的损耗，如硫胺素、维生素C等。部分水溶性维生素常会被氧化掉。预煮和酶钝化处理也使其含量下降。维生素损耗程度取决于干制前食品预处理时谨慎小心的程度、所选用的脱水干燥方法和干制操作严格程度，以及干制食品储藏条件等情况。

②对色泽的影响：肉原来的色泽一般都比较鲜艳。干燥改变了它的物理和化学性质，使肉制品反射、散射、吸收和传递可见光的能力发生变化，从而改变了食品的色泽。

肉制品干燥过程中，随着水分的减少，相应增加了其它物质的浓度，以及酶性或非酶性褐变反应而使肉制品的色泽变深发暗或褐变。若干制前进行酶钝化处理以及真空包装和低温储藏干制品，可防止肉制品色泽变深发暗。

③对风味的影响：肉制品脱水干燥时，随着水分的蒸发使挥发性风味成分，如低级脂肪酸等出现轻微的损耗而影响风味。

④组织结构的变化：肉类进行脱水干燥后，其组织结构、复水性等要发生显著的变化。肉制品变得坚韧，口感较硬，复水后也难恢复到原来的新鲜状态，这是由于脱水干燥后的纤维空间排列紧密的缘故。为了解决这个问题，生产工艺上要求控制肉制品的含水量，以不使其脱水过多。另外可用机械方法使肌纤维松散和断裂，如中国传统生产的肉松就较松软且易咀嚼。

2. 肉干加工新技术

随着肉类加工业的发展和生活水平的提高，消费者要求肉干制品向着组织较软、色淡、低甜方向发展。在传统加工技术的基础上，通过改进工艺生产的肉干（称为莎脯）既保持了传统肉干的特色，如无需冷冻保藏时细菌含量稳定、质轻、方便和富于地方风味。但感官品质如色泽、结构和风味又不完全与传统肉干相同。

①工艺流程：原料肉修整→切块→腌制→熟化→切条→脱水→包装。

②配方：原料肉100kg、食盐3.00kg、蔗糖2.0kg、酱油2.00kg、黄酒1.50kg、味精0.2kg、抗坏血酸钠0.05kg、亚硝酸钠0.01kg、五香浸出液9.0kg、

姜汁 1.00kg。

③技术要领：莎脯的原料与传统肉干一样，可选用牛肉、羊肉、猪肉或其它肉。瘦肉最好有腰肌或后腿的热剔骨肉，冷却肉也可以。剔除脂肪和结缔组织，再切成 4cm³ 的块，每块约 200g。然后按配方要求加入辅料，在 4~8℃ 下腌制 48~56h。腌制结束后，在 100℃ 蒸汽下加热 40~60min 至中心温度 80~85℃，再冷却至室温并切成 3mm 厚的肉条。然后将其置于 85~95℃ 下脱水至肉表面呈褐色，含水量低于 30%，成品的 A_w 低于 0.79（通常为 0.74~0.76）。最后用真空包装，成品无需冷藏。

3. 烘箱

现代食品工业中使用的烘箱一般是利用电热丝或加热管将电能迅速转化为热能，再通过机械送风，使得内部均匀、快速加热，从而实现烘干食品目的的一种设备。烘箱箱体由角钢、薄钢板制成。外壳与工作室间填充玻璃纤维保温与隔热。加热系统装置在工作室的顶部。内部一般有通风设备，例如水平式循环通风，可使箱内的温度更加均匀。箱内设有温度探头从而监控温度控制加热装置的开关，维持恒温，一般可以恒定在 0~300℃ 以内的温度。如图 8-1 所示。

图 8-1 烘箱

任务二 肉干产品的感官检验

【岗前准备】

自制肉干；
无菌手套、无菌容器、托盘、筷子、干燥器、冰箱等。

【岗位操作】

1. 岗位操作流程

取肉干样品→样品封存→外观检查→滋味和气味评定。

2. 岗位操作细节

（1）取样 每次取样（或每个检测小组的取样）按《GB/T 9695.19—2008 肉与肉制品 取样方法》将自制肉干堆好，从堆放平面的四角和中间取适量肉干混合，总量在 500~1500g 用于各项检测；若肉干为袋装或听装等包装形式，当每件中肉干质量在 500g 以上时，随机从 3~5 个包装中取若干小块混合，取足 500~1500g，当每件中肉干质量在 500g 以下时，随机取 3~5 个独立包装混合，总量不少于1000g。样品一般置灭菌容器中（例如灭菌不锈钢饭盒，无菌塑料袋等）立即送检，如不能及时检测需冷藏（微生物检测，最好不超过3h）。

当产品批量比较大时，可以按照《GB/T 23969—2009 肉干》的取样方法操作，将1/3样品进行封存，保留备查。

表8-2 工厂肉干产品抽样表

（GB/T 23969—2009 肉干）

批量范围/包	样本数量/包
≤1000	6
1001~3000	7~12
≥3001	13~21

当然若要做食品生产许可（SC）审查等项目检测，要按相应的取样要求操作。例如SC审查，应在企业的肉干成品库内，随机抽取肉干产品进行检测。所抽样品须为同一批次保质期内的产品，抽样基数不少于20kg，每批次抽样样品数量为4kg（不少于4个包装），分成2份，1份检测，1份备查。

（2）样品封存　同项目6-1。

（3）外观检查　在正常光线下目测，鼻嗅。肉干应具有该产品应有的造型，块型规整，色泽均匀棕黄，无异物，具该产品固有气味。

（4）滋味和气味评定　夹取肉干品尝评定，咸甜适中，具该产品固有香气和滋味（例如，麻辣、五香、咖喱、果汁等味），表8-3为肉干感官要求。

表8-3 肉干感官指标

（GB/T 23969—2009 肉干）

项目	指标	
	肉干	肉糜干
形态	呈块状（片、条、粒状），同一品种的厚薄、长短、大小基本均匀，表面可带有细小纤维或香辛料	呈块状（片、粒状或其他造型），同一品种大小基本均匀
色泽	呈棕黄色、褐色或黄褐色，色泽基本一致、均匀	呈棕黄色、棕红色或黄褐色，色泽基本一致、均匀
滋味与气味	具有该品种特有的香味和滋味（麻辣、五香、咖喱、果汁等味），味鲜美醇厚，甜咸适中，回味浓郁	
杂质	无肉眼可见杂质	

【知识拓展】

肉干理化和微生物指标

肉干理化指标和微生物指标综合参考质检总局的《肉制品生产许可证审查细则（2010版）》和国家标准《GB 2726—2016 食品安全国家标准 熟肉制品》《GB/T 23969—2009 肉干》以及《GB 2760—2014 食品安全国家标准 食品添加剂使用标准》。

表8-4　　　　　　　　　　肉干及肉糜干理化和微生物指标要求

（摘自《肉制品生产许可证审查细则（2010版）》、GB/T 23969—2009、
GB 2726—2014、SB/T 10282—2007 和 GB 2760—2014 等）

序号	检验项目	指标	发证检验	监督检验	出厂检验	备注
1	铅含量/(mg/kg)	≤0.5	√	√	*	GB 2762—2017
2	无机砷含量/(mg/kg)	≤0.05（总砷）	√	√	*	总砷（As计） GB 2762—2017
3	镉含量/(mg/kg)	≤0.1	√	√	*	GB 2762—2017
4	总汞含量/(mg/kg)	≤0.05	√	√	*	GB 2762—2017
5	水分含量 肉干/(g/100g) 肉糜干/(g/100g)	 ≤20 ≤20	√	√	√	GB/T 23969—2009
6	脂肪含量 牛肉干/(g/100g) 其它肉干/(g/100g) 肉糜干/(g/100g)	 ≤10 ≤12 ≤10	√	√	*	GB/T 23969—2009
7	蛋白质含量 牛肉干/(g/100g) 猪肉干/(g/100g) 其它肉干/(g/100g) 肉糜干/(g/100g) 其它肉糜干/(g/100g)	 ≥30 ≥28 ≥26 ≥23 ≥20	√	√	*	GB/T 23969—2009
8	总糖（以蔗糖计）含量 肉干、肉糜干/(g/100g)	 ≤35	√	√	*	GB/T 23969—2009
9	氯化物(NaCl)含量 肉干、肉糜干/(g/100g)	 ≤5	√	√	*	GB/T 23969—2009

续表

序号	检验项目	指标	发证检验	监督检验	出厂检验	备注
10	食品添加剂 山梨酸含量/(g/kg) 酱油中苯甲酸含量/(g/kg)	≤0.075 ≤1.0	√	√	＊	GB 2760—2014
11	细菌总数/（CFU/g）	$n=5$，$c=2$，$m=10^4$，$M=10^5$				GB 2726—2016
12	大肠菌群/（CFU/g）	$n=5$，$c=2$，$m=10$，$M=100$				GB 2726—2016
13	致病菌（沙门氏菌、金黄色葡萄球菌、志贺氏菌）	不得检出				金黄色葡萄球菌 $n=5$，$c=1$， $m=100$，$M=1000$

注：①企业的出厂检验项目中注有"＊"标记的，企业应当每年检验2次。②净含量应符合国家质量监督检验检疫总局第75号令《定量包装商品计量监督管理办法》的规定。③产品标签应符合GB 7718—2011要求。

项目8-2

肉松的加工

知识目标

1. 能正确说出肉松的概念、分类与特点，知道肉松干制的原理及方法。
2. 能正确说出太仓式肉松和福建式肉松的产品特点及工艺流程。

技能目标

1. 能正确设计肉松产品配方及配制料汤。
2. 能解读肉松产品的相关标准，并按操作规范生产出合格的太仓式肉松。
3. 能按标准要求对肉松产品进行感官检验。

学习型工作任务

任务一　肉松的加工

肉松是以畜禽肉为主要原料，经修整、切块、煮制、撇油、调味、收汤、炒松、搓松制成的肌肉纤维蓬松成絮状的熟肉制品。油酥肉松将肉修整、切块、煮制、撇油、压松、调味、收汤、炒松再加入植物油脂炒制而成颗粒状或短纤维状的熟肉制品。和肉松相关的还有一种称为肉粉松的产品，是经过煮制、切丁、撇油、压松、配料、收汤、炒松再加入食用油脂和适量豆粉炒制成的絮状或颗粒状的肉制品。当然，每种肉松制品的生产各厂、各地还有一定不同，主要原料除猪肉外，还常用牛肉、兔肉、鱼肉。中国著名的传统产品有太仓肉松和福建肉松。

【岗前准备】

瘦肉；
生抽酱油、精盐、白糖、白酒、生姜、茴香、八角、味精等；
刀、深底锅、炒锅、炉灶、锅铲、砧板、炒松机、擦松机等。

【岗位操作】

1. 岗位操作流程

原料肉的选择与整理→配料→煮制→炒压或搓松→炒制→冷却→包装。

2. 岗位操作细节

（1）原料肉及其整理　传统肉松是由猪瘦肉加工而成。现在除猪肉外，牛肉、鸡肉、兔肉，甚至某些种类鱼肉等均可用来加工肉松。将原料肉剔除皮、骨、脂肪、筋腱等结缔组织。结缔组织的剔除一定要彻底，否则加热过程中胶原蛋白水解后，导致成品粘结成团块而不能呈良好的蓬松状。将修整好的原料肉切成500g左右的肉块（保证肌纤维达到一定长度）。切块时尽可能顺着肌纤维，以免成品中短绒过多，窄边宽度不超过3cm，以利于煮制、收汤。

（2）配料

①猪肉松配方：瘦肉100kg、黄酒4.00kg、糖3kg、酱油12kg（若嫌色深，可用盐1kg、酱油2.5kg）、大茴香0.12kg、姜1kg。

②牛肉松配方：牛肉100kg、食盐2.00kg、白糖2.5kg、葱末2kg、姜末0.12kg、大茴香1.0kg、绍兴酒1kg、丁香0.10kg、味精0.2kg。

③鸡肉松配方：带骨鸡100kg、酱油2.5kg、生姜0.25kg、砂糖3kg、精盐0.5kg、味精0.15kg、50°高粱酒0.5kg。

（3）煮制　将香辛料用纱布包好后和肉一起入煮制锅，加入与肉等量的水，煮制。煮沸后不断翻动并撇去油沫。煮制的时间和加水量根据肉质老嫩决定。肉不能煮的过烂，否则成品绒丝短碎。煮肉时间一般为2～3h。若筷子稍用力夹肉块时，肌肉纤维能分散则肉已煮好。煮制结束后起锅前需将油筋和浮油撇净，这对保证产品质量至关重要。若不除去浮油，肉松不易炒干，炒松时易焦锅，成品颜色发黑。传统煮制在结束时进行炒压，要求完全收汤，现在也有许多工厂采用不完全收汤，并将余汤作为老汤供下批次使用。

现代化的煮制常采用煮制锅，可自动控温、控时；还可以用老汤取代等量的水，能简化工艺，缩短时间；煮制后的肉松坯轻轻拍开，搓松前可采用远红外烘箱适度烘烤（70℃、90min 或 80℃、60min）。

（4）炒压（打坯）或搓松　炒压是在肉块煮烂后，改用中火，加入酱油、酒，一边炒一边压碎肉块，然后加入白糖、味精等调味料，减少火力，收干肉汤，并用小火炒压至肌纤维松散。

肉块在适当翻炒收汤后可以直接用搓松机搓松，使肉块进一步松散开。

（5）炒制（炒松）　肉松由于糖较多，容易塌底起焦，要注意掌握炒松时的火力。炒松有人工炒和机器炒两种。在实际生产中可人工炒和机炒结合使用。当炒压时，汤汁全部收干后，用小火炒至肉略干，肌纤维松散，转入炒松机内继续炒至水分含量小于20%，颜色由灰棕色变为金黄色，具有特殊香味时即可结束炒松。在炒松过程中如有塌底起焦现象，应及时起锅，清洗锅巴后方可继续炒松。

（6）冷却　置卫生清洁处适当冷却，注意防止吸潮，需将肉松过筛或从跳松机上面跳出，而肉粒则从下面落出，使肉松与肉粒分开，将肉松中焦块、肉块、粉粒等拣出，然后及时灌装。

（7）包装　肉松吸水性很强，不宜散装。短期储藏可选用复合膜包装，储藏三个月左右；长期储藏多选用玻璃瓶或马口铁罐，可储藏六个月左右。

【问题探究】

1. 肉松加工容易出现什么质量安全问题？

（1）肉松绒丝短且粗。

（2）肉松颜色太深，甚至炒焦。

（3）存在不良气味、有杂质。

（4）肉松含水量超标。

2. 肉松加工中如何避免出现上述质量问题？

（1）原料肉预处理时必须除净结缔组织；切肉块时尽可能不要切断肌纤维；控制好煮制时间（2~3h），以防煮制过度，导致肌纤维易断；炒压时注意不要用锅铲切断肌纤维。

（2）加糖量不要太多，严格按配料添加；加糖后要注意控制火候，要用小火加热，并不停地炒压，以防底部烧焦。

（3）一定要选择新鲜的原料肉；煮制时要注意添加去腥的香辛料；拣松时要注意操作人员及环境的卫生，以防杂质带入。

(4) 原料肉预处理时一定要去除脂肪；煮制时要注意撇去液面上的浮油；一定要炒至肉松呈金黄色，方可结束炒松；储藏时要注意密闭保存。

3. 炒压和搓松有何异同？

炒压和搓松的作用均为将肌纤维分散。炒压是一个手工操作过程，在煮制后边炒边用铲子压碎肉块；搓松（擦松）则是一个纯机械过程，比较易控制，可用机械来完成。

4. 肉松次品成因分析？

炒松前发现肉松纤维偏短，这主要在于切块时横断肌纤维造成绒丝过短，此外煮制时过早加入了盐、酱油等调味料，也易造成肌肉纤维断裂，纤维过短、肉杆增多等不良现象。如图 8-2 所示。

图 8-2　太仓式肉松次品

【知识拓展】

1. 福建式肉松加工

福建式肉松也称油酥肉松，与太仓肉松的加工方法基本相同，不同在配料上的区别，在加工方法上增加油炸工序，制成颗粒，因成品含油量高而不耐储藏。

（1）岗位操作流程　原料肉选择与整理→配料→煮制→炒松→油酥→包装。

（2）岗位操作细节

①原料修整：选猪后腿精肉，去皮除骨，除去肥肉及结缔组织，切成 10cm 长，宽、厚各 3cm 的肉块。

②配料（单位为 kg）：猪瘦肉 100、白酱油 10、白糖 10、精炼猪油 25、红糖 5。

③煮制：加入与肉等量的水将肉煮烂，撇尽浮油，最后加入白酱油、白糖和红糖混匀。

④炒松：肉块与配料混合后边加热边翻炒，并用铁勺压散肉块。炒至汤干时，分小锅边炒边压使肉中水分压出。肌纤维松散后，再改用小火炒至半成品。

⑤油酥：将半成品用小火继续炒至 80% 的肉纤维成酥脆粉状时，用筛除去小颗粒，再按比例加入融化猪油，用铁铲翻拌使其结成球形颗粒即为成品。成品率一般为 32% ~ 35%。

⑥包装、保藏：真空白铁罐装可保存 1 年，普通罐装可保存半年，听装要热装后抽真空密封，塑料袋袋保藏期 3~6 个月。保藏时间若过长，易酸败。

2. 台湾风味肉松加工

台湾风味肉松属福建式肉松，但又自成一格，成品色香味形俱佳，颇受消费者欢迎。

（1）岗位操作流程　原料肉的选择与整理→煮制→拌料→拉丝→炒松→油酥→冷却→包装。

（2）岗位操作细节

①原料选择整理：选择猪瘦肉，剔去皮、骨及粗大的筋腱等结缔组织，顺着肌纤维方向切成重为0.25kg左右的长方形肉块。

②配料（单位为kg）：瘦肉100，谷物粉15~18，芝麻6~8，白糖16~18，精盐2.5~3，味精0.3，混合香料0.15，生姜1，葱1。

③煮制：将切好的肉块放入锅中，按1∶1.5量加水，再将混合香料、生姜、葱用纱布包扎好入锅与肉同煮。煮沸后小火慢煮一直至肉纤维能自行分离为止，时间为3~4h。

④拌料：待肉煮烂后，汤汁收干时将糖、盐、味精混匀加热溶化拌入肉料中，微火加热边拌合边收汤汁，冷却后将谷物粉均匀拌撒至肉粒中。

⑤拉丝：用专用拉丝机（搓松机）将肉料拉成松散的丝状，拉丝的次数与肉煮制程度有关，一般为3~5次。

⑥炒松：将拉成丝的肉松加入专用机械炒锅中，边炒边手工辅助翻动，炒至呈浅黄色，水分含量低于10%时，加入脱皮熟芝麻，再用漏勺向锅中喷撒150℃的热油，边撒边快速翻动拌炒5~10min，至肉纤维成蓬松的团状，色泽呈橘黄或棕红色为止，炒制时间1~2h，视加料量的多少而定。

⑦冷却、包装：出锅的肉松放入成品冷却间冷却。冷却间要求有排湿系统，及良好的卫生状况，以减少二次污染。冷却后，立即包装，以防肉松吸潮、回软，影响产品质量，缩短保质期。包装用复合透明袋或铝箔包装。

3. 肉松加工新技术

传统技术加工肉松时存在着以下两个方面的缺陷：①复煮后收汤费时，且工艺条件不易控制。若复煮汤不足则导致煮烧不透，给搓松带来困难；若煮汤过多，收汁后煮烧过度，使成品纤维短碎。②炒松时肉直接与炒松锅接触，容易塌底起焦，影响风味和质量。因此，提出了肉松生产的改进措施及加工中的质量控制方法。以下是以鸡肉为原料的肉松制作新技术。

（1）岗位操作流程　原料鸡处理→配料→初煮、精煮（不收汁）→烘烤→炒松→成品。

（2）岗位操作细节

①配料：同太仓肉松加工技术中鸡肉松配方。

②初煮与精煮：初煮的目的是初步熟化以便剔骨，而精煮的目的是进一步熟制以利于搓松，并赋予产品风味。初煮和精煮的时间在很大程度上决定了成品的色泽、入味程度、搓松难易程度和形态。在加热煮制过程中鸡肉颜色会发生变化。新鲜鸡肉为浅粉红色。当加热至80℃左右时，肌纤维由浅粉红色变为白色。继续

加热，肌纤维又由白色变为黄色，最后变成黄褐色。随着煮烧时间的延长，成品颜色变深、碎松增加。颜色变深是加热过久，非酶促褐变加剧所致；若煮烧时间过短，成品风味不足，颜色花白，且不易搓成松散绒状，成品中常出现干棍状肉棒。因此，初煮2h，精煮1.5h，则成品色泽金黄，味浓松长，且碎松少。

传统技术中精煮结束后要收汁，给生产带来极大不便。采用新技术只要添加的调味料和煮烧时间适宜，精煮后无需收汁即可将肉捞出，所剩肉汤可作为老汤供下次精煮时使用。这样既能达到简化工艺的目的，又能达到煮烧适宜和入味充分的目的，同时因精煮时加入部分老汤，还能丰富产品的风味。

③烘烤：在传统技术中，精煮收汁结束后脱水完全靠炒松完成。为有利于机械化生产，新技术在炒松前增加了烘烤脱水工艺。

精煮后肉松坯的脱水是在红外线烘箱中进行。肉松坯在烘烤脱水前水分含量大，黏性很小，几乎无法搓松。随着烘烤时水分的减少，黏性逐渐增加，脱水率达到30%左右时黏性最大，此时搓松最为困难。随着脱水率的增加，黏性又逐步减小，搓松变得易于进行。脱水率超过一定限度时，由于肉松坯变干，搓松又变得难以进行，甚至在成品中出现干肉棍。因此，精煮后的肉松坯70℃烘烤90min或80℃烘烤60min，肉松坯的烘烤脱水率为50%左右时搓松效果最好。

④炒松：鸡肉经初煮和复煮后脱水率为25%~30%，烘烤脱水率为50%左右，搓松后含水量为20%~25%，而肉松含水量要求在20%以下。炒松可以进一步脱水，同时还具有改善风味、色泽及杀菌作用。因搓松后肌肉纤维松散，炒松仅3~5min即能达到要求。

4. 肉松加工常用设备

（1）炒松机　炒松机是在底面为平底的炒锅中设置一可来回刮动的刮除器和搅动叉，而炒锅顶面可设置一覆盖式的盖体，盖体上设有抽风机，使炒锅成为一封闭环境，炒松机内底面可以装设湿度控制装置，而其下方则可设置火源和温度控制装置，并以一电动机装置支撑于炒锅底部，能较精确控制湿度和温度。如图8-3所示。

图8-3　炒松机

使用方法如下所述。

①炒松之前，先将炒锅用洗涤剂、消毒剂、清水洗净并擦干。

②接通电源，将温度设置为100℃。

③待炉温升至100℃时，将已收尽汤汁的、经打松机（拉丝机）打过的肉块，放入炒松机。开启搅拌器，同时用不锈钢耙子不停的翻动。

④待炒成金黄色、呈肌纤维柔软、蓬松、絮状为止。

⑤将炒好的肉松出锅，切断电源然后将炒松机清理干净。

图8-4　打松机（拉丝机或搓松机）

（2）打松机　打松机（拉丝机、搓松机）可用于炒松之前和之后，能使炒制的肉松变得更蓬松且无结块，提高产品的外观品质。如图8-4所示。

使用方法如下所述。

①打松之前，先将打松机的一对转桶洗净并擦干。

②调节一对转桶之间的间距，使转桶上的钢钉能紧密啮合，但注意钢锭不能擦到转桶。

③接通电源，开启转桶，将已收尽汤汁的肉块投入一对转桶的啮合处，这样肉块经转桶上的钢钉之间的摩擦，可使肌纤维得以分离。

④经炒松机炒制完成后，再入打松机（拉丝机）进行拉丝，这样可使炒成的肉松肌纤维更加柔软、蓬松、呈絮状。

⑤打松完成后，切断电源，然后将打松机清理干净。

任务二　肉松产品的感官检验

【岗前准备】

自制肉松；

无菌手套、无菌容器、托盘、筷子、干燥器、冰箱等。

【岗位操作】

1. 岗位操作流程

取肉松样品→样品封存→外观检查→滋味和气味评定。

2. 岗位操作细节

（1）取样　每次取样（或每个检测小组的取样）按《GB/T 9695.19—2008

肉与肉制品　取样方法》将自制肉松堆好，从堆放平面的四角和中间取适量肉松混合，总量在 500~1500g 用于各项检测；若肉松为袋装或听装等包装形式，当每件中肉松质量在 500g 以上时，随机从 3~5 个包装中取若干小份混合，取足 500~1500g；当每件中肉松质量在 500g 以下时，随机取 3~5 个独立包装混合，总量不少于 1000g。样品一般置灭菌容器中（例如灭菌不锈钢饭盒，无菌塑料袋等）立即送检，如不能及时检测需冷藏（微生物检测，最好不超过 3h）。

当产品批量比较大时，可以按照《GB/T 23968—2009 肉松》的取样方法操作，将 1/3 样品进行封存，保留备查。如表 8-5 所示。

表 8-5　　　　　　　　　　　肉松产品抽样表

(GB/T 23968—2009 肉松)

批量范围/包	样本数量/包
≤1000	6
1001~3000	7~12
≥3001	13~21

当然若要做食品生产许可（SC）审查等项目检测，要按相应的取样要求操作。例如 SC 审查，应在企业的肉松成品库内，随机抽取肉松产品进行检测。所抽样品须为同一批次保质期内的产品，抽样基数不少于 20kg，每批次抽样样品数量为 4kg（不少于 4 个包装），分成 2 份，1 份检测，1 份备查。

（2）样品封存　同项目 6-1。

（3）外观检查　在正常光线下目测，肉松应具有该产品应有的造型，无焦头；色泽均匀，具该产品应有的颜色，无肉眼可见杂质。

（4）滋味和气味评定　夹取肉松品尝评定，咸甜适中，具该肉松产品固有香气和滋味；油酥肉松还应酥香，油而不腻；肉松粉也应油而不腻。如表 8-6 所示。

表 8-6　　　　　　　　　　　肉松感官要求

(GB/T 23968—2009)

项目	指标		
	肉松	油酥肉松	肉粉松
形态	呈絮状，纤维柔软蓬松，允许有少量结头，无焦头	呈疏松颗粒状或短纤维状，无焦头	呈疏松颗粒状，颗粒细微均匀、无焦头
色泽	呈金黄或浅黄色，色泽均匀，稍有光泽	呈棕褐色或黄褐色，色泽均匀，稍有光泽	呈金黄色或棕褐色，色泽均匀，稍有光泽

续表

项目	指标		
	肉松	油酥肉松	肉粉松
滋味与气味	味鲜美，甜咸适中，具肉松固有香味，无其他不良异味	具有酥、甜特色，味鲜美，甜咸适中，油而不腻，具油酥肉松固有的香味，无其他不良气味	具有肉香特色，味鲜美，甜咸适中，油而不腻，无其他不良气味
杂质	无肉眼可见杂质		

【问题探究】

肉松产品出厂检验项目及其判定规则是什么？

肉松产品出厂前，必须经企业质量检验部门按 GB/T 23968 逐批进行检验，检验合格方可签发质量证书出厂。一般以同一班次，同一品种生产的产品为一货批。出厂检验项目主要有：感官、包装、标签、净含量、菌落总数、大肠菌群。

当检测结果全部符合 GB/T 23968 规定时，判为合格品；出厂检验项目不超过二项（微生物项目除外）不符合 GB/T 23968，可以从同批产品中加倍抽样进行该项目的复检，复检后仍有一项不符合本标准的，判该批产品为不合格品；微生物项目有一项不符合该标准的，不得复检，判该批产品为不合格品。

【知识拓展】

1. 肉松理化和微生物指标

肉松理化指标和微生物指标综合参考质检总局的《肉制品生产许可证审查细则（2010 版）》和国家标准《GB 2726—2016 食品安全国家标准 熟肉制品》、《GB/T 23968—2009 肉松》以及《GB 2760—2014 食品安全国家标准 食品添加剂使用标准》。如表 8-7 所示。

表 8-7　　　　　　　　肉松理化和微生物指标要求

（摘自《肉制品生产许可证审查细则（2010 版）》、
GB 2726、SB/T 10281、GB/T 23968 和 GB 2760 等）

序号	检验项目	指标	发证检验	监督检验	出厂检验	备注
1	铅含量/(mg/kg)	≤0.5	√	√	*	GB 2762—2017
2	无机砷含量/(mg/kg)	≤0.05（总砷）	√	√	*	总砷（As 计）GB 2762—2017
3	镉含量/(mg/kg)	≤0.1	√	√	*	GB 2762—2017

续表

序号	检验项目	指标	发证检验	监督检验	出厂检验	备注
4	总汞含量/(mg/kg)	≤0.05	√	√	*	GB 2762—2017
5	水分含量 肉松/(g/100g) 油松/(g/100g)	≤20 ≤6	√	√	√	GB/T 23968—2009
6	脂肪含量 肉松/(g/kg) 油松/(g/kg)	≤10 ≤30	√	√	*	GB/T 23968—2009
7	蛋白质含量 肉松/(g/100g) 油松/(g/100g)	≥32 ≥25	√	√	*	GB/T 23968—2009
8	总糖(以蔗糖计)含量 肉松/(g/100g) 油松/(g/100g)	≤35 ≤35	√	√	*	GB/T 23968—2009
9	氯化物(以 NaCl)含量 肉松、油松/(g/100g)	≤7	√	√	*	GB/T 23968—2009
10	淀粉 肉松、油松/(g/100g)	≤2	√	√	*	GB/T 23968—2009
11	食品添加剂 山梨酸含量/(g/kg) 苯甲酸含量/(g/kg) 胭脂红含量/(g/kg)	≤0.075 ≤1（酱油） ≤0.5	√	√	*	按 GB 2760 执行
12	细菌总数/(CFU/g)	$n=5, c=2,$ $m=10^4, M=10^5$				GB 2726—2016
13	大肠菌群/(CFU/g)	$n=5, c=2,$ $m=10, M=10^2$				GB 2726—2016
14	致病菌（沙门氏菌、金黄色葡萄球菌、志贺氏菌）/(CFU/g)	不得检出				金黄色葡萄球菌 $n=5, c=1,$ $m=10^2, M=10^3$

注：①企业的出厂检验项目中注有"＊"标记的，企业应当每年检验 2 次。②净含量应符合国家质量监督检验检疫总局第 75 号令《定量包装商品计量监督管理办法》的规定。③产品标签应符合 GB 7718 要求。

2. 肉松产品型式检验项目和判定规则

每年至少进行一次型式检验。当更换设备或长期停产后恢复生产时；原料出现大的波动时；出厂检验结果与上次型式检验结果有较大差异时；国家质量监督机构进行抽查时，均要进行型式检验。

当肉松型式检验项目（感官要求、净含量、水分、脂肪、蛋白质、氯化物、总糖、淀粉、铅、镉、汞、砷、菌落总数、大肠菌群、致病菌）全部符合 GB/T 23968 的规定时判为整批合格；型式检验项目不超过两项（微生物项目除外）不符合 GB/T 23968 的规定时，可在同批产品中加倍抽样进行复检，复检后仍有一项不符合该标准的，判定该批产品不合格；当超过两项或微生物检验有一项不符合该标准的，则判为该批不合格，不得复检。

项目8-3

肉干中的水分含量测定

知识目标

能正确说出肉干水分测定的主要方法。

技能目标

1. 能正确进行样品的预处理。
2. 能按规范检测肉干的水分含量。

学习型工作任务

肉干中的水分含量测定。

【岗前准备】

自制肉干；

无菌手套、无菌容器、洁净剪刀、托盘、电子天平（精确至 0.0001g）、研钵、干燥器、玻璃制或铝制扁形称量瓶、电热恒温干燥箱、冰箱等。

【岗位操作】

1. 岗位操作流程

取肉干样品→样品封存→准备称量皿和研钵→剪碎并磨碎样品→称量试样→烘干→计算。

2. 岗位操作细节

（1）取样　取样操作同感官检验。注意防止外界水分渗入。

（2）样品封存　同感官检验，注意应以密闭不透水的容器或塑料袋存放。

（3）准备称量皿和研钵　清洗称量瓶（数量为样品数×2），稍晾干后置于101～105℃干燥箱中，瓶盖斜支于瓶边，恒温干燥1h后，取出盖好移于干燥器中冷却，称重，重复干燥至前后两次质量差不超过2mg（即为恒重）。恒重后置于干燥器中备用。

同时将研钵洗净、晾干，用脱脂棉擦净后，以脱脂棉蘸取无水乙醇擦拭一遍，晾干，再以脱脂棉蘸取无水乙醚擦拭一遍，晾干后备用。

（4）剪碎并磨碎样品　戴上无菌手套，一手持肉干，一手持剪刀，将肉干剪碎置于研钵中，用研磨棒研碎。研磨至颗粒小于2mm。

（5）称量试样　称取2g试样。肉干粉末较蓬松，在称量瓶中的厚度应不超过10mm。盖好后准确称重（0.0001g）并记录。每组做一个平行，以便计算精密度。

（6）烘干　在101～105℃干燥箱中烘干，瓶盖斜支于瓶边，干燥2～4h后，入干燥器冷却约30min，称重，再烘1h，入干燥器冷却后，再称重。直至恒重（质量差≤2mg）。

（7）计算　计算公式如下所示。

$$X = \frac{m_1 - m_2}{m_1 - m_3} \times 100(\%)$$

式中　X——肉干试样中水分含量，g/100g；

　　　m_1——称量瓶和试样的质量，g；

　　　m_2——称量瓶和试样干燥后质量，g；

　　　m_3——称量瓶质量，g。

水分含量≥1g/100g时，计算结果保留三位有效数字；水分含量<1g/100g时，结果保留两位有效数字。在重复性条件下获得的两次独立测定结果的绝对差值不得超过算术平均值的10%。

【问题探究】

1. 肉干水分测定为什么选用直接干燥法？

常用的测定水分的方法有直接干燥法、减压干燥法、蒸馏法、卡尔·费休法等。

直接干燥法适用于在101～105℃，不含或含其他挥发性物质甚微的谷物及其制品、水产品、豆制品、乳制品、肉制品及卤菜制品等食品中的水分测定，不适用于水分含量小于0.5g/100g的样品。

减压干燥法适用于糖、味精等易分解的食品中水分的测定，不适用于添加了其它原料的糖果，如乳糖、软糖等试样测定，同时不适用于水分含量小于0.5g/100g的样品。

蒸馏法适用于含较多挥发性物质的食品如油脂、香辛料等水分的测定，不适用于水分含量小于 1g/100g 的样品。

卡尔·费休法适用于食品中水分的测定，卡尔·费休容量法适用于水分含量大于 1.0×10^{-3} g/100g 的样品，卡尔·费休库伦法适用于水分含量大于 1.0×10^{-5} g/100g 的样品。

肉干水分含量大于 0.5g/100g，且挥发性物质含量较少，符合直接干燥法的适用范围，且相比而言，直接干燥法比减压干燥法更节省成本。

2. 直接干燥法原理是什么？

食品中水分受热后，产生的蒸汽压高于空气中水分在电热干燥箱中的分压，使食品中的水分被蒸发出来，同时，由于不断地供给热能及不断排出水蒸气，而达到完全干燥的目的。

食品中水分在 101.3kPa，101~105℃ 的条件下采用加热挥发的方法测定在干燥前后的质量减失，这其中包括吸湿水、部分结晶水和该条件下能挥发的物质。由质量损失计算水分含量。

3. 称量瓶中肉干装填高度如何确定？

一般称取磨细的样品或剪碎的样品 2~10g，放入称量瓶中，试样厚度不超过 5mm，如为疏松试样，厚度不超过 10mm。

4. 肉干产品出厂检验项目及判定规则是什么？

肉干产品出厂前，必须经企业质量检验部门按 GB/T 23969—2009 逐批进行检验，检验合格方可签发质量证书出厂。出厂检验项目主要有：感官、包装、净含量、水分、菌落总数、大肠菌群。

当检测结果全部符合 GB/T 23969—2009 规定时，判为合格品；出厂检验项目有一项（微生物项目除外）不符合 GB/T 23969—2009，可以从同批产品中加倍抽样进行该项目的复检，复检后仍不符合该标准的，判该批产品为不合格品；微生物项目有一项不符合该标准的，不得复检，判该批产品为不合格品。

5. 操作分析

肉干在剪碎、研磨等处理时要戴上防水手套，防止样品吸收汗液受潮，并用无水研钵研碎。若研钵不洁净，可以洗净后，晾干，并用脱脂棉擦拭，再用脱脂棉球蘸取无水乙醇擦拭，最后用脱脂棉球蘸取无水乙醚擦拭，晾干后使用。如图 8-5 所示。

【知识拓展】

肉干产品型式检验项目和判定规则

每年至少进行一次型式检验。当更换设备或长期停产后恢复生产时；原料出现大的波动时；出厂检验结果与上次型式检验结果有较大差异时；国家质量监督

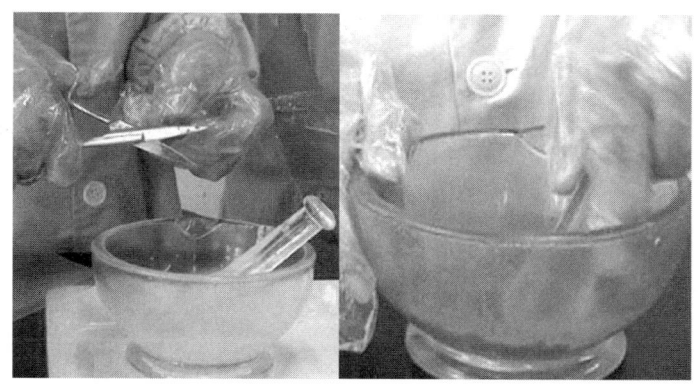

图 8-5 剪碎并磨碎样品

机构进行抽查时,均要进行型式检验。

当肉干型式检验项目(感官要求、净含量、水分、脂肪、蛋白质、氯化物、总糖、铅、镉、汞、砷、菌落总数、大肠菌群、致病菌)全部符合 GB/T 23969—2009 的规定时判为整批合格;型式检验项目不超过两项(微生物项目除外)不符合 GB/T 23969—2009 的规定时,可在同批产品中加倍抽样进行复检,复检后仍有一项不符合该标准的,判定该批产品不合格;当超过两项或微生物检验有一项不符合该标准的,则判为该批不合格,不得复检。

课程思政

本情境中的干肉制品,特别是其中一些中式产品(如太仓肉松等)的传统工艺方法富有民族和地方特色,具备深厚的中华文化底蕴。我们应借鉴中国古代人类通过观察总结肉在熟制和干制过程的变化规律,从而发明肉松这一中国特色产品的创举。我们在学习过程中,应努力发挥科学探索精神,探讨肉在干制过程的颜色、香气的成因和机理,寻找其关键控制参数,加快干燥过程,并提高产品食用品质。

参 考 文 献

1. R. A. Lawrie, D. A. Ledward. 2006. Lawrie's Meat Science, 7th edition[M]. Woodhead Publishing Limited, Abington Hall, Abington Cambridge CB1 6AH, England.
2. 李诚. 猪肉的分级、分割及分割肉加工[J]. 肉类工业, 2003, (3): 5-7.
3. 夏文水. 肉制品加工原理与技术[M]. 北京: 化学工业出版社, 2003.
4. 周光宏. 肉品加工学[M]. 北京: 中国农业出版社, 2008.
5. 王玉田. 畜产品加工[M]. 北京: 中国农业出版社, 2005.
6. 周光宏. 肉品学[M]. 北京: 中国农业科技出版社, 1999.
7. Karl O. Honikel. Reference Methods for the Assessment of Physical Characteristics of Meat [J]. Meat Science, 1998, (4): 447-457.
8. 任发政, 李兴民, 张原飞, 等. 主译. 现代肉品加工与质量控制[M]. 北京: 中国农业大学出版社, 2006.
9. 徐幸莲 主译. 禽肉加工, 第2版[M]. 北京: 中国农业大学出版社, 2013.
10. 孔保华. 肉制品深加工技术[M]. 北京: 科学出版社, 2014.
11. 刘颖, 林亲录. 红曲霉菌株选育的研究进展[J]. 现代食品科技, 2006, No. 3: 280-283.
12. 李炳文. 本草纲目彩图版[M]. 天津: 古籍出版社, 2006.
13. 李时珍. 明. 本草纲目[M]. 北京: 线装书局.
14. Casey M. Owens, Christine Z. Alvarado, Alan R. Sams, 2010, POULTRY MEAT PROCESSING, Second Edition.
15. 国家标准。
16. 农业部标准。
17. 商业部标准。